北京未来城市设计高精尖创新中心项目（编号：UDC2021010121）
国家自然科学基金项目（批准号：52178028；51478439）
中国城市规划设计研究院科技创新基金重点项目（编号：C-201701）

城市规划历史与理论丛书

城·事·人

CITIES, PLANNING ACTIVITIES AND WITNESSES

城市规划前辈访谈录

INTERVIEWS WITH SENIOR EXPERTS OF URBAN PLANNING

（第九辑）

李　浩　访问／整理

U0160506

中国建筑工业出版社

图书在版编目（CIP）数据

城·事·人.第九辑，城市规划前辈访谈录 =
CITIES, PLANNING ACTIVITIES AND WITNESSES:
INTERVIEWS WITH SENIOR EXPERTS OF URBAN PLANNING /
李浩访问、整理.—北京：中国建筑工业出版社，
2022.3
（城市规划历史与理论丛书）
ISBN 978-7-112-26643-2

Ⅰ.①城… Ⅱ.①李… Ⅲ.①城市规划—城市史—中
国 Ⅳ.① TU984.2

中国版本图书馆CIP数据核字（2021）第193400号

　　本访谈录是城市规划史研究者访问城市规划老专家的谈话实录，谈话内容围绕中国当代城市规划重点工作而展开，包含城、事、人等三大类，对70多年我国城市规划发展的各项议题也有较广泛的讨论。通过亲历者的口述，生动再现了中国当代城市规划工作起源与发展的曲折历程，极具鲜活性、珍贵性、稀缺性及学术价值，是极为难得的专业性口述史作品。

　　本访谈录按照老专家的年龄排序，分辑出版。本书为第九辑（北京专辑），共收录梁凡初、杨念、张敬淦、陶宗震、张其锟、胡志东、赵冠谦、王绪安、钱连和、武绪敏、申予荣、张凤岐、董光器、赵知敬、柯焕章和马国馨等16位前辈的19次谈话。

责任编辑：李　鸽　陈小娟
责任校对：王　烨

城市规划历史与理论丛书

城·事·人
城市规划前辈访谈录（第九辑）

CITIES, PLANNING ACTIVITIES AND WITNESSES
INTERVIEWS WITH SENIOR EXPERTS OF URBAN PLANNING

李　浩　访问 / 整理
　　　　　　　　　　　*
中国建筑工业出版社出版、发行（北京海淀三里河路9号）
各地新华书店、建筑书店经销
北京方舟正佳图文设计有限公司制版
天津图文方嘉印刷有限公司印刷
　　　　　　　　　　　*
开本：880毫米×1230毫米　1/16　印张：32¼　字数：676千字
2022年1月第一版　2022年1月第一次印刷
定价：**158.00**元
ISBN 978-7-112-26643-2
　　（38530）

序

　　清代学者龚自珍曾云："欲知大道，必先为史"，"灭人之国，必先去其史"。[①] 以史为鉴，"察盛衰之理，审权势之宜"[②]，"嘉善矜恶，取是舍非"[③]，从来都是一种人文精神，也是经世济用的正途要术。新中国的缔造者毛泽东同志，在青年求学时期就曾说过："读史，是智慧的事"。[④] 习近平总书记也告诫我们："历史是人类最好的老师"，"观察历史的中国是观察当代的中国的一个重要角度"。[⑤] 由于城市工作的复杂性、城市发展的长期性、城市建设的系统性，历史研究对城市规划工作及学科发展显得尤为重要。

　　然而，当我们聚焦于城市规划学科，感受到的却是深深的忧虑。因为一直以来，城市规划的历史与理论研究相当薄弱，远远不能适应当今学科发展的内在要求；与当前规划工作联系最为紧密的新中国城市规划史，更是如此。中国虽然拥有历史悠久、类型多样、极为丰富的规划实践，但却长期以西方规划理论为主导话语体系。在此情况下，李浩同志伏案数年、严谨考证而撰著的《八大重点城市规划——新中国成立初期的城市规划历史研究》于2016年出版后，立刻在城市规划界引发极大反响。2017年，该书的相关成果"城·事·人"系列访谈录先后出版了5辑，再次引起轰动。现在，随着李浩同志规划史研究工作的推进，访谈录的最新几辑又要出版了，作为一名对中国历史和传统文化有着浓厚兴趣的城市规划师，我有幸先睹为快，感慨良多，并乐意为之推荐。

　　历史，有着不同的表现形式，口述为其重要表现形式之一。被奉为中国文化经典的《论语》，就并非孔子所撰写，而是他应答弟子，弟子接闻、转述等的口述作品。与孔

---

① 出自龚自珍著《定庵续集》。
② 出自贾谊著《过秦论》。
③ 出自司马光著《资治通鉴》。
④ 1920年12月1日，毛泽东致好友蔡和森等人的书信。
⑤ 2015年8月23日，习近平致第二十二届国际历史科学大会的贺信。

子处于同一时代的一些西方哲学家，如希腊的苏格拉底等，情形也大致相似。目前可知的人类远古文明，大多都是口口相传的一些故事。也可以说，口述是历史学的最初形态。近些年来，国内外正在迅速兴起口述历史的热潮，但城市规划方面的口述作品，尚较罕见。"城·事·人"系列访谈录，堪称该领域具有探索性、开创性的重大成果。

读罢全书，我的突出感受有三个方面。

第一，这是一段鲜为人知，不可不读的历史。一大批新中国第一代城市规划工作者和规划前辈，以娓娓道来的访谈方式，向我们讲述了参与新中国建设并投身城市规划工作的时代背景、工作经历、重要事件、历史人物及其突出贡献等，集中展现了一大批规划前辈的专业回顾与心路历程，揭开了关于新中国城市规划工作起源、初创和发展的许多历史谜团，澄清了大量重要史实。这些林林总总的细节与内情，即便对于我们这些已有 30 多年工作经历的规划师而言，很多也都是闻所未闻的。"城·事·人"系列访谈录极具鲜活性与稀缺性。

第二，这还是一段极富价值，引人深思的历史。与一般口述历史作品截然不同，本书的访谈是由规划史研究者发起的，访谈主题紧扣新中国城市规划发展史，访谈内容极具深度与学术价值。关于计划经济时期和借鉴苏联经验条件下的城市规划工作，历来都是学术界认知模糊并多有误解之疑难所在，各位前辈对此问题进行了相当全面的回顾、解读与反思，将有助于更加完整、客观、立体地建构新中国城市规划发展史的认识框架，这是"城·事·人"系列访谈录的一大亮点。不仅如此，各位老前辈在谈话中还提出了不少重要的科学命题，或别具一格的视角与认知，这对于深化关于城市规划工作内在本质的认识具有独特科学价值，对于当前我们正在推进的各项规划改革也有着重要的启迪意义。

第三，这更是一段感人肺腑，乃至催人泪下的历史。老一辈城市规划工作者，有的并非城市规划专业的教育背景，面对国家建设的紧迫需要，响应国家号召，毫无怨言地投身城市规划事业，乃至提前毕业参加工作，在"一穷二白"的时代条件下，在苏联专家的指导下，"从零起步"，开始城市规划工作的艰难探索。正是他们的辛勤努力和艰苦奋斗，开创了新中国城市规划事业的基业。然而，在各位前辈实际工作的过程中，他们一腔热血、激情燃烧的奉献与付出，与之回应的却是接连不断的"冷遇"：从 1955 年的"反浪费"[①]，到 1957 年的"反四过"[②]，从 1960 年的"三年不搞城市规划"，到 1964 年城市规划研究院[③]被撤销，再到 1966 年"文化大革命"开始后城市规划工作全面停滞……一个又一个的沉重打击，足以令人心灰意冷。更有不少前辈自 1960 年代便经

---

① 即 1955 年的"增产节约运动"，重点针对建筑领域，城市规划工作也多有涉及。

② 反对规模过大、占地过多、标准过高、求新过急等"四过"。

③ 中国城市规划设计研究院的前身，1954 年 10 月成立时为"城市设计院"（当时属建筑工程部城市建设总局领导），1963 年 1 月改称"城市规划研究院"。

历频繁的下放劳动或工作调动，有的甚至转行而离开了城市规划行业。当改革开放后城市规划步入繁荣发展的新时期，他们却已逐渐退出了历史的舞台，而未曾分享有偿收费改革等的"红利"。时至今日，他们成为一个"被遗忘"的特殊群体，并因年事已高等原因而饱受疾病的煎熬，甚至部分前辈已经辞世……这些，更加凸显了"城·事·人"系列访谈录的珍贵性、抢救性和唯一性。

可以讲，"城·事·人"系列访谈录是我们走近、感知老一辈城市规划工作者奋斗历程的"活史料"，是我们学习、研究新中国城市规划发展历史的"活化石"，是对当代城市规划工作者进行人生观、世界观和价值观教育的"活教材"！任何有志于城市规划事业或关心城市工作的人士，都值得加以认真品读。

在这里，要衷心感谢各位前辈对此项工作的倾力支持，使我们能够聆听到中国城市规划史的许多精彩内容！并感谢李浩同志的辛勤访问和认真整理！期待有更多的机构和人士，共同关心或支持城市规划的历史理论研究，积极参与城市规划口述历史工作，推动城市规划学科的不断发展与进步。

杨保军

二〇二〇年十二月三十日

杨保军，博士，全国工程勘察设计大师，住房和城乡建设部总经济师。

前言

中国现代城市规划史研究的一个重要特点，即不少规划项目、活动或事件的历史当事人仍然健在，这使得规划史研究工作颇为敏感，涉及有关历史人物的叙述和讨论，必须慎之又慎。同时，这也恰恰为史学研究提供了诸多有利条件，特别是通过历史见证人的陈述，能够弥补纯文献研究之不足，以便解开诸多历史谜团，与古代史或近代史相比，此乃现代史研究所具有鲜明特色之处。

以此认识为基础，在对新中国成立初期八大重点城市规划进行历史研究的过程中，笔者曾投入了大量时间与精力，拜访了一大批数十年前从事城市规划工作的老专家。这项工作的开展，实际上也发挥了多方面的积极作用：通过老专家的访谈与口述，对有关规划档案与历史文献进行了校核、检验，乃至辨伪；老专家所提供的一些历史照片、工作日记和文件资料等，对规划档案起到了补充和丰富的作用；老专家谈话中不乏一些生动有趣的话题，使历史研究不再是枯燥乏味之事；对于城市规划工作过程中所经历的一些波折，一些重要人物的特殊贡献等，只有通过老专家访谈才能深入了解；等等。更为重要的是，通过历史当事人的参与解读和讨论，通过一系列学术或非学术信息的供给，生动再现出关于城市规划发展的"历史境域"，可以显著增强历史研究者的历史观念或历史意识，有助于对有关历史问题的更深度理解，其实际贡献是不可估量的。

因而，笔者在实际研究过程中深刻认识到，对于中国现代城市规划史研究而言，老专家访谈是一项不可或缺的关键工作，它能提供出普通文献档案所不能替代的、第一手的鲜活史料，为历史研究贡献出"二重证据"乃至"多重证据"。所谓老专家访谈，当然不是要取代档案研究，而是要与档案研究互动，相互印证，互为支撑，从而推动历史研究走向准确、完整、鲜活与生动。

2017年，笔者首次整理出版了"城·事·人"访谈录共5辑，受到规划界同仁的较多关注和好评。近几年来，笔者以"苏联专家对中国城市规划的技术援助"为主题继续推进城市规划史研究，在此过程中一并继续推进老专家访谈工作，目前又完成一批访谈成果，经老专家审阅和授权，特予分批出版（图1）。

图 1　老专家对谈话文字稿的审阅和授权（部分）

在本阶段的工作中，对老专家谈话的整理仍然遵循三项基本原则，即如实反映、适当编辑和斟酌精简，前 5 辑"城·事·人"访谈录中已有详细说明，这里不予赘述。关于访谈对象，主要基于中国现代城市规划历史研究的学术研究目的而选择和邀请，本阶段拜访的老专家主要是对苏联专家援助中国城市规划工作情况较为了解的一些规划前辈。由于前 5 辑"城·事·人"的访谈对象以在规划设计单位工作的老专家居多，近年来适当增加了一些代表性高校或研究机构的规划学者。由于笔者关于苏联规划专家技术援助活动的研究是以北京为重点案例，因而对北京规划系统的一些老专家进行了特别的重点访谈。访谈过程中的一些场景说明，以方括号表示。

为便于读者阅读，最新完成的几辑访谈录依不同主题做了相对集中的编排，每辑则仍按各位老专家的年龄排序。本书为第九辑（北京专辑），共收录梁凡初、杨念、张敬淦、陶宗震、张其锟、胡志东、赵冠谦、王绪安、钱连和、武绪敏、申予荣、张凤岐、董光器、赵知敬、柯焕章和马国馨 16 位前辈的 19 次谈话。

在此要特别声明：本访谈录以反映老专家本人的学术观点为基本宗旨，书中凡涉及有关事件、人物或机构的讨论和评价等内容，均不代表老专家或访问整理者所在单位的立场或观点。

口述历史的兴起，是当代史学发展的重要趋向，越来越多的人开始关注口述历史，电视、网络或报刊上纷纷掀起形式多样的口述史热潮，图书出版界也出现了"口述史一枝独秀"的新格局。[①]不过，从既有成果来看，较多属于近现代史学、社会学或传媒领域，专业性的口述史仍属少见。本访谈录作为将口述史方法应用于城市规划史研究领域的一项探索，具有专业性口述史的内在属性，并表现出如下两方面的特点：一是以大量历史档案的查阅为基础，并与之互动。各位老专家在正式谈话前进行了较充分的酝酿，在谈话文字稿出来后又进行了认真的审阅和校对；各个环节均由规划史研究人员亲力亲为，融入了大量史料查阅与研究工作。二是老专家为数众多，且紧紧围绕相近的中心议题谈话，访谈目的比较明确，谈话内容较为深入。各位老专家以不同视角进行谈话，互为补充，使访谈录在整体上表现出相当的丰满度。

有关学者曾指出："口述史学能否真正推动史学的革命性进步，取决于口述史的科学性与规模"，如果"口述成果缺乏科学性，无以反映真实的历史，只可当成讲故事；规模不大，无力反映历史的丰富内涵，就达不到为社会史提供丰富材料的目的"。[②]若以此标准而论，本访谈录似乎是合格的。但是，究竟能否称得上口述史之佳作，还要由广大读者来评判。[③]

不难理解，口述历史是一项十分烦琐、复杂的工作，个人的力量实在过于有限，而当代口述史工作又极具抢救性的色彩。因此，迫切需要有关机构或单位引起高度重视，发挥组织的力量来推动此项事业的蓬勃发展。真诚呼吁并期待更多的有志之士共同参与。[④]

李 浩

2021 年 5 月 31 日于北京

---

① 周新国. 中国大陆口述历史的兴起与发展态势 [J]. 江苏社会科学，2013(4):189–194.

② 朱志敏. 口述史学能否引发史学革命 [J]. 新视野，2006(1):50–52.

③ 毫无疑问，口述历史可以有不同的表现形态。就本访谈录而论，相对于访谈现场原汁原味的原始谈话而言，书中的有关内容已经过一系列的整理、遴选和加工处理，因而具有了一定的"口述作品"性质。与之对应，原始的谈话记录及其有关录音、录像文件则可称之为"口述史料"。然而，如果从专业性口述史工作的更高目标来看，本访谈录在很大程度上仍然是史料性的，因为各位老专家对某些相近主题的口述与谈话，仍然是一种比较零散的表现方式，未做进一步的归类解读。目前，笔者关于新中国规划史的研究工作刚开始起步，在后续的研究工作过程中，仍将针对各不相同的研究任务，持续开展相应的口述历史工作。可以设想，在不远的未来，当有关新中国城市规划史各时期、各类型的口述史成果积累到一定丰富程度的时候，也完全可以按照访谈内容的不同，将有关谈话分主题做相对集中的分析、比较、解读和讨论，从而形成另一份风格截然不同的，综述、研究性的"新中国城市规划口述史"。

④ 对本书的意见和建议敬请反馈至：jianzu50@163.com

总目录

第七辑

第八辑

第九辑

目录

序

前言

总目录

柯焕章先生访谈 / 401

梁凡初先生访谈

梁思成副主任不常来都市规划委员会，他的主要工作仍是在清华大学建筑系从事教学和科研。我向他汇报过两次工作。一次是 1955 年夏天，我向他汇报了经济组的任务、组内的基本情况以及我们的工作计划等。另一次是在 1956 年，我向他汇报了北京市城市总体规划方面的主要经济指标，公共服务设施的定额指标，以及我们的工作方法。梁思成副主任听了之后，对我们的工作表示赞许，挺和善的。

（拍摄于 2020 年 11 月 27 日）

专家简历

梁凡初，1925 年 11 月生，湖南涟源人。

1946—1950 年，在清华大学数学系学习，期间于 1948 年 5 月加入地下青年团，同年 11 月加入中国共产党。

1950 年 6 月毕业后，先后在北京市团工委和西单区委组织部等工作。

1955 年 5 月，调中共北京市委专家工作室（北京市都市规划委员会）工作，任经济组副组长。

1958 年起，在北京市城市规划管理局工作，曾任经济资料室主任、支部书记等。

1977—1980 年，在北京市政设计院工作，任副院长。

1980—1986 年，在北京市人大常委会工作，任城建委副主任。

1986 年末，离休（正局工资待遇）。

2020 年 11 月 27 日谈话

访谈时间：2020 年 11 月 27 日下午

访谈地点：北京市丰台区方庄芳城园一区 5 号楼，梁凡初先生家中

谈话背景：2020 年 10 月初，访问者将《苏联规划专家在北京（1949—1960）》（征求意见稿）呈送梁凡初先生审阅。梁先生阅读书稿后，与访问者进行了本次谈话。

整理时间：2020 年 11—12 月，于 2020 年 12 月 9 日完成初稿

审阅情况：经梁凡初先生审阅修改，于 2020 年 12 月 15 日定稿并授权公开发表

李　浩（以下以"访问者"代称）：梁先生您好，很高兴能当面拜访您。今天主要是想听听您对《苏联规划专家在北京（1949—1960）》书稿的意见，并请您聊聊您的一些经历。

梁凡初：好的。

一、对《苏联规划专家在北京（1949—1960）》 （征求意见稿）的评价

梁凡初：你的这本书稿我看了两个月，全部认真地看了一遍。我觉得你写得很详细，写得很好。个别有问题的地方，我打了问号，你再核对一下。比如第 326 页倒数第 4 行应该是"戒台寺"，不是"戒合寺"。

另外，你的书稿中多处写到"1950 年代"，过去我们一般的写法是"20 世纪 50 年代"。1950 年是一个具体年份，具体年挂在前面，好像逻辑上有点不那么明确似的。我不知道现在究竟应该怎么写，可以和出版社沟通一下。

图1-1　北京市领导张友渔和郑天翔等与第三批苏联规划专家和第四批苏联地铁专家出席1957年元旦团拜会留影（1957年1月1日）

前排左起：阿谢也夫（左2）、诺阿洛夫（左3）、斯米尔诺夫（左4）、勃得列夫（左5）、张友渔（左6）、巴雷什尼科夫（左7）、郑天翔（右7）、果里科夫（右6）、谢苗诺夫（右5）、米里聂尔（右4）、雷勃尼珂夫（右3）、格洛莫夫（右2）、佟铮（右1）。

后排左起：黄昏（左1）、施拉姆珂夫（左6）、沈勃（左7）、冯佩之（左8）、岂文彬（左9）、兹米耶夫斯基（右12）、朱友学（右10）、杨念（右9）、尤尼娜（右7）、傅守谦（右6）、储传亨（右4）、赵世五（右2）。

资料来源：郑大翔家属提供。

访问者：好的梁先生，我和出版社进一步沟通、确认。

梁凡初：总的评价，我觉得你写得很详细，写得很好，分析得也很清楚，我觉得挺好。我修改过的这份书稿，你今天可以带回去了。

访问者：不用带回去了，我把您修改的地方拍个照就可以了。

梁凡初：你带回去吧，慢慢看，仔细改。等这本书稿正式出版了以后，你再送给我一本就可以了。

访问者：好的梁先生，谢谢您的大力支持！书稿中还有一些您的照片，不知您注意到没有？

梁凡初：我的照片不太多。第538页的一张照片，后排右起第10人（图1-1），在杨念的左边，你写了我的名字，但这个位置不是我。我在书稿上给你改过来了。

访问者：呃［翻看书稿中］……您改成了"朱友学"。

梁凡初：杨念是经济组的翻译，我一般跟她在一起的情形比较多，但是这个人不是我，是朱友学。

访问者：第355页的这张照片（图1-2），左1是您，这没错吧？

梁凡初：我再看一下［看书中］……没错，这张照片中左1是我。我另外送给你一张照片（图1-3中上左图），这是1956年夏储传亨同志和我

图 1-2 苏联专家尤
尼娜在经济资料组的
同志陪同下考察北京
的老城墙（1956 年）
左起：梁凡初（左 1）、
尤尼娜（左 2）。
资料来源：郑天翔家属
提供。

图 1-3 与储传亨一起陪同苏联专家尤尼娜在天安门城楼上调研考察（1956 年夏）
注：上左图系梁凡初先生赠给访问者的照片，其他 3 张照片系郑天翔家属提供。
上左图中左起：翻译（左 1）、储传亨（左 2）、尤尼娜（右 2）、梁凡初（右 1）。
下左图中左起：梁凡初（左 1）、尤尼娜（左 2）、储传亨（右 1）。右侧两图中另外一人为保卫组的同志。

图 1-4　梁凡初先生正在介绍《1955 年末—1956 年北京市都市规划委员会组织机构和工作人员名单》(2020 年 11 月 27 日)
资料来源: 李浩摄。

陪同苏联专家尤尼娜在天安门城楼上。那时候,天安门城楼一般是不许上的,因为是苏联专家要去,我们就给天安门城楼的办事处打了个电话:苏联专家要去天安门城楼上看看,你们同不同意?好,那同意。苏联专家上天安门城楼时,保卫组还得派人来。这张照片原件尺寸很小,我把它放大冲洗了一张,送给你了。

访问者: 太谢谢您了。我看到过一组照片,和您这张照片应该是同时照的,角度不同。下次我带给您看看(图 1-3)。

梁凡初: 是吗? 那太好了。

二、北京市都市规划委员会的组织机构及工作人员

梁凡初: 你的书稿中有一个"表 11-2 北京市都市规划委员会早期分组名单",在第 284 页,这个名单不全。我粗略回忆了一下,写了一份《1955 年末—1956 年北京市都市规划委员会组织机构和工作人员名单》,供你参考(图 1-4、图 1-5)。都市规划委员会的主任是郑天翔,常务副主任是佟铮。天翔同志直接领导都市规划委员会(又叫专家工作室),每个月开组长会议或者检查工作时,天翔同志亲自参加。规委会日常的布置工作、计划、总结等主要是由佟铮主持,他是经常盯在那儿的。副主任有梁思成、陈明绍和冯佩之。

规委会办公室的主任是王栋岑,工作人员有张平、申予荣等。政治处的主任是黄昏,她是管事儿的,政治工作基本上都是由黄昏管着的,副主任是王锦堃,干部包括孙廷霞等人。生活科有科长 1 人,食堂工作人员 10 余人,清洁卫生工作人员 10 余人。保卫处处长是刘坚,他跟我们是有接触的,因为保卫处负责苏联专家的安全,每一个苏联专家都有一个保卫工作人员盯着,万一苏联专家出事了可不得了,保卫处有警卫工作人员 10 余人。

规委会的第一组是经济组。经济组的任务重点在两个方面,一方面是搜集并掌

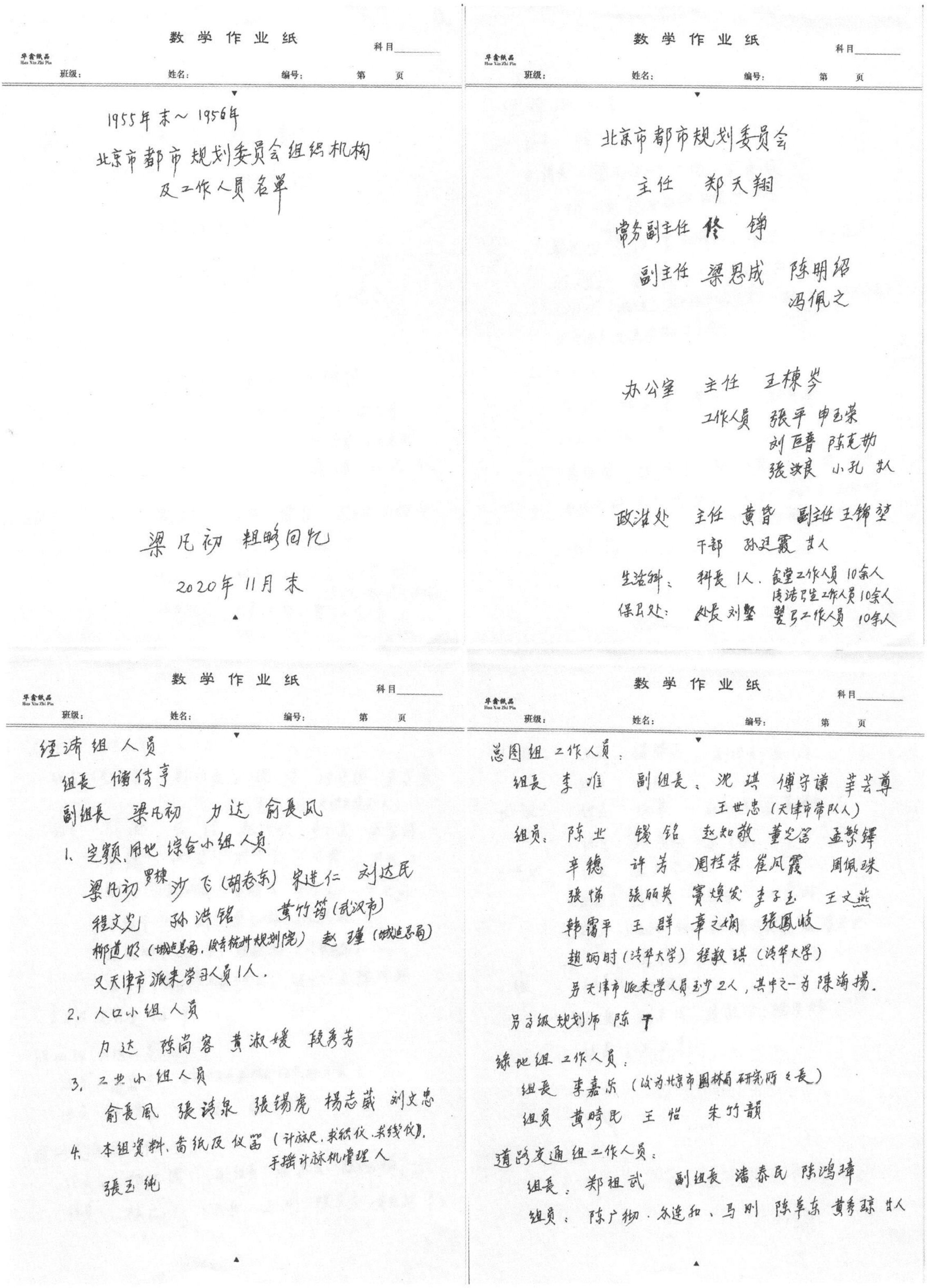

数 学 作 业 纸   科目_____
班级: 姓名: 编号: 第 页

1955年末～1956年
北京市都市规划委员会组织机构
及工作人员名单

梁凡初 粗略回忆
2020年11月末

数 学 作 业 纸   科目_____
班级: 姓名: 编号: 第 页

北京市都市规划委员会

主任　郑天翔

常务副主任　佟铮

副主任　梁思成　陈明绍
　　　　　　冯佩之

办公室　主任　王栋岑
工作人员　张平　申玉荣
　　　　　刘巨晋　陈宪勃
　　　　　张汝良　小孔　扒

政治处　主任　黄鲁　副主任　王锦望
干部　孙迟霞　甘人

生活科：科长 1人，食堂工作人员 10余人
　　　　　　　　　　清洁卫生工作人员 10余人
保卫处：处长 刘坚　警卫工作人员 10余人

数 学 作 业 纸   科目_____
班级: 姓名: 编号: 第 页

经济组人员

组长　储传亨
副组长　梁凡初　力达　俞长风

1. 定额、用地、综合小组人员
　　梁凡初 罗栋 沙飞(胡春东) 宋进仁 刘达民
　　程文炎 孙洪铭　黄竹筠(武汉市)
　　柳道平(城市总局、城市建设规划院) 赵瑾(城建总局)
　　又天津市派来学习人员1人。

2. 人口小组人员
　　力达　陈尚客 黄淑媛 段秀芳

3. 工业小组人员
　　俞长风 张诗泉 张锡虎 杨志勋 刘文惠

4. 本组资料、晒纸及仪器(计算尺、求积仪、求线仪)、
　　手摇计算机管理人
　　张玉纯

数 学 作 业 纸   科目_____
班级: 姓名: 编号: 第 页

总图组工作人员：

组长 李准　副组长：沈琪 傅守谦 革芸尊
　　　　　　　　　　　王世忠(天津市队人)
组员：陈北 钱铭 赵知敬 董之宫 孟繁铎
　　　辛德 许芳 周桂荣 崔凤霞 周佩珠
　　　张悌 张丽英 窦焕发 李子玉 王文燕
　　　韩霜平 王群 章之娴 张凤岐
　　　赵炳时(清华大学) 程敬琪(清华大学)
　　　另天津市派来学员至少2人，其中之一为陈海扬。

　　　另苏联规划师 陈干

绿地组工作人员
　　组长 李嘉乐(成为北京市园林局研究所 & 所长)
　　组员 黄晓毗 王怡 朱竹韵

道路交通组工作人员
　　组长 郑祖武　副组长 潘泰民 陈鸿玮
　　组员 陈广栩 么连和 马刚 陈阜东 黄琇琼 甘人

图 1-5　梁凡初先生手稿《1955 年末—1956 年北京市都市规划委员会组织机构和工作人员名单》(部分页)
注：手稿中个别人名不完全准确。
资料来源：梁凡初提供。

握国家各部门和北京市有关局所属企事业单位在北京地区的近期建设计划及长远发展设想，另一方面是搜集、汇总并制订北京市近、远期城市规划的各项经济指标。

经济组的组长是储传亨，不是我。传亨同志的主要任务是在北京市委天翔同志办公室，是秘书班子的头儿，他兼任经济组组长。经济组的副组长包括我、力达和俞长风。日常工作主要是由我来抓，每一个月的工作计划、半年或一年的工作总结等都是我来起草，储传亨看完了再上交，他把关。

经济组的人员最多时曾达 20 余人，在业务上又分为 4 个小组。第一个小组是定额、用地和综合小组，由我负责，成员包括罗栋、沙飞、宋进仁、刘达民、程文光和孙洪铭等。沙飞本来的名字叫胡志东，那个时候叫沙飞，后来又叫胡志东了。经济组中还有其他单位派来学习的一些人员。黄竹筠是武汉市派来的。柳道平是国家城建总局的干部，后来到杭州规划院去了，我去杭州的时候还找过他，他陪我们逛杭州。以前他在北京市都市规划委员会待了有一年多时间，我们之间建立了友谊。还有赵瑾也是国家城建总局派来的。

访问者：赵瑾也来北京市都市规划委员会进修过，是吧？

梁凡初：赵瑾也在我们经济组工作过。

访问者：他待了多长时间呢？

梁凡初：待了也有一年多。

访问者：我拜访过他好多次（图 1-6），还不知道这个情况呢。他前段时间刚去世了，就在今年。

梁凡初：去世了？

访问者：赵瑾先生是 2020 年 5 月 3 日去世的。

梁凡初：他在我们组一起工作过，这一点绝不会记错。我现在 95 周岁都过了，但记忆还可以。

访问者：您的身体真棒。

梁凡初：还凑合，现在也戴了心脏起搏器了，保险了。

除了黄竹筠、柳道平和赵瑾，还有天津市派来学习的一个人。

经济组的第二个小组是人口小组，力达负责。我主要负责第一个小组，但对经济组也全面负责，储传亨不在组里的时候就是我在抓，力达是专门负责人口小组的。人口小组成员包括陈尚容、黄淑媛和段秀芳。

经济组的第三个小组是工业小组，俞长风负责。成员包括张清泉、张锡虎、杨志葳和刘文忠。

除了上面三个小组之外，我们组还有专门管理本组资料、图纸及仪器的人员，他就是张玉纯。当时经济组的仪器主要有计算尺、求积仪、求线仪和手摇计算机。求积仪是计算面积的，那么一转面积就出来了。求线仪是计算一条曲线的长度的，那么一转线的长度就有了，道路交通方面的计算经常需要用到它。还有手摇计算机，那时候算是很先进的了。那时候没别的办法，就靠这些仪器提高计算效率。

北京市都市规划委员会的第二组是总图组，组长是李准，副组长有沈其、傅守谦、莘芸尊和王士忠。王士忠是天津市派来学习带队的，后来他负责天津的规划。那时候，凡是天津的规划资料，王士忠全拿给我们看，我们也多次去天津考察，跟自家人一样，北京、天津是一家，所以京津冀早就在一块儿联合了。

总图组的组员有陈业、钱铭、赵知敬、董光器、孟繁铎、辛穗、许芳、周桂荣、崔凤霞、周佩珠、张悌、张丽英、窦焕发、李子玉、王文燕、韩霭平、王群、章之娴和张凤岐。当时外单位派来在总图组的学习人员，有清华大学的赵炳时和程敬琪，因为我也是清华毕业的，我回清华的时候赵炳时对我总是很客气的；还有天津市派来学习的两个人，有一个叫陈海扬，另一个人的名字我记不得了。在总图组中，还有高级规划师陈干。陈干没有当组长，但是他说的话有时候跟组长一样的有分量，他算是高级规划师。

第三组是绿地组，组长是李嘉乐，后来到北京市园林局当研究所的所长。组员有黄畸民、王怡和朱竹韵。

第四组是交通组，组长是郑祖武，副组长有潘泰民和陈鸿璋，组员有陈广彻、钱连和、马刚、陈阜东和黄秀琼等人，这个组的人没有记全，能回忆起来的就这几个。

第五组是电组，组长是老潘，潘什么我记不得，原来是电力局的总工程师，我们挺熟，最近记不起来了，人也走了。

访问者：可能是潘鸿飞吧？

梁凡初：对，潘鸿飞，我跟老潘关系也挺好的。电组的副组长有吴淳，组员有章廷笏等。其他人我也记不起来了。

第六组是热组，组长是徐卓，副组长是曾享麟，组员有佟茂功和李光承等人。

第七组是煤气组，组长由朱友学兼任，朱友学本来是公用局的局长，他是北京市都市规划委员会的委员，所以他兼煤气组组长。副组长是马学亮、陈绳武和田蕙玲，主要是马学亮管得多一些。组员有战仲仪、孙英、黄秉甫、崔兴业和惠莉芳等。

第八组是水组，组长是钟国生，庞尔鸿、张敬淦和陆孝颐是副组长。组员好像有文立道，本来水组的人比较多，但其他人我一下子想不起来了。

那时候，北京市都市规划委员会一共有上面八个业务组，此外还有一个翻译组。我们经济组与总图组、绿地组以及翻译组在一个党支部。

翻译组的组长是岂文彬，副组长有谢国华和杨念。杨念本来就是经济组的翻译，后来她转行搞经济工作了，1958 年北京市都市规划委员会和北京市城市规划管理局合并后，她是经济资料室的副主任。翻译组的组员有赵世伍、冯文炯、漆志远和扈秀云等。大概就这些。

我回忆的人员名单也不全，仅供你参考。

访问者：好的梁先生。关于翻译组组长岂文彬，我想问一下，有人说他当过组长，也有人说他没当组长，您确认他当过组长？

梁凡初：岂文彬当过组长，肯定的，他是翻译组的组长。

访问者：他资格很老。

梁凡初：对，他资格老。杨念是副组长，重点负责我们组的翻译。岂文彬是翻译组组长，这一点肯定没错。

访问者：您的记忆力真好。

梁凡初：还有好多人我已经记不起来了。我把这个名单就送给你了。

访问者：太感谢您了！我带回去扫描一下，打印一份给您寄过来。您手写的原件我珍藏起来，留个纪念。

梁凡初：那也可以。

三、教育背景

访问者：梁先生，我想请教一些您的个人情况和工作经历，您看可以吗？

梁凡初：好的。

访问者：刚才您聊到，您已经过了 95 周岁，您是 1925 年 11 月出生的吗？

梁凡初：对，我是 1925 年 11 月 12 日出生的。我跟孙中山和华罗庚是同一天生日，每年的 11 月 12 日全国政协和北京市政协会有一些纪念活动，我会想起来我的生日也是这天，我跟名人沾光了。

访问者：您的籍贯是？

梁凡初：湖南，现在是娄底地区涟源市。抗日战争时期长沙发生过大火，结果我们那儿就得利了——涟源市成了湖南的文化中心，湖南的一些名校大部分都迁到我们那儿的镇上或者农村。初中时我在湖南长郡中学学习，高中时我在湖南省立一中学习。湖南省立一中早期叫"长高"（长沙第一高中），后来叫湖南省立一中，现在叫长沙市第一中学。这个学校是湖南的名校，现在也是全国的名校。毛主席在这儿读过第一学期，他写了一篇文章《商鞅徙木立信论》，这篇作文是现在保存的毛主席最早的文献。湖南省立一中毕业的最大的官是朱镕基，朱镕基比我低一班，我到清华读书时也比朱镕基高一年级。

访问者：您是哪一年高中毕业的？ 1946年还是1947年？

梁凡初：我是1945年毕业的。当时我去了重庆，想考大学来着，结果到了那儿，重庆的耗子（老鼠）、蚊子特多，结果我得了疟疾，南方叫"打摆子"，高烧到40多度，整个身体全垮了。正在我"打摆子"的时候，很多学校招生，那时候我根本考不了，就耽误了。后来又有别的第二流的学校招考，我倒是考了好几个，都考取了，可是我不甘心，因为我原来在湖南省立一中的名次都是第一、二名，都是很好的。当时像交通大学、中央大学什么的，全都招生过了，我考的几个次要的学校我又不甘心。

那时候是民国时期，教育部办了一个"先修班"。湖南已经被日本人侵占了，算沦陷区，对沦陷区学生可以照顾，结果我考了教育部的"先修班"，在重庆江津的白沙镇，上了白沙"先修班"。旁边是国立女子师范学院，两个学校挨着，那个镇算是个文化大镇。我在那儿读了一年，我成绩好，班上的第一名，所以保送上清华。当时，北大、清华和南开又在重庆招考，一块儿招考，但只能报一个学校，我又去考，我也考上了。1946年就进入了清华大学数学系。

访问者：您为什么会到数学系学习呢？

梁凡初：因为我对数学有兴趣，华罗庚就在清华数学系。那时候，我如果学好了还可能留洋呢，清华不是留学的机会多一点吗。当时我是抱着这么一个思想进去的。可是进了清华后，一下子感受到清华又是另一种风气——进步思想占统治地位，首先是要反美、反蒋、反对帝国主义，所以也就不想留学了，就参加进步活动了。所以，我在1948年5月就参加了CY——地下青年团，就算参加革命了；1948年11月1日又参加了CP——中国共产党。在清华期间，我的主要精力不是搞数学，而是搞学生运动。

北平刚解放的时候，我是清华大学团委的委员兼"五系"团总支的组织委员。"五系"是指数学系、气象系、地质系、地理系、心理系，还有生物系，实际上是六个系，简称"五系"，其实生物系还是比较大一点的。"五系"团总支书记是李卓宝。李卓宝也是很进步的，那时候他的名头很多：华北学联的委员、北京妇联的委员，外面的活动比较多，实际上"五系"团的工作主要是我在那儿抓。

1950年，我从数学系毕业，交了毕业论文，得了80多分。在清华，得80多分不算低，算中上了。

访问者：您是几月份毕业的？

梁凡初：1950年6月份。

访问者：那时候像数学系的毕业论文，是要怎么做呢？

梁凡初：写篇文章交给系里，我写的是一篇关于高等几何方面的文章。当时审阅我毕业论文的老师是吴祖基，他给了我85分，85分算不错了。

访问者：很高了。

梁凡初：中等偏上吧，真正高分是90分以上。我得了85分，当然心里很高兴。

四、参加工作之初

梁凡初：1950年初，到毕业的时候，突然组织上通知我说，要把我留在清华当骨干。我本来要参加南下的工作团，结果被卡了，就不让我报名，把我的名字撤下来了。后来到1950年6月份的时候，突然市委组织部又通知我调北京市团工委。我也是清华大学团委委员，对团的工作比较熟悉，后来就筹备第一次团代表大会，我就跑了各个区的团区委了解情况，怎么准备、筹备团代表大会，怎么选代表等。谁知道我刚干了一个月，市委组织部又通知我：你调到五区区委组织部工作。当时的五区是北京城的中心区，天安门广场所在的那个区。后来五区分开了，分成了东单区和西单区，我被分到了西单区委组织部。

当时西单区的区委书记是杜若同志，组织部长是黎光（黎光同志后来担任北京市人大的副主任）。我算是比较大的一个干事吧，黎光同志不在的时候，组织部的一些会由我来主持。当时组织部本来还有一个副部长，但因为他是农村来的，没有文化，传达报告、反映问题不行，一般情况黎光同志都是让我来主持会议，学习活动也是由我组织。

后来到了1955年5月，一批苏联专家来北京了，由市委组织部调我到市委专家工作室工作，于是我就到了天翔同志领导的苏联专家工作室。专家工作室的第一组就是经济。当时苏联专家组组长勃得列夫对天翔同志讲，经济组的组长应该由学过统计的同志负责，如果没有学统计的，学数学的也行。我不就是数学系毕业的吗，加上我在清华也学过半年统计，结果一下就把我直接抽调到了经济组。当然，储传亨是经济组组长，我是第一副组长，日常工作都是由我打理。到了市委专家工作室，我也很努力。我学过一年俄文，那时候，简单的俄文图纸我可以看懂了，表格也行，莫斯科规划方面的资料多少还能看看。当然现在又忘了。当初是被逼着学的。关于城市规划，翻译过来的一些书籍，像列甫琴

图1-7 陪同苏联专家勃得列夫和尤尼娜考察北京潭柘寺（1957年11月）
左起：勃得列夫（左2）、邑文彬（左3）、尤尼娜（右2）、梁凡初（右1）。
资料来源：郑天翔家属提供。

柯的《城市规划：技术经济指标及计算》，当时我都看，就这么过来了。

在专家工作室的时候，我们主要搞城市总体规划。一直到1958年，北京市都市规划委员会跟北京市城市规划管理局合并，我们被合并到规划局了。合并到规划局以后，以前的经济组就变成了经济资料室，我1958年担任经济资料室的主任，储传亨就回北京市委了，不在规划局兼职了。

五、对苏联专家的印象

访问者：您在中共北京市委专家工作室经济组工作时，对苏联专家尤尼娜和勃得列夫的印象怎么样？

梁凡初：尤尼娜的工作很细致，很认真，我们汇报工作的时候，一些主要的内容，她都会记录下来。勃得列夫与我们经济组碰面的次数比较少。尤尼娜来中国晚一年，她是1956年7月到北京的。在尤尼娜没米之前，主要是规划专家兹米耶夫斯基负责经济组。尤尼娜来了之后，兹米耶夫斯基就不管了，专门由尤尼娜管经济组（图1-7～图1-11）。

我记得尤尼娜讲过城市总体规划的经济工作，她做了一些报告，后来又讲过分区规划的经济工作，也做了一些报告。反正有报告的时候我都仔细听，主要的内容我都记下来，但现在都忘了。那时候我学习还是很认真的。

访问者：当时国家城建总局下面有一个直属的城市设计院，也就是中国城市规划设计研究院的前身，那里也有几位苏联专家，其中包括一位苏联经济专家，叫什基别

图 1-8 陪同苏联专家尤尼娜考察
北京现状
左起：翻译（左1）、尤尼娜（左2）、
梁凡初（右2）、储传亨（右1）。
资料来源：郑天翔家属提供。

图 1-9 陪同苏联专家尤尼娜调研时的留影（一）
左图左起：尤尼娜（左1）、梁凡初（右2）。
右图左起：尤尼娜（左1）、梁凡初（右1）。
资料来源：郑天翔家属提供。

图 1-10 陪同苏联专家尤尼娜调研时的留影（二）
上图左起：尤尼娜（左1）、储传亨（右2）、梁凡初（右1）。
下图左起：储传亨（左1）、尤尼娜（左2）、梁凡初（右1）。
资料来源：郑天翔家属提供。

图 1-11　陪同苏联专家尤尼娜调研时的留影（三）
左图左起：梁凡初（左1）、尤尼娜（右2）、储传亨（右1）。
右图左起：梁凡初（左1）、尤尼娜（右2）、储传亨（右1）。
资料来源：郑天翔家属提供。

里曼，他是个犹太人，您有没有印象？北京市都市规划委员会的经济组和城市
设计院的经济室交流过没有？

梁凡初：没有，我们没有交流过，对国家城建总局那边的苏联专家也不熟悉。

访问者：国家城建总局的苏联规划专家巴拉金到咱们都市规划委员会来的时候，您见到
过他没有？

梁凡初：我没怎么见到过巴拉金。

访问者：他在中国的时间挺长的，从 1953 年待到 1956 年，3 年时间。

梁凡初：我听说过他的名字，但我没见过他。

访问者：北京市都市规划委员会一共有 9 位苏联专家，您怎么评价他们的工作？在帮助
北京做规划工作的这段时间，他们起到了什么样的作用，存在哪些不足？

梁凡初：不足倒也不好说了，但总体来说，我觉得苏联专家组，特别是组长勃得列夫以
及我们经济组经常接触的兹米耶夫斯基和尤尼娜，我觉得他们都挺认真，挺细
致，连表格都看得很细，甚至连标题都说应该怎么怎么写更好，细致得很，对
数字要求得很严格。
兹米耶夫斯基和尤尼娜专家首先跟我们讲课，讲完课再让我们自己在实际工作
中执行，对我们还是很有帮助。我们提出的各项规划指标和某些专项规划方案，

苏联专家都听取汇报，提出意见或提供一些参考数字和情况。两位专家在指导我们工作时，还不断提供一些莫斯科城市规划或现状的有关情况和指标，有时也提供欧美其他城市的一些情况。他们都强调这些资料只供参考，因为北京的情况和莫斯科不同，和欧美其他城市也不同，要更多考虑北京的具体情况。

当时，我们的一些工作计划除了报都市规划委员会办公室外，也送给苏联专家，而且事先也和苏联专家有所商量。我们往上级送的一些工作报告，特别是那些具体的规划指标，都是先由苏联专家审查，审查通过了我们再拿出去或者上报，这个程序是必需的，也是尊重苏联专家的表现。

访问者：苏联专家审查有关文件的时候，需要翻译成俄文是吧？

梁凡初：翻译成俄文，或者他们找俄文翻译问问也行。真正重要的属于文件性质的材料，翻译组会首先翻译给他们。我们经济组的翻译是杨念，谢国华也翻译过，他们是口头翻译。口头翻译，有时候随时调整的也有，有时候我们出去，扈秀云也跟着翻译过。

访问者：关于苏联专家的年龄，我从网上查到兹米耶夫斯基专家是 1909 年出生的，1955 年到中国来的时候是 46 岁，尤尼娜的信息我还没查到。不知道您清楚吗？

梁凡初：这个情况我不清楚。

访问者：他们有没有在北京过过生日？

梁凡初：在北京过过生日，当时他们生日的时候我们都去祝贺的，但没有注意是什么时候过的生日。还有一个重要节日，我们去给他们祝贺十月革命节（图 1-12）。记得 1956 年 11 月初，储传亨同志以经济组名义给苏联专家尤尼娜写了一封信，向她表示十月革命节的祝贺，并对她的技术援助工作给予充分的肯定。尤尼娜十分高兴。1956 年 11 月 7 日那天，我和老储都到友谊宾馆参加了为苏联专家举行的节日庆祝活动。

访问者：像他们几个苏联专家的年龄大小，谁大谁小，您知道吗？

梁凡初：搞不清楚，你只好去查资料吧。北京市都市规划委员会的档案中应该有，或者市委的档案中应该有，苏联专家是市委请来的，你去查查市委的档案。

访问者：关于苏联专家对待文化遗产（图 1-13 ~ 图 1-16）的一些态度，比如说北京的城墙应该拆除还是保留，不知您是否知道苏联专家比较真实的想法，他们的观点是什么？据说第三批苏联规划专家 1957 年离开北京返回苏联时，曾将一些书面意见留在其办公室，主要内容是不赞同拆城墙，认为有些道路太宽了，您知道这一情况吗？

梁凡初：这个情况我不太清楚。可能苏联专家把意见搁在其他组了，跟经济组是分开的？

访问者：有可能。苏联专家尤尼娜对城墙存废问题发表过什么观点吗？

梁凡初：没有。关于城墙问题，当时在规划总图设计时也有过一些考虑，也就是把城墙

图 1-12　苏联专家和中国同志在十月革命节联欢会上的留影（1955 年）
资料来源：郑天翔家属提供。

拆低一点，变成绿地的花环，还可以走交通，有过这么个想法。但后来这个想法
也没有具体画图，没有画出设计方案来，反正这个想法倒是说过，总图组讨论过。
我好像是听沈其他们说的，沈其是总图组的副组长，后来是北京市政协委员。

访问者：经济组算过拆城墙的量吗？有多少砖和土什么的。

梁凡初：我们好像没有算过。交通组算没算过我不知道，我们没算过。如果要算，可能
让交通组算。

访问者：好的梁先生，我再查查看。

六、郑天翔主任对首都规划工作的严格要求

访问者：北京市都市规划委员会的主任郑天翔，您对他有什么印象？我的这本书稿中引
用了他好多日记，还有他保存的一些老照片。

图 1-13 陪同苏联专家尤尼娜考察北京的风景名胜
注：前排左为尤尼娜，后排中为梁凡初。
资料来源：郑天翔家属提供。

图 1-14 苏联专家在北京西山八大处游览（一）
注：前排右 5 为勃得列夫，右 6 为兹米耶夫斯基。
资料来源：郑天翔家属提供。

图 1-15 苏联专家在北京西
山八大处游览（二）
注：右 2 为勃得列夫。
资料来源：郑天翔家属提供。

图 1-16 苏联专家游览八大
处后用餐时的留影
注：正面左 1 为兹米耶夫斯基，
左 2 为雷勃尼珂夫（苏联上下水
道专家）。
资料来源：郑天翔家属提供。

梁凡初：天翔同志很严格，要求得很细。他每个星期一都要听各组的组长汇报工作，汇
报情况。我也常去参加汇报，经济组的实际日常工作主要是我在那儿盯着，老
储在那儿的时间比较少，真正汇报的时候大部分是我汇报。老储日常就跟着天
翔同志，天翔同志如果需要问情况，早就问老储了。到做细致工作的时候，我
都详详细细向他汇报。

记得有一次，天翔同志到我们组里来听取有关规划定额指标的汇报，一开始我
们有点紧张，没想到天翔同志亲自给我们倒茶，待我们很亲切，他沏了茶说：
你们先喝茶，一会儿再汇报。我的心情一下子不那么紧张了，后来就详详细细
汇报了。天翔同志听得很细致，不时询问制订定额指标的依据、历史的与现状
的数字、发展的速度等。

天翔同志强调，每一项工作都有一项指标，都要认真做调查，了解北京市历史的
情况、现状的情况，对于将来发展取高速还是低速，指标是大一点还是小一点，

都要斟酌。再一个，还要了解其他城市的有关情况，做比较研究，特别是跟北京情况比较近似的一些大城市，如天津和上海等，他常让我们去了解这些城市的情况。我们去过上海几次，去天津的次数就更多了，京津冀基本上是一家。

总的说来，天翔同志在工作上对我们的要求比较严格，他希望我们在掌握历史与现状情况的基础上，根据国民经济发展的速度与趋势，参考国内外其他城市的情况，综合考虑近期、远景规划目标的结合及过渡，提出比较切合实际的经济指标和规划方案。这些教益，使我们受益匪浅。

访问者：他在听咱们经济组汇报的时候，发没发过火？

梁凡初：没有发过火。

访问者：都市规划委员会的常务副主任佟铮呢？

梁凡初：佟铮也没有发过火。

访问者：各位领导对经济组还比较好？

梁凡初：没有人跟经济组发大火的，还没有。老储兼经济组组长，谁发经济组的大火？那时候，老储是天翔同志秘书组的头儿，他是第一大秘书。当然，天翔同志还有别的秘书，比如张其锟和凌岗等，好几个秘书。

访问者：可能郑天翔和佟铮对别的组发过火：工作布置下去了，半天完不成，图画不出来。这是我听有的前辈说的。

梁凡初：对我们组倒还没有发过火。

七、梁思成副主任对经济组工作的关心

访问者：梁先生，您1950年从数学系毕业的时候，听没听说过"梁陈方案"？就是梁思成先生和陈占祥先生1950年2月给中央写了个报告，建议在北京的西郊搞中央行政区，您当时没在建筑系，不知道您听说过没有？

梁凡初：我知道一点点，是后来才知道的。后来对"梁陈方案"问题就不考虑了，对这个问题就无所谓了，反正以后的规划都确定下来了。"梁陈方案"是过去的历史情况，我知道有这个情况，老储也知道。

访问者：梁先生，当时梁思成先生也是北京市都市规划委员会的副主任，他到咱们经济组工作过没有，或者说了解过情况没有？

梁凡初：了解过。梁思成副主任不常来都市规划委员会，他的主要工作仍是在清华大学建筑系从事教学和科研。我向他汇报过两次工作。

一次是1955年夏天，我向他汇报了经济组的任务、组内的基本情况以及我们的工作计划等。另一次是在1956年，我向他汇报了北京市城市总体规划方面的主要经济指标，公共服务设施的定额指标，以及我们的工作方法。梁思成副主任听了之后，对我们的工作表示赞许，挺和善的。反正梁思成也知道我是清华的地下党，对我也挺客气的，我对梁思成也是很尊敬的。跟梁思成副主任汇报还是挺愉快的，汇报了以后他也很满意，跟我点点头，握握手，挺亲切。

八、都市规划委员会的其他人和事

访问者：当时清华大学其他一些老师到都市规划委员会交流的多不多？除了赵炳时和程敬琪是来专门进修的之外，像梁思成先生的助手吴良镛老师，他们到都市规划委员会有过一些交流或学习吗？

梁凡初：吴良镛有时候偶尔也来听苏联专家的报告。当时经济组凡是搞出来经济指标，只要出来一份，不管内容是多少，吴良镛必定打电话给我：老梁，给我一份。我就给他寄一份。那时候吴良镛跟我们的关系挺好的。他现在是清华的大教授了。

访问者：是，吴先生是两院院士，获得过 2011 年度国家最高科学技术奖。他的年龄跟您差不多。

梁凡初：他原来跟我们专家工作室的关系还是比较密切的。后来他搞的菊儿胡同规划成了典型，扬名了。那时候南京工学院还有个齐康，是在总图组学习的。

访问者：后来也是院士了。

梁凡初：对，后来是院士了。原来我们都是在一块儿工作，那时候齐康对我也很尊重的。

访问者：您对齐先生有什么印象吗？

梁凡初：齐康还是很实在。每到一个地方，齐康除了了解情况以外，马上临摹，画画。我觉得他这一点很有意思，很注意掌握实际情况。齐康很用功。

访问者：清华大学派来学习的赵炳时和程敬琪，他们是什么样的情况？他们还是住在清华，只是来都市规划委员会上班是吧？

梁凡初：好像也住在都市规划委员会，因为那个时候太紧张了，除了学习还要工作呢，不光是听报告，还得参加组里的工作，不实践不行。

访问者：他们两位是负责图纸方面的工作多一点，还是文字方面的工作多一点？

梁凡初：他们和我们一起搞调查研究，图纸、文字都参加的。我记得我们搞仓库调查的时候，程敬琪亲自去搞仓库调查，到马连道那边，有时候她还提点意见，搞仓库调查要注意什么事项等。因为我是经济组的组长，程敬琪对我是很客气的，她的弟弟就在我那个组，是经济组的组员。

访问者：她弟弟叫什么名字？是她亲弟弟是吧？

梁凡初：程文光，他是程敬琪的亲弟弟，我跟程敬琪的关系也很好。

访问者：刚才您提供的都市规划委员会人员名单中，写到了赵瑾，国家城建总局派来的，您对他有什么印象吗? 他也是搞经济工作比较多一点。

梁凡初: 赵瑾还是不错的, 工作很细致, 很认真, 我对他印象是挺好的。

九、对首都规划问题的一些认识

访问者: 您在北京市都市规划委员会搞经济工作的时候, 工作中有哪些困难, 是不是资料比较难搜集呢?

梁凡初: 这方面还可以, 不太困难。

访问者: 当时你们做了很多调查?

梁凡初: 做了很多调查。都市规划委员会对所有的历史资料、现状资料还是很注意的, 人口资料也收集了好多年, 还要考虑地震的情况、灾害情况等。关于地震的资料, 当时访问了一些人, 按照当时北京市向中央提交的一个报告, 把北京市的地震烈度列为8度, 我们就按地震烈度8度来考虑防震的问题。当时也不主张楼房盖得太高, 考虑四至六层为主, 高的地方临街可以盖八至十层, 也就到那个地步。城市规划设计是这么考虑的。当然, 后来情况就变化了, 一开始没有钢, 后来有了钢结构, 就可以搞高层建筑了。当时我们缺钢, 进口没有外汇, 同时别人也不给你钢。

访问者: 当时做经济分析也是非常辛苦的事情, 大量的数据需要计算和分析。

梁凡初: 对, 我们要处理大量的数据。

访问者: 做城市总体规划就涉及未来的发展目标, 相当于要有经济分析, 有个规划的依据。当时在经济工作中, 有没有一些存在争议的问题, 或者说大家存在不同看法的问题?

梁凡初: 争论也不是太大, 有些问题基本上是市委的意见, 是彭真同志的意见, 是天翔同志的意见, 我们就基本上照办了, 你得听从市委的领导。

访问者: 1953年底畅观楼规划小组完成《改建与扩建北京市规划草案》并上报中央以后, 1954年国家计委和北京市在规划问题上有不同意见, 国家计委提出来工业发展问题、人口规模问题、规划标准问题和文教区等四个方面的主要意见。对此, 您是什么看法?

梁凡初: 现在我倒觉得北京市的意见是可以的, 因为当时我们的规划拿出去以后, 中央有些单位, 有的是规划的业务部门, 认为北京市"大马路主义""大绿地主义", 高标准。在中国共产党第八次代表大会的时候, 我们不是搞了展览吗, 德国的代表和领导说:"你们的马路是要搞宽一点, 搞窄了不行, 德国搞得比较窄, 后来加宽还要拆房子。"所以, 我们早就听取了这方面的意见。

访问者: 对于长安街的宽度, 您怎么看呢?

梁凡初：长安街的宽度，有好多人认为是宽了点。那时候内部有个考虑，至少是彭真同志的考虑，可能这是党中央的考虑，考虑跑飞机，所以搞 100 米到 110 米宽。这个情况对外不能宣布，人家该批评就批评，我们就按我们的方案来做。主要是从国防的角度考虑，考虑保卫首都的问题，飞机场如果被炸掉了，这儿还有一个紧急应付的地方。还有地铁建设，也是保密的，我们都不知道。有些地方更是绝对保密。

访问者：因为您主要是做经济工作，当时经济工作中很重要的一项内容就是人口问题，关于人口问题，通过查资料我发现毛主席的讲话对北京的规划工作有很大的影响。对毛主席的指示，1000 万人口规模，您是怎么看的？在毛主席发表意见之前，大家争论的问题是 500 万人口规模是大了还是小了，毛主席讲话之后，一下子就是另一个概念了。

梁凡初：那时候我们考虑的远景期限是 25 年，我觉得 1000 万还是可以的。做城市总体规划，中央规划部门一般考虑到 15 年，近期是 5 年到 10 年，远期是 15 年，我们的远期是 25 年，比中央规划部门的考虑时间要更长一些。

访问者：等于是 5 个五年计划的时间。

梁凡初：对，而且我们也相信，5 个五年以后，生产力、科技方面也发展了。另外还应注意到我们总体规划布局的结构，北京有一个市区中心，还有市区边缘，也不是完全一大疙瘩，其中有绿地，有农田、菜地，虽然菜地不算绿地，但实际上是起到了绿地的作用。我们搞的布局结构是分散集团式，我们的考虑不影响中心地区没有新鲜空气，没有这个问题，是分散集团式的布局。

我们知道中央有些业务部门批评我们这个规划是大绿地、大马路、高标准，我们跟他们抬过杠，他们也说服不了我们，我们也说服不了他们，彼此都保留意见。

访问者：再问您一个经济方面的问题，在当年的规划工作中，人均居住面积是一个挺重要的规划定额指标，当时争论远景采取 9 平方米 / 人还是 6 平方米 / 人，近期规划则采取 4.5 平方米 / 人。

梁凡初：我们在远景规划中确定的指标是 9 平方米 / 人，逐步过渡。我们没有采用过 6 平方米 / 人。

访问者：当时国家计委和国家建委比较主张采取 6 平方米 / 人。

梁凡初：这个情况我们知道，因为他们一直批评我们的规划是高标准，其中就有个 9 平方米 / 人的问题在里面。除了批评大绿地以外，再一个就是 9 平方米 / 人，高标准的重要内容之一。这是国家计委、国家建委和我们北京市的分歧，我们一直确定为 9 平方米 / 人，我们觉得可以，因为居室面积再加上会客室等这些，面积太小了不行。

十、1958 年之后的工作经历

访问者：梁先生，1958 年之后您主要就是在北京市城市规划管理局工作，对吧？

梁凡初：我一直在城市规划管理局工作，期间下放劳动了 7 年。

访问者：您是在哪儿下放？

梁凡初：我先下放到机械修配厂当副厂长，后来下放到市政一公司修马路。

访问者：您到这两个厂下放，大概是哪一年，您还记得吗？

梁凡初：前一次大概是"大跃进"的时候，后来"文化大革命"开始后我又下放过。一直到 1973 年，那时候要重新搞总体规划了，我给万里同志写了封信，我说我原来一直是搞规划的，既然要恢复搞总体规划，我还希望回去搞总体规划。万里同志批复，同意了。当时也有个好条件，万里同志的主要秘书是宣祥鎏同志，宣祥鎏同志原来跟我都在都市规划委员会工作过。就这样，1973 年我又回到规划局搞规划，又回来了。

　　我在北京市城市规划管理局工作了好多年。后来，我还到北京市政设计院待了三年。

访问者：您是 1977 年到北京市政设计院工作的，对吧？

梁凡初：对，1977—1980 年，我在北京市政设计院工作了三年，担任副院长。我当时在市政设计院，还是很有功绩的。

　　原来我对市政设计不大懂，当时正好有一批工农兵学员，所有的工农兵学员都要学英语，我给大家开了个英语班，请所有的总工程师和高级工程师来讲授本专业的课程，让这些工农兵学员学习，听课。这些课我都认真听，记笔记，收获不小。当时市政设计院的一些高级工程师、院长、副院长，有好几个人说市政设计院真正懂业务、抓业务的要数梁院长，大家对我的评价还是比较好的。而且那些总工程师和高级工程师跟我的关系都很好，当几个总工程师和高级工程师有时候在设计问题上有争议的时候，我拍了板，他们还都服我，还没有人反对过我，我拍了板之后就这么办。

　　到 1980 年 6 月，我就调到北京市人大常委会的城建委了。为什么调这儿呢？那时候储传亨是北京市人大常委会的副秘书长兼城建委的主任，他对我说：老梁，你搞过规划，又搞过设计，你到人大常委会来，可以搞立法和执法监督。就这样，把我调到人大常委会了。还是老储把我要去的。

访问者：你们两位是老搭档。

梁凡初：老搭档。一年以后，老储是市长助理，预备当副市长，这时国务院下发通知，老储调到城乡建设环境保护部当副部长去了，这样我就留在北京市人大常委会了。后来北京市人大常委会城建委的主任是沈勃同志，他是老同志了，老规划局局长，很有名了，既搞过规划，也搞过设计——他原来担任过北京市建筑设计院的院长。北京市人大常委会城建委的主任是沈勃，我是副主任。

访问者：梁先生，改革开放后您长期在北京市人大常委会工作，您对首都规划建设的法治问题有什么体会？首都规划建设的情况比较复杂，人治和法治的矛盾也比较突出，应该怎样搞好首都的规划，法治建设方面您有什么体会？

梁凡初：这方面不太好说。我在北京市人大常委会工作的时候，搞了几个立法，比如《北京城市绿化管理办法》《北京市规划管理条例》《北京市道路交通管理办法》和《北京市房屋拆迁安置办法》等，现在这些法规都又修改了，已经过去好几十年了。

访问者：关于北京的绿化隔离带，好像也制定过法规吧？

梁凡初：绿化隔离带属于绿化管理，在《北京城市绿化管理办法》中有规定。现在绿化管理办法也修改了，时代变了。

一直到1986年，我超过60岁了，那时候正是一刀切，就"切"下来了。我1986年就退下来，离休了。

十一、关于养生的体会

访问者：梁先生，最后再向您请教一个问题。现在您已经过95周岁了，我感觉您身体各方面如听、说、读、写（图1-17）和活动等，都还非常棒。您平时有什么养生的办法或习惯吗？

梁凡初：我现在吃的东西基本上是定量的。比如说中午、晚上一碗粥，主食是半个烧饼，如果不是半个烧饼，就是小米面饼，也是一半，基本差不多的量。或者是半个玉米面饼，一碗粥。再来点蔬菜，再来点肉食或者是鸡翅什么的，每天一个鸡蛋，喝点酸牛奶，养分还过得去。

我的态度是活一天赚一天，活一天乐一天，粗茶淡饭，没心没肺。小事情去他的，不去想。

访问者：您的精神比较好。您偶尔也要运动，或者活动一下吧？

梁凡初：现在主要是散步。以前我大大打乒乓球，我年轻的时候是国家三级运动员。我是乒乓球运动员，达到了国家三级标准，还有西单区发的证书。

访问者：前些天我拜访了张凤岐先生，他也是爱打乒乓球，现在还在打。

梁凡初：对，我们都爱打乒乓球。以前北京市规划管理局爱打乒乓球的人不少，包括宣祥鎏，还有国家级裁判张云庆，都是北京市规划局的干部。张云庆本来是搞规划管理的，以前是北京市规划局的二级运动员，后来变成了国家级裁判，到世界赛场上当裁判去了，组织国际上的乒乓球比赛，算是规划局出了个人才。张凤岐也打乒乓球，我也喜欢打乒乓球，打乒乓球的人真不少。我78岁的时候

图 1-17 梁凡初先生写作中（根据访谈时新
的记忆对《1955 年末—1956 年北京市都市规
划委员会组织机构和工作人员名单》进行补充，
2020 年 11 月 27 日）
资料来源：李浩摄。

图 1-18 拜访梁凡初先生合影留念（手机自
拍，2020 年 11 月 27 日）
资料来源：李浩摄。

还得过小区老龄组的冠军，还给我发了奖品。

访问者：您真厉害。

梁凡初：后来我戴了心脏起搏器，就不让我打乒乓球了，只能散散步了。

访问者：需要避免剧烈运动。

梁凡初：现在我每天散散步，晒晒太阳。

访问者：我看您桌上有酒瓶，您平时也喝点小酒？

梁凡初：我主要喝红酒，早晨起来喝这么一小杯，很小的一杯，主要是为了舒筋活血，
中午、晚上之后洋葱泡红酒，这是有的大夫推荐的，说喝点洋葱红酒好。有时候，
我喝一小杯白酒，45 度左右，也就这么养生。

我还喜欢下围棋。现在是"新冠"期间，出不去了。过去我每个星期一、星期
四到北京棋院下一天围棋，去到那儿就十点了，在那儿吃中午饭，买点东西吃，
吃完接着下棋，下午四点钟才回来，不然时间全花在路上了。

前些年我还到地安门外的北京老干活动站下围棋，后来有的棋友得了重病，出不
来了，没有棋友了，就没去了。现在主要就是散散步。如果有机会还会下下围棋。

访问者：一个脑力劳动，一个体力劳动。

梁凡初：对，相结合。下下围棋可以延缓脑子衰老的速度，因为它是一种智力的体育运
动（图 1-18）。

访问者：梁先生，谢谢您的指教！等有机会再来拜访您。

（本次谈话结束）

杨念先生访谈

我们的条件还比较好，适应还比较快，原来觉得相当紧张，业务方面也不熟悉，外语方面也是，外语跟业务得结合起来，也挺难的，老是睡眠极少，天不亮就爬起来。那时候交际处的大门开得早，很早我们就钻出去，在那个花园里头又背生字，又读材料，花了很多很多功夫，让自己能适应翻译的岗位。

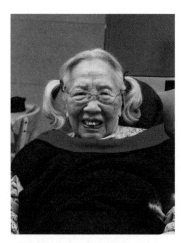

（拍摄于 2020 年 10 月 15 日）

专家简历

杨念，1928 年 3 月生，湖北宜昌人。

1948 年，进入燕京大学新闻系学习。

1950—1952 年，在北京市文化局工作。

1952—1955 年，在北京市俄语专科学校学习。

1955—1957 年，在中共北京市委专家工作室（北京市都市规划委员会）工作，任翻译组副组长。

1958 年起，在北京市城市规划管理局工作，曾任经济资料室副主任等。

1986 年起，在北京市城市规划设计研究院工作，曾任科技处副处长等。

1989 年离休。

2020 年 10 月 15 日谈话

访谈时间：2020 年 10 月 15 日上午

访谈地点：北京市昌平区南邵镇景荣街 2 号，泰康燕园康复医院探视区

谈话背景：2020 年 8 月，访问者完成《苏联规划专家在北京（1949—1960）》（征求意见稿），呈送杨念先生审阅。杨先生阅读书稿后，与访问者进行了本次谈话。

整理时间：2020 年 11—12 月，于 2020 年 12 月 2 日完成初稿

审阅情况：经杨念先生审阅修改，于 2021 年 5 月 13 日定稿并授权公开发表

李　浩（以下以"访问者"代称）：杨老您好，《苏联规划专家在北京（1949—1960）》这个材料比较难写一点，一直到今年 8 月才呈送您审阅。其实我很早就想拜访您，想了几年了，今天终于见到您了，非常高兴。

杨　念：非常高兴，非常高兴（图 2-1）。

访问者：您的精神面貌挺好的。

杨　念：凑合吧，现在还凑合，有一段不太好。你不简单呢，书稿都已经完成了。我看了看，写得挺好。

一、对《苏联规划专家在北京（1949—1960）》
（征求意见稿）的评价

访问者：不知您对这份书稿有什么看法或意见？

杨　念：我觉得你很不简单。你搜集的材料挺全面的，写得也非常殷实，实实在在的一个东西，内容比较丰富。你写到的有些内容，是我自己都没有想到的，因为你

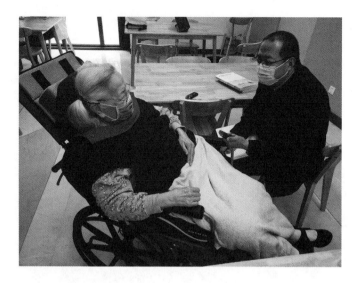

图 2-1　访谈现场留影（2020年 10 月 15 日）

注：陈咪沙摄。

查的档案比较多，采访的人也多，写得非常丰满，写得非常好。当时我看了很久都不肯拿走，他们都不让我花那么多时间，说"你不能花那么多时间看书"。

访问者：是怕您累着，有伤身体。

杨　念：但我还是花了很长的时间来看，我觉得写得非常非常好，觉得你真有才，能够把那些资料搜集起来是很不容易的，我也没有出多少力，结果你的材料那么丰富……反正我非常高兴，非常非常高兴，材料写得好，有很多内容都是在我的意料之外的，你做的工作很扎实，我特别喜欢。有一阵子我一直没离开它，一直在看，它也让我回忆起一些情况来，有些情况我自己都不记得了。你花的功夫、时间、精力真够多的。这份书稿中还会有什么问题吗？

访问者：最近我正在拜访各位老前辈，一方面是想听听各位前辈对这份书稿有什么意见，以便进一步修改完善，另外也想听各位前辈聊聊自己的经历，比如说您为什么会走上翻译这条道路。

杨　念：我自己的情况？离开书稿谈谈我自己？

访问者：对的，是这个意思。

杨　念：也是可以的，可以。

二、教育背景及学习俄文的起因

访问者：您是 1929 年 3 月出生？

杨　念：准确地说应该是 1928 年 3 月。

访问者：您是哪一年开始学习俄语的？

杨　念：我最早是燕京大学的学生，1948 年入学的（图 2-2）。在 1949 年的时候，燕

图 2-2　杨念先生考入燕京大学新闻系时的留影
（1948 年）
资料来源：陈咪沙提供。

京大学成立了文工团，那时候很多同学都是团员了，我们在一起，有学习活动，有各种演出。开国大典的时候有很多大型活动，比如在先农坛就举办过一次很大规模的活动，我们都以文工团的身份参加了，打着腰鼓，扭着秧歌，一起来参加这些活动。

文工团的成员都是些大学生，基本就是清华大学、燕京大学和北京大学的学生，最后毕竟还是要解散的。后来这个文工团就解散了。那时候，我们参加的是团市委的活动，我们算团市委下面的文工团，后来由团市委组织大家，分别各奔出路吧，大家就离开了，这个文工团就解散了，等于是分配到各个部门了。

我们一起分配，统一分配到文化部门，后来我就到了北京市文化局，我等于是北京市文化局的干部，在那儿待了相当一段时间，在基层体验生活，回来汇报，参加一些演出活动，就是属于文化部门的活动。后来我又开展文化馆的活动，做文化馆的辅导工作，反正都没有离开群众文化，搞这方面的活动，搞了相当一段时期。

再后来，因为有一个调干名额可以上大学，我就离开那儿了，去上学了，语言大学，学外语的。

访问者：是俄专吗？

杨　念：对，北京市俄语专科学校。

访问者：您为什么想到要学俄语呢？是个人有兴趣吗，还是组织上安排的？

杨　念：组织上安排的。

访问者：您是从哪一年开始进入俄专学习的？

杨　念：1952 年吧。

访问者：几月份您还记得吗？

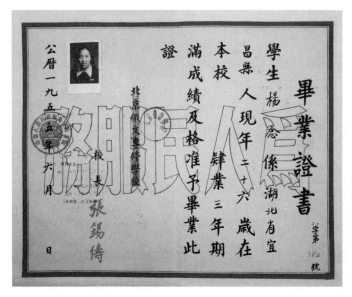

图 2-3 杨念先生在北京俄语专科学校学习的毕业证书（1955 年）

资料来源：陈咪沙提供。

杨　念：反正是夏季开学的，大概 8 月份。

我们成了一批调干生，我的工作单位算是北京市文化局。调干生都是调干学习的，我算正式毕业的。

陈咪沙[①]：我母亲俄专毕业的证书现在还保存着呢（图 2-3）。

访问者：太好了。杨老，您是 1955 年从俄专毕业的？

杨　念：对。1955 年 4 月初，北京来了一批苏联专家，急需要人，正好我们也都念完了，就毕业了。我被分配到北京市委专家工作室，又叫北京市都市规划委员会，跟着一个苏联的城市规划专家，就走上了与城市规划工作有关的道路了，就这样离开了俄专，到了规划部门了。

访问者：您是几月份到北京市都市规划委员会报到的呢？

杨　念：可能就是 4 月份，我记不太准确了。

三、从事翻译工作之初

访问者：在北京俄专的时候，您主要学习俄语，可能没太多接触城市规划建设方面的专业知识，对吧？

杨　念：在俄专时没有太多接触过城市规划。

访问者：您刚毕业的时候，给城市规划方面的苏联专家做翻译，可能还是有点困难，是

---

① 杨念之子。

图 2-4　给勃得列夫口译中（1956 年
冬讨论规划总图方案）
注：挂图前左为勃得列夫，右为杨念。
资料来源：郑天翔家属提供。

不是？城市规划方面有不少专业名词。

杨　念：就是拼命地学呗。我们一边工作，一边上"业大"（业余大学）。那时候已经
　　　　有了北京市建筑设计院了，北京市建筑设计院成立的比较早，他们有专家组，
　　　　后来规划部门也有了专家组。专家组的苏联专家们都在学中文，我们跟他们一
　　　　块儿学一些业务，等于开始接触一些有关的业务，用俄语表达一些东西吧。当
　　　　年来了好几批苏联专家，我是和其中的一批联系比较多，后来就接上这个茬儿了。

访问者：你们开始做翻译的时候，还有笔译或口译的分工吧？

杨　念：北京市委专家工作室下面有一个翻译组，翻译人员挺多的。其中有一部分人员
　　　　是搞口译的，有一部分是搞笔译的。我是搞口译的。

访问者：您一开始就是口译？

杨　念：对，一开始就是口译，而且一开始就跟着苏联专家组的组长。

访问者：勃得列夫？

杨　念：对，勃得列夫，我给他当翻译（图 2-4），他走哪儿我跟到哪儿，就这样一直
　　　　给他当翻译。后来我随着他也去了好多地方，武汉、南京、广州什么的，他到
　　　　各地去，我就跟着他到各地去，一直跟着他当翻译。最早我们是在一个外交部
　　　　门办公，有一个很大的花园，早上很早就起床。

访问者：您说的外交部门，是不是指交际处？

杨　念：对，北京市人民委员会交际处（图 2-5），那里有个花园。我们都是早上起得
　　　　特别早，我特别早就到花园里，早间朗读一段时间的外语，在那儿早练。等到
　　　　苏联专家一上班，我就跟着上班了。当时为苏联专家组配的翻译还是挺多的，

图 2-5　苏联专家和中国规划工作者在北京市人民委员会交际处的一张留影（1957 年 12 月 19 日）

注：欢送苏联专家勃得列夫和尤尼娜的座谈会后所摄。

前排左起：赵冬日（左 1）、杨念（左 2）、勃得列夫（左 3）、尤尼娜（右 2）。

后排左起：陈干（左 1）、储传亨（右 3）、岂文彬（右 2）。

资料来源：郑天翔家属提供。

各个专业都有，我们也就被迫要学点专业，不然的话就翻译不了了，所以我们还得在业余时间，用一些时间学专业，这样很顺利的就下来了。

访问者：我还想问一个专业性的问题，就是关于咱们专业的名词，究竟叫"城市规划"还是叫"都市计划"，或者是叫"都市规划"，当时有没有一些争论？

杨　念：原来在我搞翻译之前，他们已经有争论了，包括梁思成他们这些人，说法都不一样，他们的看法不一样，我们在其中也是两边翻，苏联专家有什么意见，中国专家有什么看法，他们有些争论。我们自己也没有定见，反正是初次遇到，我的印象也不是很深，因为我听不懂规划专业，两边都是陌生的，大家一块儿看看怎么明辨，怎么确定，尽自己的力量吧。还是很不稳定的，大家的看法也不是很一致的。不过还好，都这么过来了。

当时我们到规委会工作，任务是明确的，就是在市委的直接领导和苏联专家的帮助下，在畅观楼规划小组工作的基础上，进一步研究与制订北京城市建设总体规划方案。为首都绘制发展蓝图，做新中国第一代城市规划工作者，这就是我们的目标，它一直激励着大家。

图 2-6　苏联建筑专家阿谢也夫在讲课（左）及现场的听众（右）（1955 年）
注：左图中左 1 为阿谢也夫。
资料来源：郑天翔家属提供。

四、高度紧张的工作节奏

访问者：您开始当翻译的时候，第一年肯定特别累，特别紧张，还要学习，跟苏联专家
　　　　又刚开始接触，大概过了多长时间您觉得翻译起来比较轻松了？

杨　念：大概有一年，也许不到吧。我们的条件还比较好，适应还比较快，原来觉得相
　　　　当紧张，业务方面也不熟悉，外语方面也是，外语跟业务得结合起来，也挺难的，
　　　　老是睡眠极少，天不亮就爬起来。那时候交际处的大门开得早，很早我们就钻
　　　　出去，在那个花园里头又背生字，又读材料，花了很多很多功夫，让自己能适
　　　　应翻译的岗位。花的功夫很大，总是起得特别早就跑到花园里。

　　　　当时，各位苏联专家都比较系统地讲过课，讲苏联社会主义城市规划的理论
　　　　和方法，讲各个专业的基本知识和专门技术（图 2-6），我们各个组的同志
　　　　都如饥似渴地认真听讲，详细记笔记。到中午休息的时候，大家还经常向苏
　　　　联专家请教，苏联专家都热情而耐心地解答，并称赞中国同志的学习精神。

访问者：咱们翻译组不是有很多翻译吗，1955 年来的九位苏联专家，是不是有一个对
　　　　口的专职翻译的概念，比如说您，是不是比较多的给专家组组长勃得列夫翻译？

杨　念：对的。

图 2-7　陪同苏联专家勃得列夫和兹米耶夫斯基到各组指导规划工作（1955 年）

左起：兹米耶夫斯基（左2）、杨念（左3）、勃得列夫（右3）。

资料来源：郑天翔家属提供。

图 2-8　陪同苏联专家勃得列夫和兹米耶夫斯基在清华大学考察调研（1956 年 2 月）

左起：勃得列夫（左1）、兹米耶夫斯基（左2）、杨念（右2）、傅守谦（右1）。

资料来源：郑天翔家属提供。

访问者：其他几位苏联专家的翻译，也有专人负责吗？

杨　念：对，每个专家都有一个专人，口译的专人。笔译的人员在翻译组里是不分的，但口译都是有专人负责的。

访问者：像规划专家兹米耶夫斯基，他的专职翻译是谁？

杨　念：兹专家的翻译就是我。

访问者：也是您？

杨　念：严格说兹专家还有一位同事给他做翻译，他的专职翻译不是我，但我经常给他当翻译，因为他经常跟勃得列夫在一块儿活动，勃得列夫跟兹专家基本上是不太分的，他们的工作也不太分，这两个人的翻译我等于都兼管了（图 2-7～图 2-9）。再加上那个女专家尤尼娜，她的翻译也是我，我等于管了三个专家的翻译工作。

访问者：在翻译人员中，您是最累的一个。

杨　念：然后，别的专家也都有专门的口译干部。反正就是在实践当中学习吧，边实践，边自己总结，边自己学习，学习业务，也学习外语。其实，我们在学校里的学习还谈不上专业，口语是一般的概念，外语学院只能是教你点一般的外语，搞

图 2-9　陪同苏联专家勃得列夫和兹米耶夫斯基在北京大学考察调研时的留影
（1956 年 2 月）
左起：勃得列夫（左 1）、傅守谦（左 2）、杨念（右 2）、兹米耶夫斯基（右 1）。
资料来源：郑天翔家属提供。

专业翻译完全要靠自己钻研，自己看很多外文书什么的。

访问者：是的。现场口译还有时间问题，要迅速反应。

杨　念：反应要快，要速记，所以我们都是开早车。所谓的开早车，我们卅得太多了，
　　　　几乎天不亮就要爬起来，钻到交际处的花园里去了，就在花园里锻炼。

访问者：在这种情况下，可能家里的一些事情您也不太顾得上了，像 1956 年陈先生（陈
　　　　咪沙）出生之后，是不是就送到托儿所了？

杨　念：对，我管不了，一点管不了，甚至连出生也是很困难的，他个儿比较大，生的
　　　　时候很困难。

访问者：陈先生出生的时候有几斤重呢？

杨　念：我忘了。

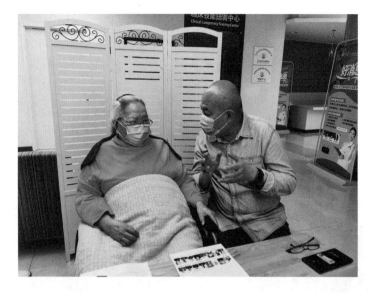

图 2-10　陈咪沙先生（右）
正在与母亲（左）交谈中
（2021 年 5 月 13 日）
资料来源：李浩摄。

陈咪沙：9 斤。我的名字也是苏联专家帮着起的。

杨　念：而且定的出差时间又逼得很近，马上就得走。

访问者：陈先生，您是几月份出生的？

陈咪沙：9 月 1 号（图 2-10）。

访问者：那段时间可能是陪同苏联专家在外地活动呢。

杨　念：对，不少专家都出差了。我跟勃得列夫第一站就到了南京。

访问者：非常辛苦。

杨　念：等于是我的产假都没休。他的块儿头比较大，很难生的，生的时候生不出来，等也等不了，后来就开刀了。以后根本没有来得及怎么休息，顾不上休息就上路了，到南京去出差了，对他的照顾一点都谈不上。他完全是喝牛奶长大的，牛奶也不是我自己亲自喂，当时是请河北省来的一个保姆带着。我等于只停留了一天，产假只有一天就上路了，出发了。后来又过几年他才进托儿所，反正他的童年也是受到影响的。后来我也没有什么时间休息，所以那段时间身体不算太好，但还可以，总算盯下来了，我毕竟还是比较健康的。

五、对几位苏联专家的印象

访问者：关于您跟的三位苏联专家，勃得列夫、兹米耶夫斯基和尤尼娜，他们三个人的个性特点、办事风格，您有什么印象？急脾气还是慢脾气，抓工作有什么特点？

杨　念：尤尼娜很风趣（图 2-11），她是管经济工作，后来她谈定额等这一类东西比较多。她总讲一些故事，很有意思的事，跟大家处得也非常好。他们三个人的关系都

图 2-11　给苏联专家尤尼娜口译中（1957 年 12 月 19 日）
注：送别苏联专家勃得列夫和尤尼娜的座谈会。站立者中左为冯佩之（北京市城市规划管理局局长），中为杨念，
右为尤尼娜。
资料来源：郑天翔家属提供。

图 2-12　陪同苏联专家勃得列夫、
尤尼娜和阿谢也夫视察广渠门外夕照
寺附近现况（1956 年）
左起：杨念（左1）、勃得列夫（左2）、
尤尼娜（左3）、阿谢也夫（右2）。
资料来源：郑天翔家属提供。

非常好。专家组组长勃得列夫是非常沉稳的，非常有教养的，他工作起来非常

严肃（图 2-12）。

访问者：比较严肃？

杨　念：非常严肃，你跟他谈话时，他很少跟你嘻嘻哈哈的，他不嘻哈。兹专家也算经

济专家，也算总体规划专家，个儿比较矮，他很风趣，总说些笑话什么的。他

们三个人经常在一起工作，还是挺好的。

访问者：您说兹米耶夫斯基专家经常说笑话？

杨　念：嗯，对的，他矮小一点，挺风趣的，经常说点笑话。这三个专家关系是比较好的，因为他们的分工都跟总图有直接关系，都是总图所必须考虑的方面。其他几位苏联专家专业性非常强，有的是煤气专家，有的是市政专家，各方面的专家，区别就比较大了。给市政专家做翻译也是挺累的，因为还要学很多市场方面的知识，我们有一个叫冯文炯的同事是非常棒的，他跟着煤气、热力专家，非常不简单。翻译组里分了一部分口译干部，还有一大批笔译干部在后方支援大家，他们翻译各种材料，我们在前线口译。翻译组人员挺多的，事务性的工作也有，所以比较忙，那一段比较累。

访问者：我看材料，好像兹米耶夫斯基专家患有肾结石，是在咱们中国治好的，对吧？

杨　念：对，不简单了，他为这个事情非常感谢中国，不简单。他生病，大家照顾得非常好，他们对中国都很有感情的。到后来好多年过去后，我们出国时和总体规划专家又碰上面了以后，大家觉得那种感情说不出来，比亲戚还亲的那样。

访问者：我还想问一下，几位苏联专家的年龄您记不记得？像我们在网上查到，规划专家兹米耶夫斯基是 1909 年出生的，1955 年来中国的时候是 46 岁。

杨　念：他们的年龄我可记不清了。一般都是四五十岁。

访问者：专家组组长勃得列夫是不是年龄要大一点？

杨　念：比他们稍微大一点。

访问者：他应该是 50 多岁。

杨　念：咱们国内的档案资料中，都没有苏联专家的年龄，是吧？

访问者：是的，在国内的档案资料中我查不到他们的出生年份。

杨　念：在"文化大革命"之前，我们跟苏联专家还有过联系，去苏联参观的同志跟他们也都有来往，但没注意过这个问题，应该跟他们都问清楚。那时候人事部门都不怎么介入这个工作，因为他们觉得他们也不懂外语，也不管。我们知道多少算多少，没有注意搜集一些背景材料，有些情况不了解。

六、第一代首都规划者的工作作风

访问者：在写这本书稿的过程中，我联系到了郑天翔先生的家属，查阅到了郑天翔的日记，包括苏联专家谈话等，他都做了很详细的记录。另外就是找到了很多照片，照片里有很多您和苏联专家在一块儿工作的场景（图 2-13 ~ 图 2-15）。

杨　念：太好了。郑天翔的资料是最好的第一手材料了。真难得能找到这批宝贵的材料，估计档案室都不会有这些材料。

访问者：是的，档案馆很少保存日记，档案资料一般都是文字的，照片很少。对于北京市都市规划委员会主任郑天翔，您有什么印象？

图 2-13 讨论北京城市总体规划说明书时的留影（1957 年春）

左起：雷勃尼珂夫（左1）、杨念（左2）、储传亨（右1）。

资料来源：郑天翔家属提供。

图 2-14 陪同苏联专家游颐和园时的留影（1957 年 3 月）

左起：尤尼娜（左1）、尤尼娜女儿（右3）、杨念（右2）、宋汀（右1，郑天翔夫人）。

资料来源：郑天翔家属提供。

图 2-15 在苏联专家勃得列夫寓所庆祝"三八节"（1956 年 3 月 8 日）

左起：勃得列夫夫人（左1）、勃得列夫（左2）、杨念（左3）、宋汀（右3，郑天翔夫人）。

资料来源：郑天翔家属提供。

杨　念：印象都非常好。

访问者：他是比较严肃吗，还是比较平易近人？

杨　念：比较严肃，不过也不是那么不可亲近的，还是挺好的。对我们来说，他既是有学问的知识分子，又是很早参加革命工作的老同志，作为共产党员所应该有的那种品质，在他身上都能看得到。

　　当时，市委对各部门一直强调的指导思想是："以可能达到的最高标准要求我们的工作。"郑天翔和佟铮等领导经常对大家说：你们应当成为城市规划的专家。他们领导城市规划工作，首先强调要加强调查研究。苏联专家也强调城市规划工作必须首先了解历史，了解城市现状。因此，1955年苏联专家组来京后，规委会的同志花了大量的时间和精力，开展了全面、系统的现状调查。

　　在深入现状调查的同时，天翔同志要求各组对收集来的情况和数据进行认真分析。在听取汇报时，遇到情况不太明确或数字不实时，天翔同志会给予严厉批评，指出其危害。当了解到调查工作有时存在困难，比如有的单位不太配合等，天翔同志立即让市委办公厅的同志迅速去疏通解决。受批评的同志没有委屈和埋怨，觉得受到了教育，得到了支持。通过调查研究，积累了一大批可贵的、系统的规划资料，为城市总体规划方案的制定打下了坚实的基础。

　　几位苏联专家中，虽然有的也不是苏共党员，但是他们大多具有党员的品质，他们的作风我们都可以体会得到。

访问者：您说的这个问题挺重要的。九位苏联专家中，有哪几位是苏共党员？

杨　念：我记不太清楚了。

访问者：专家组组长勃得列夫是吧？

杨　念：专家组组长勃得列夫是苏共党员，兹专家也是。还有一个煤气专家我知道也是。

访问者：尤尼娜呢？

杨　念：尤尼娜更是了。别的专家我不了解了。

访问者：这么说，几位最主要的苏联专家都是苏共党员。

杨　念：都是。尤尼娜爱国的思想非常浓，她也特别爱激动，一说起什么事儿来她就特别激动（图2-16）。

访问者：真性情。

杨　念：性情直爽得不得了，遇到什么事，她就说我就看不惯，党员就不能容忍这种事，她是党员，她明确自己表态，非常好。

访问者：这一批苏联专家的工作结束以后，他们返回苏联以后，到1960年前后，中苏两国的关系发生了些变化，有一些新的社会舆论，特别是慢慢地中苏关系开始偏恶化了，据说有些苏联专家回到苏联以后还因为保持着跟中国同志的亲密关系而受到批判，这个情况您知道吗？

图 2-16 欢送苏联专家勃得列夫和
尤尼娜乘火车回国时的留影（1957
年 12 月 24 日）
左起：罗栋（左 1）、尤尼娜（右 2）、杨
念（右 1）。
资料来源：郑天翔家属提供。

杨　　念：我不太清楚。

访问者：翻译组里还有一个岂文彬，他的一些情况您清楚吗？

杨　　念：岂文彬是个老翻译。

访问者：他好像 1949 年就开始做翻译了？

杨　　念：对。他特殊一些。因为他原来政治上好像有点问题，所以没有重用他，也用他，
但用得不太多。

访问者：他是不是以前给国民政府服务过？可能有这个关系。

杨　　念：恐怕不光是简单的工作经历吧。我也不知道有什么问题，我们也不了解。反正
就是说他政治上不可靠，有这个问题。我们都知道他的业务能力是很强的，当
然他对城市规划并不是那么了解，但毕竟俄文本身的底子比较深了，可是没有
得到重用。

七、北京市与中央部门的苏联专家及翻译人员的工作关系

访问者：在您搞翻译的时候，除了北京市有一批苏联专家，有一个庞大的翻译队伍之外，
在国家城建总局（后来升格为城市建设部）也有几位苏联专家，也有一批翻译
人员，比如苏联规划专家巴拉金的翻译刘达容和靳君达，经济专家什基别里曼
的翻译王进益，王进益先生的夫人周润爱是电力专家扎巴罗夫斯基的专职翻译。
你们和他们之间有过一些合作或者交流吗？

杨　念：比较少。

访问者：都是相对比较独立地开展工作？

杨　念：交流比较少，我都不熟悉他们。

访问者：比如说北京的这批苏联专家到外地出差的时候，主要是你们跟着翻译？

杨　念：对，我们自己组织，自己翻译。

访问者：如果苏联专家到中央的一些部门，比如到国家计委、国家建委或到城市建设部的时候，翻译工作是你们跟着，还是说靠各部委那里配翻译？

杨　念：这要看具体情况，各部委只要能安排的就他们自己翻译，假使说他们的翻译没有空了，我们也去翻译。我们去各部委翻译的情况相对比较少，因为他们都有自己的翻译，通常我们就不去了，他们组织他们的专家到外地去就更不用我们管了，所以没有太多交流。

访问者：我查档案时注意到，当时援助北京城市总体规划的苏联专家组的工作非常周密，每个月都有计划，今天干什么，明天干什么，日程排得非常满。

杨　念：勃得列夫和兹米耶夫斯基都是心很细的人，工作很严谨，我挺佩服他们的工作精神，他们的计划挺周密的，全心全意投入到工作当中去，为了我们国家的建设，他们出力，不惜一切力量，做得非常的好。很多事情都是他们来做的，他们跟中央部委的苏联专家也有不少联系，有时候我们跟他们一起去了解，有时候我们不参与的，他们自己也会直接联系的。

访问者：在这批苏联规划专家工作的过程当中，又来了一个地铁专家组，有五位地铁专家，他们的翻译是你们承担的吗？

杨　念：他们的翻译是地铁部门自己派出翻译人员承担的，我们没有参与。

访问者：这两批苏联专家1957年返回苏联以后，是不是翻译工作就比较少了？

杨　念：是的。后来我对翻译组也不太了解了，因为我不在这个部门了，翻译组留的人员基本上都是所谓的笔译了，没有什么口译任务了，情况就不一样了，他们归行政部门管，我调到业务部门工作了。原来翻译组和业务部门的联系是非常紧密的，口译、笔译都是一回事，反正都是为一个目的服务的。后来就不是了，好像他们主要就是搞笔译和科技情报了，像冯文炯是我最亲的战友了，非常好的战友（图2-17）。

访问者：听说他已经不在了，是吧？

杨　念：对，已经去世了。他很不简单的，他的文笔挺深的，挺好的，工作也特别努力。他不是那么开朗，所以有的人对他有些看法，其实从翻译角度说他是非常好的翻译，后来没有办法，他就去做笔译了，没有专门做口译。

图 2-17 苏联上下水道
专家雷勃尼珂夫在给排
水组研究前三门河道路
线（1956 年）
左起：钟国生、赵世五、雷
勃尼珂夫、胡树本、张敬淦、
冯文炯。
资料来源：郑天翔家属提供。

八、学习苏联经验与中国国情相结合

访问者：杨老，当年学习苏联规划理论，存在着如何与中国国情相结合的问题，您有何
体会？

杨　念：新中国成立初期，帝国主义对我们施行军事侵略威胁和经济封锁，在这样的国
际环境下，苏联社会主义建设的经验对我们有重大的榜样作用。当时，大批的
苏联专家对我国各行各业进行帮助，是中苏两国人民友谊的光辉一页（图 2-18）。
对于如何向苏联专家学习的问题，我感觉北京市委和规委会的领导和引导一开始
就是比较明确的：一方面，市委和规委会十分重视苏联专家的作用，在工作上十
分尊重他们，真诚地向他们学习；同时在另一方面，市委和规委会也教育大家，
学习苏联建设经验，一定要结合我们的国情和市情，对专家们提出的意见和建议
采取了区别情况、加以分析的态度。

访问者：区别情况、加以分析的态度？

杨　念：比如有些专业技术，像城市供热、煤气供应、地下铁道建设、污水处理和管线
综合布置等，我们缺乏知识，又没有实践过，在规划工作中较多地接受了苏联
专家的指导帮助，采纳了他们的很多意见和建议，从而促进了我们的工作。苏
联专家们确实十分认真地将他们的有关专业技术毫无保留地、手把手地教会了
我们。在苏联专家的帮助下，大家做出了各个专业的第一稿规划方案。

至于另一些工作，如人口规模、用地规模的确定和某些定额指标的制订等，则
参考了苏联专家的意见，结合我国的国情和北京市的市情，做出了自己的决定。

图 2-18 北京规划工作者与苏联专家一起游览八达岭时的留影（1956 年）
资料来源：郑天翔家属提供。

图 2-19 苏联专家们在讨论北京天安门广场改建规划方案（一）（1956 年）
注：右侧站立的讲话者为苏联建筑专家阿谢也夫。
资料来源：郑天翔家属提供。

至于规划的指导思想和一些工作方法，则要有我们自己的特色。对于远景发展的考虑，更要遵循我们自己的发展规律去预测，没有照搬苏联的做法。1956 年毛主席发表《论十大关系》报告后，结合中国国情的意识就更加突出了。

访问者：在当时的工作中，有没有一些争议性的问题，或者说苏联专家和中国方面意见不统一的情况？

杨　念：有的，我举几个没有采纳苏联专家意见的例子。一是关于城市规划委员会的组织机构。苏联专家组经过慎重的讨论和研究，曾于 1955 年 9 月提出过一份书面建议《北京市都市规划委员会及其组织机构暂行条例（草稿）》，郑重地交给了天翔同志，希望能采纳。市委研究后，认为有一定参考价值，但并没有采纳，因为它不完全符合我国的国情。

二是天安门广场的规模。当年在规划工作中曾提出过 20 公顷、30 公顷和 50 公顷左右等几种方案。负责指导天安门广场规划设计的建筑专家阿谢也夫多次和有关领导及同志们交谈意见。规划方案在北京规委会内讨论了七八次以后，还邀请了国家建委、城市建设部和清华大学等单位的苏联专家和苏联驻华大使馆的建筑专家等参加讨论（图 2-19、图 2-20）。11 位苏联专家一致认为广场的规划面积应采取小方案，他们认为北京机动车辆不多，而且全世界的城市广场都不太大。北京市委和规委会领导则结合我国国情，考虑到我国人口众多、广场是

图 2-20　苏联专家们在讨论北京天安门广场改建规划方案（二）（1956 年）
注：右侧站立的讲话者为苏联专家勃得列夫，左侧区域中前排为苏联专家巴拉金（受聘于城市建设部）。
资料来源：郑天翔家属提供。

人民政治活动和群众游行集会的中心等诸多因素，决定采用面积较大一些的方案。记得彭真同志对此也说过：不能说世界各国还没有这么大的广场，我们就不能有；不能什么都跟在人家的后边走，要根据我们的实际情况和发展需要考虑。还有道路的宽度问题也是如此。当年规划方案中道路宽度大体分四级：最主要干道 110 ~ 120 米，特殊地段更宽一些（如天安门广场入口处 180 米）；主要干道 60 ~ 90 米；次要干道 40 ~ 50 米；支路 30 ~ 40 米。苏联专家们不同意这样的道路宽度方案，认为北京远景每千人拥有车辆的指标不太高，道路没必要那么宽。有关领导一次次地说服了苏联专家们，并顶住了各方面的压力，因为有人批评我们是"大马路主义"。苏联专家们表示，如果是市委的决定，他们服从。最后还是决定采用宽一些的方案，这是吸取世界各大城市交通拥挤、小汽车开不快的教训，更考虑到应为今后发展需要留下余地。此外，道路宽度问题其实还包含有战备思想，长安街上要考虑在紧急情况（如遭受空袭等）下能够升降直升机。

现在回想起来，当年北京市委和规委会的一些决策都是正确的。在学习苏联规划经验的过程中，我们并没有盲从，并没有全盘照搬，而是强调洋为中用，强调要走自己的路。

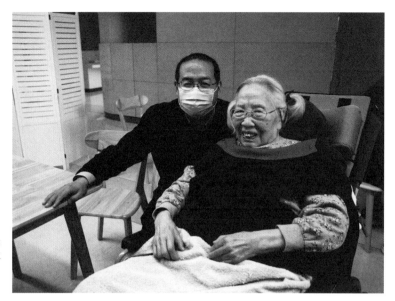

图 2-21 拜访杨念先生合影留念（2020 年 10 月 15 日）
注：陈咪沙摄。

九、中苏关系恶化对规划部门工作的影响

访问者：杨老，1957 年以后您一直在北京市城市规划管理局工作吗？

杨　念：我并没有一直在规划局工作，有一段时间是下放劳动，只是一小段，但下放劳动的时间也不短。我记得我不是从业务部门下去的，详细情况现在记不太清楚了。

访问者：1960 年中苏关系恶化以后，对你们翻译人员有没有一些不利的影响，比如说心情不太好了，有没有这方面的影响？

杨　念：好像没有吧，因为我也不在翻译岗位上了。当然还有笔译的工作，像冯文炯他们还是在那儿继续翻译点材料，主要是从杂志上翻译东西。我离开翻译组了，不再搞翻译工作了，去搞业务工作了。

访问者：您是哪一年离开翻译组的？

杨　念：苏联专家回国后不太久，应该是 1958 年，我记不准确了。

访问者：城市建设部的某些翻译人员，像刚才谈到的刘达容，后来受到过一些批判，受到一些不公正的待遇，在中苏关系恶化以后对他影响比较大。可能北京规划系统比较好一点，中央机关的人员受政治影响更大一点。

杨　念：北京好像没那么严重，比如冯文炯一直在关键岗位上也没有受到什么影响，我是因为离开翻译工作岗位了，情况不一样了，但是我觉得没有出现大的问题（图 2-21）。

访问者：城市规划界还有一个比较重要的事件，就是在 1960 年 11 月的时候，因为各种方面的影响，国家提出了"三年不搞城市规划"。再后来中央城市设计院被撤销了。北京规划系统在 1960 年前后受这方面的影响大吗？

杨　念：我觉得在北京规划系统问题不大，没有掀起什么大的问题来，我甚至没有什么感受，我都不记得这些事。北京市规划系统好像没受这方面的影响。

访问者：因为您还要做康复治疗，今天只能先聊这么多了。

杨　念：有机会、有问题，你再找我。如果还有什么问题，书面写给我，我来回答也是可以的。

访问者：谢谢您的大力支持！

（本次谈话结束）

张敬淦先生访谈

郑天翔同志（领导规划的市委领导）后来调到最高人民法院当院长（1983—1988 年）去了，他曾经专门到"北京建设史书编辑委员会"编辑部来跟我们座谈，实际上是跟我们做一个交代。天翔同志说："你们编这个史书非常重要，其中有个关于梁思成的问题你们一定要注意。批判梁思成本身就是错误的，错就错在把学术问题跟政治问题混淆了。梁思成在城市规划和建筑方面有突出成就和贡献的，但在一些具体问题上与我们有些不同意见，展开过一些争论，这本来是很正常的事情，但不应该把学术问题上纲上线，与政治问题混淆起来。"

（拍摄于 2018 年 5 月 29 日）

张敬淦

专家简历

张敬淦（1928.6—2021.5.19），上海人。

1944—1948 年，在上海之江大学工学院土木系学习。

1948 年 12 月毕业后，曾在上海市工务局等单位短期工作。

1949 年 12 月应聘赴京，在北京市卫生工程局工作，期间于 1953 年 6—12 月配合参与中共北京市委"畅观楼规划工作小组"的工作。

1955—1957 年，在中共北京市委专家工作室（北京市都市规划委员会）工作，曾任第八组（水组）副组长。

1958—1986 年，在北京市城市规划管理局工作。

1986 年起，在北京市城市规划设计研究院工作，曾任《北京规划建设》编辑部主任兼总编辑及院技术顾问。

1990 年退休。

2018 年 5 月 29 日谈话

访谈时间：2018 年 5 月 29 日上午

访谈地点：北京市西城区月坛南街 19 号院，张敬淦先生家中

谈话背景：《八大重点城市规划——新中国成立初期的城市规划历史研究》一书和
"城·事·人"访谈录（第一至五辑）正式出版后，于 2018 年 5 月初呈送
张敬淦先生审阅。同时，访问者向张先生请教新中国成立初期首都北京规
划建设的情况和问题，张敬淦先生应邀进行了本次谈话。

整理时间：2018 年 6—7 月，于 7 月 30 日完成初稿

审阅情况：经张敬淦先生审阅修改，于 2018 年 8 月 14 日定稿并授权出版

李　浩（以下以"访问者"代称）：张先生，晚辈正在开展《苏联规划专家在中国（1949—
1960）》[①]的历史研究，北京是苏联专家技术援助的重点对象，想给予特别的关注。
您是北京规划建设的见证人，还曾主持开展过《建国以来的北京城市建设资料》
等重要文献的编撰工作，很想向您请教一些北京市规划的情况和问题。

一、教育背景

张敬淦：我是 1944 年考进之江大学的（图 3-1 ~ 图 3-3）。那时，之江大学本来是在
杭州的，到抗战的时候，不光是之江大学，还有东吴大学什么的，都往内地搬
迁了，这两个学校（之江大学和东吴大学）都到了大西南，只有圣约翰大学等

---

① 这是研究工作早期的题目，后调整为《苏联规划专家在北京（1949—1960）》。

图 3-1 张敬淦先生在接受访谈中（2018 年 5 月 29 日）
注：北京市西城区月坛南街 19 号院，张敬淦先生家中。

图 3-2 考入大学时的张敬淦
（1944 年）
资料来源：张敬淦提供。

图 3-3 在上海音乐学院学术报告
会上演讲（1985 年）
注：站立演讲者为张敬淦。音乐是张先
生重要的兴趣和爱好之一。
资料来源：张敬淦提供。

还在上海。因为这三个学校（之江大学、东吴大学和圣约翰大学）都是教会学校，当时决定由在上海的之江大学和东吴大学的部分教授主持，分别建立了各自临时性的之江大学和东吴大学，然后跟圣约翰大学合并在一起，联合起来叫"华东联合大学"。1944 年高考时，我报考的就是华东联合大学，考取后，进的是之江大学工学院的土木系。

那时候，我们也在圣约翰大学听他们学校教师的课，他们学校的学生也上我们之江大学的课。因为我们学校没有地方了，当时用之江大学的名义在圣约翰上课，他们也上我们的课，是这样的关系。但东吴大学有点特殊，他们学校的学生基本上不跟我们在一块儿上课。

访问者：您一直是在上海上学，没有在杭州的之江大学上过学，对吗？

张敬淦：不，我 1944 年 9 月考入之江大学，上一年级第一学期课程，当时在上海，包括租界在内，正被日本人统治。1945 年 8 月日本投降前，传说法国和英国要轰炸上海，我父母令我立即停学去松江老家避难。因此，我大学一年级第二学期的课程没有上，也欠了学分。直到念完四年级的课程，我还欠了部分课程和学分。当时，之江大学的高年级在上海上课，低年级在杭州上课，因此，我念完四年级的课程后，又必须再去杭州的之江大学补上一年级下学期的课程。所以，我到1948年底才正式毕业。

我们上大学时，学校有几位外籍教授，另外还聘请了几位外籍教授。在向大西南撤退的时候，上海有些教授的家庭基本都在上海或者上海附近，加上有的年纪也大了，不愿意跟着去大西南，就留在上海，所以我们学校也就有条件开课。当时，学校使用的教材基本上都是英文原版的教材。比如说一、二年级的基础课，我记得当时物理、化学的书是外国人写的。那时候，离我家不远的地方有好几家旧书摊，很多教材都是在旧书摊上买的，它们的规模也不小，经常还有人卖书给他们。

我们读的书大多是原版的，教课的老师中既有中国的教授，也有外国的教授，但都是用外语教材。那时候上课是用英文，就连做作业和考试也都用英文，一开始不太习惯，慢慢也就习惯了。

在我学习一年级的课程当中，有一门叫"人生哲学"，这是一年级的必修基础课。后来，我们买到了这门课程的教材，叫 *How To Win Your Friends*（你怎么去交友），说的是人生需要从各方面交友，才能进入这个社会。数学、化学、物理，用的也都是英语的原版书籍，所有的英语原版书都是从旧书店里买来的。

专业方面的课程中，包括了"City Planning"（城市规划）[①]。我记得我们是上过这门课的，当时也没意识到以后我会从事这个专业。

访问者：　"City Planning"这门课是谁教的？

张敬淦：　是中国的一名教授。名字忘了。当时城市规划的观念还很浅薄，过去在旧社会也不是很强调城市规划。那时候就开了这么一门课。

访问者：　钟耀华先生和金经昌先生给你们上过课没有？

张敬淦：　我现在已经90岁了，记不起来了，时间太久了。我对于"City Planning"这门课还有点印象。

另外，我们还上过工程材料方面的一些专业课，比如"Reinforced Concrete"（钢筋混凝土），当时各地都已经普遍使用钢筋混凝土了，就专门开了这门课。其他还有"Railway"（铁路）、"Highway"（公路）、"Tunnel"（隧道）、"Building Architecture"（建筑学），当然也有建筑设计、材料力学等。

---

① 这里是指课程名称。早在1930—1940年代，曾有一些城市规划方面的外文原著引入中国，如 *Principles of City Planning*。

访问者：当年上的这些课，对您以后从事城市规划工作有什么突出的贡献？

张敬淦：我觉得"City Planning"这门课对以后的工作关系和影响是最直接的。其他的课程，如道路、交通、隧道、供水、排水，也都是关系很密切的，因为城市规划工作有很大的综合性。但是，我们缺少社会科学方面的课程，我们是学工程技术的，工科不开这方面课，但对于城市规划工作来讲，社会科学甚至比自然科学更加重要。当年上的这些课程，都给我以后的工作打下了基础，增长了好多基本知识，尤其是城市规划课，感到很新颖，因为过去很少强调要搞什么城市长远规划。建筑设计我们也学过的，关于城市规划过去没有听说过，从那个时候学了以后印象就比较深刻，感觉确实是非常重要。对于一个城市的发展来讲，如果没有长远规划，就容易搞乱了，布局乱了以后如果想要纠正的话，代价就太大了。

访问者：讲授"City Planning"这门课的老师的名字，您还有印象吗？

张敬淦：没有印象了。

访问者：当时在上海，有些比较有名的外国专家也教课的，像德国人鲍立克（Richard Paulick）等。

张敬淦：我听说过鲍立克，但他没有被请来给我们上过课。当时，上海是全国教育中心之一，学校大规模内迁以后，只剩下几个大学，包括沪江大学、同济大学、光华大学、之江大学和圣约翰大学等。

有一些外籍教授当时是听说过的，但是后来没有到我们这儿讲过课，当时基本没有什么学术活动，不像现在，如果学术活动多了，可能接触各方面专家的机会就要多一些。

大学时最主要的问题就是工学院关于社会科学方面的课程基本没有，因为不属于工科，比如人口、城市用地、城市经济及社会发展等。这些内容，我是到后来才感到在城市规划方面要比自然科学更为重要，过去我们根本就不怎么涉及这些内容。这就是在当时条件下我在新中国成立前夕所受到的教育。

二、参加工作之初

张敬淦：1948年大学毕业以后，当时毕业就是失业，很难找到工作。

访问者：您是几月份毕业的？又是怎样开始工作的？

张敬淦：后来发给我的毕业证书上写的是1948年12月毕业。我最早开始工作，是在我回老家松江的1945年的上半年。那时候，听说日本人要轰炸上海租界，家长不放心，就让我回老家松江去。当时老家隔壁就是一个小学，我在那个小学当五年级的班主任。当了半年老师之后，就又回到上海了。1948年我去杭州补修完一年级课程，回到上海、12月毕业以后，到1949年5月，上海就解放了。

上海解放后，那时也很不好找工作，怎么办呢？为了生计，我就当家庭教师，一家一家跑，记得一共有四五家吧。家里就剩我母亲，姐姐也刚结婚出嫁，那时候生活很艰苦。我父亲在我大三的时候就病了，后来在1949年初就去世了，所以我就承担起家庭的经济重担。靠什么生活？就靠当家庭教师的收入。

1949年5月上海解放，到11月份，北京市建设局专门到上海招聘技术人员。那时候，我就是在当家庭教师，没有正规的工作，很想应聘去北京，但是去北京工作我也有矛盾：我母亲怎么办？所以也很犹豫。但我母亲很支持我，说北京是首都，为了搞首都建设到上海来招聘，而你现在又没有搞你的专业，有那么好的机会，如果不去太可惜了，你应该去。她就把我姐姐又请回来，跟她一起生活。这样我就放心到北京来了。我是1949年底到的北京，到位于中南海的北京市建设局报到。

访问者：您应聘来北京之前，在上海的时候，有没有在上海市工务局工作过？

张敬淦：短时间工作过，不是正式职工，是我父亲的一个朋友介绍去的，当时为了生计，多干几份差事，养家糊口。之后北京市来招聘，我当然要来首都了。

访问者：上海市工务局的局长赵祖康先生比较有名，您跟他是否有过一些接触？

张敬淦：当时上海工务局有那么几间房子，我是临时去的，只干了一个多月，所以赵祖康局长我是见不着的。

后来应聘到北京，报到之后，我被分配到了北京市卫生工程局。当时这个部门是新成立的，为什么成立卫生工程局？因为旧社会遗留下来的北京，当时脏、乱、差的问题非常突出。它是个消费城市，没有什么产业，更没有大工业，只有敲敲打打的一些手工作坊，所以也没有钱，没有资金搞建设。我刚到北京，一看，城市很破败。但是，北京是首都啊！当时中央满怀信心，要建设好人民首都。

访问者：您刚到北京的时候，北京市卫生工程局还没有成立，所以您首先是到建设局报到的，对吗？

张敬淦：对。我当时报到时是1949年12月，是到当时位于中南海的北京市建设局报到的。后来1950年1月1日成立了北京市卫生工程局，我大概是1月3日前后去北京市卫生工程局报到上班的。

访问者：北京市卫生工程局原来的局长，是曹言行吧？

张敬淦：对，他后来调走了。副局长陈明绍是九三学社的一位民主人士，后来也加入了中国共产党（图3-4）。

我到了卫生工程局，分配在工务科，搞了几年，主要是施工，搞排水、河湖水系、水工建筑物等。也主持过几个工程，比如长河的疏浚工程，西郊、西北郊和长河沿岸打井工程是我主持的。沿着长河两岸，特别是在西郊和西北郊那里打了好多井，那里地下水比较丰富，可以向长河补水，输入缺水的北京城。

后来，把我调到了设计处（北京市政工程设计院的前身），钟国生就是我们设计

图 3-4　与原北京市卫生工程局第二任局长陈明绍在一起的留影（1997 年）
左起：庞尔鸿（左 1）、李准（左 2）、陈明绍（左 3，1953 年接替曹言行任北京市卫生工程局局长）、张敬淦（右 2）、文立道（右 1）。
资料来源：张敬淦提供。

处的处长。在卫生工程局的时候，他也是搞水的。后来他被借调到畅观楼小组去了，我就做他的后盾。再后来又调到北京市都市规划委员会，我们还在一起工作。

访问者：向您请教一个问题，您在卫生工程局工作的时候，水源问题属不属于卫生工程局的范围？北京比较缺水，当时是什么情况？

张敬淦：当时北京市有水利局，但只管农田灌溉，没有搞城市水源和城市用水。北京市卫生工程局的任务主要是建设卫生工程，给水不在卫生工程范畴，而是在北京市建设局，因为自来水公司就归建设局管，等于是给水、排水分了家。但到后来，给水、排水又合并了，什么时候合并的？ 1955 年苏联规划专家组来北京指导规划工作，为了配合苏联专家工作而成立了北京市都市规划委员会，都市规划委员会一成立，就把我跟钟国生以及另外两位同志一起调到都市规划委员会去工作了，这时候不但给水、排水就合并了，而且增添了城市水源的任务。1955 年我调到了北京市都委会（图 3-5），为什么调到那儿去？苏联规划专家组来了以后，开展城市总体规划需要各项专项规划的配合。水的规划也很有特点，就像道路交通要附带研究桥梁或者立交等工程，水的问题复杂在哪儿？它涉及的专业很宽，比如城市水源问题，河湖水系、水工建筑、城市供水、城市雨水排除和城市污水排除，还有城市污水的处理利用，所以工作面比较宽。当时都市规划委员会成立以后，除了钟国生以外，把我和其他一两个同志一块儿调到都市规划委员会，跟专家一起工作（图 3-6）。

图 3-5　在北京市都市规划委员会工
作时的留影（1955 年）
注：照片下方有印章墨迹。
资料来源：张敬淦提供。

图 3-6　向苏联专家汇报工作（1955 年）
注：左侧站立者为张敬淦。
资料来源：张敬淦提供。

那个时候，我们几个人主要是搞水资源和排水，当时还有从自来水公司调来一个人，主要搞给水。因为给水也并到了都市规划委员会，给排水就成为一个整体了。当时，北京市都市规划委员会的规划人员一共分了八个组，我们是第八组"水组"，负责编制城市水源和给排水规划，钟国生是组长，我是副组长之一。

三、畅观楼规划小组

访问者：据说您也曾参加过畅观楼规划小组的工作，可否请您讲一讲这方面的情况？

张敬淦：1953 年 6 月，中共北京市委请了苏联专家来，在畅观楼搞北京总体规划编制工作。当时我在卫生工程局，有任务在身，离不开岗位，没有把我正式调过去，但也参加了畅观楼的部分工作。那时候，参加畅观楼规划小组的人员大多是从搞工程的单位调过去的党员干部，由市委郑天翔直接领导，就在北京动物园里的畅观楼（图 3-7、图 3-8）工作。畅观楼小组成立以后，钟国生正式参加了。他需要什么资料，有的由我来提供，我有时也参加他们的讨论，但不是常驻。小组的领导人、市委郑天翔秘书长也不是每天都去，主要是在开会讨论时向他汇报。我虽然也算是畅观楼小组的成员，但主要的责任是钟国生担着，有什么活儿他跟我商量，我就帮着他做，是这么一个关系。当初畅观楼小组的规模不大，常

图 3-7 北京动物园畅观楼今貌（2018 年 7 月 9 日）
资料来源：李浩摄。

图 3-8 畅观楼正面（2018 年 7 月 9 日）
资料来源：李浩摄。

驻人员也就几个人。后来成立了都市规划委员会，基本上把畅观楼小组的技术力量都拿到规划委员会了，然后从各个单位再调一些人，才成立起来的，那是在苏联规划专家组来的时候。

访问者：在畅观楼搞北京总体规划编制工作的时候，苏联专家巴拉金和穆欣曾给予指导，您还有印象吗？

张敬淦：因为我不是那儿的正式成员，我是协助钟国生的，我也不经常去，有时候把有些方案和资料送去，就跟他们一块儿研究讨论。我是听说来了苏联专家，但没有见着。

图 3-9　北京市城市规划管理局二室的同事留影（1970 年代）
左起：庞尔鸿（左1）、钟国生（左2）、张敬淦（右2）、陆孝颐（右1，当时刚从美国回来）。
资料来源：张敬淦提供。

我正式跟苏联专家接触是在 1955 年，当时的北京市都市规划委员会又叫中共北京市委专家工作室，先后请来了 9 位专家。那时候，我们的办公地点是在正义路，原来的一个外事工作部门，比较讲究的房子。苏联规划专家组来了以后，我就正式离开了北京市卫生工程局，跟钟国生一起被调到都委会那儿正式上班。

访问者：1955 年的工作调动是在几月份？

张敬淦：四五月份。

访问者：畅观楼小组完成的规划，没有获得中央的正式批复，但是北京市城市总体规划的最初原型也非常重要，想向您请教一个技术性的问题：从给排水的角度来说，当时有没有一些争议性的问题？

张敬淦：那就多了。苏联专家来了后，我们当前急迫要解决的问题，有好多是技术性的设计原则、规划原则、定额标准等都有分歧，而且争论很大。比如说下水道搞分流制还是合流制，在学术界就有很大争议，这是一个很根本的问题。

四、分流制与合流制之争

张敬淦：那个时候，在一次学术会议上，建筑工程部的一位同志在会上批判分流制，主张合流制，理由是原来北京市的旧沟就是合流制，而且总的排水工程投资要比分流制小得多。而钟国生（图 3-9）跟我们卫生工程局的大多数人都主张分流制，我们就这个问题也发表了一些文章。

我们之所以反对搞合流制，根本的原因就是北京太缺水了，当时的主要城市水源玉泉山的水量只有 1 立方米 / 秒，通过长河进入四海、三海，大部分城市水源是分散打的地下水。就水厂来讲，一厂在东直门，二厂在安定门外，三厂在西北郊，四厂在西南郊，水紧张得不得了。搞合流制，很多水资源会浪费掉。如果不下大雨，下水道排到河里的都是黑水，将来城市环境卫生将不断恶化，而且污水也无法利用。所以，我们感到北京缺水是个大问题。

我们主张分流制，而且要把原有旧沟的合流制逐步改造成为分流制。怎么改造呢？把原来合流制的旧沟作为雨水系统，能利用的旧沟尽量利用，旧沟已废弃、解决不了问题的地方就建新的雨水下水道，排到护城河以及郊区其他的河道里。那个时候，我设计过一条西滨河路的污水干管，那时称为截流管。什么是截流管？当时我们提出来怎么让合流制逐步改造成分流制，就是在原来是合流制的地区沿着河道沿岸修污水截流管，把在不下雨或下小雨时的污水截流下来，直接送往污水处理厂。在下较大雨的时候，排的雨量大，已被稀释的污水排进河道。这样，对河道的污染要小得多。至于在新建地区内，则分建雨污两个系统。

但是，中央主管部门的某些技术人员很坚持合流制，他们主要是从经济观点出发，认为旧城那么大的合流制旧沟工程，要都等着污水管修起来，要等到什么时候？后来苏联专家来了以后，我们重点听取了苏联专家的意见。

访问者：苏联专家是什么意见呢？

张敬淦：苏联专家认为，北京这么大的旧沟系统应该被充分利用，否则就太可惜了。办法是，旧城区的旧沟经过整修以后，就只让排雨水，另修新的污水系统。新区建设就完全按雨污分流两个系统。这样做的结果，随着旧城改造的扩大，原有的合流制都逐步变成了分流制。

当时，在莫斯科搞过给排水规划的上下水道专家雷勃尼珂夫跟我们一块儿踏勘旧沟，和我们一样脱了衣服下到下水道里头。北京的旧沟并不是很大的，大的有一米多高的，一般的都是七八十厘米，弯着腰才能进去。专家就跟着我们一块儿，钻下旧沟看了看，沟的质量不错，几百年了。他说可以继续使用下去。但是，北京的旧沟系统并不太完整，因为旧沟主要是在干道上才有，所以也需要新建一些雨水管道和污水管道。至于新开发的近郊地区，则完全采用雨污分流制。

还有一个比较大的争论问题是用水定额问题。那时候，我们远景规划的用水定额，每人每日的用水量定为 600 升，这是苏联莫斯科的规划标准，我们就采用这个标准，这当然是很久以后才能达到的用水水平。但有的同志则认为到了远景那个时候还用不了那么大的用水标准，北京也没有那么多水。这是争论比较大的两个问题（图 3-10 ~ 图 3-12）。

苏联专家来了以后也主张搞分流制和我们所定的用水标准，由此大家就没再提这些事儿，但看法上不一定就一致，只是不再争论了。从那以后，开始按分流

图 3-10　北京规划系统老同志中秋联谊会留影（1998 年 10 月 5 日）
前排左起：张敬淦（左 2）、赵知敬（左 3）、宣祥鎏（左 6）、赵鹏飞（左 8）、储传亨（右 8）、汪光焘（右 6）。
资料来源：张敬淦提供。

图 3-11　在京津冀协调发展第三次研讨会上发言（1993 年）
注：会议地点在北京。
资料来源：张敬淦提供。

图 3-12　与建设部专家一起研究福州市城市总体规划模型（1992 年）
左起：邹时萌（左 1，时任建设部规划司司长）、张敬淦（左 2）、储传亨（右 1，时任建设部总规划师，原城乡建设环境保护部副部长）。
资料来源：张敬淦提供。

制的排水体制来修建污水管和雨水管。

新中国成立初期，北京也曾建过一些合流制的下水道，但河道污染越来越大，时间长了，越往后，就越感到有雨污分流的必要。但是，雨污分流后，污水没有得到有效的处理，最后都排到了天津，污染了天津，引起了城际之间的矛盾。这样，后来就促使国家计委增加北京的建设投资，逐步修建污水处理厂，首先建了高碑店污水处理厂，解决了污染天津的问题。同时结合旧城改建，改造旧城区的合流制。

后来，北京的建设量越来越大，政府也比较有钱了，凡是新开发建设的地区，都按分流制先修污水管，以后再修雨水管。先修的区域是北京西北郊的文教区，因为好多大学都集中在那儿。然后是西南郊，阜成门外的三里河地区等。

刚才说的这些认识分歧，跟经济水平有着很大的关系。不光是给排水方面，其他很多方面的技术性争论问题也都比较多。以道路交通问题为例，道路修宽一点还是窄一点？我们在规划时，是按道路的性质和重要性区别对待的。重要的主干道和干道，采取一次建成，一下子修到规划红线，如建设长安街，规划红线有100多米，最宽的地方140米，是人民大会堂的北门，大宴会厅就在人民大会堂的北边，那地方的排水就是按分流制设计的。其他像热力、煤气、供电等专业，也同样存在类似的争论。

五、北京市道路宽度及长安街改建

访问者：您说到的道路宽度，是城市总体规划中比较重要的一个问题，就长安街的宽度而言，据说苏联专家是主张稍微窄一点，有个几十米就够了，咱们最后修到了100多米。您了解这方面的情况吗？

张敬淦：不对，苏联专家从来没有提过北京远景规划道路要窄一点。苏联专家来北京之前不久，他们也编制过莫斯科的总体规划，其远景每人每日用水量标准就是我们采用的600升。据说苏联专家在向北京市委汇报时，市委领导曾表示北京规划要向苏联学习，也包括一些规划原则、方法和定额标准。因此，很多专业规划，包括定额指标，都是采用了莫斯科的定额标准。对长安街的规划宽度定为100～200米，就是采纳了苏联专家的建议。

访问者：关于长安街，除了宽度之外，还有一个长度问题，有人认为以前长安街并没有多长，后来我们把长安街的东、西方向都延长了。对北京来说，这成为一条非常主要的城市干道，它一方面有交通的作用，但同时又产生了分割城市的效果，存在一些负面作用，据说有的专家评价长安街把北京城分成了南、北两个城市。您怎么看这个问题？

张敬淦：长安街的长度是从复兴门到建国门。复兴门往西称复兴门外大街；建国门往东称建国门外大街。长安街的宽度定为100～200米，但复兴门外大街和建国门外大街的规划宽度，就因地制宜地缩小了，不存在分隔城市的问题。

访问者：在参加工作之初，您是如何加深对城市规划工作的认识的？

张敬淦：过去在学校里也学了城市规划，但在当时，从全国来讲，没有听说哪个地方要搞城市规划。北京也许是第一个，也是最迫切需要的。我自己认为，城市规划既关系到城市今后的发展，也关系到当时的一些重大原则问题的解决。可以讲，正是苏联规划专家组来了以后，才帮我们统一了思想。指导我们八组工作的苏联专家是雷勃尼珂夫，他是专门搞莫斯科城市水利和给水排水规划的。

图 3-13　在办公室工作中
的上下水道专家雷勃尼珂夫
（1956 年）
资料来源：北京城市规划学会.
岁月影像——首都城市规划设计
行业 65 周年纪实（1949—2014）
[R]. 2014-12: 24.

六、上下水道专家雷勃尼珂夫

访问者：雷勃尼珂夫的年龄有多大？可否请您讲一讲他的有关情况？

张敬淦：当时他有四五十岁，我只有 27 岁。

访问者：他是一个人来中国的，还是带着家人，比如他的夫人？

张敬淦：他没有带家人，他夫人是后来在雷专家回国后才来中国的。她本人是专搞地下
　　　　管网综合布置规划的，来京后在北京市市政设计院工作。那时候，我们都调到
　　　　北京市城市规划管理局去了，苏联专家基本上都走了，但个别专家又被请来了，
　　　　其中包括雷勃尼珂夫的夫人。

访问者：雷勃尼珂夫的夫人又来过，大概是哪一年来的？

张敬淦：大概是 1958—1959 年的时候。

访问者：他夫人在中国待了多长时间？

张敬淦：大概是两年。

访问者：他夫人来的时候，雷勃尼珂夫（图 3-13、图 3-14）已经不在中国了，对吗？

张敬淦：对，他们两人是两个不同的专业。

访问者：您在北京市搞给排水规划工作的时候，建工部城市设计院（也就是中规院的
　　　　前身）也有一些水的专家，比如谭璟，据说八大重点城市规划好多水的问题都
　　　　是他解决的，你们有过一些联系或合作吗？

张敬淦：我没怎么听说过他，更没有接触过。

访问者：当时北京市有苏联专家，建工部也有苏联专家，两者又有行业的关系，关于北
　　　　京给排水规划技术方面的一些问题，是不是北京市都市规划委员会这边的苏联专
　　　　家定了就可以了，还是说仍要报建工部征求意见，需不需要征得建工部的同意？

图 3-14　北京市都市规划委员会第八组（水组）与上下水道专家雷勃尼珂夫的合影（1955 年）
注：后排左 7 为张敬淦，左 8 为雷勃尼珂夫，右 7 为钟国生，右 5 为赵世武（翻译）。
资料来源：张敬淦提供。

张敬淦：不需要。因为北京的规划首先是市委讨论，中央和北京市各专业部门在编制过
程中也曾听取建工部的意见，但规划定了以后由北京市委直接上报中央。建工
部的苏联专家，我们很少接触，他们跟我们北京市的苏联专家没有太多来往。
当然，有些讨论会，我们请他们来提意见，那是另外一回事。当时，苏联专家
里也不一定都是同一个意见。

访问者：咱们的上下水道专家雷勃尼珂夫，与专家组组长勃得列夫之间有没有一些分歧
和争议呢？

张敬淦：在什么问题上？

访问者：关于给排水规划方面。

张敬淦：没有听说过，特别是水的问题。苏联专家内部如果有些分歧、讨论什么的，我
们通过翻译也能听得到，翻译对苏联专家的情况比较了解。

访问者：雷勃尼珂夫的翻译是谁？

张敬淦：赵世武，岁数比较大一点，跟我一样，也是从市卫生工程局调来的。

访问者：男的、女的？现在还健在吗？

张敬淦：是男的。恐怕不在了，他比我岁数大得多。后期还来了一个女翻译，名字我忘了。雷勃尼珂夫的夫人主要是搞地下管网的综合布置的，当时我们搞规划的已经各自回自己原来的单位，地下管网的布置是由市政设计院负责，女专家也是他们请来的。为了避免像相声里说的：老是挖了填，填了又挖，不如安个"拉锁"。我们很想在主要干道上尽可能一次建成。当然有的地方因为经济原因，不得不分期建设，这是当时的实际情况。搞规划工作，我们希望把最根本的体制先定下来。像排水，按分流制，还是按合流制？像供水，用地下水还是用地面水？因为北京缺水，地面水没有多少，所以就打了井建了几个地下水水厂。这些苏联专家并没有参与。

但是，北京的地下水是不是非常丰富呢？以前认为是，特别是建工部认为是很丰富的。后来我们专门问了搞地下水规划部门的苏联专家，他们认为从城市发展的远景需要来看并不丰富，将来必须发展地下水源。但由于建设资金短缺，河水厂一直建不成，而地下水开发规模越来越大，造成地下水位一直下降，出现了大漏斗，而且越来越大，井也越打越深。水位下降达 25 米，甚至出现了地面大范围开裂下降造成不少安全事故。再说，单靠地下水供水的这点水量，从长远看对首都来讲是远远不够的，而南方的水量比较丰富，所以，后来规划部门首先提出要南水北调。莫斯科也有地区间调水的经验。

北京的水源建设，首先是打井建地下水厂，一厂、二厂、三厂、四厂、五厂，都是地下水厂。六厂是地面水厂，是利用高碑店污水处理厂处理污水，只能供东郊工业冷却用。

访问者：重复利用污水处理厂的水，有一些生化处理吗？

张敬淦：污水生化处理投资较大，当时市里没有那么多钱，所以在高碑店建的第一个污水处理厂，仅仅是沉淀一下的初级处理。处理后的污水还比较脏，不能供饮用，但能达到工业冷却用水的标准，因而只能向东郊通惠河南岸工业比较集中的地区供水。后来南水北调的水来到北京，就开始建河水厂，供城市用水，从建设水源七厂，一直搞到建设水源十厂，保证了首都的城市用水。

1963 年 8 月 8 日，下了一场大雨，我记得清清楚楚。那场大雨是有史以来罕见的，日降雨量高达 400 多毫米，整个马路上到处都是积水，水深都到膝盖了，得蹚着水走。因为地下排不出去了，下水道排到河里，但是河水位很高，淹没了下水道出口，甚至倒灌冒出地面。

访问者：形成倒灌了？

张敬淦：对。不要说排水排不出去，连井盖都往外冒水，当时就到这种程度了。过去，市领导对排水不是很重视，毕竟给水比排水更重要，又像道路交通，如果没有路，什么建设都搞不起来。所以有限的投资主要放在那些方面了。但是，排水问题不能不解决，一下雨城市被水淹也不行。各项建设要综合平衡，有的方面在性质上可能比排水更重要，但现在排水造成的问题也太严重了，不能不通过增加投资来解决一些问题。

当年，计委每年制定的投资计划，都要征求我们的意见，我们就多次提出要增加排水方面的投资。过去计委比较强调修路，后来也把排水提上日程了，因为再不强调修排水设施，问题将更严重了，像1963年8月8日一天降水400毫米，那样的特大暴雨，工厂几乎全部停产，倒塌房屋几百间，断绝了交通，如果再来这样一场特大暴雨，后果不堪设想。

访问者：说到暴雨问题，是不是跟北京城市建设过程当中占用了好多河湖水系特别是湖面有关系，如果城市里像玉渊潭公园和紫竹院公园这些湖面多一些，下雨的时候可以蓄很多雨水，是不是会好一点？这是个主要问题吗？

张敬淦：北京上游最大的水面就是官厅水库，官厅水下来、进了城以后到什刹海、中南海这几个水面，南边还有陶然亭，东边有龙潭湖，这些地方的活水不多，没有新鲜水补充。当时主要只有这些中小型湖泊。后来我们还开挖了几个小湖，像紫竹院公园里面那个湖，以前很小，后来我们把它挖大了。

但有时候，由于各种原因，像莲花池，差点被填没了，原因是首钢的污水排下来污染了莲花池和莲花河，河水都污染了，当时要把莲花池填没，我们提出反对意见了，但已局部填了一点，只好填，以后有条件再把它挖出来。

我们总是想分步骤地多搞一些水面，有的地方，水面可以先小一点，等将来有条件了再慢慢扩大。另外再开挖一些新的河道，以便更好地排水，这样也可改善北京的小气候。

因为我们是搞水的，希望水越多越好，水面越大越好。当然领导也很支持，规划上也是这么定的。但当时主要是建设资金问题，加上建设用地比较紧张，所以有些工程填了一点湖，我们当时也提出了反对意见，但有些实际问题解决不了，因而丧失了一些水面。

七、对苏联专家技术援助活动的评价

张敬淦：苏联专家雷勃尼珂夫是1955年4月份来的，在中国待了两年半时间，也没有必要待很长的时间，因为1957年北京的城市总体规划都定下来了，主要的任务已经完成了，所以他就回去了。我们跟他一块儿工作了两年多，也向他学到不少东西。

到后来有一段时间，批判美帝苏修的时候，有的地方就批了苏联专家，我们并不以为然。因为这是两回事，一个是国家之间的关系，但苏联专家本人是满腔热情来的，很多技术都是手把手教给我们的。我们跟苏联专家学到了很多技术和经验。不能因为两国关系产生了矛盾，就否定苏联专家当时对我们的热情援助。那时候，给水规划出来以后，争论用水量标准是否定高了，搞大了。今天看来，当时我们设计得还不够大，还应该往更长远考虑一些，因为北京的水一直比较紧张，但北京的城市发展太快，人口现已达到 2000 多万，尽管已经有南水北调工程，但缺口还很大。如果想要再增加水源，只有成本极高的海水淡化了，没有别的办法了。所以，我们现在大力宣传要节约用水。

给排水这些问题，当时争论比较多，其实我们跟社会上有些专家都是很熟悉的，有些分歧看法也是正常现象，而且这些大问题不由我们定，我们报上去还得由市委批，市委还得报中央才能决定。另外，有些学术争论也是好现象，让你反复思考，到底哪个对、哪个好。我们的观点也不断在发展，也在变化。给水排水的某些问题在过去一直有些不同的看法，特别是建工部作为我们专业的中央部门，对用水标准也有他们的看法。

访问者：从新中国成立近 70 年的历史长河来看，1950 年代的城市规划和苏联专家的技术援助工作特别是关于给排水的问题，您怎么评价？能不能说 1950 年代的规划，奠定了近 70 年来北京城市建设发展的重要基础？

张敬淦：我总的看法是，苏联专家来中国，确实传给我们很多经验，他们编制过莫斯科的城市总体规划，有实践经验，我们以前没有接触过城市规划工作，但有些基础知识和专业知识是差不太多的。我们跟专家之间有时也有分歧，有一些看法不尽相同。

比如说有污染的第一热电厂的位置，在北京的东郊，现在来看比较靠近城里，好像当初如果更往外一点会更好。这个问题，当时也是考虑到钱的问题，原因很简单，管道越长，管径越大，花钱越多。当然，大家有些不同的看法，当时苏联专家也不能决定，他们提出了意见以后，我们报到市委，市委还要专门开会讨论。最后还是采纳了苏联专家的方案。

我们与苏联专家之间的确在有的问题上意见不太一致，这是难免的。但是总的来讲，我认为苏联专家来了以后，还是真正帮我们解决了很多难题，传授了很多经验。因为人家毕竟已经干过，有经验了（图 3-15、图 3-16）。

再比如，莫斯科在规划和建设下水道的时候，吸取了卫国战争中的经验教训，在两条下水道系统之间进行互相连通。后来我们在搞北京排水规划，两个排水系统尾闾不一样时，就把某些相距较短的关键部位连通起来，如果一个系统的某个地方出了问题，被炸弹炸断了干管，水还可以排往另外一个系统，从另外一个方向排出。莫斯科的排水规划他们就是这么考虑的，这对我们有很大启发，

图 3-15　北京市城市规划管理局日语学习班结业留影（1983 年 8 月）
注：后排右 3 为张敬淦。
资料来源：张敬淦提供。

图 3-16　接待美国得克萨斯州工业大学彭佐治教授时的留影（1980 年）
左起：金欧卜（左 1）、杨念（左 2）、周永源（左 3）、彭佐治（左 4，美国教授）、张敬淦（右 4）、李欣树（右 3）、白德懋（右 2）。
资料来源：张敬淦提供。

所以我们的排水规划方案也采纳了这个经验。在这个问题上，原来我们自己没有这个想法，也是苏联专家传授的。苏联专家有他们的经验，我们也有我们的经验，看法难免有不同的地方，当时我们一般不会也没有必要跟他们争论，我们尽量处好这个关系。

到 1962 年搞"十三年总结"的时候，我们对北京城市规划建设的不少问题进行了比较客观的总结，有些问题的解决会有不同的方案，经过一段实践后应该好好总结。那时候，我们搞了"十三年总结"，很多中央单位也搞了总结，涉及好多问题和矛盾，很多问题是上面决策的，但决策究竟对不对？当时的领导让我们大胆地提。但很多是技术问题不是原则问题，也不是很大的问题，在总结过程中就没有作为问题提出来。

八、北京城市规划建设的历史总结

访问者：刚才讲的内容，主要是您的专业领域，偏重给排水专业规划，但就您的专业历程而言，改革开放后您很大一部分精力是投入到了城建史或者规划史研究领域，特别是作为编辑部主任编撰了《建国以来的北京城市建设》等重要著作。您怎么会对规划历史研究产生兴趣的？

张敬淦：1958 年，由于机构调整，我调到北京市城市规划管理局工作。1986 年北京市城市规划设计研究院成立后，我又调到了规划院。直到 1990 年退休，但实际也没有真正退下来，仍然继续参加领导交代的一些任务，如总结城市规划的历史，总结六十多年来城市规划工作的经验教训，还有北京市历次城市总体规划的编制等，我都不同程度地参与了。

从此以后除了我原来熟悉的城市水利方面的专业以外，我还接触到城市性质、城市布局、城市经济、城市文化，以及道路、交通、煤气、热力、电信等其他专业的问题，加上积极开展各项学术活动，从而学习到不少城市规划其他方面的专业知识，不断开阔了眼界，大大提高了城市规划建设的认识和体会。

1983 年，在北京市有关领导的大力支持下，市政府正式批准成立了"北京建设史书编辑委员会"，由北京规划系统的老领导佟铮同志（图 3-17）亲自担任主编，周永源同志任副主编。在前一阶段，重点是完成了《建国以来的北京城市建设》，于 1986 年 4 月出版。就在这个时候，佟铮同志又布置了下一个任务：编写《建国以来的北京城市建设资料》和《北京城市建设史迹》，并决定成立"北京建设史书编辑委员会"编辑部。那时候，佟铮同志专门找我谈了一次话，目的就是想要把我调出来，让我当"北京建设史书编辑委员会"编辑部主任兼总编辑。

1986 年北京市城市规划设计研究院成立后，当时社会上出现了不少专业性杂志，我想，城市规划如此也应该有本杂志，于是创办了一本《北京规划建设》杂志。所以我对佟铮同志说：我们已经有个《北京规划建设》杂志编辑部了。佟铮说：那好啊，两个编辑部合并吧！因此，我除了办《北京规划建设》杂志以外，还得研究和从事《建国以来的北京城市建设》编辑部的一些任务（图 3-18、图 3-19）。

当时给我的任务，就是要从整个城市发展的角度总结经验教训，要写它的历史，就不光是给排水方面了。为了写历史书，我就得看很多资料，这些资料都是各

图 3-17　与佟铮同志在一起的留影（1985年）

注：左 2 为佟铮，右 2 为张敬淦。

资料来源：张敬淦提供。

图 3-18　"北京建设史书编辑委员会"编辑部和《北京规划建设》编辑部的同志们郊游时的留影（1990 年）

注：左 4 为张敬淦。

资料来源：张敬淦提供。

个部门的，起码涉及十好几个领域。那么多文章、资料，其中不少我过去不知道甚至不懂得。但许多单位写好后送上门来我也不能不看，并且我要了解、消化、学习，不首先把这些东西学习懂了怎么综合地来写历史？编杂志也是一样，人家投稿来，并不都是给排水专业方面的，而是涉及整个城市规划建设和发展的方方面面。

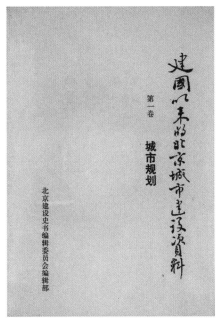

图 3-19 《建国以来的北京城市建设资料（第一卷：城市规划）》封面（1987 年）
注：张敬淦先生任该书总编辑。
资料来源：李浩摄。

图 3-20 张敬淦先生文集《实践与思考》封面（2017 年）
资料来源：张敬淦先生给访问者的赠书。

访问者：《北京规划建设》杂志是哪一年创刊的？

张敬淦：在北京市城市规划设计研究院成立以前，大约 1984 年我已经开始试办这本杂志了。到 1987 年，《北京规划建设》正式创刊。

访问者：办这个《北京规划建设》杂志，最早的编辑人员，除了您之外还有哪些人？

张敬淦：主要是我们单位里的一些同事，规划研究处的一些人员。1984 年初，北京市城市规划管理局机构调整，我担任规划研究处处长。成立编委会时，又请了不少中央和北京市各方面的专家加盟，投稿的也有不少外地的技术人员，还有个别的外籍专家。

在有些问题上，过去我们跟建工部的意见并不一致，这很正常。我因为写历史，就要接触到这些矛盾。以前我并不怎么关心这些事，因为跟我的具体工作没有太大关系，但到后来就不能不关心了。我要去看好多资料，投稿者都是白白地把各方面的知识资料送上门来，你还不学习？特别是城市在不断发展，完全靠吃老本不行，得不断地接触和学习各种新鲜事物。

比如有一次，市发改委的一个同志送来一个稿子，审稿的时候看到里面有个词"低碳经济"，当时我没有听说过。后来我就想，我是主编，许多来稿都不属于我原来的知识范畴，我必须努力地学习和接受这些我原来不懂的知识，包括过去不大关心的一些城市规划建设战略性的宏观方面的问题（图 3-20）。

图 3-21　参加北京城市总体规划修编工作的部分同事留影（1992 年）

注：左 5 为张敬淦。

资料来源：张敬淦提供。

九、关于"梁陈方案"

访问者：您从创办《北京规划建设》杂志，到研究北京的城建规划史，开始更全面地认
　　　　识城市规划工作，那么，对于 1950 年代北京城市规划的一些重要事件或者说
　　　　重要人物，比如说经常被提到的"梁陈方案"，您是什么看法？

张敬淦：这个问题我们在《建国以来的北京城市建设》中写到了，因为这是回避不了的。
　　　　"梁陈方案"这个事情很大，涉及对待民主人士的政策问题。梁思成跟陈占祥
　　　　他们两个人，对城墙问题，对整个总体规划里的某些问题，都有些不同看法，
　　　　这本来是很正常的（图 3-21 ~ 图 3-24）。
　　　　客观地讲，在 1950 年代，梁思成是受到批判了的。为了这个事情，我们在编
　　　　写"当代中国城市发展丛书"《北京卷》进行小组讨论（第八次编辑工作会议）
　　　　的时候，北京市政府的各个委、办、局都有代表参加，清华大学的一些师生
　　　　也被请来参加了，其实我们北京市规划委和规划院中有好多人都是清华大学
　　　　毕业的，我们对他们并没有什么成见。但是，他们因为"梁陈方案"的问题，
　　　　有点不满情绪。小组讨论的时候，我听说他们在会上多次提到梁思成怎么被
　　　　迫害。这个问题必须澄清一下。我就专门去参加了他们小组的讨论。等清华

图 3-22 在巴塞罗那与北京市副市长张百发在一起的留影（1986 年）
注：地点在巴塞罗那国际会议中心广场。
资料来源：张敬淦提供。

图 3-23 在联合国"人口与城市未来"会议上发言（1986 年）
资料来源：张敬淦提供。

图 3-24 带队赴深圳学习（1984 年）
注：左 4 为张敬淦。
资料来源：张敬淦提供。

几位师生说完了，我就表达了我的看法。

我就讲，郑天翔同志（领导规划的市委领导）后来调到最高人民法院当院长（1983—1988年）去了，他曾经专门到"北京建设史书编辑委员会"编辑部来跟我们座谈，实际上是跟我们做一个交代。天翔同志说：你们编这个史书非常重要，其中有个关于梁思成的问题你们一定要注意。批判梁思成本身就是错误的，错就错在把学术问题跟政治问题混淆了。梁思成在城市规划和建筑方面是有突出成就和贡献的，但在一些具体问题上与我们有些不同意见，展开过一些争论，这本来是很正常的事情，但不应该把学术问题上纲上线，与政治问题混淆起来。

天翔同志这么讲，是说到点子上了。他还说：这个问题责任在我。因为他当时是具体领导规划工作的，作为市委常委和秘书长，连成立北京市都市规划委员会也都是他一手搞起来的。但是，我心里想：怎么你把责任全部都揽过去呢？因为这个问题涉及的面很广，特别是有些问题是中央主要领导同志表了态的。那次，清华大学的师生在会上有点情绪，对北京市有意见，我就把这个过程说了一下。后来，我在"当代中国城市发展丛书"《北京卷》中专门写了一段关于"梁陈方案"的内容，澄清一些问题。

本来在那个时候搞总体规划，畅观楼小组是中共北京市委组织起来的，把一部分党员干部组织在一起，直接由天翔同志领导，把市委的意图都贯彻进去。除了市委组织研究之外，还有党外的一些同志，你也不能不让人家研究，那时候有好多种方案。所以总结来看，一部分是党外以梁思成、陈占祥为代表的一些同志都在研究和发表意见，另外一部分是畅观楼规划小组以及后来组建的都市规划委员会在贯彻市委的意图。二者在总体规划方案讨论中，大的方面都是比较一致的，但对某些问题，也存在一些比较明显的分歧。

后来批判梁思成，批得很厉害。虽然我当时没有参与进去，但这样的事情我还是很关心的。在编写《北京卷》时，天翔同志交代我要把梁思成的问题写清楚。也就是说，要把双方的观点和根据摆清楚，说明这纯粹是个学术争论，更不是像有些人说的，北京市规划局跟清华大学在对着干，不要形成这样一种误会。

天翔同志对我讲，要把学术问题跟方针政策的问题分开。在学术观点上存在这个意见与那个看法的分歧，这不奇怪，我们经常遇到这些问题。但这批判梁思成的问题搞得有点过头了。特别是梁思成毕竟是一个名家，在学术上有很高的成就，有很高的威望，对北京市的城市建设是有很大贡献的。他还是我们都市规划委员会的副主任，我们也经常向他汇报工作，都是很尊重他的。我们当时都卷在这个争论中。

所以，我也认为，梁先生发表的"梁陈方案"不是不可取，而是有合理的地方，有好多值得研究、值得采纳的意见，有些官方也吸收了他的观点。但是，就在"梁陈方案"的问题上，一直没有妥善地处理好。

当年批判梁思成，是在什么情况下批判的？第一，1953年以后开展了全国性的批判知识分子运动，1957年"反右"以后一大批"右派"被揪出来，全国被点名的著名知识分子有几个也混在一起一块儿批，其中就包括梁思成。所以当时是在这种全国性搞政治运动的情况下批判梁思成的，不是针对某一个人而专门平白无故拉出来进行批判的。第二，批判他以后，梁思成照样是北京市都市规划委员会的副主任，职务没有变化。第三，梁思成的待遇也没有变化。对梁先生，我们还是很尊重他的，有些问题还是向他汇报的，所以都没有受影响。这样，就谈不上是迫害。"迫害"这个提法有点过头了。

那一次我发完言以后，会上没有人再反驳。当然，在1960年代，后来越来越"左"了，"文革"的时候就更不必说了。

十、"城乡规划学"学科发展问题

访问者：最后还想再向您请教一个问题。2011年，"城乡规划学"被升格为国家一级学科了，之前的"城市规划"只是"建筑学"下面的一个二级学科，等于是学科地位提高了，这就存在一个"城乡规划学"学科该如何健康发展的问题。借鉴别的学科的一些经验，比如建筑学一级学科下面历来就有"建筑历史与理论"这样一个二级学科，那么，在"城乡规划学"下面，是不是也应该重视城市规划的历史和理论研究，应该有一个"规划历史与理论"的二级学科，这样才能对学科的整体健康发展比较有利，您是什么看法？另外您对我们年轻人开始做城市规划历史研究有什么期望？

张敬淦：如果规划指导思想错了，规划方案有了偏差，会对将来城市发展造成难以挽回的影响，给子孙后代带来很大的麻烦。我期望大家接受前人的经验和教训，紧跟时代发展的步伐，不断发现新的问题，深化调查研究，从理论和实践上有所创新，有所发展。

关于城市规划这门学科，很早我就有这个想法，应该成为一个一级学科，受到各方面的重视，因为这门学科非常重要。过去，城市规划没有成为独立的学科，甚至于有时不被称之为学科，也引不起领导的重视，有时连编制某些规划，我们只能跟城市规划有关系的各种学科组联系在一起，自己搞。一起合作研究，成果共享（图3-25、图3-26）。

我一直主张城市规划要成立独立学科，我跟建设部的有些同志也谈过这个意见，

第四屆海峽兩岸城市發展研討會

1997·成都

图 3-25 第四届海峡两岸城市发展研讨会留影（1997 年）
注：前排左 5 为辛晚教，右 2 为张启成，右 1 为张敬淦。第 2 排左 1 为鲍世行。
资料来源：张敬淦提供。

他们也有同样的看法，他们也提了。现在知道它已经批准成立了，我非常高兴。
到现在，城市规划的实践工作已经搞了有 60 多年了，无论是正面的，还是反面的，
我们都积累了丰富的实践经验和教训。所以，这个学科还应该继续往前发展。
现在，有好多新的理论，新的认识，城市规划学科的发展也处于一个新的时代。

访问者：您认为"城乡规划学"以后应该怎么发展？

张敬淦：我觉得应该狠下功夫。从长远来看，规划学的研究应该从上到下，从中央
　　　　一级到市里一级，再到更下面的基层，各有各的重点，并且这些重点不应该
　　　　有遗漏。这样可以动员起各方面各层次的规划人员，不同程度、不同深度地
　　　　加以论证、研究、讨论，特别是当前还有些不是太清楚或者观点不是很一致
　　　　的问题，如果需要的话，也可以深入讨论。
　　　　从近 40 年，也就是改革开放以后的情况来看，我们的国家和城市，特别是像
　　　　首都北京，建设成就确实很辉煌，是值得大书特书的。当然，其中的问题也不少，

图 3-26　老有所乐：80 岁时录制《音乐
与人生》纪念光盘现场（2008 年）
资料来源：张敬淦提供。

反面的典型也有一些，比如一说起来哪栋楼如何如何，大多是挨大家批评的。
另外，新事物、新观念不断涌现，就不能抱着老的一套不放。过去总结的东西，
在当时来讲是那个时代的认识，当时是正确的，但时代在发展，人的认识也跟
着不断提高。

现在再回过头看看过去的近 70 年，过去的结论哪些在当时是正确的或者对当
前的时代已不太适应，或者哪些问题还没有完全弄清楚，我想都可以回过头来
把它研究清楚，希望在年轻一代身上。我们老一代容易守旧，不应将原来的结
论看成是永远固定的，我们应该跟上时代的步伐向前看，要跟上形势。

2010 年，在"当代中国城市发展丛书"《北京卷》出版座谈会上，我就讲了这
个问题。我们要跟上时代的步伐，有好多过去的看法，现在有些可以打个问号
或者使之更完善，不要想当然地认为今天仍是十全十美的、固定不变的。换句
话说就是我们要跟上时代的步伐，因为时代在发展进步，城市在发展进步，我
们的思想也要不断提高，要跟上形势。

就我们城市规划专业而言，当然我已退休二十多年了，对现在的实际情况已经
不是很了解，因为不在工作岗位上了，但总有一种感觉，有关城市规划方面的
学术讨论比较少。特别是在杂志和学报上，很少看到有不同意见。应该鼓励大

图 3-27 拜访张敬淦
先生留影
注：2018 年 5 月 29 日，
北京市西城区月坛南街 19
号院，张敬淦先生家中。

家发表不同意见，深入讨论研究，把城市规划的学术研究活跃起来。

所以，我对今后的期望就是，首先在学术观点上要有自由民主，让大家敢于提、放开提。这个问题不解决，最后城市会出现这样那样越来越多的问题，不利于城市规划事业的发展提高（图 3-27）。

访问者：谢谢您！

（本次谈话结束）

陶宗震先生谈话

其实任何一个城市规划，包括国际上一些大城市的规划，其发展过程都是要产生很多矛盾的，能不能正确地分析矛盾、解决矛盾，这是一个世界性的课题。根据社会的发展需要，使规划不断地修订，适应新的需要，这是世界性的。问题是绝对不能把它归结为说北京城有些矛盾就是因为没有按照梁[思成]和陈[占祥]的规划[方案]办，因此把北京搞乱了，这是错误的。

（拍摄于 2007 年 3 月①）

陶宗震

专家简历

陶宗震（1928.08.18—2015.01.07），江苏武进人。

1946—1949 年在辅仁大学物理系学习，1949—1951 年在清华大学营建系学习。

1949 年夏在中直机关修建办事处参加工作。

1952 年 1—8 月，在清华、北大、燕京三校建委会工作。

1952 年 9 月，调入建筑工程部工作。

1954—1956 年，在建筑工程出版社工作。

1956—1957 年，在城市建设部民用建筑设计院工作。

1957—1961 年，在北京市城市规划管理局工作。

1961—1977 年，在北京市建筑设计研究院工作。

1977—1985 年，在国家文物局工作。1985 年起，在中国建筑工业出版社工作。

1988 年退休。

---

① 本页照片系吕林先生提供，陶宗震先生的签名复制自陶先生的手稿。

2012 年 3 月 30 日谈话

谈话时间：2012 年 3 月 30 日上午

谈话主题：参加新中国规划建设工作之初

资料来源：陶宗震先生生前口述录音的 2 盘磁带，共 4 个电子文件（由陶宗震先生夫人
　　　　　吕林先生于 2017 年 9 月 20 日提供），文件名称为 HPDH001 ～ HPDH004。

整理时间：2017 年 9—10 月，于 2017 年 10 月 27 日完成初稿

审阅情况：经吕林先生审阅，于 2017 年 12 月 8 日定稿；未经陶宗震先生本人审阅

　　朱老总①说过："我们不但要破坏一个旧世界，而且要建设一个新世界。"②这是符合全国绝大多数爱国的志士仁人，也可以说包括海内外一些经历了长期的积贫积弱的中国，以及从"九一八"③开始、十几年被侵略的现实的国人的一个普遍的愿望。因此，我就打消了出国的打算。

　　不久，1949 年夏天，经"新六所"④工程的设计人高恭润介绍，我父亲［陶祖椿］

---

① 指朱德（1886—1976），中华人民共和国十大元帅之首，1949 年 10 月 1 日中华人民共和国成立时，任中央人民政
　府副主席、中国人民解放军总司令。

② 这句话应是朱德总司令转述毛泽东主席的重要讲话。1949 年 3 月 5 日，毛泽东在中共七届二中全会上的报告中指出：
　"我们不但善于破坏一个旧世界，我们还将善于建设一个新世界。"参见：毛泽东 . 在中国共产党第七届中央委
　员会第二次全体会议上的报告 [M]// 毛泽东选集（第四卷）. 北京：人民出版社，1991：1439.

③ 指"九一八事变"（又称奉天事变、柳条湖事件），1931 年 9 月 18 日日本在中国东北蓄意制造并发动的一场侵华
　战争，是日本帝国主义侵华的开端。

④ 所谓"新六所"，就是中央在万寿路修建的六栋小楼，中央五大常委每家住一栋，工作人员住另一栋。

送我和当时的一个同学刘崇懿，一起到中直修建办事处[1]。当时的"新六所"工程，主要是给毛[泽东]、刘[少奇]、周[恩来]、朱[德]、任[弼时]设计的住宅，和一栋服务楼。

在那里，接见我们的是工程处的副处长彭则放[2]，他首先问我：能不能看懂图？能不能看图施工？我说可以。他就说：我们填写一个参加革命工作的登记表。我说我们还要继续上学啊？他说：上学我们支持啊，我们还要培养自己的工程技术人员啊，你要来就得先填表。

也就是说，我参加新中国的工作，开始于1949年夏天，具体时间记不清了，大概是6、7月间。这就是我参加新中国建设的开始，而且是正式填写了参加革命工作的一个表格。以下就说一下[我参加工作早期的]流水账。

一、学生时代提前参加工作：1949—1951年几件事情的简要回顾

1949年夏天，具体地说，做了"新六所"工程两栋建筑的放线、开槽工作。后来，梁思成、李颂琛组织北京最早的"都委会"[3]的社会调查，也就是为城市规划工作做准备，当时最主要的是调查了龙须沟。龙须沟、金鱼池也就是北京从元代以来的贫民窟。当时为什么要集中调查这一带？因为这一带是首先应该考虑改建的地区。这一点着重说明一下。

接下来就是考上清华[大学]，转学到清华建筑系了。这就不详细谈了。

1949年冬天，清华建筑系及土木系的前两班同学和部分北京市都委会的同志[一起去大同，参加大同煤矿修复工作]（图4-1～图4-4）。因为原来土木系的同学于长泰，

---

① 中共中央直属机关修建办事处的简称，1949年7月1日正式成立，办公地点在北京城西的万寿路一带（原傅作义的办公楼），主要任务是为中共中央直属机关修缮新接管的旧房屋，购置办公家具、交通工具及各种设施，同时为中央机关筹建新楼、礼堂和生活用房，仅在1949年内就为中央机关修缮房屋近2万平方米。1952年"三反"运动以后，中直修处被撤销，与中央各建筑单位合并组成了中央直属工程公司，中央机关的一些重要建筑工程，都由这个公司承建。资料来源：为中直机关修建三年——中共中央直属机关修建办事处回忆录（一九四九——一九五二年）[R]. 1990-06：1-16.

② 彭则放（1909—1988），湖北钟祥客店人，1937年8月入武昌战时学生训练班，1938年初经董必武介绍到延安就读陕北公学，同年6月被分配到中央印刷厂任总务处长，后调任中央出版发行部总务处长。1939年加入中国共产党。新中国成立后至1969年4月，曾任中央办公厅修建办事处处长兼党支部书记、北京市建工局副局长、北京市计划委员会副主任兼物资局局长、国家房产管理局副局长等职。1973年，任国家文物事业管理局副局长、党组成员，领导文物印刷厂的筹建和《文物》杂志的复刊。1974年后，组织领导故宫博物院"五至七年维修工程"、西华门工程、中国革命博物馆和中国历史博物馆的抗震加固工程。

③ 指1949年5月22日成立的北平市都市计划委员会。成立大会在北海公园画舫斋召开，出席大会的除了有张友渔、曹言行、梁思成、林徽因、程应铨、华南圭、林是镇、王明之、钟森等委员外，还有原北平市建设局企划处的李颂琛、杨曾艺、唐肇文、沈其、张汝良、傅沛兴以及《人民日报》记者卢超祺、《解放日报》记者郭奕等。参见：北京市都市计划委员会的成立 [R]// 北京市城市规划管理局，北京市城市规划设计研究院党史征集办公室. 党史大事条目（1949—1992）. 北京，1995：2.

图 4-1　大同考察留影（一）（1949 年）
注：前排（下蹲者）右 1 为陶宗震。
资料来源：吕林提供。

图 4-2　大同考察留影（二）（1949 年）
注：前排（下蹲者）左 1 为陶宗震。
资料来源：吕林提供。

图 4-3　大同考察留影
（三）（1949 年）
注：站立者中右 1 为郑孝燮。
资料来源：吕林提供。

图 4-4　在大同考察期间的留影（1949 年）
注：左 1 为陶宗震。
资料来源：吕林提供。

他是学生运动时跑到解放区去的，后来被任命为大同煤电公司经理，负责大同煤矿修复工作；他从上海招聘了一些人，由于指挥不灵，他就回学校"搬兵"，因此建筑系的头两班同学就都去支援他。

　　修复大同煤矿的过程中，去了一趟云冈。本来还准备去看大同著名的辽代古建筑——上、下华严寺等，由于这次去云冈回来时差点迷路，差点出事故，所以古建筑考察就都

图 4-5　中直修建办事处五棵松办公楼旧貌（1989 年前后）

资料来源：为中直机关修建三年——中共中央直属机关修建办事处回忆录（一九四九——一九五二年）[R]. 1990-06: 27.

免了。回来以后，我向梁［思成］先生、林［林徽因］先生、刘致平①、莫宗江②等一些先生说了一下云冈的情况：云冈已经渺无人烟了，一片荒凉。梁先生等都非常关心。

接着就是郑振铎——当时的文化部副部长、国家文物局局长，组织了一个很庞大的"雁北文物考察团"。裴文中③是团长，刘致平是副团长［兼］古建调查团［组］的团［组］长，莫宗江是古建调查团［组］的副团［组］长。还有好多同志参加，其中包括北大的宿白④。这是新中国成立以来第一次文物考察，出了一本书，郑振铎写的序，应该说是新中国国家文物工作，具体说也应该是国家文物局的工作方针吧。

1950 年夏天，我仍然回到中直。开始是在中直修建处的黄村电台工地，后来又派到了平房电台工地，两个都挨得很近。工地主任是焦今昔，副主任是穆冀康。平房电台由穆冀康当主任。我到平房电台，主要是负责平房电台的跑图纸的工作。黄村电台是中直设计室的戴念慈设计的，建筑是戴念慈，结构设计是……直到后来设计国家图书馆的时候，我还跟结构的负责人一起讨论过设计问题，名字暂时记不住了（图 4-5）。

---

① 刘致平（1909—1995），辽宁铁岭人，1928 年考入东北大学，是建筑系第一班学生，"九一八"事变后转入中央大学建筑系，1932 年毕业。1935 年加入中国营造学社。1947 年起在清华大学建筑系任教，中国著名古建筑学家。主要著作有《中国建筑设计参考图辑》（共 10 辑，由刘致平编纂，梁思成主编）、《云南一颗印》《中国建筑类型及结构》《中国居住建筑简史——城市、住宅、园林》《中国伊斯兰建筑》等。1995 年 11 月 14 日在北京逝世。

② 莫宗江（1916—1999），广东新会人，1931 年加入中国营造学社，师从梁思成先生研究中国古代建筑历史，先后为绘图员研究生、副研究员。1946 年起在清华大学任教，梁思成先生的主要助手，国徽的主要设计者之一。1999 年 12 月 8 日在北京逝世。

③ 裴文中（1904.01.19—1982.09.18），河北丰南人，1927 年毕业于北京大学地质系，1937 年获法国巴黎大学博士学位，1929 年起主持并参与周口店的发掘和研究，是北京猿人第一个头盖骨的发现者，1955 年被选聘为中国科学院学部委员（院士）。新中国成立后，积极开展旧石器和新石器时代的综合研究，为中国旧石器时代考古学的发展作出了重大贡献。中国科学院古脊椎动物与古人类研究所研究员。代表作有《中国猿人史要》《周口店第一地点之食肉类化石》《周口店山顶洞之文化》《周口店山顶洞之动物群》《中国史前时期之研究》和《中国猿人石器研究》等。

④ 宿白（1922—），辽宁沈阳人，1944 年毕业于北京大学史学系，1948 年北京大学文科研究所攻读研究生肄业，1951 年主持河南禹县白沙水库墓群的发掘，1952 年起先后在北京大学历史系和考古系任教。著名考古学家，我国佛教考古的开创者，代表作包括《中国石窟寺研究》《藏传佛教寺院考古》等。

平房电台，开始只有我一个人去，后来沈永铭来看了我一趟，一起谈了一些工作的情况，后来四个女同学就都调到平房工区来了，具体说有钮薇娜、蔡君馥、王其明和茹竞华。期间，我也去看了沈永铭的工地，在新华印刷厂，现在的西二环路的西侧，并且看了戴念慈在中南海设计的一些工程。同时开工的，还有什刹海的一个公共游泳池，是土木系的王红洴等人设计施工的。当时因为中南海原来的也是唯一的一个公共游泳池被占用以后，就在什刹海修一个公共游泳池，规模比原来要大很多。

1950年夏天，我们在工地的时候，还接我们去中南海参加"新六所"工程的竣工晚会，当时是毛［泽东］、刘［少奇］、周［恩来］、朱［德］［参加］和萧劲光[1]，还有一些人不认得。王光美[2]也去了，不过没有跳舞。毛娇娇[3]、朱敏[4]、刘爱琴[5]……这次晚会都见到了。毛主席还跟我们亲切地握手，问我们玩得好不好，欢迎以后再来。这就是1950年夏天。

1950年的下半年就开始抗美援朝了。抗美援朝呢，我们主要是搞了一些上街宣传的工作。具体说，当年冬天，去北京电车厂画电车，［画］电车两侧的抗美援朝的宣传画。这就是1950年冬天。

因为郑振铎组织完了1950年夏天的雁北文物考察团，并且出版了调查报告，到了1951年，林徽因先生就跟我说："北京现在城内遗存的古建筑已经很少了，除了元代的双塔（也就是原来在西长安街，北京市都委会，也就是老市政府的门口的，当时叫双塔）和元代的妙应寺白塔，城外有一个辽代的天宁寺塔以外，最主要的是明代的三大寺（现在还完整地存在），就是护国寺、隆福寺和智化寺。"所以要我去调查一下。我就去调查了一下明代的三大寺，并且写了一个简单的调查报告。具体不说了。

不久，郑振铎要配合抗美援朝，宣传爱国主义，也是配合宣传批判"亲美""崇

---

① 萧劲光（1903.1.4—1989.3.29），湖南长沙人。1922年加入中国共产党，曾率部参加南昌、南京、鄂西、赣州、漳州、水口、乐安宜黄、建黎泰等战役，参加中央苏区第四、第五次"围剿"作战，参加红军长征，指挥四保临江作战，率部打沈阳、围北平、越华北、渡长江、占武汉、进长沙，参与指挥衡宝战役等战役战斗。中华人民共和国成立后，曾任人民解放军海军司令员、国防部副部长、第五届全国人大常委会副委员长等职。1955年被授予大将军衔。
② 刘少奇之妻。
③ 李敏（1936—），原名毛娇娇，生于陕西省志丹县，籍贯湖南省湘潭县，毛泽东与妻子贺子珍所生的女儿，毛岸英与毛岸青的同父异母妹妹，李讷的同父异母姐姐。
④ 朱敏（1926.4.18—2009.4.13），原名朱敏书，四川仪陇县人，朱德元帅唯一的女儿，生于莫斯科，母亲是贺治华，未满周岁时回到四川成都。1949年进入莫斯科列宁师范学院学习。1953年毕业回国后，一直在北京师范大学任教。1954年9月加入中国共产党。1979—1980年，借调到军事博物馆参加有关老一辈无产阶级革命家文集和回忆录的编写工作。1980年后，借调到中国驻苏联大使馆研究室工作。1986年离休。
⑤ 刘爱琴（1927—），刘少奇的长女，生于湖北汉口，出生后即交给汉口一工人家庭抚养，曾当过童养媳。1938年由党组织找回延安，与父亲团聚。1939年和哥哥刘允斌一起赴苏联，进入莫斯科莫尼诺国际儿童院学习。1941年苏联卫国战争爆发后，参加了红军后备军。1944年加入苏联共产主义青年团。1946年考入莫斯科通讯技术学校，学习经济计划专业。1949年与秘密访问苏联的父亲刘少奇一起回国，在北京师范大学附属女子中学工作。后考入中国人民大学计划系。1953年分配到国家计委综合局工作。1958年报名到内蒙古边疆工作。1966年加入中国共产党。"文化大革命"中受到迫害。1979年得以平反。先后在河北师范大学、北京中国人民警官大学担任俄语教师、副教授。

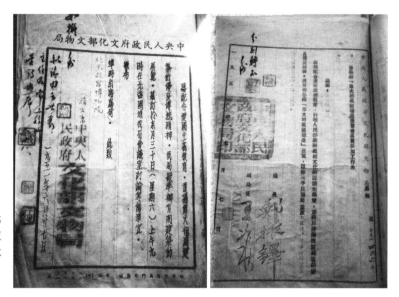

图 4-6 1951 年 "伟大的祖国建筑" 展览的有关档案资料（北京故宫档案资料）
资料来源：吕林提供。

美" "恐美" 思想，以提高民族自信心和自尊心。所以，在故宫搞了两个叫作 "伟大祖国" 的展览（图 4-6）：一个是在午门举办的古建筑展览，一个是在太和殿展出的敦煌展览。两个展览的筹备处在一起，天安门和端门之间，西廊庑，原来 [中国] 营造学社的旧址。

梁先生把清华所有的古建筑资料交给我带去布展，另外有一个刚进校的宗育杰，好像原来是北大的，后转到清华的，他是个团员，和我一起去保管资料。我布展的时候，梁先生交代了两个主要问题：一是他交给我的《中国建筑简史》，实际上梁先生认为连简史都不是，只是一个草稿。为什么？"因为大西北我没有去考察过"——梁先生本人没有系统地考察过。第二，相当于隋唐时期的中国传统的木结构，现在都保存在日本，奈良的五重塔和法隆寺什么的，都是唐代的建筑，而中国当时已知的只有 "七七事变" 时发现的五台山佛光寺，后来才发现了南禅寺，[年代要] 早一些，但南禅寺是很小的一个寺。

另外，林 [徽因] 先生在此以前就交给我一些戴念慈写的 12 篇手稿[1]。除了第一篇《论新中国的新建筑》是梁先生介绍他来北京参加中直修建办事处以前在上海写的，其他都是到中直修办处的时候，一边做 [工作] 一边写的文章。本来当时想办《建筑学报》的，梁、林准备组织《建筑学报》，文章都是交给林先生审阅的。因为学报没有办起来，这些稿子就留在林先生那儿，林先生对有些文章有些批注，所以就把这些稿子也交给我，让我也看一看。

---

[1] 关于戴念慈先生的 12 篇手稿，详见：陶宗震. 历史的回顾——兼评戴念慈同志的 12 篇文稿及林徽因先生的批注 [J]. 南方建筑，1994（1）：4-12.

这两件事，可以说是我接触建筑历史理论工作的开始。

文物、古建筑展览，本身确实对宣传爱国主义教育起了很大的作用。因此，在展览展出以后，很多建筑、建设单位都要求建筑要民族形式，特别是部队系统的，像海军司令部（"海司"）、景山后面的军委大楼以及后来的国防部大楼，还有"哈军工"等，这些都是部队系统的，都要求民族形式。

这一点为什么要着重提一下？新中国成立以后，掀起了民族形式建筑的高潮，主要是1951年的文物、古建展览起了很大的作用，不完全是梁［思成］先生、林［徽因］先生个人在教学中宣扬的。事实上，梁先生在讲课的时候，并没有专门讲建筑的民族形式问题，主要是讲授《中国建筑史》和《西方建筑史》。他讲述两门建筑史的时候，自然而然地进行过一些对比，中国与西方的对比。他一个人同时教《中国建筑史》和《西方建筑史》，很自然的，随讲随进行一些对比。

所以，客观上说，在新中国掀起建筑民族形式的高峰，最主要的［影响因素］是1951年的古建筑展览，是这个展览的主要成果。

1951年的冬天，我和林泗①回家，去了一趟厦门。当时鹰厦铁路还没有通［火］车。

从鹰潭下火车，沿着刚刚放映过的《上饶集中营》电影上的路线，从鹰潭到铅山，翻过仙霞岭的风水关，从武夷山的东边到南平。南平有一个正对着闽江的亭子，这就是瞿秋白的纪念亭。从闽江坐船到福州，从福州转汽车再到厦门，一路经过泉州，看到一些古建筑和洛阳桥②。

到厦门，主要是［看］陈嘉庚正在建设厦门大学的西校园，中心区是五栋主体建筑，围成一个半圆形。林［荣向］先生③和陈嘉庚很熟，所以我参观了厦门大学，当然还参观了一些厦门别的建筑。

当时也是宣传"民族形式"。原来厦门大学的设计，它的五栋建筑是三栋西式的——中间主楼是拱顶、两边也是西式的，其余是两栋中式的屋顶。我就写了一个意见给陈嘉庚，由林荣向先生转达，我认为厦门大学中间的主体建筑都应该是民族形式的，不应该有西式的拱顶，而且也不协调。后来听说信转达了。

但是，直到1989年，我才第二次去看厦门大学，发现厦门大学的五栋主体建筑，已经按照我的意见修改了：西洋拱顶都没有了，都是中式的建筑。从1951年到1989年，时隔38年以后，才重新去看的厦门大学。这件事就先说到这里。

---

① 林泗，林洙（梁思成先生的第二任妻子）的妹妹，陶宗震先生的前妻。
② 洛阳桥，原名"万安桥"。位于福建省泉州市洛阳江上，是北宋泉州太守蔡襄主持建桥工程，从皇祐五年（1053年）至嘉祐四年（1059年），前后历时七年之久，耗银1400万两建成。我国现存年代最早的跨海梁式大石桥，是世界桥梁筏形基础的开端，为全国重点文物保护单位，与北京的卢沟桥，河北的赵州桥，广东的广济桥并称为我国古代四大名桥。
③ 林泗的父亲，即陶宗震先生的岳父。

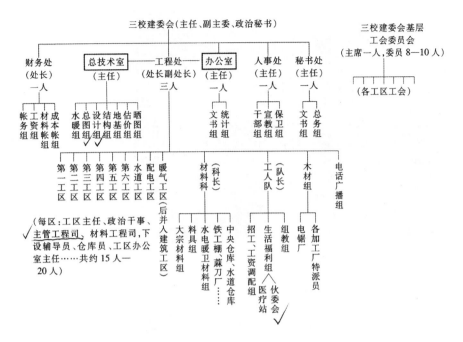

图 4-7　清华、北大、燕京三校建委会组织机构图

资料来源：清华大学校史研究室．清华大学史料选编第五卷（下）[M].北京：清华大学出版社，2005：1062．

二、1952 年的四件大事之一：参与清华、北大、燕京三校建设的规划、设计与施工

我的正式工作，应该说是从 1952 年"三校建委会"，也就是"清华、燕京、北大三校调整建设委员会"开始的（图 4-7）。1952 年是我的本命年，一共干了四件大事。

第一件就是建校。建校呢，开始我做清华和北大的总图，燕园和清华的总图。清华的总图比较简单，原来的建筑比较凌乱，所以就做了一些大的分区，中间一条教学区，北边一条是学生宿舍及小图书馆这些地区，南边一条主要是教职员宿舍，生活区。大致估算了一下，横着拉过了当时的铁路线，从西直门到南口的铁路线。后来蒋南翔做校长的时候，就把铁路挪到校园东边去了。

做完总体规划以后，主要是叫我做燕园的一组教学楼的设计。清华也做了一些设计，好像是清华的中小学吧。当时任务定了以后，就让我做最主要的一组建筑，也就是燕园里面新的教学楼的规划设计，包括六栋教学楼和两栋阶梯教室，规划是两万平方米。先做一半：三栋教学楼和一个阶梯教室（图 4-8、图 4-9）。

做完了两栋教学楼的设计，就得开工了，因此我就到当时的"五工区"做主任工程师，施工刚设计完的两栋建筑，都是民族形式的，接着呢，又增加了一个任务，就是一个教学楼和阶梯教室。本来是让王炜钰设计的，因为规划上这个教学楼是要求"庑殿顶"，庑殿顶的推山，也就是屋顶的曲线，王炜钰弄不下来了，就说你在工地，干脆由你设计。

图 4-8 陶宗震先生在 1952 年设计的教学楼前的留影（2007 年 1 月 11 日）
资料来源：吕林提供。

图 4-9 陶宗震先生 1952 年设计的阶梯教室的内景（2007 年 1 月 11 日）
资料来源：吕林提供。

就把设计又转给我了，我从平面修改，比较顺利地把推山问题解决了。这个工程具体的不详说了。

　　[我]从第一个具体规划、设计、施工的工程开始，就是按照我对朱老总提出的勤俭建国方针的理解[执行的]，也就是最积极的勤俭建国方针呢，应该做到少花钱多办事，而不是少花钱少办事、不花钱不办事。因为少花钱少办事、不花钱不办事也可以算勤俭建国。也是探索吧——体现勤俭建国方针，能不能做到少花钱多办事？所以我就采取了很多措施（图 4-10、图 4-11）。

　　三栋教学楼一共是 1 万平方米，给我的 [造价预算] 是 100 个亿（旧币，以后都按旧币说）。100 个亿呢，按现在说就是 100 块钱一平方米。这是整个建校委员会要求最高的一组建筑。第一个要求是和环境配合。在燕园里面都是大屋顶，因此，要求和环境配合，也就是要求民族形式的。墨菲 [Murphy] 设计的那个建筑，[造价] 是很贵的，两层建筑都是钢筋混凝土框架，很厚的外墙，为了一个外形，钢屋架的屋顶，垫起来的屋顶坡度，那个造价在当时无法估计（图 4-12、图 4-13）。

图 4-10 陶宗震先生在北京大学校史馆查阅档案资料中（2007年1月11日）
资料来源：吕林提供。

图 4-11 清华、北大、燕京三校建委会计划处档案局部：部分教学楼建筑设计图图签
注：拍摄于 2007 年 1 月 11 日，几份图签中均有陶宗震先生的签名。该档案现存北京大学校史馆。
资料来源：吕林提供。

附：三校建委会完成建筑任务及造价一览表

工程名称	建筑说明	面积（m²）		造价			备注
		按计划任务书	按实际施工	按预算总造价（亿）	按成本决算总造价（亿）	按成本单位造价（万/m²）	
清华水力馆加建一层，水泵房	R.C.刚性结构，壳顶砖结构，暖气	987	991	6.80	7.33	74	（1）本表不包含一些临时性质的建筑
清华航空馆加建一层	R.C.砖木结构，暖气	330	414	1.30	5.54	134	
清华阶梯教室	砖木结构一层暖气	469	438	3.83	4.93	113	
✓北大生物楼，文史楼	三层R.C.楼板，砖木结构民族形式暖气	6 216	6 136	45.04	48.50	79	（2）预算经费中未列架木工具费……等。
北大教职员甲级住宅	一层砖木结构，壁炉	7 046	7 056	41.84	44.58	63	
北大教职员乙级住宅	同上	5 240	5 256	32.62	34.00	65	
北大教职员丙级住宅	同上，但无取暖设备	2 551	2 729	16.11	12.05	44	
北大教职员丁级住宅及公共厕所	同上，无取暖设备	767	825	4.12	4.12	50	
清华教职员丙级住宅	同上，壁炉	5 960	6 232	37.50	37.03	59	

续表

工程名称	建筑说明	面积（m²）		造价			备注
		按计划任务书	按实际施工	按预算总造价（亿）	按成本决算总造价（亿）	按成本单位造价（万/m²）	
清华单身教职员饭厅、厨房、浴室	一层R.C.壳顶及平顶	650	927	7.62	9.34	101	
北大学生宿舍	三层R.C.板、砖木结构，暖气	8 000	8 870	76.80	54.88	62	
✓北大教员楼	同上，民族形式	3 000	2 708	29.43	21.76	80	
✓北大阶梯教室	同上，但为二层		5,46		5,41	99	
北大公寓	三层R.C.板平顶暖气	2 814	3 187	27.59	32.68	102	
北大丙丁住宅区公共浴室	一层，砖木结构	50	61	0.50	1.19	196	
北大公共厕所	同上	50	52	0.50	0.29	57	（未完工）
北大幼儿园	同上，壁炉	300	468	2.16	3.10	66	
北大工会俱乐部	同上，无取暖设备	250	427	2.02	2.35	55	
小计（以上系第二批任务）		30 477	33 493	284.76	253.39		
总计		87 966	93 992	678.33	691.17		

清华大学档案，目录号 校办1，案卷号 53018

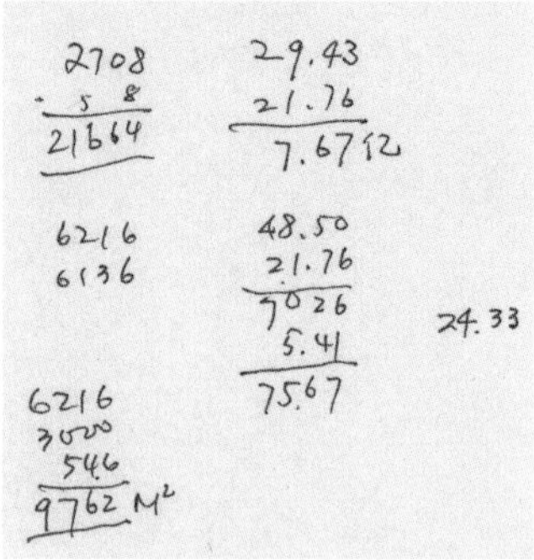

图4-13 陶宗震先生手稿：参加清华、北大、燕京三校建委会建筑任务的造价计算
资料来源：吕林提供。

图4-12 清华、北人、燕京三校建委会完成建筑任务及造价一览表（部分）
注：表中注有"√"的建筑系由陶宗震先生设计。
资料来源：清华大学校史研究室. 清华大学史料选编第五卷（下）[M]. 北京：清华大学出版社，2005：1064，1067.

　　因此，我吸取了我去福建一路看到的福建新建的民间建筑（民间建筑是各式各样的，也包括办公楼这些，办公楼、教学楼都有）的一些民间做法，特别是屋顶的一些做法，都不是大屋架，而是把它分成了小屋架。这就节约了很多木材。

　　另外呢，［就是］模板的重复利用。两层现浇模板，翻上去，就变成了屋顶的望板。这个是在天津的时候，闫子亨先生教"房屋构造"的时候告诉我的一些诀窍。当时他就说，房屋构造学也可以叫"偷工减料学"，但是，"偷工减料"［的时候］，你不能把房子盖塌了，也不能影响质量，所以得会"偷"，"偷"到不影响房子质量。其中就提到，有些东西是可以重复利用的，包括模板就可以重复利用。所以，我就把两层模板拆下来，变成一层望板，这就节约了大量的木材。

　　一个是没有用大屋架，都变成小屋架，就节约了很多木材；又把楼板模板变成顶层的屋面板，又节约了一批木材。但是，这么做是有条件的——施工的［人员］得跟你配合。否则［如果］模板拆坏了，就不能用了，不能再做望板了。

　　当时，中直修建处支援我们的几个工长：木工工长韩继顺，瓦工工长孙殿臣，钢筋工的工长是边文志，不详细说了。总之，木工很配合。木工做门窗什么的，工作量很大，最主要的是韩继顺配合得很好，所以木模拆得很整齐，没有拆坏，才能重复使用。瓦工也配合得很好，因为清水墙砌得好不好，全在瓦工，孙殿臣配合得很好。现在看，头两栋砖墙现在质量仍然很好。

到了第三栋建筑施工的时候，时间已经比较晚了，所以［如果］再搞现浇楼板［时间上］来不及了，所以就改用槽型预制板。这个呢，在北京也可能是全国首先使用预制板的。我们工地上没有结构工程师，没有搞结构的，"一工区"负责人是黄报青，［我们］就［向他］借了"一工区"［搞］结构的罗富午来配合结构方面的设计和施工。最主要的两件事：一个也是为了节约木材和减轻荷载，所以屋面不用很重的扇背，而改用炉渣混凝土，比较薄而且也比较坚固的炉渣混凝土；［第二］，当时还没有设计规范，古建筑的扇背是有重量的（一平方米多重），新做法没有，所以呢，现做了一平方米的实物，要［称］了分量，新的做法是四重（每平方米多重），交给罗富午计算、设计，也就是自重加上风荷、雪荷等吧。把屋面扇背改成水泥炉渣了。

到了用预制板的时候，如果是按资料［上讲的］用钢模或木模，不但工期受影响，而且造价也高得很，所以，就按我父亲当时在兰州"修旧、利废"［的做法］，用现在的话说就是"土法"，用"土模"。预制板是罗富午设计的。楼板的设计也是罗富午。怎么施工呢？在很平的网球场地面上，用砖抹灰，做出预制板的模，里面只做一个很简单的木框，造价很便宜。就做成预制板了。

另外，还有吻兽改成和平鸽了，没用吻兽。当时毕加索画了一个和平鸽，世界和平大会的标志。和平鸽做成鸥尾的形状，宋代以前的鸥尾的形状，代替了屋顶的吻兽了。当然，后来吻兽也改过了，修缮的时候吻兽不见了，什么时候改的不知道。侯仁之先生对此很赞赏，和平鸽比原来的吻兽更有现实意义。

从总体规划上看，原来燕园最美的景色是未名湖旁边的一个博雅塔，密檐塔、湖光塔影等于是燕园主要的景致。但是，当时旁边还有一个大烟囱，所谓机器房，就是对全校供电供热的。现在大烟囱是没了，当年建校的时候准备把这个大烟囱取消，新的这组教学楼另外搞了一个锅炉房，临时塞在地下一层半。后来整个系统改变了，大烟囱也拆了，半临时的锅炉房也就取消了。

另外，燕园原来就有污水处理，就在西墙内（原来女生体育馆的运动场，现在都变成了留学生宿舍了），污水集中处理以后，排到西边稻田去的。

这几项措施，最终的效果，就是100个亿，节约了20个亿，都是旧币了。20亿［元］是个什么概念呢？当时常香玉捐"米格-15"战斗机，一架15个亿。20个亿等于捐了一架"米格-15"，还多5个亿。

所以，我对于朱老总提出的勤俭建国的建议，就是少花钱多办事，［我认为］是能够实现的，节约20个亿的效果，［当时］还没有这样的例子。这是不是算一个纪录？得普遍地看看全国60多年的建设情况。后来历次搞勤俭建国，都是"削鼻子""削耳朵"，没有在保证质量的前提下节约，更不会节约那么多。这个例子，是第一件大事。1952年产生的。

当时，也正是因为苏联有个斯达哈诺夫运动[①]，也是增产节约吧。当时所谓的劳模，都是提高生产效率的，提高劳动生产率，提高指标。有些领域，对一些基本工具做一些改革，提高生产效率。但是，那个效率，原则就是多劳多得，其实就是增加劳动强度，改变劳动组合，等等。当时，比如说瓦工，砌600块砖就可以当劳模了，后来瓦工砌1000块砖已经是很普遍的事，砌砖比较容易了，但是劳动组合有些调整，也就是"跑长墙"——你的建筑设计不能曲里拐弯太多，都是长墙，方方正正的方块，这样效率才能提高。因此呢，也就使建筑设计有一种单调化的趋向。这是建筑设计。规划上的节约以后再说。

当时为什么选择结合周围情况呢？这组建筑群是在燕园的东南角，原来我上小学和初中就在这儿，是一个荒角，但是要解决整体布局的时候，怎么和原有的校园结合？这里面有不同的方案。现在的方案应该是和环境结合得比较好的，当时认为是最好的。也就是新定了一个东西轴，在东门定了一个东西轴。

我是积极响应朱老总提出的勤俭建国方针的，并且积极地建议，认为不是被动的节约，而是主动的节约，因此就从设计、施工考虑每个环节合理的节约。

比如说，从设计上，头两栋教学楼从庭院布局就把承重墙合理分布，所以大屋顶没有大屋架，都分成小的屋架，就节约了大量的木材。第三栋教学楼如果机械地用大木屋架，硬做出一个推山曲线，不但施工很困难，物料也很浪费。所以，从庭院布置就改了，从纵轴中间有一道山墙起来，有一套承重墙起来；教室呢，南边的进深大，北边的进深小，这样呢，推山就很容易解决了，因为推山的曲线用砖墙就可以弄出来，施工也很简单，当然工料都省了。另外就是预制板。常规设计一个预制板、空心板，并没有什么困难，但是模板如果不解决的话，造价就要提高，工序也要增加，你要先做模板。如果用土模，很快就完成了。

这些［做法］都是从生产过程本身合理的节约了，对质量一点影响也没有。有些质量问题，尤其是木工和瓦工。钢筋工是"隐蔽工程"，但也有要求——钢筋绑得规律不规律，虽然打上了，钢筋看不见了，但是规律的钢筋刚度就好，抗震效果也好，如果绑得歪歪扭扭，也是影响质量的。最主要的是木工和瓦工。特别是头两栋砖墙，到现在看，还是很好的。所以，并不是所有的清水墙的效果都一样，必须跟瓦工结合得很好。

这是我自己做规划、设计、施工一揽子的一个工程，也就是1952年的第一件大事，作为效果就是100亿［元］节约了20%，节约了20亿，质量保证。

---

① 1930年代在苏联出现的群众性技术革新和社会主义劳动竞赛运动，因采煤工人A.Γ.斯达哈诺夫(1905/1906—1977)首先发起而得名。斯达哈诺夫在顿巴斯伊尔明诺中心矿井（现称苏共二十二大矿井）一班工作时间内采煤102吨，超过定额13倍多，创造了当时世界上采煤的新纪录。斯达哈诺夫的范例，为其他部门工人所仿效，涌现出成批先进生产工作者，形成群众性的劳动竞赛运动。

当时，[我做的一组建筑] 是要求最高的一组建筑，要求保用 20 年，要求和周围环境配合，造价也算是最高的，其他的教学楼大概都不超过 80 万/平方米，只有这个是100 万/平方米（都是旧币）。

"建委会"造价要求最低的建筑，就是青年教职工的宿舍，只要求保用 5 年，大概每户的面积在 30 平方米。而恰恰就是这个最低标准的住宅，是林徽因先生亲自设计的。而且，林先生是与设计国徽和人民英雄纪念碑同等精心设计的。所以我说，纪念梁先生和林先生，纪念她设计的客厅有什么意义啊？林先生亲自设计的，最廉价、最低标准的建筑，林先生是以对待国徽和英雄纪念碑顶级工程同样对待的 [这才值得纪念]。这个精神应该流传下去。

所以，后来，做完北京饭店，又搞解困的自建住宅，我都也是按照林徽因先生一样同等对待，而且"文革"期间搞背篓设计，做一分钱的买卖，也是同样认真对待的。1952 年的第一项大事先说到这儿。这个工程是可以另行总结的。

三、1952 年的四件大事之二：参与新中国建筑方针（适用、经济、在可能条件下注意美观）的研究讨论

第二件大事和第一件大事是有关系的，就是我到建筑工程部以后，正式讨论朱老总提出的中国建筑方针，就是勤俭建国的建筑方针。

我 1949 年和 1950 年两次在中直的时候，都提出积极意见，当时向范离、彭则放都提了：朱老总提勤俭建国的方针，我是完全赞成的，但是呢，"适用、坚固、经济"，"经济"不一定合适，因为建筑应该要考虑，和美观并没有必然矛盾，但是和适用、坚固倒是有更重要的直接关系。

他们两个人当时听了我的这些话，也未置可否。因为如果你只从概念上说，对于很多同志，他觉得也就是一种看法，看法无所谓。当然也没有批判我，也没有反对我，你说你的吧，还是按照"适用、坚固、经济"这么说的。

当时，他们两位主要都是想从我这儿了解设计和施工的区别，建筑师和工程师的区别，等等。开始时，彭则放的概念，好像工程师就应该什么都全会：设计、施工、建筑、结构……应该全会。其实事实上是有的，中国老的建筑系有的就叫建筑工程系，Architectural and Engineering，这是属于工学院的。所谓学院派——巴黎学院派，它是属于艺术学院的，梁先生、杨廷宝在美国学的建筑，都是学院派的系统，巴黎学院派的系统是艺术学院。天津工商学院是 Architectural and Engineering（建筑工程系），确实可以做到建筑师、结构工程师，连设计带施工都是能做的。但是，如果建筑作为一种文化、艺术领域，巴黎学院派是从这个角度来看建筑的。

这些，当时他们听了，也不理解到底有什么区别。当然，如果什么都能做是最好了，

但只搞施工是不够的。范离又去找梁先生，请梁先生组织中直修建办事处的设计室。最初的中直修建办事处的设计室就在清华工字厅，最早来的是严星华、华世镛、沈奎绪。戴念慈是同一批来的，但他来得最晚，后来是由他负责。在清华工字厅，梁先生、林先生是中直设计室的顾问。后来，也是1952年的事，设计室才迁出去了。戴念慈写的很多文章，有些还是在"工字厅时代"写的。

第一点先说明一下，本来我在中直的时候，就跟范离和彭则放都分别谈过。但是你只是讲道理啊，只是搞概念的东西啊，这些老同志也不管：你就是一个说法吧，你说你的。朱老总说的，还是这个建筑原则［"适用、坚固、经济"］。正因为如此，建校工程中，我特别注意怎么体现少花钱多办事，而且美观与经济并没有必然矛盾，所以就做出效果来了，而且当时节约的数量还不小，一下子就节约了20个亿，比［一架］米格战斗机还多。

到了建工部正式讨论［建筑方针］的时候，因为城建局的局长还没有到，在当时的十个人里面（九个大学生和一个处长［冯昌伯］[1]），只有我学历最高，而且我具体主持了［实际项目］，当时也是主任工程师，我有了一批一万多平方米的实例，所以讨论的时候，［虽然］各个司局都是司局长参加的，［但］城建局就让我去了。

各个司局长，是解放军和志愿军的八个师，转业成立八个建筑工程局，连师长带军长都转过来了，虽然都是司局长、师长和军长，但他们并不懂业务，所以讨论的时候，大家都是一致按照朱老总的意见办。我积极地说："我也完全赞成朱老总的勤俭建国的方针，但是我是［主张］更积极的勤俭建国，而不是消极的勤俭建国。"我一再说，少花钱多办事才叫积极的勤俭建国，而不是少花钱少办事和不花钱不办事。

如果仍然是讲一些道理：经济和美观没有必然矛盾……仍然是空谈，也就过去了。当时就是因为我手里有这么一个实例，而且这个实例节约的数量很大，20个亿啊。所以，当时只有一个人跟我争论，就是曼丘[2]。

---

[1] 据陶宗震先生另外的回忆，"当时我分配到城建局，共九名大学生，只有一个筹备处长冯昌伯，局长未到任"。参见：陶宗震. 给友人的一封公开信[E/OL]. 新浪网，陶宗震的博客，2011-11-2[2017-10-26], http://blog.sina.com.cn/s/blog_7362198601011e51.html.

[2] 曼丘（1919—1992），原名帅士义，四川省眉山市青神县人。在青神县立小学任教期间，积极参加中共党组织领导的"战时学生社"活动，开展抗日救亡工作。1938年12月，经中共党组织介绍到达延安参加了八路军，先在陕西吴堡青训班学习，后转延安抗日军政大学学习，毕业后即奔赴抗日前线，历任八路军总后勤部工程师、晋冀鲁豫区军工部工程师、技师、兵工厂建筑委员会负责人、党支部书记等职。1942年3月加入了中国共产党。在主持八路军总部所在地区的水利、军工的基建设计和施工期间，曾立5次大功，被评为模范干部。解放战争中，长期从事军工设计和施工指挥工作。新中国成立后，历任山西省太原市轻重工业接管军代表、太原市工矿建设公司经理、中央军委营管工程处处长、北京市都市计划委员会委员、中央建工部设计处处长、工业建设总局副局长、北京市土木工程学会副理事长、建工部直属工程公司副经理兼长春第一汽车制造厂现场指挥部总指挥、建工部华北建筑公司代总经理、建工部第二工程局局长、包头市委委员、内蒙古科协副主席、第二机械工业部四局局长、二机部青海核基地建设现场总指挥、西北局军工局局长、陕西国防科技工业办公室副主任等职。1985年11月离休，任陕西国防科工办顾问。1992年6月21日在西安逝世。

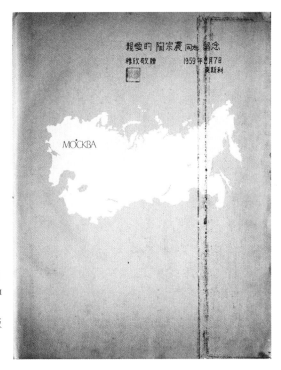

图 4-14 苏联专家穆欣于 1959 年 2 月 7 日赠送给陶宗震先生的《Москва: планировка и застройка города(1945—1957)》（莫斯科：城市布局及建设模式）一书（1958 年出版的新书）的扉页（签名页）
资料来源：陶宗震先生藏书。

　　曼丘是做过一些工程的，我还去过他的老家四川青神县，除了他跟我争论以外，别的同志都是听着。正是因为我有一个实例，而不是只是抽象地谈理论和道理——有没有必然矛盾——这都是说服不了的，所以才把已经来中国，但是由于建工部［城建局还］没有成立，暂时在中财委城建处的苏联顾问穆欣（图 4-14）请来了，来判断是非。

　　穆欣来了以后，听大家发言的时候，对我的发言表示赞成，轻轻地鼓掌。这样，大家跟我的争论就少了。其实，原来争论也很少，因为大家也就是表个态：赞成朱老总的方针。我也是赞成啊，只不过我是更积极的赞成。只是抽象谈这些事，最后做不出决断来。就是因为我有了实例。

　　把当时在中财委的苏联专家请来，他来了以后，对我的发言表示支持，不详细说了。最后由他总结，他就说："'适用、坚固、美观'是建筑的三原则，这是从罗马时代开始已经确立的，从维特鲁威的［《建筑十书》］，已经有两千年了，但是，在苏联现在的情况下，坚固就不提了，因为在现在的技术条件下，［不会］把房子盖塌了，［坚固］不应该成为问题了，但经济是应该注意的，特别是社会主义建设，一定要考虑经济问题，因此，苏联是'适用、经济、美观'"。

　　所以，最后按照穆欣的意见报上去了。最后中央批下来，就是"适用、经济、在可能条件下注意美观"。后来，大家又提出问题了：什么叫"在可能条件下注意美观"呢？后来，李富春有一次讲话，所谓适用、经济、在可能条件下的美观，就是要朴素大方，而不是豪华浪费①。中央最早确定的这个原则，到现在仍然是应该遵循的。

另外，1953年，周总理召见建工部第一任部长陈正人和中央设计院副院长汪季琦的时候，也谈到建筑方针的问题，他说，虽然中国的传统里有不少优秀的东西，但总体看来还是很落后的，从最近一两年的建筑看，有两个极端：一个是追求豪华，有的还很难看。所以他强调，现在的建筑，要按适用、经济、在可能条件下注意美观的方针办事。以后又说了一些战略等。

我做了燕园的工程，实效很大，由于节约了20个亿，由此，关于中国建筑方针的问题［的建议］，也得到采纳。也就是积极的［勤俭建国的］方针，在穆欣支持的情况下，也得到采纳。

我最初说的意见就是这样。我对朱老总提出适用、经济，不提美观，我早就提出不同意见了。我理解为什么不提美观，当时说得很明白，因为现在仗还没有打完，将来有了钱再考虑美观问题，再考虑"装修"问题。我早就说了，说了半天，都认为你这是种看法、一种观念，这是不解决问题的。只有你有了实例，能一下子见了大效——节约了20个亿啊，到现在也不是个小数字——［才能说服别人］。

一直到"文革"以后，［中国］建筑学会有一次会议，顾奇伟②写了一篇文章③，关于这个建筑方针如何认识和贯彻问题，也是个大题目。因为这个问题在"文革"以后被搞乱了，而且中央也不正式提了。因此，这个问题也是需要结合实际认真讨论的。暂时先说到这里。这是第二个大问题。

1952年的第一件大事，做了燕园的教学楼建筑群。第二件事就是讨论建筑方针，我根据我的实践，说明如何积极地贯彻朱老总提出的勤俭建国方针，在穆欣的支持下。再一件事呢，就是修改了"梁陈方案"。

---

① 1955年6月13日，国务院副总理兼国家计委主任李富春在中央各机关、党派、团体的高级干部会议上作"厉行节约，为完成社会主义建设而奋斗"的报告，对"适用、经济、在可能条件下注意美观"的方针作出了权威性解说："所谓适用，就是要合乎现在我们的生活水平，合乎我们的生活习惯，并便于利用。所谓经济就是要节约，要在保证建筑质量的基础上，力求降低工程造价，特别是关于非生产性的建筑，要力求降低标准。在这样一个适用与经济的原则下面的可能条件下的美观，就是整洁，朴素，而不是铺张，浪费。"参见：李富春.厉行节约，为完成社会主义建设而奋斗——1955年6月13日在中央各机关、党派、团体的高级干部会议上的报告[R]// 城市建设部办公厅.城市建设文件汇编（1953—1958）.北京，1958：52.

② 顾奇伟，生于1935年10月，江苏无锡人，1953年考入同济大学都市建设与经营专业，1957年毕业，被分配到云南省城建局参加工作。两个月后，被下放到玉溪县（今玉溪市）建筑公司当工人。1958年下半年，回到云南省建工厅（原城建局）规划处工作。1962年调到云南省设计院工作。"文革"后，任云南省设计院副院长。1984年起任云南省城乡规划研究院院长。1995年退休。

③ 指《从繁荣建筑创作浅谈建筑方针》，载1981年第2期《建筑学报》。陶宗震先生对该文的评论可见《浅谈建筑方针与建筑创作的关系——与顾奇伟同志商榷》，载1982年第5期《建筑学报》。

四、1952 年的四件大事之三：参与"梁陈方案"之后首都北京规划的实施与修改工作

当时，因为［建工部城建局的］局长一直没有到任，城建局的工作也没有展开，我说：我先回去吧，建校工作还没有完。冯昌伯说：不能走、不能走，要跑"大码头"啦，你可以先自己找点事干。其实，我并不想回学校，而是想回去把有些没完成的事继续做。于是，建工部给我开了一个介绍信，到北京市都委会找活干。过程不详细说了。

找活干的结果，得知梁［思成］先生［和陈占祥先生］提出来北京新行政中心的方案（是 1950 年提出来的），由于两方面各有一些实际情况，僵持两年没能实现。梁先生对东长安街盖的四个部提了一些意见，认为这样的建设是不好的，应该是成组成团的建设。这个意见，当时有正确的一面，因此梁先生分别给［北京］市长聂荣臻和周总理都写过信。

但是，另一方面，梁先生的方案是过于脱离实际了。所以，薛子正秘书长说：这是很不现实的东西，而且有些也是概念性的东西。这些啊，中央反正要盖房子，不能说因为这个那个原因不让盖。这也是很实际的问题。

一直到［1958 年搞］国庆工程的时候，关于人［民］大会堂的讨论，也是意见很多。［周恩来］总理就说：好不好是另外的问题，主要是安全不安全？安全没有问题，好不好的问题可以建成以后再改。其实，这都是一类的问题。所谓有一技之长的人，常常因此又产生一偏之见。所以，要辩证地看这个问题。

根据两方面的不同意见，我就把梁先生的方案做了大规模的修改和压缩[①]，不切实际的东西就不存在了。原来梁先生正确的意见，也就是成组成团的建设，也保留了。由

[①] 据陶宗震先生另外的回忆：当时梁思成先生对我在燕园中规划设计的建筑群很满意，便要我照此把他提出的《北京新行政中心规划的建议》（给周总理的信的附件，即所谓"梁陈方案"）具体化，同时提出在府右街市府大楼（都委会所在地）重新做一个市府行政机关建筑群规划，以便代替德国建筑师设计的原市府大楼。梁先生认为这是北京城中"半殖民地时代"留下的遗迹，应予以净化（后因拆迁量过大且临近中南海等原因移至宣武区椿树胡同，现该处仍称"市府大楼"）。对"中央行政中心"（"梁陈方案"）的规划过于庞大形成与北京原有中轴线平行的双轴线，同时从薛子正同志处了解到，中央行政机构未定，而且中央军委系统已在复兴路以南公主坟一带安营扎寨。梁公把军委大楼摆在新行政中心的主轴上根本不现实，所以梁先生的建议从［19］50 年向周总理提出后，一直未能实现……我向梁公提出双轴线形成的二元性（Duality）问题后，梁先生也感到不妥，便说"你先与老陈（陈占祥）看吧！"当时三里河地区是一片农田，只有一个清真寺是唯一的标志，我便在梁公原来方案的位置上作了一个方案，保留原建议"成组成群建设"的合理部分，大刀阔斧地将过于庞大（相当于原北京城皇城的范围）的部分压缩到相当于故宫的面积仍有约一平方公里，按 1∶1 的比例仍可建 100 万平方米的办公楼，足够远景的需要，并且使不合理的"二元性"自动消失。对此梁、陈都默认了，薛子正也认为可行，经都委会专家托玛斯卡娅和建工部专家穆欣审定后，于 1953 年正式交付市设计院张开济同志做建筑设计，经建工部第二位专家巴拉金审定，1955 年第一期约 9 万平方米建筑群（即今"四部一会"）建成。（全过程暂略）后因"战备"等原因，未建部分停止实施，将中央机关分散布置，不再集中于一处，这个基本情况事实清楚，根本不存在陈占祥因坚持"梁陈方案"保护古都而被打成右派的事实。此外梁先生要我同时在府右街做一个新北京市政府建筑群的规划也说明根本不存在原封不动地保留老北京城的动议。并且正相反梁先生要清除和净化老北京中"半殖民地时代"的遗迹。资料来源：陶宗震. 亲知亲历：勤俭建国方针的提出与贯彻 [E/OL]. 陶宗震的博客. 2013-03-10[2017-11-01]. http://blog.sina.com.cn/s/blog_736219860101c5w9.html.

于比较现实，薛子正同志也就同意了。

第二件大事，等于是把"梁陈方案"做了合理修改以后，原来不合理的因素被排除了。更重要的是，原来方案的"双中轴"是错误的。［两条］平行的轴线，一样重，这个［做法］在规划上是犯忌的。并不是说薛子正同志提的意见中没有涉及这方面的问题，最主要的是说梁先生的方案不现实，无法实施。这个［情况］呢，我也得向梁先生提出来，梁先生也默认了。

之所以我现在要重复说一下"梁陈方案"，即使是按照梁先生的方案实现，这个方案也是错误的，因为多画了一撇。由于梁先生同意改了，压缩了以后，它自然而然不存在了，所以就不提了。

现在为什么我要强调一下？时隔几十年以后，已经解决了问题，我不明白为什么有人提出来，而且是把这个错误的东西当作正确的东西提出来。首先是×××先生提的，我说了以后他不说了，不说了当然也就不提了。但别的人仍然提，而且比×××先生更不了解情况的人还在吵，而且越吵越大，有的媒体也跟着哄吵。所以，我必须澄清一下这个问题。

"梁陈方案"，僵持了两年的方案，之所以能够实现，原因是各执一词。各执一词中，合理的部分，我把它都采纳了以后，也就统一了这个矛盾。因此，"梁陈方案"在当时已经得到解决。所谓得到解决，首先，梁先生和薛子正也都同意了；其次，更重要的是，1953 年以后修改的方案已经付诸实施了，交给张开济去做设计了，虽然设计没有全部完成，但按原方案完成了一部分，现在依然存在，就是四会一部的建筑。第三件大事先说到这儿。

五、1952 年的四件大事之四：起草新中国第一稿
"城市规划工作程序"

第四个大事儿，贾震[①]到局里上班以后，［建工部］城建局正式开始接待各个城市来汇报城市规划。第一个来汇报的是石家庄市。

当时，河北省会想从保定迁到石家庄，因此要做石家庄的规划。来的是一位张［音］

---

① 贾震（1909.10—1993.05），山东乐陵人。1932 年加入中国共产党。曾任乐陵县委书记、中共津南特委特派员、中共北方局交通科交通员。1937 年 6 月到达延安，任中共中央组织部文书科干事，8 月进中共中央党校学习。1938 年 1 月后担任中共中央组织部地方科干事，后任陈云的机要秘书。1945 年 4 月至 6 月作为山东代表团成员出席中共七大。解放战争时期，曾任张家口铁路局党委副书记、中共冀中区委组织部副部长、中共中央华北党校二部主任、中共中央组织部秘书处处长等。中华人民共和国成立后，1950 年任国务院人事部办公厅主任、机关党委书记，1952 年底调入建筑工程部，先后任城市建设局副局长、城市建设总局副局长，1955 年任国家城建总局副总局长，1956 年任城市建设部部长助理。1953 年后，曾任天津大学党委书记、中共中央高级党校副校长、北京师范大学党委书记等。第三届全国人大代表，第六届全国政协委员。1993 年 5 月 29 日在北京逝世。

专员，留法的，据说是林铁①同志的同学。他来汇报石家庄的规划，居然是拿了一个日本人做的石门市②的规划汇报。这当然是不行啦。我就给他重新做了一个规划，根据他提出的要求（当时石家庄有"141项目"③），又重新做了方案。

做出的方案送给穆欣看，穆欣看了后就问我：到底是学什么的？我说建筑、规划我都学过。他说：马上请贾局长来。贾震来了。他说：你不是说中国没有人会搞规划吗，所以要多请一些苏联专家来，这不是现成的就有一位吗？

下去以后，贾震跟我说了两件事。一个事是要把我同学的名单写给他，我把［清华大学建筑系］前三班④的名单全写给他了。第二个事，他跟穆欣商量以后，因为石家庄是第一个来北京汇报的，刚开张［没有什么章法］，所以讲：以后汇报是不是应该有一个统一的工作程序？所以，就让我起草了一个"城市规划工作程序"。

我就参考了一些资料，起草了中国第一稿"城市规划工作程序"。简单的说，就是城市规划工作程序分三个阶段。第一阶段应该有六张图、一份说明、一个总造价，另外提出了一些基础资料的问题。基础资料里面，问题最多的就是规划指标。

当时我看到的参考资料，西方的城市规划是不考虑指标的，只有用"人口自然增长率"来考虑城市人口的发展。侯仁之先生从英国带回来的十几本规划资料（图4-15）里面，最主要的有两个，［其中］一个是大伦敦的规划，大伦敦的总建筑师Abercrombie（阿伯克龙比）写的一本《城乡规划》。

这个书是一个小册子，很简单扼要。但是，它提出的不是什么一招鲜的问题，也不是什么城市问题或者模式问题，它主要是谈英国是第一个工业化的国家，伦敦也就是第一个工业化以后产生的大城市，也是第一个产生"贫民窟"的城市。这本小册子的关键是客观地说明了资本主义社会城市发展的概况，揭示了一些矛盾，同时还提出来一些认识和解决问题的原则。

因此，有些人讲什么"认识过时了"，这个观念就是错误的，有些东西无所谓过时的问题，有些规律无所谓过时。什么叫新的、老的？不是这个书出的时间早就是老的，

---

① 林铁（1904.11—1989.09），四川万县人，1925年起先后在北京中国大学、国立北京中俄大学、法政大学学习，1926年11月加入中国共产党。1928年春，经中国共产党组织决定前往巴黎大学统计学院学习；在巴黎勤工俭学期间，以学生身份为掩护，在留学生和中国工人中秘密从事革命工作，先后担任中共留法委员会委员、训练部长、中共留法委员会书记。1932年起，先后在莫斯科列宁学院和莫斯科东方大学学习。1935年冬回国，由中共北方局派到国民党东北军53军担任中国共产党工委书记，针对张学良东北军开展贯彻中央抗日民族统一战线政策工作。后曾任河北省委委员、冀中区党委书记兼军区政委、河北省委书记兼省军区政委等。中华人民共和国成立后，曾任河北省政协主席、省委书记、省长、省军区政委等，中共八届中央委员，第一、二届中央顾问委员会委员。1989年9月17日在北京逝世。
② 石家庄市的旧称。
③ 即苏联帮助我国设计的156个重点工业建设项目（实际施工150项），统称"156项工程"，这些项目分批次签订，截至1954年6月，前两批已签订协议的项目数量为141项，因此又有"141个项目"之说。
④ 指清华大学建筑系1946级、1947级和1948级（指入学时间）学生，共54人。参见：清华大学建筑学院编.匠人营国：清华大学建筑学院60年[M].北京：清华大学出版社，2006: 290.

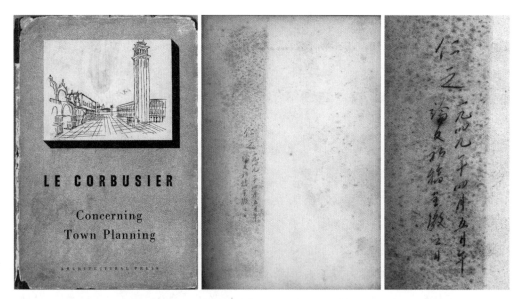

图 4-15　陶宗震先生保存的侯仁之先生赠书《Concerning Town Planning》
注：左图为封面，中图为扉页，右图为扉页局部放大，其文字为"仁之，一九四九年四月五日午论文初稿呈缴之日"。
资料来源：吕林提供（陶宗震先生收藏）。

得看是什么内容。《论语》《孟子》是两千多年前的书，到现在算过时还是不过时呢？当然，有很多是过时的，但是，其中有些东西是不过时的，而且可能在相当一段时间内还是不过时的。所以，我先把规划观念讲清楚。

　　沈永铭当时很想直接见穆欣，我说这不可能，各个城市来汇报都是副市长、总建筑师，都是经过我们先跟他讲规划程序、汇报提纲，要准备好哪些东西才能来汇报。除非我们有时候做了一个方案，说明城市规划工作的程序，说明这个程序和各个城市当时要求很快解决的问题，我们做个方案，这样才能向专家汇报。有时候汇报，连城市自己都不参加，就我们汇报，把初步的意见提出来。即使我走后门、带你去，也不行，我不会俄文，我还得拉着刘达容，刘达容也不能随便带人去。沈永铭始终没能见着［穆欣］。有些事情，我当时跟他都说了。[①]

　　当时，我们还问穆欣：苏联的民族形式是不是文艺复兴？他说：苏联的不是文艺复兴，苏联的叫俄罗斯帝国式，是彼得大帝从欧洲引入的，列宁格勒就是俄罗斯帝国式。

　　当然，穆欣还谈了很多——列宁墓的设计，介绍了弗戈罗德和圣彼得堡，圣彼得堡是一次规划，按规划建的。现在的圣彼得堡，最早城建规划区绝对不能动，如果房子坏了，需要重建，但外壳不能动。我去列宁格勒也看见了，很多房子就剩个外壳杵在那儿，里面都得重建，因为房子老了，结构什么的都不行。

　　其次再讲讲指标问题。当时的指标呢，只能依靠穆欣带来的小册子［列甫琴柯著《城

---

① 本段及以下 2 段文字系文件名为 "20180501 第 2 盘 A 面" 中的谈话。

市规划：技术经济之指标及计算》]，整个书讲的都是城市经济计划，从人口发展的预测，到指标的制定。当时，根据这本书的框架，来定出我们城市规划指标的一些表格，也可以说是框架。

同时，我也看了另一本书，就是薛暮桥写的《调查研究与统计》。这两本书，在当时，至少合起来应该有这样一个观念：指标，很多都是从统计数字来的，都是一个加权平均值。这是我在制定指标的时候有的一个基本的认识和概念。

到后来，规划经济指标产生了很大的矛盾。甚至是由于对经济指标的认识不清楚，所以才导致城建部①都被撤销了，以及规划工作上所谓"六九之争"，也就是最基本的指标——每人居住面积多少平方米，是 6 平方米还是 9 平方米？当然都是指远景规划。

所谓"六九之争"，中央主管部委主张是"六"，北京市认为是首都，不能太低了。所以，"六九之争"是在城市建设方面中央主管部委和北京市的争论。

其实，这个争论，当时我就说，这都是概念游戏。因为［就］指标［而言］，按薛暮桥的《调查研究与统计》，统计就是数字概念，都是个加权平均的东西，是一个概算、匡算，不是一个具体的指导性的指标；在不同的规划阶段，应用指标的时候，必须还原。以后，［19］60 年代的时候，我做和平北路规划，先做调查，就是由于这个原因。这以后再说。

总之，这是第四件大事，中国第一稿"城市规划工作程序"，当时或者叫"汇报提纲"。各个城市来汇报［规划］，都是按这个东西来准备材料，进行汇报。接着来汇报的城市，有了城市规划程序以后，第一个来汇报的就是邯郸。

1953 年以前，我一共接待了 16 个城市，其中 10 个城市我都是不同程度地做了规划［草案］的。16 个城市，包括我没有做规划的［一些］城市，后来我去过多次，只有邯郸到现在我还没有去过。

如果想改革，也可以说想创新（因为改革也是创新，不创新怎么叫改革呢），必须立足于总结我们过去的经验和教训，才是符合我们实际的［思路］。

1952 年我做的四件大事，第一件大事是做了燕园里面的建筑群的规划设计和施工，作为综合效果就是节约了 20 个亿（旧币）。第二件大事就是在建工部正式讨论朱老总提出的勤俭建国方针的时候，我提出了积极的建议，在穆欣的支持下，得到了采纳。第三件大事就是修改了"梁陈方案"，使梁先生提出来两年未能实现的方案，得到了实施，而这个工作和后来的城市规划工作程序都是有内在联系的。第四件大事就是起草了我国第一稿"城市规划工作程序"。

过了不久，又因为兰州汇报规划时候［出现］的问题，又进一步提出来"城市规划图例"。这都是一些技术性问题了，不详细说了。

---

① 指城市建设部。其前身为建筑工程部于 1953 年初成立的城市建设局，1954 年 8 月改称建筑工程部城市建设总局，1955 年 4 月从建筑工程部划出，作为国务院的直属机构，1956 年 5 月升格为城市建设部，1958 年 2 月被撤销。

图 4-16　陶宗震先生口述录音磁带（2012
年 3 月 20 日口述）
注：最上方一盘磁带上所注日期存在笔误，实际
应为"2012.3.30"。
资料来源：吕林提供。

六、1953 年的四件大事

1953 年有几件大事。第一是根据"城市规划工作程序"，接待了 16 个城市。具体说，其中 10 个我是动手做了规划［草案］的：北京、石家庄、邯郸、西安、兰州、郑州、富拉尔基、太原、杭州和上海，这是做了规划［草案］的；另外的 6 个城市是包头、迪化（就是现在的乌鲁木齐）、成都、长春、沈阳和天津，这是［我］没有做规划［草案］的。

［第二件事是］杭州和上海的规划，1953 年由贾震带队，［参加人员］有穆欣，和搞经济的饶素云［音］、搞市政工程的李增文（李当时还在中财委）。这两个城市的规划内容很多，另行总结吧（图 4-16）。

第三件事是参加［中国］建筑学会成立大会。

第四件事是又到富拉尔基，继续完成富拉尔基的规划。

（本次谈话结束）

2012 年 4 月 1 日谈话

谈话时间：2012 年 4 月 1 日上午

谈话主题："梁陈方案"

资料来源：陶宗震先生生前口述录音的 7 盘磁带，共 13 个电子文件（由陶宗震先生夫人
 吕林先生于 2017 年 12 月 18 日提供），文件名称为：HPDH002 ~ HPDH009、
 20171217 ~ 20121218。

整理时间：2018 年 1—4 月，于 2018 年 4 月 27 日完成初稿

审阅情况：经吕林先生审阅，于 2018 年 7 月 6 日定稿；未经陶宗震先生本人审阅

　　我最早听到所谓由于没有听从梁思成先生的意见，所以把北京市搞糟了，也就是后来
吵起来的所谓"梁陈方案"，这个意见一直传播到香港去了，它已经不仅仅是一般的讹误
或者是一般的作为，而是形成了影响首都规划建设重大决策性或者是重大指导思想的问题。
我现在义不容辞的要把我亲历、亲知、亲为的有关所谓"梁陈方案"的情况，以及被渲染
的一些谬误的或者说是一种错误的链接而造成重大的决策性影响，据我所知的，说一下。

一、新中国成立之初首都建设的时代背景

　　当年所谓"梁陈方案"，大概是 1950 年初提出来的（图 4-17、图 4-18）。［梁思成］
给［周］总理和市长聂荣臻写信，这信［在］《梁思成全集》里都有①。梁先生的信里

---

① 梁思成致北京市市长聂荣臻的信，落款时间是 1949 年 9 月 19 日；致周恩来总理的信，落款时间是 1950 年 4 月 10
　日。参见：梁思成全集（第五卷）[M]. 北京：中国建筑工业出版社，2001：43–45，84.

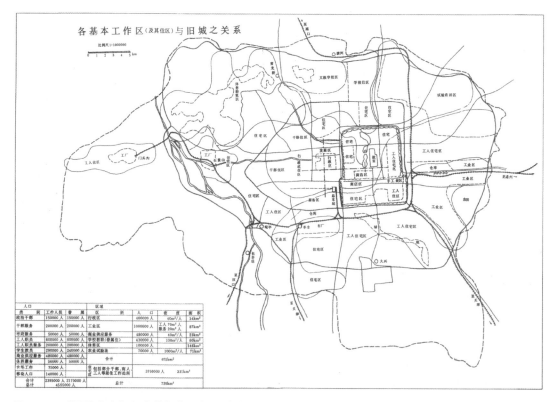

图 4-17 "梁陈方案"提出的新市区与旧城的关系

注：该图系根据《关于中央人民政府行政中心区位置的建议》所附蓝图重绘，引自《梁思成文集（四）》，电子文件由清华大学左川教授提供；较原始版本的蓝图可参见《梁陈方案与北京》一书（梁思成，陈占祥，等. 梁陈方案与北京[M].沈阳：辽宁教育出版社，2005：60-61）。

资料来源：梁思成. 梁思成文集（四）[M]. 北京：中国建筑工业出版社，1986：18-19.

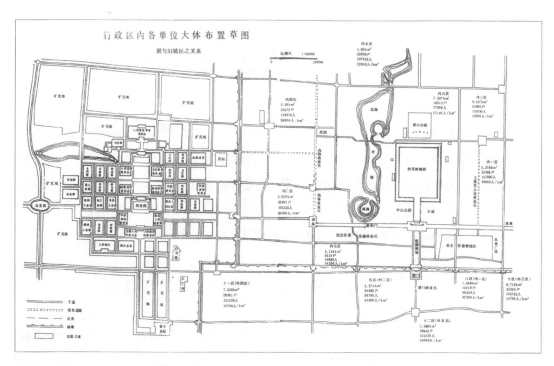

图 4-18 "梁陈方案"提出的行政区规划布局草图

注：该图系根据《关于中央人民政府行政中心区位置的建议》所附蓝图重绘，引自《梁思成文集（四）》，电子文件由清华大学左川教授提供；较原始版本的蓝图可参见《梁陈方案与北京》一书（梁思成，陈占祥，等. 梁陈方案与北京[M].沈阳：辽宁教育出版社，2005：58-59）。

资料来源：梁思成. 梁思成文集（四）[M]. 北京：中国建筑工业出版社，1986：2-3.

提了两个方面。一方面是批评长安街建设的几个部，具体说：外贸部、煤炭部和纺织部，以及当时公安部，批评这几个部的建设没有统一性，拉成一条线。应该是成组成群的建设。

这个意见是对的。因为新中国成立初期，要建都北京，很多东西不能说［等］学术上成熟了、艺术上成熟了再建。当时说比原来好就可以了，而且当时确实有这种发展观念："不好也得建""建完了推倒重来"——建完了以后，等着国家经济改善了，这些都可以推倒了重来。这个话是薛子正提的。这个话也没有错。他指责梁先生的话也没有错。梁先生这也反对，那也反对，但并不能拿出很成熟的东西来。

具体说就是当时的"梁陈方案"本身是不成熟的。虽然当时梁先生向中央反映，但是北京市贯彻不了，实施不了，这也是客观事实。具体说两个方面：第一是所谓的新的中央行政中心，那个范围太大了，比老的皇城都大，最主要的是不现实，当时的北京城只有 200 万人，当时的远景规划不过 400 万人，400 万人的首都根本不需要那么多的中央政府和行政中心；第二是中央的行政机构不断在变，尤其是新中国成立之初设立哪些部，这都是不断地在变，分而又合，合而又分，比如煤炭部、能源部、化工部，分、合不止一次。至少说客观条件是中央行政机关最早提出来的，最后都是不断在变。

中央当时有一个大的决策，我和王连增，就是当年中直修办处的［同志］，我们多次核对过——但没有留下正规的记录，所以这个事不断地在提——就是当时中央进北京是有大提案的，具体说就是党中央在万寿路，利用原来日伪时期搞的"新北京"留下的一些一两层建筑，可以便于利用。军委在公主坟以南，当时有一片空地。国务院和北京市是要进城的，北京市怎么能搁在城外面？这两个要进城。

要盖房子，首先是先找空地盖。当时长安街的空地就是东单练兵场和东交民巷外面的空地。不管当时苏联专家是不是具体建议就在这儿搞行政中心，作为国家的行政主管，具体说就是薛子正，他也得很自然地说"先找空地啊，省得拆迁了"。当时拆不起。

最主要的是，为什么在这里建呢？已经建都了，中央各个部要盖房子，这几个部的位置就是原来的东单练兵场，是空地，首先就在空地拉成一条线，盖了几个部。

梁先生在新中国成立初期原始的思想是怎么来的呢？也不是凭空来的，正是因为当时"新六所"，党中央［居住办公地］搁在日本人搞的"新北京"了，也就是现在的万寿路。搁在那里，其实道理也很简单，那里有日本人盖的房子。党中央进京以后，最原始的决定就是党中央就在万寿路这一带安营扎寨，国务院和北京市进城，军委就在公主坟以南，复兴大道以南。当时就是这么一个布局。

这么布局当时是有条件的。因为进城了，去城里找房子是很难的。为什么说东长安街盖了几个部呢？就是因为那条路是东单练兵场，是空地，可以不搞拆迁。建都北京，中央要盖房子，在哪儿盖，其实城里城外都盖了。在长安街上这么盖就是因为那是空地，东单练兵场。

梁先生当年是"中直"①的顾问,他就觉得党中央利用日本人的"新北京"——说白了也是个殖民城市,日本人准备到这里移民的,东北有很多这类移民点,当年日本人向"伪满洲国"移民——政治上很不合适,所以建议要重新搞一个行政中心。实际上是这么来的。跟阿布拉莫夫的争论,当然也不能说一点关系没有。

当时党中央本来就决定"新六所"盖在那儿,后来"新六所"不用了,[毛主席]进了中南海,就在城里了,"新六所"就没用了。如果用的话,本来中央自己的决定,有些就是摆在城外的。梁先生在原来中央已决定的基础上,提了一个修整的建议:另外搞一个行政中心,不要用日本人的"新北京"。梁先生最初是反对在日本人的"新北京"摆党中央,所以才另外搞一个新的行政中心的建议。这个建议当时管建设的朱老总是完全同意的。

所以,[首都]建设存在的问题是技术性的问题,并不等于说如果按照梁先生的意见,这里就不能建部,不能盖房子。[如果]不能盖房子,旧城就保护了吗?保护的是什么呢?保护的是东单练兵场,是兵营外面的一块空地,那这也是保存古都原貌么?古都应不应该就保留这么多殖民者残存的练兵场呢?

所以,不要把不同的问题混淆,因为梁思成跟阿布拉莫夫的争论是很有原则的,在外面盖一个新北京还是在原来北京城的原址上发展,这是1949年的事儿。

还有一点需要反思的,为什么北京到了"文化大革命"以后,一总结,有保留价值的就是一些大王府、大建筑群,这多数都被占了;而应该改造的,像龙须沟、金鱼池等"贫民窟",倒没有改造?最主要的是经济条件的问题,"贫民窟"谁都知道应该首先改造的,而且事实上最早就改造了龙须沟,又改造了北京的最主要的市政工程和环境,我当时亲自去调查过。

所以,建都北京,首先把最能用、最不扰民的用了再说。哪些是直接能用的?也就是"逆产"②,很多大王府都是"逆产",被拿来用。"贫民窟"为什么最应该改造而没有[全部]改造?[因为]改造不起啊!你得迁多少户,得先盖多少民房,才能迁过来?

北京有"二次拆迁"的现象。某些急需[拆迁]的[地方],先搬了、改造了再说。包括天安门广场的拆迁,不止一次拆迁。先拆迁,给你盖一堆平房,比原来的"贫民窟"好一些,先把你腾出去,在那儿先建了。到了一定的时候,再改造这儿。这叫"二次拆迁",或者"多次拆迁"。最根本的,不是说规划上连这点认识都没有,[主要]就是受经济条件的制约。

---

① 中共中央直属修建机关修建办事处的简称。
② 所谓逆产是指背叛国家民族者的产业。在新中国成立初期,原国民政府的相关产业常被称为"逆产"。

二、梁思成先生与苏联专家的争论

所谓梁思成和苏联专家的争论，苏联专家来了好几批呢。第一批来的是两个有关专家，一个叫阿布拉莫夫，一个叫巴兰尼克夫。一个是市政专家，据说还是莫斯科的一个副市长；巴兰尼克夫是个建筑专家。

［第一批苏联专家］来了以后，和梁先生有过一次讨论。讨论过程中梁先生有些设想，苏联专家当时提出不同意见。先捡大的［方面］说，梁先生要搞一个新的行政中心，脱离北京旧城，把旧城比较完整地保存下来。完整保存下来的意思并不等于原封不动的保存，因为从梁先生本人公开发表的文章看，以及从梁先生在很多北京建设具体的主张上来看，梁先生［的意思］不但不是原封不动保留旧北京，反而要把老北京里所谓半殖民地化的一些洋泾浜建筑清除掉，这些都是有具体实例的。

阿布拉莫夫的意见是正确的，像北京这样的世界知名的首都，梁先生也认为是一个无比杰作的城市，不可能脱离原来的中心另搞一个中心。这不是苏联专家对不对的问题，而是世界上的名城没有再另外搞一个中心的。比如说巴黎，比如说华盛顿，比如说新德里。印度的旧德里据说是一个大贫民窟，所以英国人在那儿搞殖民地的时候另外搞了一个新德里，作为印度殖民地的首都，这个新德里和旧德里有一定的距离。

同样的情况是罗马。罗马是教场，里面是大量罗马时代的遗迹，所以不能动，因此现在的罗马是没有一个中心的规划结构。有中心 Termini 火车站［中央车站］，作为交通的中心确实很方便，另外作为一个政治象征的广场，也就是威尼斯广场，有个意大利的统一纪念碑，一百多年前搞的，这个广场和 Termini 就没有什么有机的联系，所谓有机的联系是和谐的、顺畅的联系。

由于不可能把原有的遗址保留的同时另外［再］搞一个统一的市中心，所以墨索里尼在征服阿比西尼亚（就是现在的埃塞俄比亚）以后，就在罗马规划了主环路。罗马是一个环，巴黎是一个环，柏林是一个大的外环，莫斯科［的环路］是很小的。罗马是在唯一的环路上重新搞了一个轴线，不在环的外边，而在环的里边搞了一个所谓的新古典主义的罗马的市中心，我到罗马去亲自看过当地罗马古城的规划材料。

这就说明巴兰尼克夫或者阿布拉莫夫的意见是对的，虽然他当时主要是引用莫斯科的经验。当时有一个卡冈诺维奇关于改造莫斯科的报告，等于是代表苏共中央的报告，这个报告［19］50年代初王文克印了一大批，大概搞规划的同志都看过。这个报告既反对所谓的城市分散主义，也反对盲目的城市集中主义，［主张］在莫斯科原有的基础上改造莫斯科。这个原则也没有错。至于莫斯科后来的发展产生了不少矛盾，是另外要分析的问题。我们也要分析，因为外国成功的和失败的经验，我们也都要总结，才能避免走弯路。

当然，新中国成立初期对苏联"一边倒"的这种现象也是客观存在的，但并不因为有这个现象而说明苏联的经验全是错的。苏联专家的经验也不全是错的。甚至可以说，在当时要建设第一个"五年计划"的时候，［假若］没有苏联的经验，城市建设根本上是很难起步的。原有的大城市，像天津、上海这些大城市，最初来［建工部］汇报规划工作情况，扼要的说都是不知所措，怎么办？有些中等城市，像郑州1951年做第一稿规划的时候，是请××去做的，什么也做不出来，回来还做了个报告。所以，这些是需要总结的。

陈占祥是新中国成立以后才到北京来的，而阿布拉莫夫和巴兰尼克夫是在新中国成立前就来了，是刘少奇请的。这个争论，据我知道是两个扼要的问题，一个是阿布拉莫夫主张北京城不能脱离原来的城市发展。从世界大城市来看，无疑是正确的，并不因为他当时引用的是莫斯科规划。而莫斯科规划的发展过程确实出现了一些问题，其实所有的城市在这个过程中都是不断出现问题，不断解决问题的，解决得及时，城市发展就比较顺利，不及时它就产生矛盾。所以说到了21世纪，所有的大城市没有没矛盾的，即使像伦敦。有些原来是解决得比较好的城市，仍然有矛盾。不能因为有矛盾，就说如果听了原始的方案，就没有矛盾，这是完全荒谬的。

阿布拉莫夫说不能脱离北京城市原有的基础发展，这是完全正确的。至于以后发生了这样那样的矛盾，那是要具体问题具体分析，具体总结，涉及的问题很多。

另外，巴兰尼克夫和梁先生的争论，也客观地说明了梁先生最初并不是主张"复古主义"的，梁思成不等于"大屋顶"。"文化大革命"以后我在很多场合都澄清了这个问题。

当时苏联专家和梁先生的讨论，清华建筑系是有人参加的。具体说，黄畸民是清华［大学建筑系］的第一班［学生］①，是党员，这个活动是党员去［参加］的。黄畸民对梁先生和巴兰尼克夫的争论，他自己就没有搞清楚，而且当时作为党员，必须要宣传苏联，这是当时的客观情况。新中国成立初期，大家对苏联是有意见的，比如说"外蒙古"等这些问题。那时候，毛主席还没有去莫斯科，所有党员都必须宣传苏联，这不是个人问题。

黄畸民传达这个问题，本身有很多问题，是不是梁先生说的？闹不清楚。同时又必须宣传苏联，介绍得含含糊糊。我就直接去问林［徽因］先生。林先生一说就很清楚了，梁先生的主旨是所谓建立"华夏建筑文化体系"，但他当时并不主张复古，他是主张把中国建筑传统的某些原则和现代主义建筑的某些一致的东西统一起来。这个［情况］，后来是有见诸文字记载的。

巴兰尼克夫认为所谓民族形式是具象的东西，梁先生说的是抽象的东西，抽象的东西体现不出艺术风格。林先生一说就很清楚。而且林先生又讲了更多的东西——梁先生在美国，代表五大国②的中国参加联合国［大厦］设计的时候，和所谓现代主义的几个大师的交往情况。

---

① 1946年入学，又称1946级。

② 指联合国的五个常任理事国。1945年6月，旧金山制宪会议结束时签署了《联合国宪章》，宪章第23条明确规定联合国安理会的五个常任理事国为：美、苏、中、英、法。

［林先生］特别绘声绘色地讲，梁先生去看 Wright［赖特］①，Wright 就说：你到这儿干什么来了？这儿没有人懂建筑，你们中国两千五百年前的老子才是真正懂得建筑的。他随口就引用了老子的"凿户牖以为室，当其无，有室之用"。梁先生后来也一再地讲老子的这三句话。梁先生听了以后，大为兴奋，没有想到美国的赖特对于中国的传统文化有这么深的了解。

　　后来我知道，赖特在日本［搞东京］帝国大厦设计的时候，日本人送给他一套老子的《道德经》。这都是他［赖特］自己说的：我看了以后，我很长时间内就像泄了气的皮球一样，没精打采。为什么呢？原来他自以为东方的建筑师都不懂得建筑。不懂得什么呢，就是利用建筑的空间。而西方的建筑师都着重于搞建筑的外形，代表性的就是巴黎艺术学院［派］。其实，梁思成、杨廷宝、陈植、童寯这些人，在宾大留学，美国宾夕法尼亚大学，他们的导师就是巴黎艺术学院学派的一个大师。中国最老的、最有名的建筑师，都是这个体系的。

　　梁先生听到赖特讲的话以后，大为兴奋，也就更加肯定了要建设华夏建筑［文化体系］。从梁先生自己受到的思想启发来看，就是讲建筑哲理，也不是建筑法式，不是讲大屋顶。

　　所以，梁先生最初和两个苏联专家的争论，双方各有道理。能不能统一？也是要在实践里统一的。极左、极右都是错的，违反对立统一了。

三、"梁陈方案"之后的首都建设

　　当时，为什么"梁陈方案"提出来以后，僵持两年，根本不能实现？它本身就不现实嘛！范围太大，中央机关又一下子定不了案，所以没法实施。

　　具体说是行政中心的建筑群布置方案。从规划学上来说，这个方案不现实。如果按照这个方案实施的话，北京城就成了两个并行的中轴线，这是犯忌的。这叫"二元化"，是主从不分，新的轴线比旧轴线还重。

　　1952 年下半年我去［北京市都委会］的时候，梁先生交代我任务的时候，我就向他提出问题了，我说这么两个平行的轴线，这不是叫二元性吗，英文叫 duality，这其实是规划的一个大忌，世界上没有一个城市是两个平行的、一样人的轴线。可以举几个有名的城市，重新规划的城市的例子，没有任何是两个平行的轴线。所以，我一提，梁先生就明白了，以后他也就不再强调。

　　另外，又不现实。在一片空地上盖那么大的建筑群，在当时是完全脱离实际的，因为不仅要盖房子，还要一套市政设施。在城里建几个部，市政设施至少有原来的设施可用，

①　弗兰克·劳埃德·赖特（Frank Lloyd Wright），世界著名建筑大师，被称为"田园学派"（Prairie School）的代表人物，代表作包括建于宾夕法尼亚州的流水别墅（Fallingwater House）和芝加哥大学内的罗比住宅（Robie House）。

在平地起盖一个建筑群是根本不可能的，所以迟迟没有动。

一下子压成原方案的十分之一，仍然可以建100万平[方]米，梁先生没有理由不赞成压缩的方案。就是因为梁先生赞成，薛子正也认为这么压缩以后就可以实施了，又加上高岗要来当[国家]计委主任，他得盖一组房子，有这些客观需要。

梁先生当时也默认了，让陈占祥带我去看地。看完地，根据梁先生提出的原则，压缩到一个平方公里左右，[面积]就相当于故宫本身，从图上看差不多那么大的一块。这一块，根据当时的估算，也可以容纳上百万平[方]米办公楼的建筑。

压缩的方案就是张开济设计的"四部一会"①的建筑群。当然，这个建筑群又只实现了一个团。四个团，加一个主楼。[如果]五个建筑群都实现了，也是上百万平[方]米的。只实现了一个团，具体说就是"四部一会"，[后来]就暂停了。这个停，跟"梁陈方案"已经没有关系了。也可以说，"梁陈方案"压缩了以后，比较现实了。这个[压缩方案]梁先生也同意了，薛子正也认为可以实施了，这两个[领导]都同意了，才能交付设计院去设计。

这是1953年初就决定的，3月左右吧，因为我是在北京市找活儿干，等于是替北京市做规划。我做的规划，首先是要北京市都委会的专家土曼斯卡娅同意了。她同意以后，再把这个方案拿到城建局找穆欣，请穆欣审阅，这是当时常规的程序。因此，陈占祥和土曼斯卡娅让我跟穆欣约好时间，是北京市来[建工部]汇报规划。汇报规划的技术性问题就不谈了，基本肯定，就可以在[三里河]这儿搞这么一个建筑群。规划肯定了，才能委托做具体的建筑设计。这个建筑设计后来是张开济做的。

另外，梁先生正确的意见，当时是保存的，也就是成组成团的建筑群。这个[主张]，在实践上也可以看出来，"四部一会"当时是成组、成团的，这和拉成一条线是不一样的。

择其善者而从之，其不善者而改之。梁先生正确的意见是保留了，而且体现出来了，不现实的当然得压，而且得大刀阔斧地压。压了梁先生也没有意见，而且他不可能有意见——根本就没有那么多的任务，这是一个方面。

同时，北京市政府的机关建筑群，当时也做了一个[设计方案]。这个建筑群就在府右街，原来老市政府、老都委会所在的地方。梁先生就想把它改造了，也是按照建筑群的原则改造。为什么搁在这儿？就是因为老市政府是德国人设计的，但梁先生认为这就是半殖民地时代的痕迹，所以就想把它改造了，同时结合保留了金代的双塔。

所以，我做了一个建筑群[设计方案]，以双塔为标志，搞了一个轴线。这个方案没有实现，两个原因：一个是拆迁量太大，再一个就是盖了三四层就能看见中南海内部了。这个位置不好，所以挪到外城，盖了一座市府大楼，也是按建筑群盖的。

---

① "四部"指第一机械工业部、第二机械工业部、重工业部和财政部，"一会"指国家计划委员会，这是新中国成立初期根据统一规划、统一设计和统一建设的方式建造的一个大规模的政府办公楼群。

图 4-19 1950—1960 年代苏联专家穆欣邮寄给陶宗震先生的贺卡（部分）

资料来源：陶宗震先生收藏。

这就说明一个问题：梁先生主张成组成群地搞建设，不是拉成一条线的搞建设。我亲力亲为的两个建筑群都保留了梁先生的正确意见，市级机关建筑群虽然没有在府右街盖，在外城盖，也还是一个建筑群的。

当时，薛子正对这个方案［"梁陈方案"］很恼火：整天要在城外建，连一条路都没有，怎么做规划？所以，［北京西郊］第一条规划路就是结合压缩北京新的中央行政中心时定的。这条路为什么这么定？拿出当时的现状就可以明白。它的四至：西边是引水河，东边是当时的西环路（后来叫白云路），南边是复兴门外大街（是日本人修的），北边只有一个孤零零的清真寺。

所以，在清真寺的南边定了一条路，就是当时的"社会主义大道"。［这条路的］名［字］不是我起的，但线是我定的。为什么这么定？四至就决定了这条线汇到城里，可以对上劈柴胡同，但对不上灵镜胡同，北边紧贴三里河清真寺。

同时，定了一条南礼士路，这是陈占祥定的。所以，北京在城外最早的一批建设，包括后来的规划局、设计院、建工局这一条线，都是在南礼士路建的。南礼士路当时定了 30 米红线。所以，把原始的条件和方案拿出来，一看就可以知道了。

这些事儿都是 1952 年已经解决的，审定规划的专家就是穆欣（图 4-19）。等到［后来再］审定"四部一会"建筑群的时候，巴拉金就来了。［"四部一会"建筑群］是巴拉金审定的，张开济做的建筑群是巴拉金审定的。穆欣的翻译是刘达容，已经不在了。巴拉金的翻译在不在不知道，如果能找到这个人，巴拉金做的什么事就很清楚了。

四、梁思成先生对"梁陈方案"态度的变化

当年的"梁陈方案"，特别是陈占祥，他是全程都参加的。梁先生让他带我去看三里河的空地，当时［那里］一片空地，只有孤零零的三里河清真寺。后来为什么两个规划方案——一个是主楼在后来定的社会路以北，一个是采用了张开济的方案，主楼也跑到南边去了？当时没有在北边建主楼，［那里］作为发展［备］用地，原因就是保留当时唯一的一个地标——三里河清真寺。三里河清真寺的位置还能找到，可是那个寺现在找不着了。

梁先生当时不是不同意，而且不只是同意了三里河的建筑群，范家胡同市府机关大楼的建筑群也是按照他的意见做的，也实现了，也不是说城区一点不动。他当时要在府右街的西侧，市府大楼的位置再搞一个市府机关的建筑群。后来就是因为拆迁太大，紧邻中南海，盖四层楼就能看见中南海里边了，所以没在那儿盖。移到宣武区的范家胡同，现在这个地方还叫市府大楼，这个市府大楼不是沿街建成一条，而是一个小建筑群，当然规模很小。

这些都是事实，可以说明梁先生没有说旧城一点都不能动。不但要动，而且要把旧城里的半殖民地时代的痕迹都把它取消掉，包括东四现在的银街，当时有很多伪圆明园式的门脸，水泥做的狮子滚绣球什么的，他认为这些都要清除掉。现在的前门大街有很多东西本来是梁先生认为要清除的，现在又把它重建起来。都是要具体分析的。

梁先生他自己就有否定之否定的过程，这个过程要具体分析，应该说他的否定之否定没有完成。因为后来，具体说在改组都委会①以后，梁先生并没有被排除在外，这个要说清楚。郑天翔是主任，梁思成是第一副主任，所以他的职务没有变。原来老都委会②他也是副主任，改组以后梁思成还是副主任。

而且一直到1958年以后，我在北京市规划局［工作的］时候，［那里］就有一间大办公室，就是梁思成的办公室，办公室很大，有［张］很大的办公桌。他的办公室比彭真的还大，但一直空着，梁先生大概是没［怎么］去过，因为我没见他去过。我是中午就到他的大办公室睡午觉去，因为没有人。

---

① 1955年2月18日，北京市人民委员会第一次会议决定将北京市建筑事务管理局改为北京市城市规划管理局。与此同时，为配合新一批苏联专家组的工作，成立了北京市都市规划委员会。由此，1955年3月，北京市人民委员会决定撤销原北京市都市计划委员会的建制。

参见：北京市城市规划管理局、北京市城市规划设计研究院党史征集办公室编.党史大事条目（1949—1992）[R].1995-12：4，17，20。

② 指北京市都市计划委员会。

中央提出批判梁思成，是有很多具体内容的，这个我是有所了解。因为新中国成立初期梁先生很受尊重，所以他向总理反映什么意见，总理即使很忙都接见他。最明显的是大概现在也都知道的例子，梁先生为历代帝王庙前面，就是阜成门内大街那拆的牌楼，亲自去找总理，总理就听他说，最后总理只说了一句话：夕阳无限好，只是近黄昏。历代帝王庙变成学校了，不对，是应该腾出来，但是交通问题呢，不拆这牌楼能解决吗？但现在，你把牌楼［还］恢复得起来吗？古与今的矛盾既不是崇古非今，也不是厚今薄古。这两者都不叫对立统一。

所谓对立统一，没有古也就无所谓今，古与今是相对的。今天的现实，明天就成了古了，所以古与今没有这一方，那一方也就不见。唯物主义就讲，时间、空间就是物质运动最基本的形式，时间就是历史，今天盖了一组房子，明天就成了历史了。对于这个观念不能固定不变，［不是］只有某一个阶段才叫历史，城市本身就是不断发展的。

很多外国有名的规划著作，梁思成先生自己也都亲自讲过的东西，就是变化，讲城市的变化，而且是总结怎么变化得好一些，怎么变化坏了，很多矛盾是怎么产生的。所谓城市的历史地理，讲的还不都是古与今的变化嘛！怎么可能以不变应万变呢？明朝建都，就有意识地把元大都给毁了，叫"以杀其王气"。历史名城也要发展，要保留，但也不能是另外的极端。［实行］社会主义了，［如果］连故宫都拆了，这也是反历史唯物主义的。

历史形成的东西要变，虽然变可以说是绝对的，要变也不是一刀切，如果一刀切的话也不必建都北京，找一个空地建，就像巴西利亚似的，干脆找一个新地方建都。要是在北京建都，就是因为北京是历史文化名城，有众多有价值的东西，有价值的东西要保留下来。如果在外面再盖一个中心，那就要具体分析了，有没有必要？而且作为历史名城的发展，也可以找一些实例来分析比较一下。

五、梁思成与苏联专家的关系

有些人，他自己并不知道的事，东拉西扯，把不同时空条件下的问题链接一下，因此就把梁［思成］、陈［占祥］说成了反对苏联和抵制苏联的英雄，根本就不是那么回事。包括梁陈本人，对穆欣，就是第一批到建工部的苏联专家，那都是非常感激的。而且梁先生具体在《人民日报》有公开发表文章的，大意就是苏联专家帮助我认识了什么问题，这都是真心话。

所谓和苏联专家的争论，拿北京市来说就不止一批。最早都委会有个苏联专家叫土曼斯卡娅，那根本不是正规［聘请］的专家，是跟着她的老公（她的爱人是中苏友谊医院的院长）来的，不愿意闲着，所以就做了专家，不是正规中国聘请的。在建工部成立以后，正规［聘请］的专家，第一个是穆欣，第二个是巴拉金。其实，当时建工部的专家组长是经济工程师，叫鲍金。另外，巴拉金以后，又来了一个克拉夫秋克。从中央聘请的规划设计的苏联专家就不止一批。

北京市在1953年，彭真同志找苏联专家穆欣谈过话。谈话的主题就是两个：一个是如何加强城市规划建设的领导，另一个就是北京的建筑风貌问题。由于穆欣当时很强调首都的规划，这也是世界各国的情况，所以北京市就请了一组苏联专家，9位苏联专家，大概是1955—1957年。苏联专家的［聘请］合同一般［是］两年［时间］。主要的，像勃得列夫是专家组组长，建筑专家像阿谢也夫，经济专家是尤尼娜……北京市一下子请了9位，一组苏联专家。

苏联专家对北京古都规划建设起的作用，应该是积极的、主要的。因为苏联专家当时并没有决策权，很多重大决策，事后总结的话，苏联专家并不是主要的。拿北京市的规划来说，到后来，最重要的［分歧］就是苏联专家当时不主张打通长安街。

原来的长安街，只有从东单到西单那么个长度。新的规划，所谓东西轴，苏联专家是有不同意见的，因为这么长的东西轴线，实际上把北京市一分为二了。因为交通的辩证关系就是分割与联系，从东西向来说它是一个联系，对于南北向来说是一个严重的分割。从东三环到通州这一段，等于是把南北向交通一刀切了，好几条快车道、慢车道，还有地铁的延长线。

这些总结是不涉及所谓"梁陈方案"，也不涉及古都的保存问题，但是这些，作为首都北京的规划建设，也是要客观地加以分析总结。

六、首都规划建设总结的科学态度

首都的城市建设，也得找到大的社会经济［背景］，不能讳言，这才能够科学的总结。在这个前提下，我们怎样能做得比当时更好一些？这才叫客观的实事求是的总结。

北京的建设还是要总结的，怎么叫科学的客观的总结呢？首先是要在当时客观条件下，现在看能不能搞得更好一些。而不是说一味地责备当时搞乱了。

规划最重要的和建筑的不同，就是规划的时间空间性。一个建筑，［即使规模］再大，多花几年，建成了，是相对完整的东西。一个再小的城市，也不是一下子能建成的。有些卫星城，英国搞的卫星城，像哈罗，是分两期建成的，那个城市很小。10万人以上的城市都很少能一次建成（图4-20）。

时间空间性，就是城市的发展必须有相对的完整性，特别是建设量很大的时候，永远是个大工地，塔吊什么的还不算，城市拉渣土、混凝土、建材，城市道路交通都受到严重的影响。

城市规律性是最根本的关键。主持规划的人都是醉心于向前看，新思路，大发展，都是畅想未来，从根本上说是违反城市发展规划建设规律的。一个城市如果要推倒了重

图 4-20 访问同济大学时的一张留影（1990 年代）
左起：董鉴泓、李德华、罗小未（女）、陶宗震。
资料来源：吕林提供。

来，干脆在工地建新城市。相对的新城市也有，像银川、洛阳、包头，把旧城甩在一边了，在空地上新建城市，结果就是旧城长期"贫民窟"。从德里和新德里，印度的首都就是这个关系。

有些人并不知情，或者并不具体知情，只是以讹传讹听到只言片语，就把"梁陈方案"哄成了简直对北京市不得了的决策了，如果按"梁陈方案"北京会变成什么样呢？其实也说不出来，因为他们只是听讹以传讹的。

其实任何一个城市规划，包括国际上一些大城市的规划，发展过程都是要产生很多矛盾的，能不能正确地分析矛盾、解决矛盾，这是一个世界性的课题。根据社会的发展需要，使规划不断地修订，适应新的需要，这是世界性的。问题是绝对不能把它归结为说北京城有些矛盾就是因为没有按照梁［思成］和陈［占祥］的规划［方案］办，因此把北京搞乱了，这是错误的。

七、古都北京的文化保护问题

北京规划的"无比杰作"，是封建王朝时建立起来的。到社会经济基础改变了，它不符合当前社会经济基础需要的东西，必须要改，不是说新中国成立以后才有这个问题。所以不存在由于没有听"梁陈方案"因此把北京搞乱了［的问题］。

要说搞乱了，北洋政府［的时候］就搞乱了。首先改造北京城的是北洋政府，城墙打洞最早的就是和平门，和平门就是新打了一个洞，新开了一条马路。而且民国 3 年［1914年］就开始改造了。在当时的改造，［动作］不算小了。这也都是北京城建史需要认真阐述和分析的。［北京的］整个外城本来应该统一改造或者统一发展的，一直到"文化大革命"都没有发展，主要是国家的经济实力问题，这都要具体问题具体分析。

所谓的"无比杰作"，它是在封建时代规划建设的，经济基础变了，改造是必然的，并不能因为有很多不能适应新的需要的东西，就把它彻底拆了重来。［如果］彻底不要，就不要在北京建都了，找块空地去建嘛。巴西的新首都巴西利亚，就是把原来的首都里约热内卢不要了，搞了个巴西利亚新首都。所有这些，都叫对立统一，尤其是城市这样一种性质的杰作，它更是社会经济基础的反映，社会经济基础变了，必然要改造。

另外，拆除金代的双塔，那也是1958年国庆工程的事儿，不是说为了拆古建筑而拆古建筑。那也是后来才知道，当时彭真向中央汇报国庆工程的时候，军委的负责人是粟裕，粟裕就提出来长安街要无轨无线，要战备的思想，考虑落飞机。有轨电车也拆了，有轨、无轨都不能通过天安门。双塔也不能存在，就把它拆了。这个当时没有公开。

现在所谓空谈的人，好像突出一个"保"字。不仅是北京，传到全国去了。如果把全国的古建筑，甚至那么多朝代的皇帝的东西，都恢复起来，这种"复古大倒退"有没有必要？这个事情都是要通过具体问题，具体分析。不能笼统地说北京的规划一点都不能动，更不能说因为老北京社会经济基础变了，就得推倒重来，这两个极端都是错误的。

梁先生的那篇《北京——都市规［计］划的无比杰作》，其中有些是要延续的，要保存下来、继续保存的，有些就是要改革的。所谓历史的沿革，就是历史都是有沿、有革的，既不可能一刀切，也不可能原封不动。这些最基本的东西要谈一谈，否则我们就停留在那个最低级的阶段空谈不休，这是无利于向前看的。

（本次谈话结束）

张其锟先生访谈

目前社会上的宣传是不对等的，因为梁思成先生的日记和著作都已经公开了，而我们党内的许多文件一直没有解密，因此，个人要说明一些问题都会受到很大的局限……关于新中国成立初期北京城市规划的争论的问题，表面上看起来是文物保护的矛盾，实际上更多的问题是不同的城市规划建设指导思想的争论。为什么北京的城市规划上报中央了以后，几次都不批？就是这个原因。

（拍摄于 1993 年①）

张其锟

专家简历

张其锟，1928 年 9 月生，重庆市人。

1946—1949 年，先后在清华大学物理系、土木工程系学习，于 1948 年参加革命。

1949—1952 年，在新民主主义青年团北平市委筹备委员会工作。

1953—1966 年，在中共北京市委办公厅工作，任郑天翔同志秘书，期间于 1953—1954 年参与"畅观楼规划小组"。

1966 年"文革"开始后，于 1970 年下放农村，后到北京市公用局工作。

1979—1981 年，在北京市计算中心工作，任主任。

1982—1985 年，在北京市城市规划委员会工作，任副主任，着重研究遥感与计算机技术在城市规划领域的应用。

1986 年起，在北京市城市规划设计研究院工作，任常务副院长。

1991 年获"国家突出贡献专家"称号。

1995 年离休。

---

① 本页照片系张其锟先生提供。

2018 年 3 月 20 日谈话

访谈时间：2018 年 3 月 20 日上午

访谈地点：北京市海淀区中关村南大街，张其锟先生家中

谈话背景：《八大重点城市规划——新中国成立初期的城市规划历史研究》一书和
　　　　　"城·事·人"访谈录（第一至五辑）正式出版后，于 2018 年 3 月送给了
　　　　　张其锟先生。同时，访问者向张先生请教新中国成立初期首都北京规划建
　　　　　设的情况和问题，张其锟先生应邀进行了本次谈话。

整理时间：2018 年 3 月 29 日

审阅情况：经张其锟先生审阅修改，于 2018 年 11 月 19 日定稿，11 月 20 日授权出版

李　浩（以下以"访问者"代称）：张先生，近年来我们对"一五"时期的八大重点
　　城市规划进行了一些历史研究，初步的研究成果现已出版，请您审阅指导。另外，
　　我们现已启动另一项关于"苏联城市规划专家在中国（1949—1960）"的课题
　　研究，由于苏联城市规划专家大部分在北京市工作，北京规划建设的有关情况
　　及苏联专家的影响将是该项课题研究的重点。您是参与首都早期城市规划的工
　　作者，晚辈非常期望您能讲述一下您的工作经历，以及您所了解的新中国成立
　　初期首都北京城市规划及苏联专家技术援助等方面的一些情况。

一、教育背景

张其锟：我是 1928 年 9 月 30 日出生的。我的出生地在四川遂宁，祖籍是江西新余，老
　　家在四川巴县。1934 年，我家搬到了上海。我念到小学三年级的时候（1937 年），

图 5-1 张其锟先生访谈现场（2018 年 11 月 20 日）
注：本次拜访张其锟先生系补充访谈，地点在北京市海淀区中关村南大街张
其锟先生家中。

图 5-2 在重庆清华中学时
的傅任敢（1940 年代中期）
资料来源：张其锟提供。

由于抗日战争全面爆发，上海发生"八一三"事变后，我即跟随父母逃难回到
重庆老家。

老实讲，中学时期对我人生观的影响是比较大的（图 5-1）。初中时，我在树
人中学（现在的重庆八中）学习，我们的班主任是黄绍湘（前两年刚去世），
她教我们英语，她丈夫是学校的教务主任，夫妇二人都是地下党员。那时候我
们很年轻，还不太懂事情，黄老师经常向我们灌输一些进步思想，她毕业于清
华大学历史系，2006 年当选首届中国社会科学院荣誉学部委员，也是中国以马
克思主义观点研究美国历史的奠基人①。

到了高中，我在重庆清华中学就读，校址在现在的巴南区土桥。这个学校的师
资主要就是从清华大学和西南联大毕业的，校长是梅贻琦唯一的秘书傅任敢
（图 5-2）。傅任敢校长是拿着清华大学的工资到重庆清华中学工作的，他的
工资一直到 1948 年都是由清华大学来支付的。

傅校长是一个无党派人士，但是他灌输了很多民主、科学的思想。在学校里，

---

① 黄绍湘（1915 年 5 月 10 日—2015 年 11 月 28 日），女，湖南临澧人。1936 年 6 月加入中国共产党，1937 年于
清华大学历史系毕业，1946 年 6 月获美国哥伦比亚大学研究生院历史学硕士学位。1950 年任山东大学文史系教
授，1951 年任人民出版社编审，1956 年调中央政治研究室从事美国史研究工作，1960 年任北京大学历史系教授，
1977 年 9 月任中国社会科学院世界历史研究所研究员。1979 年被推选为中国美国史研究会第一任理事长，连任三
届，后为顾问。1980 年任社科院研究生院教授，同年 4 月被推选为中国历史学会理事。1982—1984 年兼任大百科
全书北美、大洋洲部分主编。1983 年任博士生导师。1985—1986 年，作为知名学者，应邀赴美国，于母校哥伦比
亚大学以及哈佛、耶鲁、纽约州立大学等七所大学讲学。1987 年 8 月离休。2006 年 8 月当选首届中国社会科学院
荣誉学部委员。

他允许学生订阅《新华日报》，各种报纸都允许看。那时候我们学校大概有800个学生，订阅《新华日报》的差不多有400人。在那种主张民主与科学思潮的氛围下，一进大学以后，很自然地就跟进步思潮接轨了。我就是在这样的背景下成长的。

到了1946年，我离开重庆老家，到北京的清华大学学习。

访问者：您进入清华大学学习时，是在土木工程系吗？

张其锟：不是。我很喜欢化学，高考时填报的三个大学的专业都与化学有关。因为抗战期间，我没有体检过，不知道自己眼睛有问题，一到学校报到，化学系主任高宗熙老师让我到校医室检查，体检结果是色弱，无法念分析化学。我就被迫转系，到物理系就读。期间我参加了地下党领导的秘密读书会"戈壁草"。我又觉得物理系的功课太重、太紧张，大学二年级时即转到土木工程系了。

访问者：转到土木工程系是在1947年？

张其锟：是1947年秋季。

访问者：我看一些资料，您是1948年参加革命的，对吗？

张其锟：对。我在1948年参加了"民青"，中国民主青年同盟（地下党的外围组织），1952年8月加入中国共产党。

二、参加工作之初

张其锟：1949年3月初，我被党组织调出清华大学，参加工作。储传亨同志也是在大学三年级时调出的。我们被调出后，主要是去搞青年团的工作。储传亨同志到中共北京市委青年工作委员会工作。我到新民主主义青年团北京市委筹备委员会工作。1951年，国家的政策是，凡是未毕业的大学生，调出参加工作的，都要回学校去继续学习直至毕业，叫"归队"。但在那时候，正是国家急需各种人才的时候，结果就把我调到北京市委。我到北京市委工作是在1953年6月，因为我是学土木工程的，到市委是参与研究北京的城市规划，所以也算是"归队"。后来，清华大学专门又给我补发了毕业证书，因为当时规定，凡是由党组织调我们出来参加工作的，在学历上都算是正式毕业，发给了毕业证书。

三、给郑天翔同志当秘书

张其锟：当时，储传亨同志是在北京市委宣传部工作，很好调动，他一调动就去了北京市委办公厅，所以他给天翔同志当秘书，要比我早一个月的时间。

访问者：这么说，当时郑天翔秘书长有两个秘书？

图5-3 包头市委、市政府欢送郑天翔同志调京暨李质同志调来包头合影留念（1952年10月28日）

注：第3排左6为郑天翔。

资料来源：郑天翔家属编印. 纪念郑天翔同志百年诞辰 [R]. 2014: 76.

张其锟：是的，那时候郑天翔同志刚从包头调到北京工作（图5-3）还没多久[①]，是有
两个秘书，就是储传亨同志和我，我们两个是同班同学。当时，我原以为是要
把我分配到北京市都市计划委员会，后来让我到北京市委办公厅去报到，还跟
我解释说这也是"归队"。

访问者：您和储先生给郑天翔秘书长当秘书，有分工吗？

张其锟：当时有分工的。开始时，我把全部时间都投入到设在北京动物园的"畅观楼规
划小组"了，储传亨同志还要办些别的事情，所以他是两边兼顾。重要的活动
我俩都去参加，包括巴拉金专家去畅观楼指导规划工作，他也参加。如果起草
什么文件，也是我们两个一起搞，以他为主。

苏联专家巴拉金在畅观楼工作的时候，郑天翔同志的主要精力是放在畅观楼
规划小组的。当然，他还要管其他事情，包括建筑管理。1953年，北京市一
下子要建几百万平方米的建筑工程。那时候，建设任务很大，建筑工人还闹
罢工，原材料和资金都很不足，所以一下子要开工二三百万平方米，根本没

[①] 1949—1952年，郑天翔同志前后曾任中共包头市委副书记（主持工作）、市长、市委书记。1952年12月，郑天
翔同志调到中共北京市委工作，后任中共北京市委委员兼秘书长，1955年2月起兼任北京市都市规划委员会主任，
1955年6月任中共北京市委常委、书记处书记。

图 5-4　畅观楼旧貌（一）
资料来源：北京动物园百年纪念（1906—2006）[R]. 北京动物园印制，2006：32.

图 5-5　畅观楼旧貌（二）
资料来源：北京动物园百年纪念（1906—2006）[R]. 北京动物园印制，2006：32.

有施工力量，而且有好多建设项目都是中央部门的，必须区分轻重缓急。别人说话不灵了，就得由市委出面协调。先上哪个，后上哪个，要进行"建筑排队"。那时候，储传亨同志还要研究、协调这方面的事务，我就盯在畅观楼（图5-4、图5-5）小组。

到1955年初，苏联专家组来了，成立一个中共北京市委专家工作室，同时又成立北京市都市规划委员会。两个机构办的是同一件事。这方面的任务很重，市委又调了一些学理工的同志过来，天翔同志增加了三四个秘书。

"北京市都市规划委员会"和"北京市都市计划委员会"是两个不同的机构。"北京市都市计划委员会"是原来北京市人民政府的机构，主任是彭真同志，副主任是薛子正和梁思成。"北京市都市规划委员会"是改组后成立的新机构，主任是郑天翔，副主任是梁思成、佟铮、陈明绍和冯佩之。一个是"计划"，一个是"规划"，这两个机构的名称不一样。

1955年，储传亨同志就借调到北京市都市规划委员会做了经济组的组长。我们开始搞首都城市规划的时候，跟你们研究的八个重点城市不大一样。八个重点城市跟工业布局紧密结合，而对于北京必须得涉及政治、经济、新旧城的发展等全面的问题。

到 1957 年，储传亨同志又回到市委办公厅工作，因为万里同志（1958 年 3 月从城市建设部）调到北京市工作了以后，天翔同志就不分管城市规划了。从 1958 年开始，由万里同志分管北京市的城市规划和建设。那时候，储传亨同志和我在同一个办公室工作，但也是有分工的。配合天翔同志的工作，储传亨同志偏重工业生产方面，我偏重工业基本建设和科研。所谓科研，也就是当时国家科委抓的科学发展规划等问题。后来储传亨同志被调去做北京市委研究室的副主任，我一直跟着天翔同志工作，直到他在"文革"中被"监护"起来。我跟天翔同志工作的时间，从 1953 年 6 月一直到 1966 年 6 月，一共 13 年。

四、参加"畅观楼规划小组"的人员情况

访问者：刚才您谈到了畅观楼规划小组，这是很重要的一个事情，想请您仔细谈一谈。首先，当时都有哪些人参加了这个小组？

张其锟：这份材料是我 2004 年整理的畅观楼规划小组的人员名单（图 5-6），其中大部分人都已经过世了。小组是天翔同志领导的。曹言行、赵鹏飞同志是领导小组的成员，曹言行同志是清华大学 1937 年土木工程系毕业的，是 1935 年的老党员，后来担任过国家计委城市建设计划局局长、国家计委委员，主管城市规划，已经去世了。

访问者：曹言行先生的年龄有多大呢？

张其锟：比天翔同志还大五岁，天翔同志叫他"曹大哥"。天翔同志是 1935 年考入清华大学外国文学系的，后来转到了哲学系。

刚开始在畅观楼工作的时候，曹言行跟我们在一起的时间最多，巴拉金谈话他都参加。后来大概到 1953 年 10 月，把他调到中央部门，后担任国家计委城市建设计划局的局长。以前的时候，曹言行非常支持彭真同志的观点，去了国家计委以后，他的观点就变成了"违心的认同"。有时候他回到北京市来，就跟天翔同志讲，他说我的观点在那儿斗不过人家，国家计委委员们都同意富春同志的观点。

访问者：曹言行先生是 1953 年 10 月去的国家计委？国家计委是 1952 年 11 月 15 日才决定成立的[①]。

[①] 1952 年 11 月 15 日，中央人民政府委员会第十九次会议决定成立国家计划委员会。资料来源：苏尚尧. 中华人民共和国中央政府机构 [M]. 北京：经济科学出版社，1993：159-160.

关于畅观楼规划小组工作人员概况

张其锟

1953 年 6 月，中共北京市委决定成立北京市建筑领导小组。小组由市委常委、秘书长郑天翔同志负责，成员有：曹言行（北京市卫生工程局局长）、赵鹏飞（北京市财政经济委员会副主任）。

该小组有两项任务：

一是，对建筑任务进行全面的施工排队。当时我国正处于第一个五年计划开始，北京面对大规模的、繁重的中央和地方的建设任务，施工力量与材料都严重不足，建设遇到困难。因此市委决定成立临时班子，根据项目的重要性、投资、材料、施工力量等因素，进行分期分批地排队。办公地点设在北京市财委。

二是，对北京的建设制定城市的总体规划。当时北京大规模的建设已经开工，但尚无一个比较科学的城市总体规划和近期建设规划，可以作为建设的根据，同时各方面对规划方案的争论也比较多，于是形成了十分被动的局面，因此市委决定抽集各方面的力量，来研究综合各方意见，加速编制城市总体规划和近期建设计划。研究规划的临时机构就设在北京动物园内的畅观楼内。因此后来就把这个规划小组称之为"畅观楼规划小组"。

开展规划研究工作当然离不开原来市政府的各个职能机构和中央各部门，因为人员和基础资料都要依靠原有部门。因此常驻畅观楼规划小组的同志主要是负责听取各部门的意见后，加以综合，制定综合的方案。与此同时，各个专题的规划仍由各单位组织力量在各部门内进行研究。因此参加工作人员就分成两类，即：常驻畅观楼工作的与非常驻畅观楼工作的。经回忆，初步估计曾参加当时工作的，有 43 人。

由于事情已经过去了半个世纪，记忆难免有不够准确的。为此，我曾先后与储传亨、李准、钟国生、李嘉乐、崔玉璇、韩淑珍、梁佩芝等同志联系、核对和交换意见。

现将参与该项工作的人员名单分列如下：

畅观楼规划小组的人员名单（1953 年 6 月至 1955 年 4 月）

领导：

1，郑天翔 中共北京市市委常委秘书长
2，曹言行 北京市卫生工程局局长
3，赵鹏飞 北京市财政经济委员会副主任

常驻工作人员：

4，李准 北京市卫生工程局计划处处长，综合规划
5，沈其 北京市企业公司设计室工程师，综合规划
6，陈干 北京市都市计划委员会工程师，综合规划
7，沈永铭 北京市都市计划委员会技术员，综合规划
8，钱铭 北京市都市计划委员会技术员，综合规划
9，储传亨 中共北京市市委办公厅，综合规划
10，张其锟 中共北京市市委办公厅，综合规划
11，王少安 北京市建筑设计院技术员，天安门规划
12，孟繁锌 北京市建设局，辅助规划
13，许翠芳 北京市卫生工程局，辅助规划
14，蒋静娴 北京市卫生工程局（已去世），辅助规划
15，韩淑珍 北京市卫生工程局，辅助规划
16，梁佩芝 北京市勘测处，辅助规划

非常驻工作人员：

17，林岗 中共北京市市委办公厅，研究、收集资料
18，章庭笏 中共北京市市委办公厅，研究、收集资料
19，徐卓 中共北京市市委办公厅，研究、收集资料
20，高原 交通部航运局局长，运河及航运规划
21，黎亮 铁道部总办主任，北京铁路枢纽规划
22，姬之基 铁道部第三设计院，北京铁路枢纽规划
23，王琳岑 北京市都市计划委员，收集资料、研究
24，陈晓申 北京市园林处处长，园林绿化规划
25，李嘉乐 北京市园林处设计科科长，园林绿化规划
26，徐德权 北京市园林处计划科科长，园林绿化规划
27，刘作彗 北京市园林处计划科科员，园林绿化规划
28，傅玉华 北京市园林处计划科科员，园林绿化规划
29，钟国生 北京市卫生工程局设计处处长，河湖、给排水、公共卫生规划
30，徐继林 北京市卫生工程局设计处，河湖、给排水、公共卫生规划
31，庞斤鸿 北京市卫生工程局设计处，河湖、给排水、公共卫生规划
32，张敬渝 北京市卫生工程局设计处，河湖、给排水、公共卫生规划
33，陈鸿琦 北京市卫生工程局设计处，河湖、给排水、公共卫生规划
34，许京麟 北京市建设局副局长，道路规划
35，郑祖武 北京市建设局道路科副科长，道路规划
36，崔玉璇 北京市建设局技术处技术员，道路规划
37，王镇武 北京市公用局副局长，城市交通规划
38，游士远 北京市公用局计划处处长，城市交通规划
39，王自勉 北京市供电局局长，电力规划
40，宋宝哲 北京市供电局计划科科员，电力规划
41，周凤鸣 北京市农林局局长，农业规划
42，郭臼绍 北京市农林局干部技术员，农业规划
43，王世宁 北京市人防办公室工程师，人民防空规划

张其锟整理 2004 年 2 月 4 日

图 5-6 张其锟先生整理的畅观楼规划小组人员名单（2004 年 2 月）
资料来源：张其锟提供。

张其锟：曹言行同志肯定是 1953 年 10 月调离北京市的。他没有参与起草北京市的规划文件。因为到 1953 年 11 月我们就开始起草报告（指《改建与扩建北京市规划草案》）了，到 12 月报告就呈送中央了。

最有意思的是，他回来时就讲过，有一位管国防工业的国家计委委员范慕韩（国家计委军工局局长）说：在北京搞工业，如果打起仗来，工厂能拉着轱辘跑吗？

曹言行同志说：我们争论不过人家。从这个背景就可以知道，他内心当中觉得彭真同志发展工业的想法还是对的。

访问者：关于曹言行和赵鹏飞的身份，有些资料中的表述有点混乱——有的说他们两位是北京市建设局的正、副局长，有的说曹言行是北京市卫生局局长、赵鹏飞是建设局局长。您还记得在畅观楼工作时他们两人的身份吗？

张其锟：当时曹言行是卫生工程局局长。赵鹏飞在畅观楼小组时期，已经担任北京市财经委（财政经济委员会）副主任，当时刘仁同志是财经委的主任。

在北平（北京）刚解放的时候，赵鹏飞做过建设局副局长，当时曹言行是建设局局长。梁思成与苏联专家的争论就是在 1949 年 10 月前后发生的，那时第一批"苏联市政专家代表团"到北京开展工作。当时并不是"规划"专家团，而是"市政"专家团。

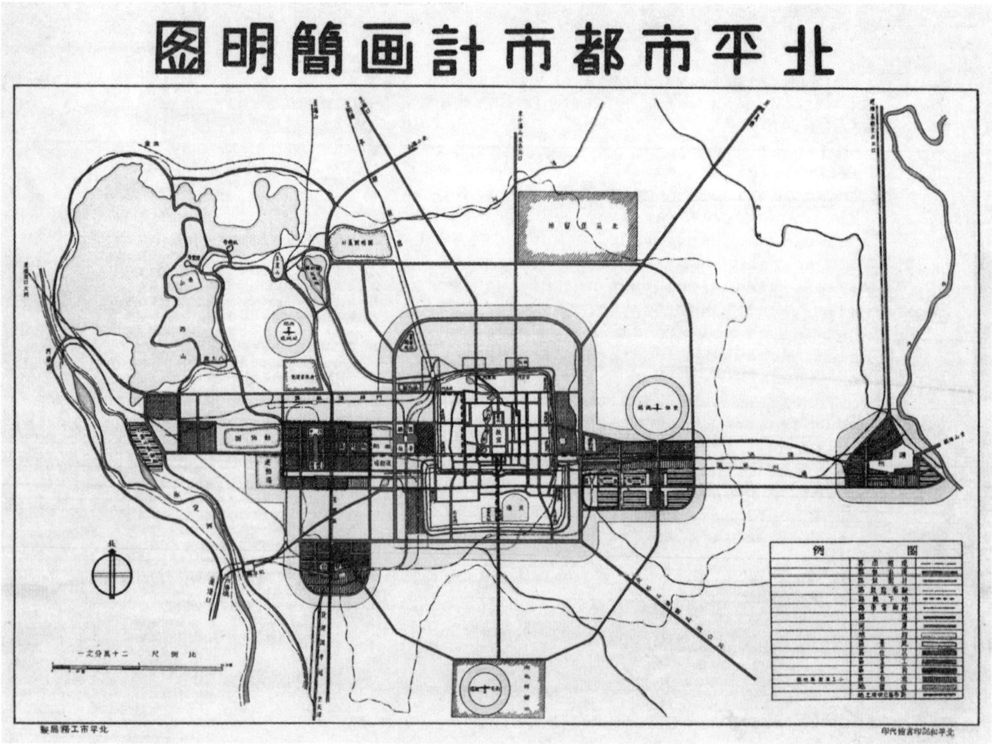

图 5-7　北平市都市计画简明图（1947 年）
注：该图系根据华北伪建设公署 1941 年公布的《北平都市计划大纲》于 1947 年修订改绘。
资料来源：北平市都市计画简明图 [N]. 中国城市规划设计研究院档案室，档案号：0205。

访问者：您说的没错。1949 年 12 月 19 日，曹言行和赵鹏飞起草了一个报告（指《对于北京市将来发展计划的意见》），报给了北京市政府。

张其锟：对，曹言行也参加了。当时争论的问题，主要就是中央机关新建的办公楼建在哪里，即所谓"行政中心"放在哪里。这不是指现在所谓的整个城市的副中心——如现在正在规划建设的通州。城市副中心和行政中心是两个不同的概念。现在一讨论起来，就把这两个概念弄混了。

梁先生的意思是离开旧城，在西郊建设，但那时候并没有说是"新北京"。所谓"新北京"，是日本人占领时期的规划设想——在东郊搞一个工业区，在西郊搞一个"新北京"。这是日本人在 1941 年前后搞的一个规划，规划图我也见过（图 5-7）。在新中国成立初期，还有"新北京"这个称呼。当时是这么一个背景。你看过一些档案资料，可能对这个概念还是清楚的吧？最后政府决定把中央机关建在三里河的所谓"四部一会"，即国家计委、财政部、机械部等，现在国家发展和改革委员会办公楼所在地。

访问者：对。

张其锟：畅观楼小组的这个名单，是我跟好多老同志仔细核对以后，2004 年 2 月整理出来的。名单中的一些人，既有常驻的，也有非常驻的。中央单位参加的人员，也都写上了。黎亮同志是铁道部设计局的局长，高原同志也是清华大学毕业的，是交通部的航运局局长。当时曾经考虑天津跟北京通航，由于铁道和河道的净空受限，难度很大。

访问者：这份名单中的参加人员，现在还有哪些人健在？

张其锟：我估计还健在的有钱铭、王少安等，健的很少了。常驻在畅观楼的主要就是前面的 16 个人，其中 11 号至 16 号人员是辅助规划的技术员，做绘图、描图等工作。非常驻的人员都是当时各有关部门领导和技术骨干，很多工作都是拿到各个部门去做的。然后由畅观楼规划小组加以综合。这个名单是比较准确的。

访问者：您整理的这个名单非常珍贵。

张其锟：要是那时候我不整理的话，现在连参加畅观楼小组的人员情况都搞不清楚了。

五、畅观楼小组中的苏联专家

访问者：在畅观楼小组中工作的苏联专家，主要是巴拉金吧？

张其锟：对，主要是巴拉金。同时还约请了其他一些苏联专家，比如受聘在公安部人防局的布尔金，也到畅观楼来参加过讨论。1953 年做的这个规划，连卫生部的专家也都来参与了讨论，当时卫生部门还没有环保的概念，但有公共卫生的概念，所以就防护带宽度什么的征求过他们的意见。

那时候，刘仁同志和彭真同志经常到我们规划小组来参加讨论。此外，还有外地一些城市的领导，比如包头的市委书记、兰州市建设局局长任震英等，知道我们在北京做规划，也来畅观楼观摩过。

访问者：畅观楼小组开始工作时，苏联专家穆欣还没有回国，他参加畅观楼小组了吗？

张其锟：巴拉金他们两个都在，但穆欣是照顾其他城市比较多，没怎么管畅观楼小组的事儿。畅观楼小组主要是巴拉金在管。当然，巴拉金回到建筑工程部，也会和穆欣在一起讨论，他们可以交换意见。

访问者：巴拉金的翻译是靳君达先生，您还有印象吗？

张其锟：我记不太清楚了。

访问者：这本书（"城·事·人"访谈录第一辑）中有靳君达先生的访谈。

[张其锟先生翻看"城·事·人"访谈录中]

张其锟：你们的谈话中说到了刘达容……我想起来了，巴拉金来畅观楼的时候，跟着他搞翻译的就是刘达容。

访问者：对！我也想起来了，靳君达先生是从 1954 年初才开始给巴拉金当翻译的，之前他刚到建筑工程部城市建设局工作时，做翻译准备工作，有半年时间。

张其锟：我2004年整理的这份畅观楼小组人员名单，应该把巴拉金和刘达容的名字也补上。

访问者：您说得对。当时的畅观楼规划小组，有没有一些工作照片或合影？

张其锟：没有。

访问者：1949年来华的那批苏联专家，一直没有找到他们的照片，畅观楼小组也没有照片，真有点遗憾。但1955年来北京的那批苏联专家有一些照片。

张其锟：我保存有一张照片，是彭真同志欢送苏联城市规划和地铁专家回国时，在市委常委会议室拍摄的一张，好像还没有公开发表过，回头我找出来，提供给你。

访问者：谢谢您的大力支持！

张其锟：关于这段历史，现在我手头上什么材料都没有了。"文革"中，我的130多本工作笔记本都上交了，要查北京市委的"罪行"，后来被他们全部销毁。你应该找北京市档案馆。当时有好多文件，包括上报中央的文件和图纸，都保存在市委办公厅的机要室，后来他们都交到北京市档案馆去了。还有就是北京市城建档案馆。苏联专家怎么指导，所有的苏联专家跟工作组的重要谈话，都有谈话记录，记录内容都很全面，非常严格的。我建议你去查阅。

访问者：好的，张先生。最近我正在北京市档案馆和城建档案馆查阅档案。

六、成立"畅观楼规划小组"的历史背景

张其锟：关于"畅观楼规划小组"的工作，还有一些问题需要说明一下。首先，当时为什么会出现"畅观楼规划小组"呢？

目前社会上的宣传是不对等的，因为梁思成先生的日记和著作都已经公开了，而我们党内的许多文件一直没有解密，因此，个人要说明一些问题都会受到很大的局限（图5-8）。

以前，我跟储传亨同志讨论过这个问题，我说我们两个人是不是要出来说明当时的实际情况？他想了想，对我说：现在，连北京市委都没有出面加以澄清。就我们两个人，势单力薄，一展开争论就要有一大堆笔墨官司，我们两个人都没有这个精力。后来，储传亨同志病情越来越重，我也就不提了。

而且，现在大家都回避讲党内的一些矛盾。实际上，关于北京城市规划，梁先生的争论主要只是一些文物保护的问题而已，而更多的实质性争论，则是李富春同志和彭真同志的不同意见。彭真同志说过，北京作为国家的首都，不能采用一般的标准，包括人口规模，因为这个事情，他做过很多的调查。富春同志也有他自己的想法，北京是首都，在某些方面搞些高标准是没有问题的，可是在当时，北京一出现什么新的建筑或者新东西来，外地马上就跟着学北京，怕

图 5-8　彭真市长与苏联规划专家组和地铁专家组专家话别（1957 年 3 月）
注：照片中间区域的 3 人左起依次为彭真、巴雷什尼科夫（苏联地铁专家组组长）和勃得列夫（苏联规划专家组
　　组长）；
左侧区域中，前排左 1 为苏联建筑专家阿谢也夫、左 2 为苏联交通专家斯米尔诺夫、右 1（靠近彭真者）为岂文
彬（翻译），后排左 1 为张其锟；
右侧区域中，左 1 为苏联专家勃得列夫的夫人、左 3 为雷勃尼克夫（给排水专家）、右 2 为苏联经济专家尤尼娜、
右 1 为苏联规划专家兹米耶夫斯基。
资料来源：北京市档案局馆，莫斯科市档案管理总局．北京与莫斯科的传统友谊 [M]．北京：中国档案出版社，
2006：58.

北京会影响到外地城市，都搞成高标准、宽马路。

我认为，富春同志的这个想法也是合情合理的，他作为国家计委主任，又是国
务院副总理，必须要考虑全局问题。而在当时，毛主席也讲过"京广线以东不
发展重大的工业"，那时候，我们对这个问题也想不通——武汉也在这条线路上，
为什么武钢就上马建设了？我们还拿地图，量算从日本到北京的距离和到武汉
的距离，两者都差不多。

国家计委对北京市委城市总体规划的意见，这个文件你看过没有？

访问者：我看到了。

张其锟：这份文件中写得很清楚：马路要窄，规模要小，绿化不能太多，居住面积人均
9 平方米偏高，还有工业问题（不赞成把北京建设成为"强大的工业基地"）……
富春同志的出发点是好的，但没有考虑到北京的特殊性和长远的问题。

你研究北京的城市规划，我也很担心你怎么样才能够比较如实地、客观地把这
些问题反映出来。

在 1957 年 5 月，正在"鸣放"期间，梁先生曾经接受过《北京日报》记者李
寿儒的采访，该文发表在《北京日报》5 月 17 日第三版。他发表对建筑艺术的

看法，同时也对彭真同志提出了批评，原话："我曾经和彭真同志争论了若干年，他批评我对建筑的看法，简直是个暴君。"你想，在"反右"之中，说一个市委书记是个暴君，这在当时是一个十分严重的问题，犯了"大忌"。如果是对基层支部书记说这样的话，马上可能就会被划成"右派"。而梁先生不但没有挨批，反而在 8 月 22 日首都建筑界批判右派大会上，坐在主席台上，还发言。在"左倾"路线盛行时：彭真同志始终认为他与梁先生的争论是学术问题，在很多情况下，他都保护了梁思成先生。包括在入党的问题上，起初蒋南翔（清华大学校长）不同意梁先生入党，后来是彭真坚持要发展他入党，毛主席也同意了，梁先生最后才入了党。

关于新中国成立初期北京城市规划的争论问题，表面上看起来是文物保护的矛盾，实际上更多的问题是不同的城市规划建设指导思想的争论。为什么北京的城市规划上报中央了以后，几次都不批？就是这个原因。最后到了 1958 年，是邓小平同志主持召开中共中央书记处会议，天翔同志去汇报北京的城市总体规划。那次小平同志听了汇报后，说：就按这个办。才把总体规划定下来。当时没有正式的批文。这是实际情况。

下面我跟你讲讲新中国成立初期首都北京规划的一些背景情况。首先，矛盾的焦点不是关于副中心的争论，一开始主要是中央机关新建机关办公楼盖在哪里，所谓"行政中心"摆在哪里的问题。第二个问题就是对梁先生提倡民族形式、盖大屋顶的问题。

那个时候，除了在拆"三座门"和有关牌楼这一问题上引起争论以外，主要的矛盾是中央很多单位要盖房，而当时北京市都市计划委员会的任务不仅仅是做规划，还要应付"门市"——要审批土地，要审批建筑设计等。而一旦审批建筑设计，就让人家盖"大屋顶"。像国家计委、军委办公厅、海军司令部等，都是这种情况。现在位于三里河的原国家计委（今国家发展改革委）的那一片办公楼，有的房子是平顶的，有的是大屋顶，为什么会这样？ 1955 年前后批判"大屋顶"，批了以后就不能盖了。海军司令部在公主坟那儿，里面也有大屋顶，有的也没有大屋顶。

访问者：在新中国成立初期，北京的建筑设计审批时，提了很多盖"大屋顶"的要求？

张其锟：这是都市计划委员会的事，梁先生组织的。

访问者：您是指梁思成先生提出了很多关于大屋顶的要求？

张其锟：对，他是北京市都市计划委员会的副主任，还经常审查设计方案。所以，这些情况反映到中央，引起了中央政治局的注意，也引起毛主席的注意了。当时，要搞大屋顶，屋顶跨度很大，要用很大的圆木来做梁、做柁，这个做法要花费很多的钱财和木料。而当时又没有钢结构，钢筋混凝土的技术还不行，曲面都是弧线形的。在这种情况下，资源浪费得很厉害。当时的这么一个情况，毛主席批评时，态度很严厉。

在1954年的冬天，北京市委把清华大学建筑系党支部里的所有党员都召集起来，到市委办公厅一号楼的常委会会议室开会，彭真同志就传达了毛主席的指示。

毛主席认为这个倾向不对，影响了建设，而且话说得非常生气——他说：梁先生如果主张盖大屋顶，搞复古主义，你就不要坐汽车到中南海来开会，你应该坐轿子或骑毛驴儿到中南海来开会；我们也不要搞什么现代化的武器，就用关云长的青龙偃月刀就可以了……

毛主席主要的意思就是说时代变了，你还搞这些东西？批评得很尖锐，甚至要公开点名批评梁先生。因为清华的那些同学们的思想跟梁先生是一致的，所以一直要传达到每一个党员，刘小石[1]也都参加了。凡是现在还健在的党员，你去问问，他们都清楚，那时直接把他们叫到市委来开会。

现在网上的一些信息，说彭真同志找了好多人，写了论文，要批判梁先生。实际情况是怎么回事呢？实际上彭真同志认为梁先生的问题是学术思想的问题，不能够采取公开批判的办法，曾由中央宣传部和《北京日报》组织过一些学者写文章，写完文章让梁思成先生看，看他同意不同意。如果同意、检讨了的话，就算了，这实际是在保护梁先生，并不是想要真正公开批判梁先生。

彭真同志把梁先生请到市委他自己的办公室，把那些写好的批评文章都送给梁先生看，梁先生看后表示不公开争论了。所以就从未公开点名批判过梁先生。1957年7月11日，梁先生在《人民日报》上公开做了自我批评，承认给国家造成巨大浪费。也讲道："我知道了《人民日报》和《北京日报》曾收到了将近一百篇批判我的文章，而党没有发表，是保护了我。"当然，从现在的角度来看，这也不是正常的学术讨论，也是对梁先生很大的伤害。而大家都不知道这一真实背景。后来党就正面提出了"适用、经济、在可能条件下注意美观"的建筑方针。

另外，当时[2]的北京市都市计划委员会实际上没有精力来编制北京的总体规划，因为他们兼有"规划局"的任务，要应付"门市"，已经疲于奔命。每个建设项目的建筑设计都要到那儿去当面审查，都要讨论、提意见、修改，然后才能批准修建。你想，他们整天忙于这些，哪有什么时间来做细致的城市总体规划研究和编制？

正在这个时候，1953年又开始了第一个"五年计划"，但北京的城市发展计划老是定不下来，工业区的布局等，一大堆的问题都没有办法解决，所以，不得不成立一个规划小组，来研究北京的城市总体规划。这就是当时的背景。

---

① 刘小石，曾任清华大学建筑系党委书记，北京市城市规划管理局局长、总建筑师。
② 这里是指1953年初前后。

当时认为跟梁先生的争论很大，所以就找了一些党员或者认为比较可靠的人员，把他们吸收进规划小组。那些同意梁先生意见的技术人员，就很难吸收到畅观楼小组。但也有例外，比如沈永铭是梁先生的学生，也是坚决支持梁先生意见的，但他也是一个党员，后来看到他有些改变，就把他吸收进来了。还有陈干，陈干是不太同意梁先生的一些观点的。还有王栋岑，北京市都市计划委员会的办公室主任，他主要起联系、沟通畅观楼规划小组的作用，通过他索要一些图纸和资料等。

访问者：王栋岑先生现在还健在吗？

张其锟：已经去世了，他比我们的年龄大，原来是傅作义的部下。

再有一个因素是，市委来牵头，就可以调动各个局的力量来做规划，如果是都市计划委员会牵头，就很难号令各个局，也不便邀请中央部门参加，这又是一个不同点。

所以，要把历史背景说清楚。总的来讲，畅观楼小组是被迫成立的。

七、畅观楼小组规划成果
（1953 年《改建与扩建北京市规划草案》）的主要特点

访问者：畅观楼小组的规划成果有哪些特点？

张其锟：这个问题，要做一些对比分析。

北京市都市计划委员会在 1953 年春所完成的甲、乙方案，究竟做到了什么程度呢？老实讲，这两个方案实际上只是土地使用的草图，从我参加畅观楼小组开始，始终就没有见到过文字说明，我催他们要文字说明，他们就从来没有拿出来过。也就是一个蓝图，写着甲方案和乙方案，这两个方案的颜色渲染图，还是我们在畅观楼做的。

那么一张草图，没有市政规划，没有其他任何城市的性质观点和经济资料，全没有。而后来由市委领导的畅观楼小组，既抓现状调查，又抓市政工程的规划，甚至铁路的规划、水利的规划都在认真做。我们找了水利部和交通部的同志参与，还找公安部人防办公室的同志来提意见。对于编组站的规划，苏联人防专家就认为编组站要考虑到原子弹的袭击，不能只考虑丰台一个编组站，万一一个编组站被破坏了，南北铁路运输全部断了不行，所以必须把东郊作为第二个备用的编组站，因而东郊的车站留的用地就大些。还有对地震烈度问题的争论。这些情况，都是在畅观楼小组的规划成果（指《改建与扩建北京市规划草案》）中有所体现的。甲、乙方案实际上就是土地使用规划的草图。当然，我们在研究制定新的方案时，也充分研究和吸收其好的构思。譬如，甲方案把放射线干道都引进到城内来，乙方案只把放射线干道引进到二环路上，避免了将大量交通量引入内城。我们

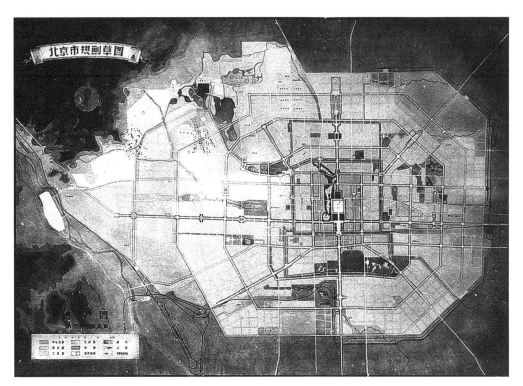

图 5-9　畅观楼小组规划方案：北京市规划草图——总图（1954 年修正稿，照片版）
资料来源：北京市城市规划管理局．北京总体规划历史照片（1949—1957.3）[Z]. 1954：8. 北京市城市建设档案馆，档号：C3-141-5.

　　　　　　就采用了乙方案的构思。而畅观楼规划小组做的规划，从城市的定性开始，在规模、经济、工业、市政等方面，都有较深入的规划。如果从规划史的角度来说，这是一个真正的实体规划的内容（图 5-9）。

　　　　　　而且，当时还紧接着编了一个第一个"五年计划"的实施方案（指《北京市第一期城市建设计划要点》），对近期内如何具体实施做出了安排。据我了解，当时全国其他城市的规划方案，主要还是对工业区做得很详细，也很少有做出近期规划建设方案的。

访问者：您说得对。比如八大重点城市，像包头、洛阳、武汉等，对旧城的范围基本上没怎么管。

张其锟：而畅观楼小组的这个规划是旧城和新城都有，包括跨流域引水、上下水道系统、河湖系统、分流制怎么过渡等，应该说是一个真正的实体规划、一个真正的规划成果。而那个甲、乙方案，仅仅是涉及土地和建筑学这两个内容的规划。这是两者最本质的区别。所以，我把这几个背景一说清楚，你就知道它们的不同点在什么地方了。

访问者：简单地说，市委主持的畅观楼小组规划是正式的城市规划，前面的只是规划的一些草案而已。

张其锟：对。甲、乙方案没有说明书啊！城市规划总得有一个说明书嘛，城市定性什么的，规模、人口、土地使用等，都应该有的。

1953 年底，畅观楼小组规划成果上报中央。中央请国家计委首先审查，国家计委党组正式向中央提出了审查意见，并批转给中共北京市委。北京市委又正式针对国家计委党组的意见做了答复，并正式报告党中央。由于争论很大，而且是高层领导的争论，中央不好审批。在这个时候，才引发了再次邀请苏联规划专家组来指导规划。

八、1955 年来北京指导规划工作的苏联专家组

张其锟：1955 年来北京的苏联专家组是中共中央邀请的，不是北京市邀请的。

访问者：但是他们是到北京，是在北京市委工作。

张其锟：对，是在北京市委工作。

当时我在北京市委办公厅工作，得知这个消息的过程是这样的：中国驻苏联大使刘晓同志打电话到市委办公厅，市委办公厅的副主任孙方山同志接的电话。那时候我们工作，基本上是每天晚上 11 点以后才能回家，晚上都要加班的，孙方山同志就叫我到他的办公室去，我就听孙方山同志谈话，做了记录。他说苏联大使馆的长途电话来了，说两个礼拜以后，中共中央为北京市邀请的苏联专家组就要到北京了，让做好接待工作。他马上就报告了刘仁同志和天翔同志（图 5-10）。第二天，刘仁同志和市委组织部副部长佘涤清和天翔同志开会，我也在场。他们说马上组织班子，成立新的都市规划委员会；凡是学过理工的地下党员、现在还在党政部门工作、没有"归队"的，都调到都市规划委员会。那时候为什么我没去都市规划委员会工作？因为还要照顾天翔同志办公室的其他的事务。在前半年，我就具体负责调动一些学理工科党员的"归队"，到都市规划委员会工作。

访问者：据说齐康先生也曾在北京都市规划委员会工作过一段时间，对吧？

张其锟：对。当时齐康听说清华大学要派人到都市规划委员会来学习，就找我，说他听到苏联专家要来，他也要来学习。那时候他是杨廷宝的研究生。我对他说："你以个人名义来学习恐怕不行，虽然你是党员，即使拿着你们学校的介绍信，也很难接受；你要来的话，得有南京市委的介绍信。"他回去后，由南京市委开了介绍信，经天翔同志（图 5-11、图 5-12）批准后，才来北京学习。齐康刚来时，党组织关系是在市委办公厅，跟我在一起过党组织生活。苏联专家来了以后，他的党组织关系才转走，才调到北京市都市规划委员会工作。

那时候，天津市委书记黄火青同志给彭真同志写信，说要派人来学习。上海市

图 5-10　北京市部分领导与苏联专家的合影留念（1957 年 12 月 19 日）
前排左起：郑天翔（左 1）、宋汀（女，左 2，郑天翔的夫人）、萨沙（左 3，苏联专家勃得列夫之子）、苏联专家勃得列夫的夫人（女，左 4）、张友渔（左 5，时任北京市常务副市长）、勃得列夫（右 4，苏联规划专家组组长）、刘仁（右 3，时任中共北京市委第二书记）、尤尼娜（女，右 2，苏联经济专家）；
后排：陈干（左 2）、沈勃（左 3）、冯佩之（左 4）、佟铮（左 6）、朱友学（右 4）、黄昏（右 3）、岂文彬（右 1）。
资料来源：郑天翔家属编印．纪念郑天翔同志百年诞辰[R]．2014：94．

　　　　　委书记柯庆施同志听说了，也要派人来。他们说苏联专家组是中央请的，你们北京市不能"私有"。彭真同志说那都同意，都来。国家计委城市建设计划局的一些干部也来学习，处长们也来听过课。其中柳道平同志就在北京市都市规划委员会工作、学习过。

访问者：您说的这个情况很重要，我以前还没有怎么认识到，受聘于北京市委的那批苏联规划专家组，不光是北京的同志们学习，外地的也有很多来学习的。

张其锟：外地也有很多来学习的。比如天津的王作锟，后来担任过天津市规划局的副局长。天津当时派了四五个人来学习。清华就派了赵炳时和程敬琪两个人，赵炳时已经去世了。程敬琪是梁先生的研究生，后来研究古建筑史。

　　　　　北京的城市建设和发展到现在，之所以今天能有副中心（通州），其基本的格局还是延续着原来在新中国成立初期所确定的规划格局。包括卫星城镇也是如此。当时北京的卫星城镇建设，为什么没实现？到 1958 年想发展，还把一些工业布置在卫星镇，如北京手表厂、北京第二毛纺厂建在昌平，维尼纶厂布置在顺义牛栏山，北京光学仪器厂布置在通州等，但那时经济还不发达，没有便捷的交通工具，卫星城镇当然不可能真正地发展起来。

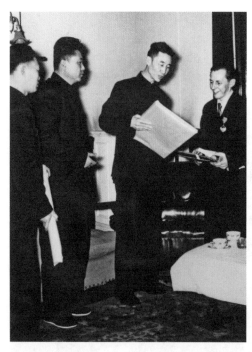

图 5-11　北京市都市规划委员会主任郑天翔
与苏联专家亲切交谈中（1957 年）
左起：朱友学、佟铮、郑天翔、诺阿洛夫（苏联煤气专家）。
资料来源：郑天翔家属编印．纪念郑天翔同志百年诞
辰 [R]. 2014: 95.

图 5-12　郑天翔给苏联专家颁发"中苏友好奖
章"（1957 年）
注：左为郑天翔，右为苏联施工专家什拉姆科夫。
资料来源：郑天翔家属编印．纪念郑天翔同志百年诞
辰 [R]. 2014: 95.

关于 1955 年来的那批苏联专家，有九位，涉及城市规划、城市经济、给排水、城市交通、城市燃气、城市热力、建筑设计、建筑施工诸多领域。当时做的规划，除了总体规划层面的成果以外，还有很详细的每一个专业的规划。这些专业规划本来是要正式印刷的。当时天翔同志让我搜集到"黄河水利规划"等的一些文本，都是精装的，很想学他们的办法。但到后来，因为编辑工作量实在太大等原因，没有实现。

每个专业规划都已经送到印刷厂排印了，稿子我都校对了好几遍。这方面的资料在北京市城建档案馆应该能找到，每个专业规划，保存了五份。

九、北京拆城墙的问题

张其锟：还有一个问题，关于北京拆城墙的问题，我给你提供一些线索。

关于拆城墙的问题，公开见诸文件的是在《毛泽东选集》第五卷所载。《反对党内的资产阶级思想》（一九五三年八月十二日）中明确指出的："在天安门建立人民英雄纪念碑，拆除北京城墙这些大问题，就是经中央决定，由政府执行的。"毛主席在这里着重说明这是集体意见。

彭真同志的意见——当时要拆，也不能全拆，他让我们做过方案，把所有的城门、城楼都保存好。到了 1958 年的时候，在成都开会，刘仁同志向毛主席汇报工作，

毛主席就问刘仁同志：你们什么时候把城墙都拆了？就是在这个时候，彭真同志让郑天翔同志算算城墙的土方量，天翔同志就让我具体计算。我一算，大概比十三陵水库儿百万的土方量还大。那时候正是搞国庆十大建筑嘛，施工力量十分紧张，也不可能来拆城墙，我把数字报上去以后，就没有人再过问了。

后来在 2006 年，我去天翔同志家里时，又问及此事。您曾让我算过北京城墙的土方量，最后又不了了之了，这是怎么回事？天翔同志告诉我说：主要是彭真同志，如果毛主席催得紧，他就抓一下，如果催得不紧，他能拖就拖，所以那时候就把它拖下来了（图 5-13）。

后来，1963 年河北省发大水，很多水库是在"大跃进"时期建的，施工质量不好，都垮坝了，损失很严重。可是有的县城却因为城墙没拆，把城门一堵，水没进城，没有遭受损失。1963 年北戴河中央工作会议上，有人向毛主席反映这一情况。毛主席就在会上表示：看来城墙不光为打仗用，还可以用来防水患，没拆的就可以不拆。这是刘仁同志传达中央会议精神时讲的。

北京的城墙究竟是什么时候拆掉的呢？ 1964 年中，毛主席根据国际形势，提出调整工业战略布局和"三线建设"的指示，并要求各省市也要建立自己的"三线"，以加强战备。北京地铁的建设又被提上建设日程。于是在 1965 年 7 月的时候，北京地下铁道工程开工，杨勇（北京地下铁道领导小组组长）和万里同志联名写信给毛主席，认为现在要修建地铁，看起来没有别的办法，城根、墙根是房屋最破的地方，拆起来比较容易一点，既符合军事需要，也避免了大量拆房。于是毛主席批示同意，北京的城墙就开始拆了。

有人以为彭真同志也是主张拆城墙的，实际上在当时的压力下，他也有顾虑。毛主席主张说拆，他不敢公开反对，同时争论也很大，于是他能拖就拖，这是真实情况。

图 5-14　2002 年春节团拜会上的留影
前排左起：张其锟、金鉴（原司法部副部长）、郑天翔、王大明（北京市第八届政协主席）。
资料来源：张其锟提供。

另外，早在 1954 年的时候，彭真同志曾经问我们：世界各国的大城市的城墙情况怎么样？我写过一份资料，其中提到莫斯科除保留了克里姆林宫的城墙外，其他的都拆了。后来我又看到资料，巴黎的五道城墙，随着巴黎的发展陆续被拆除，从 1913 年开始到 1929 年，巴黎的最后的一道城墙也都拆光了。北京的城墙被拆了，不能不说是一件遗憾的事情。看来城市发展与文物保护始终是一个世界性的难题。西安的城墙得到了保护，非常难得。有一次，我和赵士修同志一起去西安看过。现在从卫星照片上可以看见：城墙两边也盖上高楼了。城墙外面一圈全是高楼，很高的影子，城墙就变成了个小盆景了。这样的保护，是真的保护方案吗？城墙与附近的景观完全不协调了。

从上述情况看，对于一些城市发展的难题，如文物保护必须慎重，在没有很好的解决办法之前，宁愿缓办，随着科学技术的发展，留给后代子孙去解决，他们会比我们处理得更好！

北京发展不发展工业也一直是有争论的问题。这个要从北京不同发展阶段的背景来分析，才可能得到正确的答案（图 5-14）。

北京解放时，工业基础几乎没有，经济衰落、市场萧条、失业人员众多，百废待兴。七届二中全会决议指出："将消费城市变成生产城市"，这也是北京市的建设方针。在三年恢复经济时期，只有努力恢复现有的生产，发展经济。到了第一个"五年计划"，全国都开始了工业化的建设。而党中央依据当时的国际形势，提出了京汉铁路以东不布置大型工业项目的方针。北京被列入京汉以东地区。在此期间，除了在酒仙桥地区开辟了电子工业区外，建设了棉纺厂，以及在原有工厂基础上合并、扩建了一些工厂，如北京第一机床厂就是在国民党一些军械修理所合并组建的。就总的情况来说，第一个"五年计划"期间，北京工业发展不大。而在计划经济时代，商业是采取微利经营的方针。地方财政主要来源是工业的税收和利润，不发展工业，地方财政没有资金，市政设施、公共福利设施（医院、文化、体育等）都没法办，失业人员的就业问题也无法解决。一系列民生问题都无法解决。在当时的财政体制下，北京地方政府不发展工业，是很难运作的。所以在总体规划中提出首都要发展工业。

一直到 1958 年中央在成都召开中央工作会议期间，刘仁同志向毛主席汇报了北京的工作情况。毛主席鉴于国际形势有所缓和，才同意北京发展工业。从此北京工业才获得了发展的机会。当时环境、环保的名词还没有出现，但规划部门还是有公共卫生的观念的，譬如北京的工业区都布置在主导下风方向，工业区与居住区都布置了防护林带。对于北京适合发展哪些工业也十分关注并进行了研究。

北京市是不适合发展化学工业的。只是在困难时期，为了解决老百姓的穿鞋、肥皂、穿衣、做饭等问题，不得不考虑建些化工厂，如新建了化工二厂生产做鞋底的原料——聚氯乙烯，在通州建立了洗涤剂厂，在顺义建立了维尼纶厂生产维尼龙布的原料。日本专家认为从工艺上考虑必须和化工二厂建在一起。但是市委考虑到污染问题，还是决定建在远郊牛栏山镇，并严格按照要求，兴建了工业污水处理厂。为了解决人民大会堂的宴会和居民炊事用气，建立北京焦化厂。有意让该工厂远离了市区。这些工厂的防护措施也都按照当时的技术条件做了安排和实施。但事后看来这些措施从现代环境保护的角度看，还是远远不足。

北京的工业发展也走过些弯路。北京石景山钢铁厂本来只能生产生铁，没有炼钢设备，有铁无钢。但随着国家的需要，人办钢铁。作为基层工厂总希望为国家出力，把工厂规模搞大些。至于搞多大的规模，什么性质的钢铁企业，普通钢？还是特殊钢？当时市委领导同志之间曾经是有过分歧的，彭真同志主张规模不要搞大，要小而精，主张搞特殊钢厂，甚至批评过郑天翔同志：你从包头调到北京，没有搞成包钢，没过瘾。意思是批评他也想把石景山钢铁厂搞成包钢那样的大型钢铁企业。1964 年彭真同志还委托小计委余秋里同志派人研究首都钢铁公司发展计划，希望建成特殊钢企业。而基层抓住了国家急需钢铁的机遇，总是不断地扩大，最后发展成为一座大型的现代化钢铁企业。但从环境保护的角度看，作为首都实在是无法容纳这样的企业。最后首都钢铁公司完成了它的历史任务，迁出到京唐港曹妃甸，开始了它的新征程（图 5-15）！

改革开放以后，财政体制进行了改革，地方财政的资源大大地扩充，增加了土地使用费，税种也有增多，建设与维护资金有了保障，形势发生了根本变化。

目前北京进入新的建设时期，党中央及时把北京的战略定位为政治中心、文化中心、国际交往中心、科技创新中心。指明了前进的方向，是完全正确的。

首都的城市规划是一个十分复杂的综合性问题。我认为判断评价问题的是与非，

图 5-15　举办北京城市总体规划研究班时的留影（1984 年）
前排左起：钱铭（左1）、柯焕章（左2）、张其锟（左3）、刘小石（左4）、陈干（右4）、朱燕吉（右3）、芮经纬（右2）、董光器（右1）；
后排：杨宝琪（左1）、马麟（左3）、吴庆新（左4）、朱训礼（左5）、高韦（左6）、张凤岐（左7）、单霁翔（右6）、高霖（右5）、任朝钧（右4）、范念母（右3）、孙洪铭（右1）。
资料来源：北京城市规划学会. 岁月影像——首都城市规划设计行业 65 周年纪实（1949—2014）[R]. 2014-12: 110.

绝不能脱离当时的历史条件和背景。也就是要用历史唯物主义的观点来分析问题。在评价当时的事件时，要以当时的历史条件为基础，看是否做出了比较切合实际、比较好的决策。任何一个决策都不可能十分完美，总会有利和弊，只要是利大于弊，就是正确的。不能以现在的条件和背景，来评价古人处理过去的问题。这样是强人所难，这样也不是历史唯物主义。我对城市规划中历史的问题，始终是以这种态度来认识的。

十、郑天翔同志的工作作风

访问者：谢谢您的指教！另外，还有些情况，等您方便的时候，我再来听您讲解。比如郑天翔秘书长的一些规划观念和规划思想，包括他的工作作风等，都很重要。我看您的一些文章中曾讲到，1989 年前后您去法国看过华揽洪。

张其锟：是的。对于陈占祥、华揽洪先生被错划为"右派"，他始终很内疚。他在写《回忆北京十七年》时，多次说道他们爱国，满腔热血回到祖国参与建设，我们怎么把他们错划为"右派"呢？1989 年，我赴巴黎学术考察时，专门去华揽洪先生家，看望了华先生，并向华先生转达了天翔同志的歉意。后来天翔同志认为我为他办了一件好事，并嘱咐我把《回忆北京十七年》有关内容，寄给华先生，我也照办了。接着，天翔同志还让我把《回忆北京十七年》送给

图 5-16　郑天翔与夫人宋汀在一起（1953 年）
资料来源：郑天翔家属编印. 纪念郑天翔同志百年诞辰 [R].
2014：90.

陈占祥先生，亲笔题写，请他指正。陈先生也很大度，表示这都是几十年前的事了，认为天翔同志不要太在意了。一次清华大学校庆，天翔同志和陈占祥先生在工字厅不期而遇，他们还和校友们一起合影留念，成为非常珍贵的纪念。照片在夏宗玗同志那儿，那张照片是夏宗玗同志拍的，拍摄地点在清华大学的工字厅。

天翔同志对自己的要求是很严格的。我曾经数过，在《回顾北京十七年》这篇文章中，他有几十处自我检讨。我也对他说过：检讨也得实事求是，毛主席让你们批判梁思成，您作为市委书记可以违背吗？他说如果那时候更尊重他（梁思成）会更好一些。我说那是不可能的事情。像这种例子不少（图 5-16）。

天翔同志在规划工作中非常注意调查研究，总是在调查研究的基础上，提出切合实际的方法解决问题，既考虑到当前又兼顾长远。在分管北京工业建设时，仍然保持着理论联系实际的工作作风。这样的事例也是很多的。

他也很清廉。天翔同志有一个老战友，原来在内蒙古工作，后来调到北京，在一个坦克兵学校当政委，老战友从内蒙古回来，带了一些鱼，给天翔同志家里送去了。天翔同志看到家里有鱼后，就问炊事员老丁：谁送来的？老丁如实回答。他对老丁说：跟你交代过好几次，市委机关送来的我可以要，别的单位送来的无论如何我也不能要，赶紧打电话，第二天送回去！而且明确说了不能让机关派车，要让他蹬着三轮去送。老丁就从崇文门，骑着三轮车赶到卢沟桥对岸的装甲兵学校。早上蹬着去，晚上才回来。后来老丁对我说：鱼退回去了，下次再也不敢乱收了。

这样的事情是非常典型的。老一代领导同志在公、私方面是很分明的。那时候，如果他和家属因私用车，都是要交汽油钱的，都要登记的，汽油钱由秘书从他的工资中扣除。每次下到基层去，在职工食堂吃饭，都要准备粮票。所以，在"文革"当中，大家说天翔同志没有多吃多占，大家都知道他的为人。

还有，那时候天翔同志经常讲话或做报告，他都是关起门来，从头到尾自己改写。

图 5-17　郑天翔同志九十寿辰时的留影（2003 年）
左起：储传亨（曾任郑天翔同志秘书）、郑天翔、郑天翔夫人、张其锟（曾任郑天翔同志秘书）。
资料来源：张其锟提供。

图 5-18　拜访张其锟先生留影
注：2018 年 11 月 20 日，北京市海淀区中关村南大街，张其锟先生家中。

而且他的特点，不像有的人，让秘书先写完再改。他的做法是先口述，把他的思路跟秘书讲清楚，我们组织些材料，整理出来后，他拿到草稿后就自己改，全都是他自己动笔定稿。

北京市委领导对下面的干部影响很深，包括陈克寒和邓拓同志。邓拓同志和天翔同志一样，基本上也是自己动笔，陈克寒同志的秘书曾跟我讲过，克寒同志写文章经常采取剪贴的办法，而我连剪贴的资格都没有。因为都是他自己动手剪贴。我们这些秘书班子的工作，实际上主要是根据他们的意思，下去做些调查研究，把素材整理清楚。最后形成的文字，全是领导们自己亲自动手写作的。老领导（图 5-17）、老师、老专家都已经相继离我们而去，而我作为后生、学生，有责任把历史的实际情况加以说明，但这段历史已经过去了半个多世纪，仅凭我个人的记忆，难免有所疏漏和不准确，以致错误的地方，希望大家给予指正（图 5-18）。

访问者：**谢谢您！**

（本次谈话结束）

胡志东先生访谈

我认为，搞规划的人要有战略思想，另外思想要灵活一些。
搞规划的人要有整体思维（全面、大局）、系统思维、联系
（关系）思维、发展思维、比较思维、应用思维等辩证思想，
不要死钻牛角尖。我认为规划本身就是最大的"约数"，不
可能搞得那么死，比如说我在规划工作中使用到的一些经济
数据，个位数字根本没有用，费那个劲干什么？

（拍摄于 2021 年 3 月 3 日）

胡志东

专家简历

胡志东（曾用名：胡岐山、沙飞），1929 年 1 月生，北京人。

1947—1949 年，在北京市第五中学学习。

1949—1955 年，在北京市公安局工作。

1955 年 8 月，调中共北京市委专家工作室（北京市都市规划委员会）工作。

1958—1971 年，在北京市城市规划管理局工作，曾任八室副主任（主持工作）、五室副主任（主持工作）、规划管理一处副处长等。

1971—1978 年，在石景山区城建局工作，曾任局领导小组副组长。

1978 年 7 月起，在中国社会科学院工作，曾任综合计划处长等。

1989 年离休，后曾任离休干部党支部书记至 2017 年。

2021 年 3 月 3 日谈话

访谈时间：2021 年 3 月 3 日上午

访谈地点：北京市怀柔区南华园四区 24 号楼，胡志东先生家中

谈话背景：2020 年 11 月，访问者将《苏联规划专家在北京（1949—1960）》（征求意见稿）呈送胡志东先生审阅。胡先生阅读书稿后，与访问者进行了本次谈话。

整理时间：2021 年 3 月，于 2021 年 3 月 10 日完成初稿

审阅情况：经胡志东先生审阅，于 2021 年 3 月 14 日返回初步修改稿并授权公开发表，3 月 20 日补充完善

李　浩（以下以"访问者"代称）：胡先生您好，很高兴能当面拜访您。今天主要是想听听您对《苏联规划专家在北京（1949—1960）》书稿的意见，并请您聊聊您的一些经历。

胡志东：你寄来的书稿我看过了，你写得很好，我提不出太多意见来。

访问者：您看到书稿中有什么错误或者写得不准确的地方吗？

胡志东：基本上没有什么错误，我看你还是下了很大的功夫，在北京市档案部门、规划部门以及中央的各个部门搜集了很多资料，已经访问了很多人，很不容易。

访问者：谢谢您的鼓励。胡先生，能否请您聊聊您的一些经历？

胡志东：好的。

一、关于中共北京市委专家工作室（北京市都市规划委员会）的一些情况

胡志东：你跟梁凡初同志已经谈过了。关于中共北京市委专家工作室（北京市都市规划委员会）的机构和人员等情况，我都记不太清了，可能老梁提供的名单中也有遗漏的。

专家工作室的人员中，有两个人挺重要的。一个是郑天翔的秘书储传亨，当时他是专家工作室经济组的组长，他在专家工作室中起的作用还是挺大的。还有一个人是佟铮的秘书宣祥鎏。改革开放后，储传亨担任过城乡建设环境保护部副部长，宣祥鎏担任过北京市建设委员会副主任、首都规划建设委员会副主任兼秘书长。专家工作室主要是郑天翔和佟铮在抓，所以他们的秘书挺关键的。在我的工作中，接触最多的就是储传亨，其次就是梁凡初，储传亨是经济组的组长，梁凡初是经济组的副组长。

中共北京市委专家工作室的工作人员，青年人大部分是"建专"毕业的，"建专"就是你们学校（北京建筑大学）的前身。比如说担任过北京市规划委员会主任的赵知敬，他就是"建专"毕业的，这个同志年轻的时候学习挺钻的，所以被提拔得比较快，他的爱人也是"建专"毕业的。"建专"还有学道路市政的，比如许守和，他担任过北京市市政工程局局长。还有不少女同志，比如崔凤霞、周桂荣等，都是"建专"毕业的。

除了他们这帮人以外，就是各个部门的一些专业负责人，被调到专家工作室。另外，有的同是初中生，有的就是绘图员。参加工作以后，大家慢慢地对城市规划就比较熟悉了。

二、参加城市规划工作之初

访问者：胡先生，您是哪一年出生的？您是怎么到中共北京市委专家工作室工作的？

胡志东：我是1929年1月12日出生的。中共北京市委专家工作室是1955年初成立的，我就是1955年调到专家工作室工作的，去了以后我就在经济组。经济工作是规划工作的灵魂，比较重要，郑天翔的秘书储传亨专门抓这个组，而且他直接跟郑天翔联系，经常汇报。

我在这个经济组里搞了些什么工作呢？我是从北京市公安局调去专家工作室的，调动的名义是因为我在公安局是管人口的，所以让我过去负责搜集人口资料。我搞过人口的自然增长率、机械增长率、人口的年龄结构，等等，这对研究城市规模有一定的参考作用，这是一方面的工作。我在经济组里边，除了人口工作以外，

还搞过城市土地的现状使用平衡，也就是说北京市规划范围之内的土地使用现状，统计土地使用平衡表。当时我们都是拿求积仪一点一点地在1：10000比例的地形图上量出来的，这都是一些很具体的工作，这些工作很锻炼人。

再一个，我做过平房、楼房的经济比较。北京市到底盖多高的居住房子？平房和楼房到底哪个经济？如果房屋层数高了，就得有电梯等各种设备，投入就高。我研究的结果就是四五层最经济。所以在一般情况下，我们盖宿舍都盖四五层高的。另外，我搞过城市规划的定额指标。我们研究过这套东西，也很艰苦，跟你现在的工作差不多，比如说每一个医院、每一个商店的定额指标，需要做好多典型调查。比如说一个影院的指标，需要根据中国的情况，参照国外的情况，来确定每千人需要多少个座位，剧院每千人需要多少座位，医院每千人需要多少床位，我们就研究这些指标。相应的就是规划定额，比如说一个医院，每个床位用多少建筑面积是建筑定额，需要占多少地就是规划用地定额。我就搞这个东西。所有的公共福利设施，包括文化、教育、体育、商业、医疗卫生等统统都搞了一遍，甚至包括八宝山火葬场我们都调查了，当然有的还比较有用。我在经济组里做这些工作。

访问者：胡先生，专家工作室的最高领导是郑天翔，您对他的印象怎么样？

胡志东：郑天翔这个人好像是从包头市调来的。

访问者：对，您说得没错。

胡志东：他很有眼光，而且工作能力挺强的，挺果断的。在"文化大革命"的时候，大家常说"彭（真）、刘（仁）、郑（天翔）、万（里）"，他是北京市的第三号人物，彭真、刘仁之后就是他，他还在万里的前面。"文化大革命"以后，他当过最高人民法院院长。但我不了解他，不知道他是不是也是个大学生？

访问者：郑天翔1935年考入清华大学外国文学系，后转入哲学系，曾经参加过"一二·九"运动。

胡志东：储传亨也是从清华大学毕业的。

访问者：对。

三、教育背景

访问者：胡先生，调到中共北京市委专家工作室之前，您在北京市公安局工作过多长时间？

胡志东：大概有五六年吧，我1949年初到公安局工作的。

访问者：您上学的时候是在什么学校？

胡志东：我是高中没毕业就参加革命的。我这个人，小时候读了大概有八九年的私塾，我记得读过《百家姓》《三字经》《千字文》《大学》《中庸》《论语》《孟子》《诗经》《书经》《左传》和《古文观止》等，后来直接就到顺义牛栏山小学读高小。高小毕业以后到北京考的中学，初中的时候是在辅仁大学附属中学，高中考上了北京市立第五中学。

访问者：您从第五中学被分配到北京市公安局，刚开始是做什么工作？是不是一直在管人口？

胡志东：我在公安局的业务工作也挺多的，比如我干过治安，也干过刑警，也管过户口，管户口是管特种人口。

访问者：特种人口是指哪些人？

胡志东：所谓特种人口就是被剥夺政治权利、需要进行管制教育的人口，比如说国民党区分部委员以上的人员、三青团骨干分子、军统特务、中统特务等，是这样一些人。

访问者：1955年您从公安局抽调到专家工作室工作的时候，公安局还有其他人一块儿过来吗？当时抽调了几个人？

胡志东：就我一个人。我是经过"二选一"的选拔程序过来的。当时专家工作室刚成立，对干部的要求挺严格的，从各个单位和各个区抽人。

访问者：等于您在1955年之前没有接触过城市规划，到专家工作室以后才开始从事这个工作？

胡志东：对，我到了专家工作室以后开始从事城市规划，搞城市规划，一直干了17年。

访问者：刚开始做规划的时候，您是怎么一步一步适应的？城市规划工作还挺复杂的。

胡志东：春节前我和梁凡初通过电话。说老实话，关于听苏联专家讲课，梁凡初对我说他都听了，我说我似乎没怎么听过。我记得苏联经济专家尤尼娜谈话的时候，储传亨陪同着，我参加过一次，最多两次。可是其他时候的一些专家讲课，比如勃得列夫、兹米耶夫斯基的讲课，我不怎么记得我听过。梁凡初对我说："你忘了？"他说都听过，因为他是经济组副组长。

访问者：您对苏联专家的印象怎么样呢，比如尤尼娜。

胡志东：我接触不多，不太了解。

四、改名"沙飞"的缘由

访问者：胡先生，据说您在规划部门工作的时候，您的名字曾经叫过"沙飞"？您为什么会叫"沙飞"？

胡志东：这是偶然的情况。我原来在学校上学的时候，我们很年轻，参加过地下党的外围组织——民主青年联盟（英文就是CY）。后来到1949年初，北平（京）解放了，当时国民党在北京的残余势力、潜伏下来的国民党特务组织、国民党反动的社会基础以及恶霸和地痞流氓等很多很多，还有不少倒买倒卖、哄抬物价、破坏金融秩序、经济秩序的，社会亟须稳定。同时更重要的是，中央忙着筹备和召开新政治协商会议成立中华人民共和国，各方面的民主人士、社会名流等政协代表的接待和保卫工作等，形势紧、任务重。北京的接管干部很缺乏，北京市公安局急需要人，经上级批准从大、中学校抽调部分学生，补充干部队伍。那时候，组织上告诉我：北京市公安局军管会要人，参加革命，你去不去？我说我去。他说：我马上要往上报名单，但是，到公安局工作，你还得起个化名。我说我叫什么好呢？当时组织上跟我们谈这件事的时候，天还很冷，风沙特别多，我灵机一动，我说我就叫"沙飞"吧。他说：好。就这样报上去了。

后来我为什么又改叫"胡志东"了呢，"文化大革命"的时候有人认为我的名字有修正主义色彩。本来我早就想改回我的本姓，我就借此机会，改回胡姓了。我就是这么改名的。

访问者：在改名"沙飞"之前，您最早的名字叫什么呢，是胡志东吗？

胡志东：不是。我上学的时候叫胡岐山。

五、1958年至"文革"期间的规划工作经历

访问者：胡先生，1957年苏联规划专家回国以后，您在规划部门又做过哪些工作？

胡志东：苏联专家1957年回国以后，到1958年，北京市都市规划委员会与北京市城市规划管理局合并，合并以后的北京市城市规划管理局还是有经济资料室，这个资料室主要是配合规划，给他们提供资料，当时主要是总图规划（包括市政方面），梁凡初是室主任。

1958年北京市行政区域扩大，划进远郊10个区县，包括怀柔、密云、平谷、顺义、通县、大兴、房山、门头沟和延庆等。同时，市里决定从市规划局和市建筑设计院给每个区县各抽调2～3名技术人员，到各区县工作，区县领导负责区县的规划工作。为了适应这一变化，北京市城市规划管理局成立了一个"八室"，我任副主任（主持工作），这个室主要负责北京地区规划，即北京市1.64万平方公里范围内的整体规划。其中包括区县政府所在地规划，还有其他性质的一些卫星城镇规划，如密云水库疗养区规划（原计划把水库周围分给中央各部委进行绿化植树，建疗养院，这是规划任务的来源）、小汤山温泉疗养区的规划（据说中央领导同志想洗温泉澡，要用消防水车由小汤山往中南海拉水，需要把小汤山规划一下，以便安排建设）、怀柔桥梓镇规划（地处半山区，之前安排的"三线"工程——重型电机厂已下马，基础作废），以及怀柔东、西流水庄和台上、台下村一带的规划（准备在那里开发汽车生产，建设汽车城，也就是今天的雁栖湖一带。汽车城不可能了）。

还有应京西矿务局党委书记冯佩之的约请，做门头沟城子矿矿区的规划。矿区

规划与一般卫星镇规划不同，煤矿工人昼夜三班轮换，吃住都在矿区，这对我们来说是个新的课题。我们首先深入地下，低头弯背，钻巷道，到达掌子面——开采煤的现场，当面向工人们了解情况，体验矿工的生产、生活，而后从运煤的竖井乘升降机上来，返回地面，详细了解、勘察地面现状，向休息的工人们了解情况，听取意见，而后研究矿区的生产生活情况，进行规划。这些规划都是我带着工作组到当地去做的。后来密云水库疗养区规划就没用了，因为情况变了，密云水库要成为净水、能喝的饮用水，周围不能有任何人居住和建筑，这个规划就作废了。所以规划肯定是要变的。

我搞过北京地区总体规划，山、水、田、林、路，各得其所，还有居民点，将来有的村庄要保留，有的合并设置居民点。这就是我搞过一段时间的北京地区规划工作。北京地区规划1：100000比例的总图告一段落以后，我又开始搞分区规划。城区的分区规划主要是"四室"负责的，赵东日是"四室"的主任，沈其是副主任，城区的重点是长安街。这时候我是在"五室"，这个室负责搞近郊区的分区规划，就是朝（阳）、海（淀）、丰（台）的近郊区的规划范围之内的规划，一般讲就是在1：5000地形图上的规划，比原来的总图规划要进了一步，更详细一些。另外我在"五室"的时候，还附带管过道路红线的修改，还有竖向规划，这是"五室"的任务。我曾任"五室"副主任并主持工作，当时"四室"和"五室"的党员是一个党支部，我兼任党支部书记。

访问者：当时您在这几个室工作的具体时间您还记得吗？

胡志东：当时机构变动比较频繁。我1958年8月至1971年11月在北京市城市规划管理局工作。早期任"八室"副主任（主持工作），大概是1964年任"五室"副主任（主持工作），后来又担任规划管理一处副处长（兼党支部书记）。在规划管理处时，我管过建设项目的选址、批地和规划方案的审定。整个城市规划管理局的业务，我基本上都经手过。

在"五室"期间，我曾应清华大学建筑系吴良镛老师的约请，结合北京市城市规划，给建筑系的同学们讲过一次城市规划课。

"文化大革命"开始后，北京市城市规划管理局被解散了，我被下放到北京市政工程一公司劳动，修马路。后来到1971年11月，我被分配到石景山。

访问者：胡先生，您到市政一公司修马路是哪一年？

胡志东：我到市政一公司修马路是在去石景山之前，大概是1969年5月。

在市政一公司修马路的时候，主要工具就是铁锹、洋镐、小推车，我们运沙子、水泥、和灰，搬石块，砌护坡。我参加劳动的时候，没有什么经验，有一次搬起来的石块很重，往地上撂的时候，没看到脚下有一个桃铲在那儿，结果石头砸到桃铲尖儿上，一下蹦起来了，砸到我脸上，在印堂穴这里留下个疤痕，到现在还能看出来。

修马路，砌护坡，架桥，当时主要是跟着工人们干点体力劳动，向老工人师傅学习，起码知道市政工作是怎么回事了。

六、在石景山区的工作经历

访问者：胡先生，您在石景山区具体从事什么工作？

胡志东：我在石景山区工作是从1971年11月到1978年6月。过去我在北京市城市规划管理局工作时，曾两次带工作组到石景山区，搞以首钢为主的石景山地区的规划。因为我对石景山地区比较熟悉，就把我分配到石景山区工作。开始时，我在区委计划组工作，管区里零星的建筑计划。后来石景山区成立了城建局，组织上把我分配到城建局，任城建局领导小组副组长。我在石景山区城建局的工作，主要是零星建筑的审批、绿化管理、房屋管理等。

访问者：胡先生，您曾经在石景山工作过，关于首钢对城市规划的影响，您怎么看？

胡志东：1958年的时候，首钢本来污染就挺严重的，但是由于经济的需要，首钢要不断地发展。如果没有"文化大革命"，没有以后的改革开放，没有后来的特殊政策，首钢还是要发展，因为它有基础。

要我说，中央领导能下决心把首钢搬迁到河北唐山曹妃甸去，真是有点胆略，真不简单，不容易，而且这样一来，就把首都的发展又解放了，原来它是制约着首都西部发展的一个突出问题。历史上，首钢出过好多钢渣垃圾，堆满了永定河，而且石景山的古城和北辛安的污染太厉害了。那时候，北辛安的人不敢往外晾衣服，没办法。当时首钢周边的一些农田，农民种的菜吃了都不是菜味，所以就有人往上告，告了以后首钢就赔点钱，就是这样度过的。所以，我对首钢的印象不是太好。就城市规划来讲，一个鲜明特点就是为形势所左右。比如1958年"大跃进"的时候，各个地方都搞钢铁，完了以后，慢慢地也形成一些小钢铁厂了，怎么办呢？只好在那里安排个钢铁厂。这样一来，对规划就有影响，这个很不好。

七、改革开放后到中国社会科学院工作

访问者：胡先生，您是1978年到中国社会科学院工作的，对吧？

胡志东：对。我到社科院工作，也是一个偶然的机会。我有个朋友在社科院工作，他是胡乔木的秘书，他抓建院，要搞基建，就拼命地要找一个熟悉这方面工作的人。说老实话，我是最不喜欢搞基建的，但是他没完没了地找我，我没办法。另外再加上北京市城市规划管理局曾经搞过大批判，我自己也挨过批，曾经支持一派压一派，也可能有些不好相处。后来我就去了社科院，实际上我不愿意干这个工作。

在社科院工作的时候，有的领导曾经说中层干部工作不力，所以建筑工程上不去。这其实也是瞎说，基建工作上不去其实不在干部，在当时的形势下就是难办。再一个原因是社会风气不好，如果你没有点拉拉扯扯、吃吃喝喝、请客送礼，根本办不成事儿。我这个人根本不愿意办这些事。

后来组织上安排我到中央党校国家机关分校学习一年，在中国社会科学院人文科学发展公司任副经理，工作两年。再后来，又调我去综合计划处任处长，我搞过一段院的综合计划和统计工作。

当时，为了做到心中有数，摸清家底，我们处通过调查了解情况，搜集现有资料，汇集了社科院机构、人员、房屋等各方面的基本情况，经过分析、加工和整理，编辑成《中国社会科学院基本情况统计》，委托印刷厂印制成册，发给院内各部门及院属各单位领导参考使用，很受欢迎。

另外，在综合计划处工作期间，中科委交给我处 个研究课题（并划拨经费），即社会科学研究课题如何分类？什么是基础研究？什么是应用研究？两者如何划分？我们处与院科研局干部组成一个三人课题小组，对我院各研究所手中正在研究的课题进行逐一分析、广泛研究，提出一个初步意见，印发各研究所听取各方面专家意见。也曾到外省市社科院（社科联）征求意见，汇集各方意见后，反复讨论研究，最终提出《社会科学研究课题分类意见》，报送中科委。

访问者：您是在社科院工作了 11 年后，1989 年从社科院离休的，对吧？

胡志东：对。1989 年离休以后，我一直做党的工作，担任社科院离休支部的支部书记。到 2017 年，我把腿摔折了，就不干了。当时我年龄也大，人家一说，哪有那么大岁数还当书记的？有人又说，群众认为需要，也没有年龄限制，所以就干到最后，腿摔了就不能干了。我的腿要是没摔的话，我还可能接着干，因为离休干部的支部工作还需要有人去做，离休的同志不愿意跟退休的同志一块儿过组织生活。我今年已经过 92 周岁了。

访问者：您的身体真棒，精神面貌和记忆力都很好。

八、关于对北京 1000 万人口规模问题的认识

访问者：胡先生，我想向您请教一些问题。首先是关于 1950 年代首都规划过程中的一些问题，比如北京的人口规模问题，毛主席曾提出会发展到 1000 万人，您有印象吗？您怎么看这个问题？

胡志东：我认为 1000 万人并不多。为什么？现在认识这个问题，我认为首都的规模不好确定，中国的首都是十几亿人口的首都，56 个民族的首都，全国又有 30 多个省级建制，这个情况确实和很多国家不一样；而且，随着我们国家的地位越来越提高，

首都的地位和规模就要继续扩大，这对首都人口都有影响。北京要买全国、卖全国，中国要买世界、卖世界，别人有的我们要有，而别人没有的我们也要有，所以规模小不了。我就认为 1000 万并不多，首都肯定是要大发展的，这么大的一个国家，这么多的人口，现在全国有 14 亿多人口，每个人都向往首都，都想到北京来看一看，玩一玩，住一住。北京不仅是政治中心，还是文化中心、国际交往中心和科技创新中心，一大批外籍人员和专家学者等高级人才都将聚集在北京。

首都的人口问题不能用劳动平衡法来计算，不可能。这就得根据政策，根据形势，根据城市的特点，来预测。北京的人口不好预测，反正它是发展的，肯定一天比一天多，到最后要采取办法控制。现在北京的人口已经 2000 多万了，中央强调要进行疏解，不好控制。毛主席提出 1000 万人口，是有远见的。

九、参与首都规划实践的一些体会

访问者：您从事过十七年的首都规划工作，您觉得怎么样能够把首都规划做好？有什么经验和教训？这个问题比较大一点。

胡志东：首都规划与一般城市相比确实不一样，它是一个政治性、政策性非常强的工作（图 6-1），所以它必须是在党的领导下进行。比如拿北京来讲，北京的人口规模，北京的城市布局，北京的工业，北京的马路宽度，北京旧城的利用，对这些问题的态度，都要中央点头，中央认可，中央决策。

过去我在北京市城市规划管理局工作时，有些同志整天说：哎呀，规划规划天天画，规划赶不上变化。我现在回想起来，规划赶不上变化，这是个客观规律，改变不了的客观规律。为什么呢？规划受形势、受政策、受重大事件所左右，动不动就得修改，所以要变。首都跟一般城市不一样，特别明显。比如说 1958 年开始搞"大跃进"，如果真是"大跃进""三面红旗"这么搞下去，城市规划就得跟着变。为什么？比如说大家都吃食堂了，中小学一律都住校了，城市规划就得跟着变。另外，一旦发生一些重大的事件，比如说搞奥运会，搞冬奥会，每件事对城市规划工作都有影响。

所以，最重要的就是，城市规划不要搞得太死了，要有应变性，要留有余地。如果城市太大了，从布局上来讲就不能是一个疙瘩，堆在一块，这个形式不行，从国防安全等各方面来讲都是不利的，所以要采取集团分散式，这样的话，市区也没有框死，也可以扩大一点，每个集团也可以扩大一点。也可以减小，也可以扩大，比较灵活。这样一来，如果有一些大的工业不适合在城市的中心地区搞，就把它给搁到卫星镇去，搞一个小的卫星镇就可以。

关于北京这座特大城市的空间布局，多年来城市规划建设实践的一个重要经验，

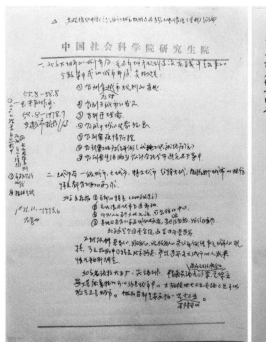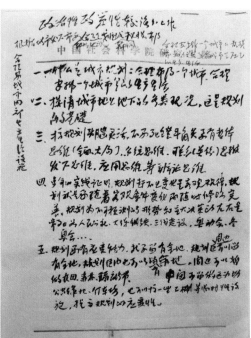

图 6-1 胡志东先生手稿（2021 年 3 月 3 日访谈提纲，部分）
注：李浩摄。

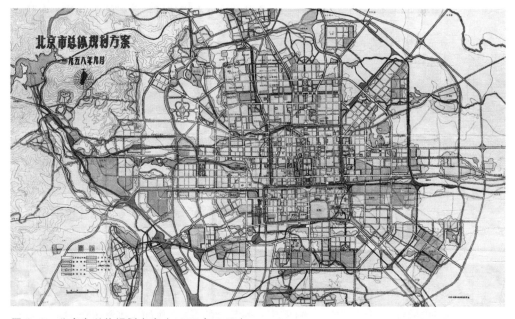

图 6-2 北京市总体规划方案（1958 年 9 月）
资料来源：北京市都市规划委员会．北京市总体规划方案 [Z]．1958．国家计委城市规划研究院档案，中国城市
规划设计研究院档案室，档号：0261．

就是分散集团式的布局方式（图 6-2）。这种布局方式有很多好处：有利于应
对城市规划的变化，有利于城市的发展，有利于备战，有利于城市的生态环境
改善，有利于疫情防控，有利于工作居住平衡（就地工作，就地居住），有利
于生活服务设施的合理分布，避免过于集中或畸形发展，还有利于缓解市区交
通过于集中而造成拥堵。

访问者：胡先生，您曾经做过一段时间的卫星城镇规划工作，卫星城镇规划和城区规划的区别主要在哪些方面？北京的一些卫星城镇规划做得是否比较成功？

胡志东：对于北京来讲，卫星城镇规划还没有很深入地搞，它是布局性的。卫星城镇怎么布局？主要是根据地形地貌等特点，对怎么发展给画出一个轮廓性的规划。卫星城镇规划搞得不详细，跟一些有项目的规划比如疗养区规划等不太一样。

李浩同志，你研究城市规划史，新中国的城市规划已经有 70 多年的历史了，到现在对城市规划工作有个定义没有？

访问者：我目前重点研究 1950 年代的中国城市规划史，当时有一个著名的提法，城市规划是对国民经济计划的延续和具体化。对此您怎么看？

胡志东：我认为这个说法太含糊、太抽象了，不能说明问题。人们还是不懂。什么是城市规划？根据实践体会，我认为可概括为：城市规划是对城市内生产、生活、工作、学习等方面所需要的各项设施占地进行合理的划分安排，使其各得其所，并成为一个有机的城市整体。

通过 70 多年的规划实践，应该摸索总结出城市规划工作的规律，应该有一个科学的"城市规划编制程序"。这里，我只提出城市规划工作开始时的两个重点环节：第一，城市领导部门、决策机构，应该编制城市规划设计任务书。规划设计任务书的编制工作，可以请城市规划部门的规划人员共同参与。规划设计任务书经上级领导机关批准后，下达给城市规划部门进行规划设计。规划设计任务书的编制，可以使城市规划工作更加规范，任务更加明确。

第二，城市规划部门首先要摸清城市的历史和地上、地下的现状。很多规划工作者不愿去调查历史和现状，认为这是一种事务性工作，不重视对历史、现状的调查，拿起笔来就在地形图上画图，这是非常错误的。应该说这是城市规划工作极为重要的一环，是城市规划的基础，应当费大功夫、下大力量做好这项工作。这项工作所需要的时间很长，人力更多，要切实予以保障。规划工作者要亲赴现场调查、勘察，切忌手遮太阳，隔河一望了之。只有把各方面的情况了解透彻，才能做出科学的、实际可行的规划方案来。

我认为，搞规划的人要有战略思想，另外思想要灵活一些。搞规划的人要有整体思维（全面、大局）、系统思维、联系（关系）思维、发展思维、比较思维、应用思维等辩证思想，不要死钻牛角尖。我认为规划本身就是最大的"约数"，不可能搞得那么死，比如说我在规划工作中使用到的一些经济数据，个位数字根本没有用，费那个劲干什么？

搞规划要注意几个结合，概括起来就是立体的结合、平面的结合，也有属于纵横的结合，比如说理想跟现实的结合，搞规划要有理想，但是你也要考虑到现实中能不能实现，还有近期与远景的结合，局部与整体的结合，地上与地下的结合。

图 6-3　拜访胡志东先生留影
（2021 年 3 月 3 日）
注：北京市怀柔区南华园四区 24 号楼，胡志东先生家中。

地上还有个高低坡度的问题，城市排水很重要，北京哪儿下雨后积水了，都是这方面考虑不周到，也就是没有搞好竖向规划，没有注意到与地形高低的结合。

搞城市规划，还应当了解掌握建筑、市政设施方面的一般知识，熟悉掌握一些经常用到的建筑、市政设施方面的规范和数据，如建筑密度、道路和铁路的允许坡度，铁路和高压线防护带的宽度，桥梁的净空，等等。

我认为，城市规划不是一门单纯的自然科学，是自然科学跟社会科学的结合，所以政治性、政策性强。

访问者：回顾历史，一些文献中说"文革"期间北京的城市规划工作停滞了，城市建设混乱了。"文革"对北京的城市规划有什么样的影响？您有什么体会吗？

胡志东：我认为"文化大革命"的阶段对北京的城市规划没有什么太大影响。为什么？没有什么大的建设活动，只有些小的、零星的建设，对城市规划没有什么影响。而且从对人们的规划思想的转变来讲，反而可能还有促进，有帮助，这要看具体怎么看这个问题（图 6-3）。

就北京市来说，我听说万里同志有个指示，就是说搞城市规划的这批干部培养起来很不简单、很不容易，现在城市规划机构要撤销了，一定要把他们安排到跟城市建设有关的部门去，要在这些单位下放。我不是到市政一公司修马路嘛，最后安排在石景山区城建局，就是受这种思想的影响。对规划干部来讲，下放实际上既是锻炼，又是学习，你说有坏处没有？我看也没有多大的坏处。

从 1955 年到都市规划委员会工作算起，我在规划部门工作了 17 年，通过规划工作的实践，一方面，我和同志们结下了深厚的友情，另一方面，也使我看问题、思考问题的视野和心际放大、放宽、放高、放远，从而使我的胸襟开阔，乐观豁达，对身外之物处之泰然，失之泰然。这一点，也使我能够拥有一个健康的身体，受益匪浅。

访问者：谢谢您的指教！

（本次谈话结束）

赵冠谦先生访谈

1957 年 11 月的时候，毛主席第二次去莫斯科。毛主席第一次去莫斯科是在 1949 年底。1957 年的那次，毛主席在莫斯科大学接见我们，我们兴奋得不得了。……毛主席说："世界是你们的，也是我们的，但是归根结底是你们的。你们青年人朝气蓬勃，正在兴旺时期，好像早晨八九点钟的太阳。希望寄托在你们身上……"这些话就是在那里讲的，我们当面听毛主席说的。

（拍摄于 2020 年 11 月 3 日）

赵冠谦

专家简历

赵冠谦，1929 年 12 月生，浙江绍兴人。

1947—1951 年，在之江大学建筑系学习。

1951 年 6 月毕业后，分配在民航局民用建筑设计公司工作，1953 年转入中央人民政府建筑工程部设计院，同年入选赴苏联留学计划并专修俄语。

1954—1958 年，在苏联莫斯科建筑学院进行研究生学习，获得副博士学位。

1958 年 11 月回国后，在北京工业建筑设计院工作。

1969—1971 年，在十堰第二汽车制造厂参加"三线建设"。

1971—1973 年，在国家建委建筑科学研究院工作。

1973 年起，在国家建委建筑设计研究院工作（该院于 1983 年更名为城乡建设环境保护部建筑设计院与中国建筑技术发展中心，1988 年更名为建设部建筑设计院与中国建筑技术研究院，2000 年与中国建筑技术研究院组建中国建筑设计研究院，2017 年改制更名为中国建设科技集团下属的中国建筑设计研究院有限公司），现为院顾问总建筑师。

2000 年荣获"全国工程勘察设计大师"称号。

1999 年退休。

2018 年 3 月 2 日谈话

访谈时间：2018 年 3 月 2 日上午

访谈地点：北京市西城区车公庄大街 19 号，中国建筑设计研究院有限公司赵冠谦先生办公室

谈话背景：访问者在对来华苏联规划专家技术援助活动进行历史研究的过程中，到中国建筑设计研究院查阅档案资料，期间得知赵冠谦先生早年曾赴苏联留学，特此登门拜访，赵冠谦先生与访问者进行了本次谈话。

整理时间：2020 年 11—12 月，于 2020 年 12 月 15 日完成初稿

审阅情况：经赵冠谦先生审阅，于 2020 年 12 月 18 日初步修改，12 月 25 日定稿并授权公开发表，2021 年 3 月 10 日补充完善

李　浩（以下以"访问者"代称）：赵先生您好，我主要从事城市规划历史研究，最近正在研究新中国成立初期苏联专家对城市规划工作的技术援助情况，今天到中国建筑设计研究院来查阅档案资料，听说您早年曾赴苏联留学，想向您请教和了解一些情况。

赵冠谦：好的。

一、赴苏联留学的基本情况

访问者：您是什么时间去苏联留学的？

赵冠谦：1954 年 9 月。

访问者：什么时间回国的？

图 7-1　杨葆亭先生在苏联留学时的留影（1955 年）
资料来源：罗存美提供。

赵冠谦：1958 年 11 月回来的。本来应该在那里待三年，1957 年就回来，但因为苏联方面说，我们学校的课程，苏联人在三年内也完不成，你们得多上一年。多上一年，主要是因为语言的关系，要学习俄语。

访问者：中国城市规划设计研究院的老同志当中，也有早年去苏联留学的，比如杨葆亭先生。

赵冠谦：杨葆亭和我是在同一个学校——莫斯科建筑学院。当时他是大学生，我是研究生。杨葆亭回国以后，后来搞城市规划了，在莫斯科建筑学院学习时，他的专业方向也是工业建筑，他的大学毕业论文也是研究工业建筑问题。

访问者：您两位去苏联留学的时间有什么差别吗？

赵冠谦：差不多，我们是同一年去苏联的，但是他在那里念了六年（图 7-1），他比我晚两年，是 1960 年回来的，后来到南方去了。他已经不在了。

访问者：杨葆亭先生担任过中国城市规划设计研究院海南分院院长（图 7-2）。

赵冠谦：我们去苏联留学的时候，除了研究生之外，还去了一批大学生，1954 年有 6 位，1955 年有 6 位，这两年一共有 12 位。

访问者：您所说的 1954 年去苏联的 6 位大学生中，除了杨葆亭之外，其他几个人的名字您还能回忆起来吗？

赵冠谦：杨葆亭是其中一个，还有姜明河、汪骝、解崇莹和詹可生等。北京交通大学有

图 7-2　城市规划专家在海南调研时的留影（1988 年前后）
左起：陈占祥（左2）、周干峙（左3）、王健平（左4）、杨葆亭（右3）、任震英（右2，后排）、
宋启林（右1）。
资料来源：罗存美提供。

位老师，后来也在莫斯科建筑学院留学过，他写过一本书，其中专门讲到我们
去苏联留学的学生的一些情况。

访问者：这本书的书名您还记得吗？

赵冠谦：我也记不得了[①]，我得回家找一找。

访问者：北京交通大学这位老师的名字您还记得吗？

赵冠谦：他姓韩。

访问者：呃，他叫韩林飞，我知道他。

赵冠谦：1990 年代时他在莫斯科建筑学院留学，他的岳母是我们单位经济研究所的，而
　　　　且也是留学苏联的，是通过这样一个关系我认识他的。我跟他交谈过，但因为
　　　　各自在不同单位，以后也没有太多的联系。从苏联回来以后，我没怎么搞工业
　　　　建筑，重点搞住宅建筑了。韩老师让我去他们学校讲过住宅建筑。

[①] 这本书为《建筑师创造力的培养——从苏联高等艺术与技术创造工作室（BXYTEMAC）到莫斯科建筑学院
（MAPXИ）》，其中有一篇题为《莫斯科建筑学院（MAPXИ）的中国学生》的介绍。参见：Г·B·雷萨娃，韩
林飞.莫斯科建筑学院（MAPXИ）的中国学生 [M]// 韩林飞，B·A 普利什肯，霍小平.建筑师创造力的培养——
从苏联高等艺术与技术创造工作室（BXYTEMAC）到莫斯科建筑学院（MAPXИ）.北京：中国建筑工业出版社，
2007：294-295.

二、教育背景

访问者：赵先生，您的出生年月是？

赵冠谦：1929 年 12 月 4 日。

访问者：您是绍兴人，对吧？

赵冠谦：对，我是绍兴出生的，出生两年以后就到了杭州，从念私塾到大学一直在杭州。

访问者：大学之前，您是在哪个高中学习呢？

赵冠谦：杭州安定中学。

访问者：在去苏联留学之前，您是在哪个大学学习？

赵冠谦：我是之江大学建筑系毕业的。之江大学是个教会学校，在杭州，这个学校是美国教会办的。当时美国教会在中国一共有三个学校，在苏州的是东吴大学，在杭州的是之江大学，在上海的是圣约翰大学，这三个学校是姐妹学校。以前曾经想过把这三个学校合在一起，形成一个"华东联合大学"，后来三个学校的校长都不愿意，就没有合成。

访问者：您考入之江大学是哪一年？

赵冠谦：我是 1947 年入学的。

　　杭州之江大学和上海圣约翰大学、苏州东吴大学这三个学校的关系还比较密切。我记得我念三年级的时候，我们的老师在上海置业，他们说你们现在三年级了，比较重要了，得到上海来，我们也不去杭州了，杭州虽然很好，但是我们的事业在上海。他们说：你们要是不来上海，我们也不去杭州了。所以，最后我们三年级、四年级当时叫杭州之江大学留沪建筑系，留在上海三、四年级的建筑系。在上海时，我们一开始住在圣约翰大学，虽然之江大学和圣约翰大学是姐妹学校，但是都有自己的管理方式，最后还是回到了南京路上，在南京路上租了一些房间作我们的教室和宿舍。当时之江大学建筑系的学生大部分是上海人，所以他们也无所谓，他们也高兴回去上学。我们大概有五六个学生是外地的，所以就住了一个小房间，双层的床，也过来了。

访问者：北京规划系统有个叫张敬淦的前辈，他也是之江大学毕业的，也曾经在杭州和上海两地上学，跟您的情况很类似，您知道他吗？

赵冠谦：我不认得。当时我们三年级、四年级的同学比较熟悉，因为三、四年级去上海以后，有一年是三年级的同学跟四年级的同学合在一起了，等我们到四年级时，又有三年级的学生来上海了。好像没有这个人。就这样，我们在上海念了两年时间的书。最后我们毕业的时候，是上海负责我们的分配，跟杭州还不一样。凡是上海的高等院校，在交通大学的一个大房间里，开办分配的学习班，大概学习了一个月的时间。最后在上海把我分配到了北京。当时分配还要填写志愿的，我当时

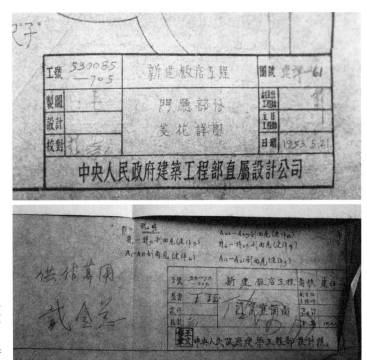

图 7-3　北京饭店扩建工程设计图及戴念慈先生在图纸上的签名（1953 年）

资料来源：拍摄自北京饭店基建工程档案。

写了三个志愿，一个是东北，一个是西北，一个是北京。人家就问我：你怎么写那么远？别的同学大都是上海人，都写的是上海。我说也不是我觉悟高，我就是想到外边去闯一闯，看一看。最后就分配我到北京来了，那也是很高兴的。

访问者：赵先生，您是哪一年毕业的？

赵冠谦：我是 1951 年毕业的，学校是四年制。

访问者：这么说您从之江大学毕业以后，先工作过一段时间，后来才去苏联留学的，对吧？

赵冠谦：对。

三、参加工作之初

赵冠谦：我 1951 年从之江大学毕业，分配在民航局民用建筑设计公司工作。1953 年前后，中央各个单位下属的设计单位就集中成立了一个中央设计院，也就是建筑工程部北京工业建筑设计院的前身。

访问者：我查档案，这个设计单位起初叫"中央人民政府建筑工程部直属设计公司"，1953 年改称"中央人民政府建筑工程部设计院"，简称"中央设计院"。这里是 1953 年北京饭店扩建工程的一些图签，上面还有戴念慈先生的签字，其中也能看到设计院名字的变化（图 7-3）。

赵冠谦：戴念慈先生是在"中直"工作过。还有王华彬先生，很早就从上海的华东院调

图7-4　在北京市俄语专科学校毕业前的留影（49班，1954年6月）
注：前排右4为俄语老师（女，高个），第2排右2为赵冠谦
资料来源：赵冠谦提供。

过来，到中央设计院当总建筑师。在1953年的时候，我就考留苏研究生。

访问者：当时还要考试？你们去苏联留学不是国家选派的吗？

赵冠谦：先选，由各单位自行选派，选完了还要参加统一考试。有的人先被选中了，但后来也没有成功，没有去苏联。当时还要考专业，做8小时的剧院草图设计，就在清华大学的礼堂。

访问者：1954年是新中国成立五周年，之前戴念慈先生主持北京饭店扩建工程的设计，这个情况您清楚吗？

赵冠谦：这个我不清楚，1954年我已经在苏联了。1953年我去俄专了，念俄文，出国前先要念一年俄文。

访问者：您说的俄专，就是北京市俄语专科学校吧？

赵冠谦：对。

访问者：您是1953年几月份进入俄专学习的？

赵冠谦：1953年的9月份。

访问者：学习了整整一年？

赵冠谦：整整一年（图7-4）。

访问者：当时北京俄专是在什么地方？

图 7-5　在苏联留学时的一张留影
（1956 年）
前排左起：赵冠谦、叶谋方、金大勤。
后排左起：童林旭（左）、汪孝慷（右）。
资料来源：赵冠谦提供。

赵冠谦：在石驸马大街，西单南边。戴念慈先生主持北京饭店设计时，我正好在俄专。
　　　　不过也不一定，当时设计院有好多室，我是在一室，他们可能是在民用室。可
　　　　能戴老当时是管二室的，民用室。

访问者：1958 年 11 月从苏联回来的时候，您是到建筑科学研究院工作了吗？

赵冠谦：不是。我留学期间，中央人民政府建筑工程部设计院更名为建筑工程部北京工
　　　　业建筑设计院。我就在北京工业建筑设计院工作。

访问者：北京工业建筑设计院跟建筑科学研究院有没有什么渊源？

赵冠谦：没有关系，我们是兄弟单位，建研院也有大批的人是留苏的。他们留学人员比
　　　　较多的是物理所，有进修的，也有念研究生的。

四、关于来华苏联专家

访问者：赵先生，您在去苏联之前，当时在工作中，中央设计院跟苏联专家接触多吗？

赵冠谦：我在国内的时候，苏联专家还没来。后来他们来了，我去苏联留学了（图 7-5）。

访问者：1958 年您回来以后，估计苏联专家差不多又走了。

赵冠谦：对，他们又走了，所以我没有见到苏联专家。那时候，我们和苏联的关系已经
　　　　不太好了。建研院有好多人对苏联专家更熟悉一些。

访问者：您在苏联留学的时候，不知听说没听说过当时派来中国的一些苏联规划专家的

名字？比如穆欣。

赵冠谦：穆欣我听说过，他帮助搞过苏联展览馆的设计。我只是听说，没有见过他本人。

访问者：穆欣是 1952 年 4 月来中国的，1953 年国庆节前后返回苏联。您在苏联留学的时候，穆欣在苏联国内有名吗？他是列宁墓设计人 A·B·舒舍夫的助手。

赵冠谦：我不知道，我只知道是 A·B·舒舍夫设计的列宁墓。

访问者：还有克拉夫秋克，您知道吗？

赵冠谦：不知道。

访问者：巴拉金呢？

赵冠谦：也不知道。

访问者：当时建筑方面的苏联专家还有阿谢甫可夫、阿谢也夫和阿凡钦珂等，您听说过吗？

赵冠谦：不清楚。因为我们在苏联，跟他们那些专家没有什么接触，也不知道他们在国内做的什么工作。当时我们设计院也有一个苏联专家组，有一批人跟着苏联专家，在专家组里做他们的翻译，很遗憾这些老人都不在了。像陶逸钟跟苏联专家接触最密切，当时是我们院的总工程师，搞结构的。现在这些老人都不在了，他们可能跟苏联专家接触得多，我们当时还算是年轻人，跟苏联专家接触的机会不多。

访问者：我一直想找中央设计院和建筑科学研究院的档案资料，了解苏联专家技术援助活动的一些情况，我去了咱们院（中国建筑设计研究院）的资料室，可是没有找到任何有关苏联专家的档案资料。咱们院的建筑历史研究所，我也去找了，也没找到。

赵冠谦：我们的档案资料在"文革"初期全部烧掉了，这是很可惜的事情。当时我到了"二汽"做现场设计，即第二汽车制造厂，在十堰。

五、在莫斯科建筑学院的学习情况

访问者：赵先生，可否请您介绍一下莫斯科建筑学院的一些情况？

赵冠谦：我们去留学的那个学校叫"МАРХИ"，严格说应该叫莫斯科建筑艺术学院（图 7-6）。

访问者：应该加个"艺术"是吧？

赵冠谦：对。咱们国内通常就叫莫斯科建筑学院，这样也行，反正"建筑学院"是一个大的范畴。这个学校在莫斯科日丹诺夫大街。好像全苏联就只有莫斯科这一个建筑艺术学院，其他的学校都是建筑工程学院。莫斯科建筑学院也有城市规划专业，当时在那里学习的比我们早的有朱畅中，同期的还有金大勤，他跟我同一个时期去的苏联（图 7-7），他是念的城市规划，现在已经去世了。

图 7-6 在莫斯科建筑学院校园内的留影（1957 年）
资料来源：赵冠谦提供。

图 7-7 中国留学生在苏联的一张留影（1956 年）
左起：汪孝慷、赵冠谦、叶谋方、苏联同学、童林旭、金大勤。其中童林旭为 1955 年赴苏联，其余 4 名中国留学生为 1954 年赴苏联。
资料来源：赵冠谦提供。

访问者：金大勤先生是在什么单位工作？

赵冠谦：也是我们这儿的，他从苏联回来后被分配到城市规划院了，后来不知道怎么回事，又回到了北京工业建筑设计院。

访问者：您在苏联四年时间，学了哪些课程，您还记得吗？

赵冠谦：我们学的课程比较多。基础课中有俄语，有哲学，还有俄罗斯建筑史或者叫苏

图 7-8　中国留学生与苏联学生一起实习时的留影（1959 年）
注：左 5 为杨葆亭（向后侧身者），右 3（后排）为汪璓（其正前方人士胸前挂有相机）。
资料来源：罗存美提供。

图 7-9　在苏联留学时到部队参观的一张留影（1956 年）
注：照片中共 3 名中国留学生，分别为赵冠谦（前排左 1）、金大勤（前排左侧，右臂上揽衣服者）、叶谋方（右7，左臂上揽衣服者）。
资料来源：赵冠谦提供。

联建筑史。然后就做设计，我们做了几个设计。期间还有实习和考察活动（图7-8 ~ 图 7-12）。主要是最后写了一篇论文，我的论文题目是《工业建筑设计类型的研究——以汽车、拖拉机厂的标准化建筑设计为例》。

图 7-10 中国留学生与苏联学生一起在阿尔明尼亚参观途中的留影（1959 年）
左起：杨葆亭（左1）、解崇莹（女，左2）、姜明河（女，左4）。
资料来源：罗存美提供。

图 7-12 中国留学生在苏联留学
时的留影（1955 年）
左起：杨葆亭（左3）、姜明河（女，右2）、
解崇莹（女，右1）。
资料来源：罗存美提供。

图 7-11 在苏联留学时到农村考
察的一张留影（1956 年）
注：最前排左1为赵冠谦，左2为童林旭，
右1为汪孝慷。第2排左1为叶谋方，
左2为金大勤。
资料来源：赵冠谦提供。

图 7-13　在莫斯科建筑学院留学的各国留学生（1955年）

注：后排左 1、左 2 为捷克的留学生，右 3 为赵冠谦，右 2 为波兰的留学生，右 1 为金大勤。后排左 3、左 4 以及前排（女士）均为苏联加盟共和国的留学生。

资料来源：赵冠谦提供。

访问者：赵先生，您为什么会研究工业建筑呢？

赵冠谦：当时到莫斯科去留学的时候，他们给我们介绍学校里有几个教研室。他们那边学院的二级组织叫教研室，不叫系。他们有一个工业建筑教研室，有一个城市规划教研室，还有一个是民用建筑和公共建筑合在一起的教研室，和建筑物理教研室；当然还有别的教研室，比如说绘画、体育等，但不是专业了。

当时他们就对我们说：你们想学什么？自己选择吧。我们每个人自己选，大家都选了以后，就只有工业建筑没有人选，我说我去工业建筑教研室。当时我也不是表示政治上怎么样，也不是，很简单，既然没人去，那我就去。

朱畅中把我介绍到工业建筑教研室的时候，他带我见工业建筑教研室的主任，这个主任对我说：你就当我的研究生吧。他以前没有外国的研究生。这个建筑学院，外国研究生还比较多，算是一个小的国际单位，这些外国研究生大都来自东欧国家。当时东欧都是属于苏联大家庭的，有捷克的，有波兰的（图7-13），有保加利亚的，也有越南、朝鲜的，反正这些国家的研究生，凡是学建筑的大都是在这个学校里面。

当时我们认为这是一个国际大家庭，还是很不错的，我就在工业建筑教研室学了四年。

访问者：赵先生，您对苏联建筑设计的一些指导思想有什么看法？比如当时所强调的"社会主义内容、民族形式"。

赵冠谦：当时我学的是工业建筑。他们比较注重对人的关怀，在工业项目布局时，通常要专门布置一个工人生活区，跟厂区靠近，这样生活和工作就比较方便。在工厂设计的时候，也讲究美化，有个厂前区，绿化条件比较好。他们在工厂的工

图7-14 赵冠谦先生在莫斯科建筑学院留学的毕业证书（1958年）

注：上图左为封面，右为扉页（俄文内容为：苏联高等教育部最高鉴定委员会）。下图上部为毕业证书的正文页，下部为其中文翻译（活页，中国驻苏联大使馆提供）。

资料来源：赵冠谦提供，李浩摄。

艺设计方面，也讲究关心人，怎么减轻人的劳动。我印象中，苏联老大哥对人的关怀还是很不错的。

访问者：特别是对工人很关怀，工人的社会地位很高。

赵冠谦：那时候，他们在莫斯科建了几栋高楼，包括莫斯科大学、乌克兰宾馆，还有基辅大厦，好像也是一个高楼。他们建这样的一些建筑，都是表示苏联国家的强盛，往上升。

访问者：借用文献中的一些语言来说，"展示社会主义社会的壮大和美丽"。

赵冠谦：俄罗斯的建筑还是不错的，三段经典设计方式。特别是地铁的室内装饰设计，非常精致与漂亮。

访问者：当时去苏联留学，毕业的时候有没有发证书，比如毕业证或学位证？

赵冠谦：有，苏联高教部给我们发的毕业证。当时我的证书是交给了院人事处。后来我们几乎全部下放了，我从十堰回来后，到原来工作的地方去看看，那里有好多垃圾，结果发现我的证书还在那里，扔在那儿了。他们觉得反正跟苏联的关系非常不好了，留苏生的东西也没有什么价值了，就把我的证书扔掉了。我赶快捡起来了。所以后来我的档案里就有我的毕业证，原件现在在我这儿（图7-14）。这都是那时候的花絮。

六、苏联对中国留学生的特殊优待

访问者：赵先生，你们在苏联留学时的生活情况如何？

赵冠谦：我们在那里留学时，中苏关系还比较好，所以我们在四年当中没有回过国，连一次都没有。到了暑假，老师就把我们叫到他们的别墅里休息什么的，对中国学生特别关注。我们开会的时候，有很多国外的留学生，各个社会主义国家的留学生，我们这些中国的留学生总是坐在第一排，也有特殊的照顾。当时两个国家的关系比较好，我们学习的条件也比较好。记得我们去的第一年，他们就让我们到黑海休养，说你们先去休养，学了一年，挺累的。

访问者：你们在黑海休养，有多长时间？

赵冠谦：记得好像是半个月。后来我们就收集材料，写论文，学校专门派了一个苏联的研究生，到黑海附近我们疗养的地方来找我，全程陪我收集资料。第二年我和金大勤两个人结伴，到高加索地区搜集资料，那时候我们的语言已经过关了，校方给我们开了很多介绍信，我们带着介绍信去要收集资料的地方，大家都很友好地接待。当时总觉得苏联是我们的学习榜样，不管从哪一方面来说都是如此。

访问者：你们去留学时，住宿和饮食方面是不是统一安排？需不需要自己花钱？

赵冠谦：不用自己花钱，我们全部是国家供给的，研究生每人每月 700 卢布，大学生每人每月 500 卢布，这是我们的生活费用。第一个月我几乎没怎么买吃的，就买了一台照相机，建筑师要拍照，自己拍照自己冲洗。

访问者：住宿呢？

赵冠谦：住宿是校方给我们安排的宿舍，校方象征性地收一点儿住宿费。

访问者：你们是跟苏联的学生们住在一块儿，还是有专门给中国留学生的宿舍？

赵冠谦：我们和苏联的学生们住在一起。到了后期，我快毕业的时候，我们宿舍里的四个人都是中国的研究生，其实这样很不好，对语言练习以及跟苏联人的交往都有影响。刚开始时不是这样，那时候我们宿舍也是有四个人住在一起，但其中除两个中国研究生之外，有一个是格鲁吉亚的研究生，他是属于苏联的，还有一个研究生是捷克的（图 7-15），这样我们四人交流就非常方便。当时吃饭都是轮流制，这个礼拜我负责，我去买半成品，面包、香肠、罐头等。

访问者：要去买东西吃，而不是到食堂里吃？

赵冠谦：中午是在食堂吃，早上和晚上这两顿都是在宿舍里吃。

访问者：你们当时去留苏，是坐火车去的吧？

赵冠谦：坐火车，我们是坐"专车"去的。所谓"专车"，只要有火车来了我们就上。我们坐了十三天、十三夜，坐到莫斯科时，根本不想吃东西了，太难受了。

访问者：那时候可能是硬座吧？

图 7-15　在苏联留学时与同住在一个房间的其他国家留学生的合影（1955 年）
注：左为格鲁吉亚的留学生，中为捷克的留学生，右为赵冠谦。照片系由另外一位室友（中国留学生）拍摄。
资料来源：赵冠谦提供。

图 7-16　在苏联留学时的一些个人留影（1955 年）
注：左图摄于莫斯科河畔，右图摄于莫斯科大剧院前。
资料来源：赵冠谦提供。

赵冠谦：不是硬座，倒是卧铺，硬卧。

访问者：那还很不错。

赵冠谦：反正还可以吧。当时苏联人对我们很友好，他们介绍我们说：小伙子，留下来吧，我们的姑娘挺好的。因为他们在第二次世界大战期间死亡的年轻人很多。当时好像是说 7∶1，7 个女的、1 个男的这样的比例，这是听他们说的。他们说中国人也很好，很勤奋，就希望我们留在那里。但是我们有纪律，学成必须回国（图 7-16）。

访问者：支援国家建设。

赵冠谦：清华有一位搞规划的朱畅中，很多年前已经去世了，他以前也是去苏联留学的研究生，好像是 1952 年去的。我们这批 1954 年的留学生到苏联的时候，都是他帮我们解决日常的问题。带我们到教研室见教研室主任，也是他帮我们。

访问者：相当于大师兄的角色。

赵冠谦：他确实帮了我们很大的忙。

访问者：朱畅中先生在苏联也是学工业建筑的？

赵冠谦：不是，他是学城市规划的，他后来回国后是在清华大学建筑系教书。

访问者：朱畅中先生是不是偏设计方向？

赵冠谦：他应该是搞城市规划的，但是他的脾气有点倔，人家跟他不太好相处。他去世比较早，可能跟他的性格有关系，不太随和，容易急躁，容易犯病。

访问者：朱畅中先生是哪一年回来的？

图 7-17　赴苏联留学时在莫斯科的一张留影（1956 年）
左起：汪孝慷、赵冠谦、格鲁吉亚的留学生、叶谋方。
资料来源：赵冠谦提供。

赵冠谦：好像是 1956 年回来的。我们去的第一年，他帮我们联络，再隔一年，他就答辩了，然后就回来了。

七、受到毛主席接见的难忘经历

访问者：像你们去苏联留学，不知道当时有没有苏联的学生到中国来留学的？

赵冠谦：当时好像没有，不是互派，当时主要是我们向他们学习，我们国家百废待兴，所有的工作都得到苏联学习。1954 年和 1955 年派去苏联的留学生最多，大概有几百人，到 1956 年开始就慢慢少了。

那时候，去莫斯科建筑学院留学的研究生和大学生主要就是两批，集中在 1954 年和 1955 年这两个年份（图 7-17）。我们去苏联的那一年（1954 年），一共去了 5 个研究生，还是比较多的。1956 年以后的一些年份，都是一个或两个，陆续的、零星的有个别的派出。

噢，对了，除了研究生和大学生之外，有时还派进修生，一般是学习一年至两年时间，如 1955 年清华大学派了一位，叫汪国瑜，他只进修了一年就回国了。1956 年又有两位进修生，其中一位也是清华大学派出的，叫刘鸿滨，另一位叫张之凡，是哈尔滨工业大学派出的，他们两位是进修了两年时间后回国的。

访问者：中国派留学生数量的变化情况，据说可能跟赫鲁晓夫有关系，斯大林去世以后他刚开始执政的时候跟中国的关系还可以，因为他想巩固他的地位，希望加强跟中国的联系，取得中国的支持，后来跟中国的意见特别是意识形态方面不合，关系慢慢转差了。

图 7-18 拜访赵冠谦先生留影（2018 年 3 月 2 日）
资料来源：中国建筑设计研究院，赵冠谦先生办公室。

赵冠谦：对，是这样。我记得在 1957 年 11 月的时候，毛主席第二次去莫斯科。毛主席第一次去莫斯科是在 1949 年底。1957 年的那次，毛主席在莫斯科大学接见我们，我们兴奋得不得了。

访问者：有照片保存吗？

赵冠谦：就是没有拍照片，不敢拍。毛主席说："世界是你们的，也是我们的，但是归根结底是你们的。你们青年人朝气蓬勃，正在兴旺时期，好像早晨八九点钟的太阳。希望寄托在你们身上……"[1]这些话就是在那里讲的，我们当面听毛主席说的。

访问者：太难得了！这是非常珍贵和难忘的人生经历！

赵冠谦：莫斯科建筑学院在苏联算是规模比较小的学校，派去的留学生也相对比较少。有的学校规模大，中国留学生的数量更多。在莫斯科专门有一个留苏的机构管我们留学生，有的大学里设有支部，我们莫斯科建筑学院比较简单，也就是一个小组。

访问者：今天上午耽误了您很多时间。

赵冠谦：我也帮不了你太多的忙。

访问者：我的研究刚刚开始，第一阶段就是想搜集资料，等将来写出来报告了，再请您和各位前辈指教。

赵冠谦：你的研究题目计划是什么？

访问者：《苏联城市规划专家在中国》，写苏联专家的技术援助工作，偏重城市规划，大背景是中苏的交往。

赵冠谦：力所能及，我一定帮助你（图 7-18）。

访问者：谢谢您！

（本次谈话结束）

---

[1] 1957 年 11 月 17 日下午 6 时，毛泽东与邓小平和彭德怀等在莫斯科大学大礼堂接见在莫斯科学习的近 3000 名中国留学生和实习生时的讲话。资料来源：中共中央文献研究室编 . 毛泽东年谱（一九四九——一九七六）（第三卷）[M]. 北京：中央文献出版社，2013：248.

2020 年 11 月 3 日谈话

访谈时间：2020 年 11 月 3 日上午

访谈地点：北京市西城区车公庄大街 19 号，中国建筑设计研究院赵冠谦先生办公室

谈话背景：2020 年 9 月，访问者完成《苏联规划专家在北京（1949—1960）》（征求意见稿）
　　　　　并呈送赵冠谦先生审阅。赵先生阅读书稿后，与访问者进行了本次谈话。

整理时间：2020 年 11—12 月，于 2020 年 12 月 15 日完成初稿

审阅情况：经赵冠谦先生审阅，于 2020 年 12 月 18 日初步修改，12 月 25 日定稿并授
　　　　　权公开发表，2021 年 3 月 10 日补充完善

访问者：赵先生您好，很高兴能再次拜访您。前年晚辈拜访过您，当时计划写一本《苏
　　　联城市规划专家在中国》，后来由于这个题目太大，改成重点研究北京了。今
　　　天主要是想听听您对《苏联规划专家在北京（1949—1960）》书稿的指导意见，
　　　特别是这份书稿中写到了当年你们去苏联留学的人员，当年留学的好多前辈现
　　　在都已经不在了，您是少数健在的历史见证人之一，很想听您再聊聊这段经历。

赵冠谦：好的。我对城市规划实在太不了解，对你的书稿，我是一边学习，一边了解。

一、对《苏联规划专家在北京（1949—1960）》书稿的认识和评价

赵冠谦：你写的这本《苏联规划专家在北京（1949—1960）》，我看主要是写了四
　　　批苏联专家，用四批专家发生的事情，写成了四组文章，我觉得还是很不错
　　　的（图 7-19）。

　　　　第一批苏联专家是市政专家组，他们在北京提出了一个《巴兰建议》，研究了

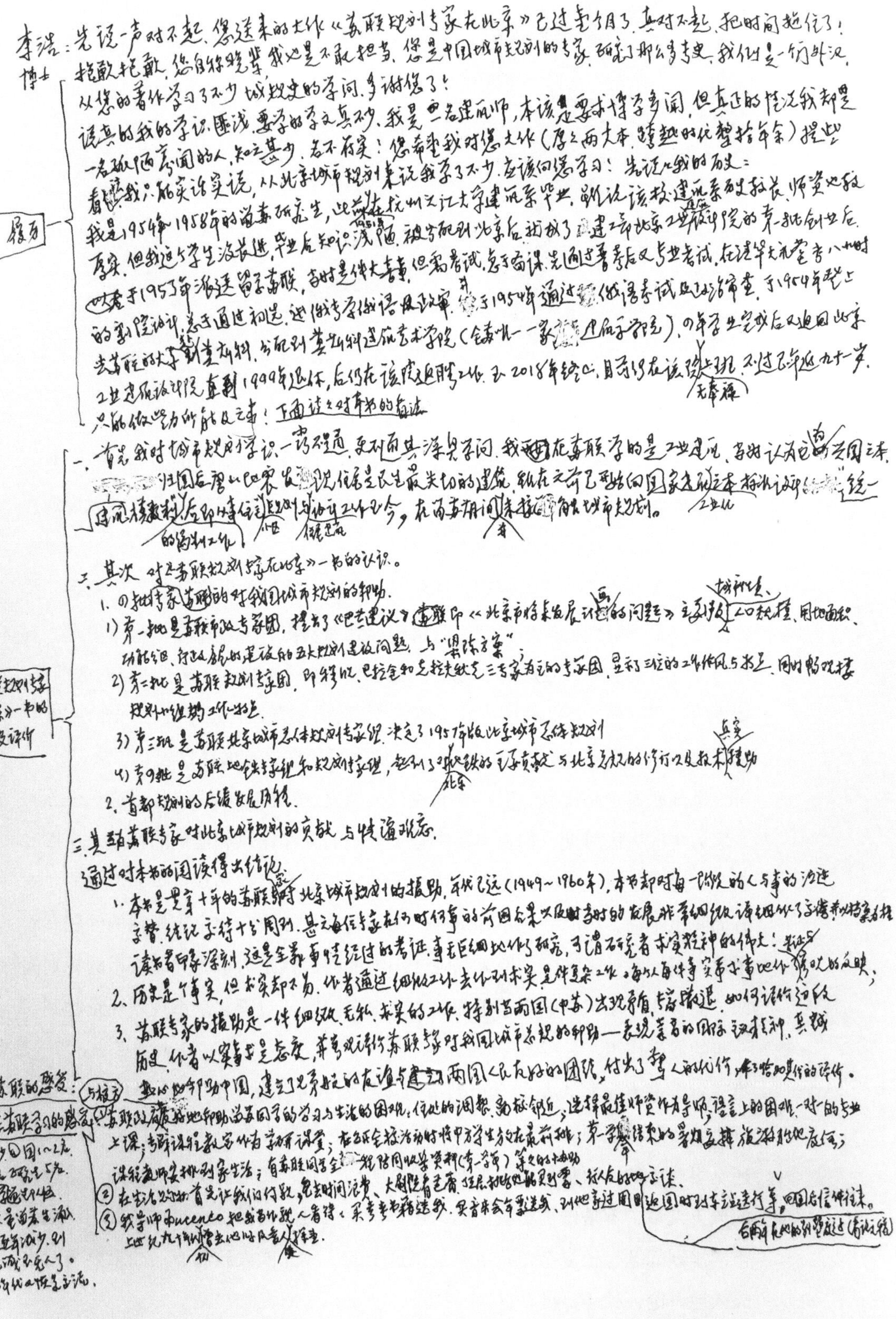

李博士：先说一声对不起，您送来的大作《苏联规划专家在北京》已过五个月了，真对不起，把时间拖住了！抱歉抱歉，您自称晚辈，我也是不敢担当，您是中国城市规划的专家，研究了那么多专史，我们是一行外汉，从您的著作学习了不少城规史的学问，多谢您了！

说真的我的学识匪浅，要学的学问太多，我是一名建筑师，本该是要求博学多闻，但真正的情况我却是一名孤陋寡闻的人，知之甚少，名不符实！您希望我对您大作（厚厚两大本，跨越时代整十年余）提出看法，我只能实话实说，从北京城市规划来说我学了不少，应该向您学习！先说一下我的历史：

履历

我是1954年—1958年的留苏研究生，比我在杭州之江大学建筑系毕业，就说该校建筑系历史较长，师资也较厚实，但我这个学生没长进，毕业后知识浅陋，被分配到北京后就成了建工部北京工业设计院的第一批创业者……于1953年派送留学苏联，当时是件大喜事，但需考试……1954年通过俄语考试及政治审查……的莫斯科……分配到莫斯科建筑学院……回北京工业建筑设计院直到1999年退休，后仍在该院返聘工作至2018年终止，目前仍在该院上班，不过已年近九十一岁，只能做些力所能及之事！下面谈谈对本书的看法。

一、首先我对城市规划学识一窍不通，更对西其深奥学问，我在苏联学的是工业建筑……回国后曾以设计民用建筑……从国家建设工业化……

二、其次 对《苏联规划专家在北京》一书的认识。

对《苏联规划专家在北京》一书的认识及评价

1. 四批专家苏联的对我国城市规划的帮助。

1）第一批是苏联市政专家团，提出了《巴兰尼克夫建议》……《北京市将来发展计划的问题》……人口规模、用地面积、功能分区、行政中心的建设的五大规划建设问题，与"梁陈方案"……

2）第二批是苏联规划专家团……专家组的专家团，是有三位的工作作风与特点……

3）第三批是苏联北京城市总体规划专家组，决定了1957年版北京城市总体规划

4）第四批是苏联地铁专家组和规划专家组……

2. 首都规划的后续发展历程。

三、其次苏联专家对北京城市规划的贡献与精神状态。

通过对本书的阅读得出结论：

1. 本书是11年的苏联对于北京城市规划的援助，年代已远（1949～1960年），本书都对每一阶段的人与事的论述……

2. 历史是尊重史实，但求实却不易，作者通过细致工作去作到求实，是件复杂工作……

3. 苏联专家的援助是一件细致、无私、求实的工作，特别当两国（中苏）出现分歧……表现著者的国际主义精神，真诚历史，作者以实事求是态度……建立了兄弟般的友谊与两国人民友好的团结……

4）. 留学苏联的感受：

在苏联学习的感受：……

图 7–19　赵冠谦先生手稿：2020 年 11 月 3 日访谈提纲

资料来源：赵冠谦先生提供。

图 7-20 在梁思成先生曾经工作过的四川李庄的留影（2000年前后）
资料来源：赵冠谦提供。

关于北京市将来发展计划问题这么一个课题。这批专家研究的规划问题主要涉及城市性质、人口规划、用地面积、功能分区和行政房屋的建设，五大规划建设问题，我看写得还是很好的。

在第一批苏联市政专家组时期，谈到了"梁陈方案"。其实我也不太熟悉"梁陈方案"，当时他们提出要把行政机构迁到西郊去，应该把北京市留出来。现在已经没有办法了，但是当时的想法也还是不错的。后来我看了你写的这本书，就更明白了一些。正如你指出的，其实"梁陈方案"最初是梁思成（图7-20）、林徽因和陈占祥，林徽因也参与了，林徽因可能在这方面还比较有想法。

第二批苏联专家是穆欣、巴拉金和克拉夫秋克这三位专家，这是以这三位苏联专家为主的一段时期，你在书稿中写了他们的工作作风和他们的特点，这批专家工作过程中有一个畅观楼规划小组，北京规划就是在畅观楼里面形成的。这方面我也不懂，当时我也不知道他们在畅观楼是在研究北京市规划的问题。看了这本书，我就了解了，原来畅观楼小组的起因就是为了研究北京市的规划问题，而且这个小组在畅观楼里面研究了很多问题，对于北京市规划还是起到了一定的促进作用。

第三批苏联专家真正是北京市城市总体规划的专家组，它决定了1957年版北京市城市总体规划。看这份书稿时我注意到，苏联专家对我们中国建筑的文化还是很尊重的，而且他们派来专家时就明确讲到，要他们实事求是地尊重当地的风土人情，不是硬加给我们的，还是说得很对的，而且也是这样做的。北京市的规划问题也很复杂，我也不是搞这个的，我只能大致看看；如果要继续更深入地讨论，我还要再看它。

第四批是地铁和规划专家组。当时要搞地下铁道，他们来了一个地铁专家组，苏联的地铁确实是不错，而且富丽堂皇，它的深度是很深、很深的，从地面下去相当深，而且莫斯科的地铁非常发达，确实是不错，他们在地铁这方面的知识还是很丰富的，所以请他们来很不错。同时城市规划的专家组也来了，第四批专家组的主要贡献是对北京地铁的贡献，还有对北京总体规划的修订，他们对中国的帮助是挺不错的。

我觉得关于苏联规划专家，你写这么厚厚的两大本（指大字版上、下册书稿）还是很有作用的，写清楚了十年的情况，规划专家怎么帮助我们国家把北京的规划做好，苏联规划专家起了很大的作用，所以我觉得这两本书还是很有价值的。

我觉得最难得的是考证特别详细，郑天翔的功劳也不小，我看书稿中不少资料是郑天翔家属提供的，他当时专门研究这方面，而且他的家属对这些资料的保存确实很不容易，照片也很多。这两本书稿确实很珍贵，资料很不容易搜集，从规划方面讲是对北京市规划的小的资料库性质的总结。苏联专家对北京市规划作出了重要的贡献。

通过对这本书的阅读，我有以下几点想法。

第一，这本书贯穿了 1949—1960 年差不多 11 年的时间，苏联专家对北京城市规划的援助，虽然时间已经比较久远，但是对每一个阶段的人和事的演进、交替和结论等，交代得十分周到。我确实很佩服你做了这个工作，真了不起。

访问者：谢谢您的鼓励。

赵冠谦：甚至于每一位专家什么时候做什么事情，它的前因后果和当时的发展，都非常细致、详细地做了交代，有档案可查，而且把有些错误的东西又更正了。这本书给读书人的印象会很深刻，因为全是靠对事情经过的考证，事无巨细地做了研究，真是伟大的求实精神，真是很不错。

第二，因为这已经是历史了，历史是一个事实，要得到这个事实很不容易，所以我觉得这本书的作者通过细致的工作，做到求实，很复杂，对每个人、每件事情实事求是地进行考证，客观的事物能够得到考证，并反映出来，这本资料的真实性是很强的。

访问者：在写这本书的时候，我特意多引用一些档案原文，尽量用档案说话。

赵冠谦：这样就比较实事求是。

第三，讲苏联专家的援助，讲他们工作的方法，苏联专家的技术援助活动是细致、无私、求实的工作，特别是中苏两个国家出现矛盾、专家撤退等，如何来评价这段历史是很不容易的。这本书是以实事求是的态度，客观地评价苏联专家对我们国家城市总体规划的帮助，表现了崇高的国际主义精神。苏联专家真诚地、热心地帮助中国，建立了兄弟般的友谊和两国人民友好的团结，付出了惊人的代价，这本书恰如其分地做出了一个客观的评价。

我觉得这本书稿有这些方面的优点，确实是很值得北京规划系统的人们研究的珍贵资料。

对你写的这本《苏联规划专家在北京（1949—1960）》，我真是花了很长时间来学习的。我一看到你写得这么详细，这么花力气，我也得好好地学习，同时也希望能够帮助你把有些内容进一步修改完善。

二、赴莫斯科建筑学院留学的中国学生情况

访问者：赵先生，这份书稿中有哪些地方写得不准确，您有什么修改意见？

赵冠谦：关于到莫斯科建筑学院留学的中国学生情况，我给你提供点情况，供你参考。你的书稿中，第 26 页这张在莫斯科建筑学院留学的中国学生一览表，有些信息不太准确，有的你在书稿中写了"不详"。我给你改了一下，修改和补充了一些内容。

访问者：这张表主要是根据《建筑师创造力的培养——从苏联高等艺术与技术创造工作室（ВХУТЕМАС）到莫斯科建筑学院（МАРХИ）》一书中的一份材料整理的，这份材料主要依据莫斯科建筑学院保存的一些中国学生档案，估计学生档案比较零乱，所以不太准确。您是当事人，您的批改肯定更准确。

赵冠谦：这个名单我改了一下（表 7-1），我再简单给你解释一下。朱畅中当时的专业方向是城市规划，不是建筑学，我记得他在苏联留学的时间是 1952—1956 年，我们去的时候就是由他来负责的，是他把我们介绍到各个教研室去的。他是老大哥，大家对他还是很尊敬的，他年纪也比我们大，工作能力也很强。

1950 年代在莫斯科建筑学院留学的中国学生概况
（根据赵冠谦先生批改意见修正，不完全统计）　　表 7-1

序号	姓名	学习时间	专业方向	莫斯科建筑学院保存的学习资料		
				资料名称	类型	导师
1	朱畅中	1952—1956 年	城市规划	苏联大城市中心区改建的经验——以莫斯科、列宁格勒、基辅、明斯克、斯大林格勒为例	副博士论文	О·А·什维德科夫院士
2	赵冠谦	1954—1958 年	工业建筑	工业建筑设计类型的研究——以汽车、拖拉机厂的标准化建筑设计为例	副博士论文	А·С·菲辛科教授

序号	姓名	学习时间	专业方向	莫斯科建筑学院保存的学习资料		
				资料名称	类型	导师
3	金大勤	1954—1958 年	城市规划	居住小区的生活、福利设施	副博士论文	Н·Х·巴利雅科夫教授
4	汪孝慷	1954—1958 年	居住与公共建筑学	中国工人俱乐部建设规划问题	副博士论文	М·Н·辛雅夫斯基院士
5	叶谋方	1954—1958 年	居住与公共建筑学	3～5 层住宅建筑标准设计的经验及对中国的启示	副博士论文	М·О·巴尔什教授
6	杨葆亭	1954—1960 年	工业建筑	醋酯丝绸厂	不详	不详
7	汪骝	1954—1960 年	工业建筑	建筑工业联合企业	毕业设计	В·А·梅斯林
8	解崇莹	1954—1960 年	工业建筑	纺织联合企业	不详	不详
9	姜明河	1954—1960 年	民用建筑	醋酯丝绸厂	不详	不详
10	詹可生	1954—1960 年	工业建筑	居民综合楼	三年级设计	不详
11	童林旭	1955—1959 年	工业建筑	大型水利枢纽的区域规划问题	副博士论文	И·С·尼格莱耶夫教授
12	王仲谷	1955—1961 年	城市规划	低层居民楼方案	二年级设计	З·С·车尔尼雪娃
				展览厅		
				未来城市	毕业设计	Н·В·帕拉诺夫
13	范际福	1955—1961 年	城市规划	低层居民楼方案	二年级设计	З·С·车尔尼雪娃
14	黄海华	1955—1961 年	城市规划	公共汽车站	二年级设计	不详
				低层居民楼方案		
15	杜真茹	1955—1961 年	民用建筑	居民小区	不详	不详
16	徐世勤	1955—1961 年	工业建筑	公共汽车站	二年级设计	不详

序号	姓名	学习时间	专业方向	莫斯科建筑学院保存的学习资料		
				资料名称	类型	导师
17	李景德	1956—1960年	工业建筑	苏联肉类加工企业的规划经验及对中国的启示	副博士论文	И·С·尼格莱耶夫教授
18	杨光璿	1957—1961年	建筑光学	机械制造企业一层厂房的人工照明设计	副博士论文	Н·М·古舍夫教授
19	张绍刚	1957—1961年	建筑光学	不详	副博士论文	Н·М·古舍夫教授
20	章扬杰	1957—1961年	建筑声学	苏联南部疗养建筑的设计经验及其对中国疗养建筑的启示	副博士论文	М·П·巴鲁斯尼科夫教授
21	蒋孟厚	1957—1961年	工业建筑	苏联高层工业建筑经验对中国的借鉴	副博士论文	В·В·布拉格曼院士
22	唐峻昆	1958—1962年	不详	中型城市居住区中心规划设计的几个问题	副博士论文	А·А·巴甫洛夫院士
23	张岫云	1958—1962年	不详	纺织工厂的先进类型	副博士论文	Г·М·图波列夫教授
24	蔡镇钰	1959—1963年	不详	居住小区中心公共建筑的新类型	副博士论文	Г·Б·巴勒欣教授
25	张耀曾	1959—1963年	不详	具有部分与全部服务功能的新型住宅	副博士论文	М·О·巴尔什教授

注：本表以《莫斯科建筑学院（МАРХИ）的中国学生》为基础整理（根据专家意见，将原文中"博士论文"的提法修正为更严谨的"副博士论文"），后经赵冠谦先生补充和修正，系不完全统计。据赵冠谦先生回忆，上表中蒋孟厚（编号为21）的培养单位可能是苏联建筑科学研究院而非莫斯科建筑学院。中国人赴莫斯科建筑学院留学活动在1960—1970年代因故中断，1980年代末得以恢复，又有多位中国留学生在莫斯科建筑学院深造，如吕富珣（1989—1992，论文题目为"'考工记'暨中国传统城市建筑艺术的发展"）、孙明（1989—1992，论文题目为"17—18世纪中国及欧洲的园林艺术"）和韩林飞（1994—1998，论文题目为"传统与现代——近20年中俄城市设计的比较"）等。

资料来源：Г·В·雷萨娃，韩林飞. 莫斯科建筑学院（МАРХИ）的中国学生[M]// 韩林飞，В·А 普利什肯，霍小平. 建筑师创造力的培养——从苏联高等艺术与技术创造工作室（ВХУТЕМАС）到莫斯科建筑学院（МАРХИ）. 北京：中国建筑工业出版社，2007：294-295.

图 7-21 在苏联留学时与童林旭（右）的合影（1956 年）

资料来源：赵冠谦提供。

朱畅中比我们早去两年，他能力很强，我们的一切都是由他来帮着安排。那时候我们到苏联去，其实一点都不清楚苏联是怎么回事，都向往去，但是不知道怎么适应它。后来朱畅中花了很大的力气，他把我们这些研究生送到各个教研室，跟每个教研室的领导介绍，由教研室来安排我们的导师。

访问者：我看您在表格后面增加了一个人，是吧？

赵冠谦：对，这个人叫张绍刚。杨光璿、章扬杰和张绍刚，他们三个人是一起去苏联的，同时到那儿去的，所以少了一个。我记得杨光璿的专业方向和张绍刚一样，都是建筑光学，章扬杰的专业方向是建筑声学。

访问者：太谢谢您了！我把这张表改过来。您的修改特别重要，要不然书稿就要出错误了。

赵冠谦：他们三个人是 1961 年回国的，时间比较靠后。研究生中比我们晚一年的是童林旭（图 7-21），他当时学的也是工业建筑，我后来跟他联系不多了，他在清华大学任教，好像也是教工业建筑的。

噢，想起来了，与童林旭同年到苏联的研究生叫李德耀，是个女的，在城市规划教研室，念了两年后中途回国。她回国后给校方写了一封信，要求退学，也未写原因，校方也同意了。

李景德在童林旭以后，晚一年去苏联。在莫斯科建筑学院时，我和李景德被安排在同一个教研室，当时在这个教研室，我是第一个中国研究生，教研室让我带着她：她刚来，你就帮帮她忙。我就陪着李景德参观，跟她的导师介绍她（图 7-22）。她也是学工业建筑的，论文题目是"苏联肉类加工企业的规划经验及对中国的启示"。不知道张绍刚现在是否健在，如果健在的话，可以把他毕业论文的情况写清楚，我记不起来了。

访问者：他们三个人回国后是在什么单位工作呢？

图 7-22　中国赴苏联留学生在莫斯科红场上的一张合影（1956 年）
左起：赵冠谦、李德耀（女）、刘鸿滨（赴苏联进修两年时间）、李景德（女）、朱畅中。
资料来源：赵冠谦提供。

赵冠谦：张绍刚在建研院，建研院的物理所，他当过副所长。杨光璇是在重建工（重庆
　　　　建筑工程学院）。章扬杰是在北京市，搞地下工程的。

　　　　蔡镇钰我没有见到过，他是 1959 年去苏联的，我是 1958 年回国的。蒋孟厚我
　　　　知道，他是 1957 年去的苏联，在苏联时我还接触过他，他父亲也是搞建筑的。
　　　　蔡镇钰是在上海，张耀曾是在北京。

　　　　你的书稿中还讲到了史玉雪。

访问者：这方面有没有错误？

赵冠谦：没有错误，我导师还请她从苏联带了一些东西回来，我去找过她。

访问者：还有易锋，也是位女同志，也去苏联进修过，以前担任过中央城市设计院的副
　　　　院长。

赵冠谦：我跟她不熟悉。

三、赴苏留学的大学生和研究生

赵冠谦：接下来具体说一下 1954 年 9 月我们去苏联留学的情况。当时我们一起去的人
　　　　比较多，有 5 个研究生，6 个大学生。

　　　　杨葆亭去世的时间比较早，改革开放后他在海南工作过。以前去苏联留学，我
　　　　们是同一个时间出去的，是 1954 年 9 月一起出去的。他是大学生，我是研究生，
　　　　但是他的工作经历很多，而且工作能力也很强。大学生和研究生的关系都是在
　　　　一个学校，但是大学生的学习情况和研究生的学习情况是完全分开的，所以我
　　　　对他们大学生究竟是怎么学的也不太了解，只是在学校里见面的时候点点头。
　　　　在你的书稿中列出了 5 个大学生，其实还有另外一个大学生，是组织上提前让

图 7-23　在莫斯科火车站的一张留影（1957 年 8 月）
左起：汪骝、解崇莹（女）、姜明河（女）、陈诚、杨葆亭。
资料来源：罗存美提供。

图 7-24　1954 年赴莫斯科
建筑学院留学的 5 名大学生
毕业时的留影（1960 年 8 月）
前排左起：解崇莹（女）、姜明
河（女）。
后排左起：汪骝、詹可生、杨葆亭。
资料来源：罗存美提供。

他回来了，当时我也不太清楚是什么原因，好像是有点什么问题，就把他送回
来了。我记得，当时马寅初的儿子马本寅好像也是这个情况，没有学完就把他
送回来了，他去苏联的时间比我们还要早。

你的书稿中有一张照片，在第 29 页中间，有些信息不太准确。照片时间应该
是 1957 年 8 月，不是 1960 年 8 月。两个女生解崇莹和姜明河的名字写反了，
左 2 应该是解崇莹，左 3 应该是姜明河。还有，右 2 我记得叫陈诚，不是詹可生，
当时就是把他给提前送回国了（图 7-23）。另一张照片（图 7-24）是后来他
们毕业时的照片，其中有詹可生，没有陈诚。

访问者：就是他回来得早，这张照片就是送他先回国的，对吧？

赵冠谦：对，他还没有学完就回来了。

1954 年 9 月我们一起去莫斯科建筑学院的研究生是 5 个人，其中有一个是北京
市建筑设计院的，叫李采（图 7-25），他工作能力很强，但是当时也有些问题，
让他先回来了。所以在你的书稿中，我们研究生一共是 4 个人。

图 7-25　中国留学生在苏联展览馆前的一张留影（1956 年）

左起：叶谋方、汪孝慷、赵冠谦、李采。

资料来源：赵冠谦提供。

图 7-26　参加十月革命节游行活动时的一张留影（1956 年 11 月 7 日）

左起：朱畅中（左 2）、赵冠谦（左 6）、童林旭（右 3，举旗者）。

资料来源：赵冠谦提供。

　　我们在那里学习的时候，原来定的计划是三年，后来校方觉得我们的俄语虽然在北京学习了一年，但还是比较差，所以校方说我们给你们申请增加一年，一方面是学俄文，另一方面你们也可以多一点时间在苏联学习，所以我们当时都变成了四年。

　　其实国内有的学校，研究生两年就读完了。一开始，苏联的研究生也是三年，他们在语言上没问题，一点都不用花时间，所以他们的三年对我们来讲四年还是比较合理的，所以我们在那里就待了四年（图 7-26）。

图 7-27　在苏联留学时的个人留影
（1956 年）
资料来源：赵冠谦提供。

四、苏联的"副博士"教育制度

访问者：刚才您修改的这张表中，论文类型一栏我写的是"副博士论文"，您看对不对？
《建筑师创造力的培养》一书中本来写的是"博士"，因为有的专家提出异议，
我把它改成"副博士"了。

赵冠谦：是叫"副博士"，没错，我们毕业的时候就叫"副博士"。

后来我们回国后，在北京的时候，当时发过一个文，说你们如果愿意把"副博士"
改成"博士"也可以，校方也同意的，但是要交一笔钱，要交多少美金我记不清了。
具体时间我也记不太清楚了，因为这个事情过去的时间比较久了。后来我们就
都没有办，"副博士"还是"博士"也无所谓，对我们来讲都无所谓，反正就
是在苏联学习过，有一个称号，也都毕业了。

我们填写材料的时候，有时候也写成"博士"，因为政府已经同意，苏联的"副
博士"相当于西欧的"博士"，他们是这么解释的，我们学习的方式、学习的
能力相当于西欧的"博士"。有的时候我们就写"副博士"，有的时候又写了"博
士"，也搞乱了。反正就是这么一回事。

我们在苏联学习的这个阶段，大家还是比较认真的。我们被派出去在俄专学习
的时候，就已经给大家教育过了：你们去苏联留学，很光荣，但是要很认真地学。
所以，大家在那里学习，学得还不错（图 7-27）。

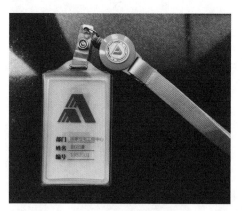

图 7-28　赵冠谦先生的工作证：编号
"1952001"
资料来源：赵冠谦提供，李浩拍摄。

图 7-29　北京 1959 年 "十大建筑" 之北京火车站
资料来源：北京市城市规划管理局 . 北京城市建设新面貌
（英文版）[M]. 北京：北京出版社，1963：20.

总之，我觉得这本书很值得，很珍贵。我大概给你补充这些信息。

访问者：谢谢您的帮助！

五、从苏联回国之初

访问者：赵先生，可否请您再聊聊您的一些工作经历？

赵冠谦：好的。我是 1951 年从之江大学毕业，当时把我分配在民航局，民航局下面有
一个设计公司，叫作民用建筑设计公司，我就在那里工作了。

1953 年，中央有一个统一的措施，凡是在北京的一些大单位的附属设计公司，
都集中在一起，成为中央设计院，它的全称是 "中央人民政府建筑工程部设计
院"。中央设计院是 1953 年成立的，1955 年更名为 "北京工业建筑设计院"。
最近整理资料时，有人发现我的工作证号码是 "1952001"，说我是北京建筑
工业设计院的第一批员工，我一看真是这样，1952 年的第 1 号，挺有意思的。

访问者：工作证上的编号？

赵冠谦：对，就是一个工作证（图 7-28）。这样，我就变成北京工业建筑设计院的第 1
号工作人员了。当时到莫斯科去留学，我为什么选的是工业建筑呢？

1958 年我从苏联回来时，以前的单位已经变成了北京工业建筑设计院。当时袁
镜身是我们的院长，因为我在苏联留学时学的是工业建筑，袁镜身院长对我说：
你就到一室去，一室是搞工业建筑的。没过多久，到 1959 年，就搞 "十大建筑"
了，就让我去参与北京火车站（图 7-29）的设计，这是北京工业建筑设计院和
南京工学院合作的项目，我参与了这个工作。

访问者：当时设计北京站的时候，有没有什么苏联专家指导？还是单就靠中国的技术力量？

赵冠谦：没有苏联专家，就靠中国的技术力量。我在北京工作的时候，还没有苏联专家到中央设计院，我去苏联以后苏联专家才来到设计院。北京火车站是十大国庆工程之一，设计总负责人是我们院的陈登鳌总建筑师。

访问者：您从苏联回来后，苏联专家又走了？

赵冠谦：对，他们又走了，我1958年回来，没有碰上。但是我们院有一些同事是跟着苏联专家一起工作的，苏联专家的工作很认真。

我们后来又做过一个电影宫工程，我参加的是一个宽银幕和一个立体电影放映馆的设计，参与了这项工作。

访问者：您说的这个项目是叫电影宫吗？建设地点在哪里？

赵冠谦：对，就叫电影宫。我们的图纸都出完了，最后没有建，地点就是现在的南礼士路路口，也就是今天北京市建筑设计研究院的南边，沿着东西长安街，在马路北边。它的对面是苏联援建的一个叫广播大厦的项目。后来电影宫没有建，别的单位就占了这块儿地。

因为我是搞工业建筑的，在"文革"初期，我就被分配到了十堰的"二汽"，做现场设计去了。

六、到十堰现场参加"二汽""三线建设"

访问者：说到十堰，在城市规划方面也比较有典型意义，"三线建设"，当时条件比较艰苦，好多山沟沟，您对"二汽"选址的决策有没有什么看法？

赵冠谦：当时叫"散、山、隐"（分散、靠山、隐蔽），把一个厂分散开来，后来又叫"山、散、洞"（靠山、分散、进洞）。那时候，那里有好多山沟沟，其中一个较大的山沟叫作十堰。我是在"二汽"的一个分厂，传动轴厂，在一个山沟里，那里叫三堰。

访问者：赵先生，第二汽车制造厂的建设跟您在苏联留学时研究的题目非常对口，您在三堰工作时，在苏联留学时学到的一些专业知识运用得怎么样？

赵冠谦：当时在苏联学习的东西和实际工作还是有一定距离的，我们当时在那里学习的主要是书本上的知识，跟现实确实还是有差距的。在三堰时，我们做的都是干打垒的东西，而且希望能够隐蔽，跟正规的东西就不一样。当时我还参加劳动，直晒太阳，背上得了紫光炎，晚上睡不了觉，就是想多付出点努力。

当时做现场设计，也要参加劳动，我当时就做钢筋工。在那里，我感觉现场设计还是挺不错的，因为现场有什么问题马上就解决了，不像我们在办公室，往往也没有到现场去的要求，就是看图，经常连地形高低都不清楚，当地应该采用什么建筑形式也都不清楚，现场设计不存在这些问题。

访问者：城市规划方面也有个老同志曾经下放在"二汽"，叫刘学海，不知道您熟悉不熟悉？

赵冠谦：他后来在城乡建设环境保护部的规划局工作。我知道他的名字。我们在那里待了一年左右的时间。

访问者：刘学海先生是1969年去的十堰，1972年回来的，在那里待了3年。您是1970年去的十堰？

赵冠谦：我是1969年后期去的，1971年初回来的。

访问者：也是林彪"1号命令"之后下去的？

赵冠谦：对，"1号命令"，要全部下放，我们单位是因为"1号命令"散掉的，分散到了三个地方。

访问者：您去十堰的时候，"二汽"的二三十个分厂是已经开始建设了，还是处于设计阶段？

赵冠谦：我们就是现场设计，一边设计一边施工，但都是很简陋的建筑。我们在做一个车间设计工作，把它叫作小厂（传动轴厂），在那里工作了一年左右。施工图的设计都完了，"二汽"还没有建成的时候，我们就回来了。现在"二汽"都搬出来了，反正在那里是不行了，因为房子太简陋了。

访问者：关于十堰的规划建设，您是什么看法？

赵冠谦：我们在"二汽"，工厂是按汽车生产线分布，沿着地形，长条形分布，分布在很多个山沟沟里。当时的出发点是万一有战争的话，让敌人不能一下子整个摧毁这个工厂，所以要分散，都分散到各个山沟里，每个沟有一个分厂。

访问者：现在涉及怎么回顾和评价的问题。当时的"三线建设"主要立足战备的要求，但也付出了很多代价，现在来看，是错误的决策还是无可奈何？

赵冠谦：我觉得当时的决策不能说是完全错误，当时的想法是分散、靠山、隐蔽。如果在大城市，一个炸弹就可能毁掉了，所以就分散到各个分厂，这样的话，可以保留多少就保留多少，还是从战备的要求出发，是无奈的做法。

那时候，"二汽"要出一个成品也是很困难的，那里有一条大概十里长的路，然后就一个沟一个沟地进去。一个汽车需要多少部件，可以想象。"二汽"是汽车厂，当时汽车厂还可以供战备用，作为战事工程，放到十堰去了。

七、1970年代以后的一些工作经历

访问者：赵先生，您1971年初从十堰回到北京后，有哪些工作经历，可否请您简单说一说？

赵冠谦：我1971年初从十堰回到北京的时候，国家建委成立了一个"新机构"，我就在"新机构"上班了。之前的北京工业建筑设计院已经撤销了，因为人员都下放了，当时在第二汽车制造厂现场的有 108 人，其中只有 8 个人回到北京。北京工业建筑设计院的其他人员主要分到三个省：湖南省、山西省，还有一个是河南省，而且是先分给省里，省里再下放到市里，市里再下放到县里面，有的同志根本就不是搞建筑设计的事儿了。

那时候，之前的建研院也撤销了。"新机构"中，有原来在建研院工作的同志，也有在城市规划院工作的同志，还有水院（给排水设计院）的一些同志，国家建委一些直属单位的人都集中在一起，一共 300 人左右，就在现在我们这个楼上班。我非常幸运地被选中，回到北京工作。

后来这个"新机构"发展到 500 人左右。其中有 200 人左右是建筑机械研究院的，他们那部分人也并过来了，后来建研院的人就回到北郊去了，在小黄庄。城市规划院、给排水设计院的一些同志就各自被派回自己的院内工作去了。

访问者：您说的这个"新机构"，可能就是国家建委建筑科学研究院吧？我查资料时注意到，1971 年 5 月周恩来总理指示要重视城市建设和管理问题，同年 11 月国家建委召开了城市建设座谈会；1973 年 6 月，国家建委建筑科学研究院下设置了城市建设研究所，这个城市建设研究所就是 1979 年成立的国家城建总局城市规划设计研究所和 1982 年成立的中国城市规划设计研究院的前身。

赵冠谦：可能是吧。我回到北京后，"新机构"有两个标准化的项目，一个是制图标准，另一个是建筑统一模数制。我主持了建筑统一模数制，制图标准是罗仁熊主持的。在"新机构"工作了一段时间后，成立了国家建委下属的建筑设计院，这就是城乡建设环境保护部建筑设计院以及后来的中国建筑设计研究院的前身。

到 1976 年，唐山发生大地震以后，国家建委组织我们去唐山参观调查。1979 年国家成立建筑材料总局，总局局长提出要做框架轻板住宅建筑，他当时说不再用秦砖汉瓦，要求房子建得越轻越好，因为唐山地震发现重建筑都塌了，要轻的，所以叫框架轻板，而且明确提出要求，每平方米建筑自重不能超过 300 公斤。其实 300 公斤是很难做的，最后我们做了一个框架轻板的实验楼，就在今天中国建筑工业出版社的位置，在那里建了一个四层的住宅，石膏板做的，基地很小，是第一期实验楼。其实这栋实验楼的建筑质量很有问题，住在里面的人说隔壁人家吃面条的声音都能听得到。

后来又搞第二期实验楼，就在我们院（中国建筑设计研究院）东侧，做了一个石膏板的条板，很高，一层高，但是符合模数，600、900 宽度的板，做成了石膏板的建筑物，这个建筑物现在还在用，可能重新装修过。第三期建筑是在甘家口处做了一个建筑，陶粒混凝土装配式的建筑。第四期是引进南斯拉夫技术的一个项目，叫作后张预应力框架，建在唐山。总之，对框架轻板住宅做了四代研究，这是当时我参加的一个工作。

图 7-30　赵冠谦先生在研究住宅建筑设计方案（2007 年 1 月27 日）
资料来源：赵冠谦提供。

图 7-31　赵冠谦先生和同行一起研究住宅小区规划（2009 年 4月 15 日）
注：前排右 1（正在讲话者）为赵冠谦。
资料来源：赵冠谦提供。

图 7-32　试点小区建设之湖州市东白鱼潭小区
注：该小区 1997 年初完成设计，1998年 8 月竣工验收。1997 年获"建设部跨世纪小区"优秀设计奖，1998 年获"建设部城市住宅小区试点"综合金奖。
资料来源：赵冠谦提供。

我从 1970 年代初期开始编制建筑统一模数制，研究各个建筑怎么能够做成装配化，又是标准化，又能做成多样化。编了一个标准，这个标准是模数制最早的一版，后期又改进了，叫模数协调标准，后来又编住宅、厨房和卫生间的，变成四、五版。改革开放以后，我们院被批准为研究生培养单位，我院陈登鳌老总和我带了 5个有关住宅建筑的研究生，后来又陆续带了几个，当时我的工作已经偏向到住宅建筑了（图 7-30）。我现在也不带研究生了，因为年纪太大了。

此外，我还完成了"改善城市住宅功能与质量的研究"和"小康住宅的研究"等课题，还指导了城市住宅试点小区建设（图 7-31、图 7-32）、人居环境与

图 7-33　赵冠谦先生获得的建设部劳动
模范奖章（1990 年代）
资料来源：李浩摄。

新城镇发展工程金牌建设试点、健康住宅建设试点、中国土木工程詹天佑奖优
秀住宅小区建设等项目，出版了《住宅群设计》《居住实态及跨世纪住宅设计》
《2000 年的住宅》和《赵冠谦文集》等。1999 年退休后，我还一直到办公室来，
做点力所能及的工作（图 7-33）。我的工作情况大概就是这样。

八、赴苏留学的感受

赵冠谦：最后，我想再谈一谈我对留苏的感受，我在苏联学习的一些感受。我觉得，当
时的苏联政府对中国留学生真是无私地帮助，各方面想得都很周到，比如说生
活上、学习上的困难，专门有苏联同学来帮助；还有我们住的地方，他们给我
们调整，原来到学校去要很远，后来给我们搬到比较靠近的地方，这样缩短了
我们在路上的时间。

还有我们研究生的师资，他们做了认真的研究以后做出决定，给我们辅导的都
是在学校里有名的导师。从语言上说，虽然我们在国内学习过一年的俄文，但
是到了那里还是不一样，要能够很流畅地学习他们的东西，还是不容易。他们
的导师一般都是带很多研究生，但对中国留学生采取一对一的教授方式，比如
说要上这个课，先提供你参考哪些书籍，再给你亲自教导，就怕我们学不好，
苏联的老师想尽办法让我们能够多学苏联的经验（图 7-34）。

比如我们在开会的时候，因为那里的社会主义阵营中的各国留学生很多，一开会
总是把我们中国留学生排在第一排，让我们听得准、看得清，这也是很不容易的。

图7-34　赵冠谦先生在苏联留学时的个人留影（1956年）
注：左图背景建筑为一教堂，右图摄于列宁格勒（今圣彼得堡）冬宫前。
资料来源：赵冠谦提供。

我们去留学的第一年，他们就安排我们到黑海附近去休养，当时有一个建筑师休养所，让我们在那里休养，休养完了以后我们就开始实习，收集资料，苏联的研究生到那儿去和我们在休养所会合，不同的研究生有不同的路径收集资料，这也是很不容易的事情。

那时候，专门有一个苏联的俄文教师教我们俄语，她还在假期的时候把我们请到她的别墅，那是在郊区，她把我们请去，她让她的儿子带我们在郊区的森林里边玩儿，真是不容易。当时我们都觉得对中国的学生太好了，可能别的国家是不会这样做的。

九、对苏联导师的感恩和怀念

访问者：赵先生，您在苏联留学时，您的导师是 A・C・菲辛科教授，对吧？

赵冠谦：对，没错。我的导师是学院工业建筑教研室的主任，他做过莫斯科汽车制造厂设计，当时就对我介绍，说我们中国东北长春第一汽车制造厂跟他们在莫斯科做的汽车制造厂类似，他说我们反正把我们仅有的技术全部教给你们了，没有保留，当时两个国家的关系确实很不错。导师对我说：你学一学中型机械制造厂。

图 7-35 "父子俩"：赵冠谦先生与苏联导师 A·C·菲辛科先生（左）的合影（1957 年）
资料来源：赵冠谦提供。

图 7-36 "兄弟俩"：赵冠谦先生与苏联导师的儿子（右）在一起的合影（1957 年）
资料来源：赵冠谦提供。

主要是汽车制造厂和拖拉机制造厂，这两个厂在战争的时候很容易就变成军用的了，比如拖拉机变成坦克。

访问者：咱们第一拖拉机制造厂在洛阳。

赵冠谦：洛阳当时有几个厂，"洛拖"是其中一个，还有矿山制造厂，还有轴承厂。这几个厂都是苏联专家援助建设的，我是后来知道的。

访问者：洛阳也是八大城市之一，重工业比较集中。

赵冠谦：苏联在洛阳援建了几个厂，比较有规模，成批援助，包括工艺什么的都一起援助我们。

访问者：连这些厂的设计也是苏联专家帮着一块儿做的。您的导师当时有多大年龄？

赵冠谦：我的导师那时候是 53 岁，就是我的长辈，他把我当作他自己的孩子，我和他有一张合影，我在照片背后用铅笔写了"父子俩"（图 7-35）。他当时有一个孩子，那个孩子只有十几岁，念十年制的学校（图 7-36）。我去了以后他就好像有了一个大孩子，把他的精力都放在我这个学生的身上，教我怎么学习。我们学校旁边有一个建筑书店，卖一些建筑方面的书籍，但是我也不知道有什么好的书，他就把我需要的书列出单子，全给我准备好了。等出一本新书，他就给我买来了，给了我。反正对我们的教育，怎么能够有帮助，就怎么做，确实下了很大的功夫。

我回北京的时候，他全家都到车站去送我，我也很感动。然后我们还经常有书信交往，一直到中苏关系破裂，就没办法再寄信件了。

后来我的导师眼睛出了毛病。在武汉有一位苏联专家曾经给他带过一些中药，他说很好用，他说能不能让我帮他想想办法。我就去找，我买到了，要寄，后来海关说这个药不能寄，万一出了事情就不好说了，最后也没寄成。不论如何我是想办法给他买到了。他既然这么对我，我也得想办法，而且他眼睛坏了，对他来讲也是一个很大的损失，能够帮助他就感到不错了。

我想说的主要就这些。要我从城市规划专业来讲一些意见是很困难的，因为我并不熟悉。

访问者：您已经讲了很多十分宝贵的意见和情况，我会按照您的指导意见对书稿做进一步的修改和完善，专业方面我还会多听取一些规划专家的意见。

赵冠谦：好的。

访问者：再次谢谢您的指教和帮助！

（本次谈话结束）

王绪安先生访谈

实际上，当时落后的施工方法制约了地铁的走向，地铁就不得不从复兴门往南拐，走城墙和护城河之间，走崇文门、前门、和平门、宣武门这一线，我们叫它"前三门"。也就是地铁规划方案上的 2 号线。走"前三门"，具体走哪儿呢？如果不动护城河，不动城墙，完全靠拆房来修地铁，资金和时间等都不行，只得把城墙和护城河给占用了。

（拍摄于 2021 年 3 月 1 日）

专家简历

王绪安，1932 年 8 月生，北京人。

1951—1955 年，在唐山铁道学院铁道建筑专业学习。

1955 年 8 月毕业后，分配在中共北京市委专家工作室（北京市都市规划委员会）工作。

1958—1986 年，在北京市城市规划管理局工作。

1986 年起，在北京市城市规划设计研究院工作，曾任院副总工程师。

1996 年退休。

2020 年 9 月 9 日谈话

谈话时间：2020 年 9 月 9 日晚上

谈话形式：电话方式

谈话背景：2020 年 8 月底，访问者完成《苏联规划专家在北京（1949—1960）》（征求意见稿）并呈送王绪安先生审阅。王先生阅读书稿后，与访问者进行了本次谈话。

整理时间：2020 年 12 月，于 2020 年 12 月 29 日完成初稿

审阅情况：经王绪安先生审阅修改，于 2021 年 1 月 18 日定稿并授权公开发表，1 月 22 日补充修订

王绪安：你好，是李浩同志吗？

李　浩（以下以"访问者"代称）：王先生您好，我是小李，前些天给您邮寄呈送过《苏联规划专家在北京（1949—1960）》书稿。

王绪安：你的书稿我收到了，也初步看过了，我有些意见，想跟你商量一下，能否就以电话方式给你说一说？我不是不愿意和你见面，主要是我的耳朵现在有些背，当面谈的效果还不如以电话方式更清楚，也更方便一些。咱们就在电话中谈一谈，你看行吗？

访问者：好的王先生，没问题。

图 8-1 原北京市都市规划委员会道路组的部分老同事合影（2004 年 9 月 12 日）
注：左 1 为王绪安，左 7（后排，最高者）为钱连和（曾任北京市规划委员会副主任）。
资料来源：王绪安提供。

一、对《苏联规划专家在北京（1949—1960）》
（征求意见稿）的修改意见

王绪安：首先，书稿第 284 页的北京市都市规划委员会早期分组名单表，其中有些人名
不准确，我给你说一下。

总体规划组，"窦焕开"不对，应该是"窦焕发"。

公共交通组，"陈广缴"不对，应该是"陈广彻"。

市政规划组，"金宝华"不对，应该是"金葆华"；"龙尔鸿"不对，应该是"庞
尔鸿"；"黄秀　"不对，应该是"黄秀琼"。

这些人名上的问题，你找别人再问问，核对一下。

访问者：好的王先生。这个名单是根据郑天翔日记整理的，原文是手写的，有的识别存
在偏差。谢谢您的指正！我根据您的意见修改一下，再请其他前辈帮忙核对核对。

王绪安：第二个问题，第 329 页最上面写了这样一段话："1955 年第三批苏联专家援助
北京城市规划工作时，铁道部正在研究和制订全国的铁路规划，内容包括北京
地区的铁路规划。"我认为这句话不太确切。

我印象很深刻，我是 1955 年 8 月大学毕业，9 月 15 日到北京市都市规划委员
会报到参加工作。我报到了以后，郑祖武同志管铁路规划，他是北京市都市规
划委员会道路组的组长，就把我放在道路组（图 8-1）里面了。我印象很清楚，
是郑祖武带着我去找的铁道部，找的是铁道部设计总局局长，这个局长叫布克。

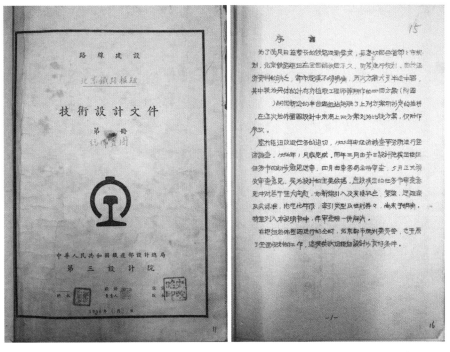

图 8-2　北京铁路枢纽总布置图技术设计文件（铁道部设计总局第三设计院，封面及序言，1956 年）

资料来源：铁道部 . 铁道部 1956 年对北京铁路方案的建议 [Z]. 1956. 北京市城市建设档案馆，档号：C1-48-1.

郑祖武带我找到布克，很明确地说，中共北京市委彭真同志让北京市制定城市总体规划，请铁道部正式配合。在这个情况下，布克局长就把这个工作任务正式下达文件，交给了铁道部第三勘测设计院。铁道部设计总局当时在北京，三院的地点在天津北站马路北。

所以，铁道部第三设计院安排了北京铁路枢纽总布置图的规划工作（图 8-2）。他们承担这个项目的负责人叫徐秀岚，年岁比我大，约大三四岁，级别也比我高，是铁三院委任的北京铁路枢纽规划总体负责人。我是刚毕业参加工作的大学生，只是负责跟徐秀岚对口联系。

所以，是老郑直接找的铁道部设计总局，铁道部才正式安排三院做这项工作，出的这份文件，不是第三批苏联专家来的时候铁道部就正在规划北京枢纽呢，是北京市委请铁道部正式安排、配合苏联专家做的一项具体工作，是这么个过程。在这个过程中，苏联专家勃得列夫也曾明确，要好好和铁道部协调，他们有什么意见拿过来咱们研究，咱们有什么意见也要返回给铁道部，明确表达咱们的意见，勃得列夫也是这个意思，请铁道部配合。

开始时，我在中间来回转达各方面意见，就多次跑三院，因为市里要给铁路系统电话，双方又都是分机，太困难，只好坐火车去，那会儿从北京到天津北站要三个小时，我到天津三院就找徐秀岚。我把北京市关于环线位置、老北京站应东移、环线上车站设置和城市规划道路的配合以及货站和车辆段位置等意见说给他，他把图纸做出来，我带回来向郑祖武汇报，老郑再把铁路方面的意见跟天翔同志和苏联专家汇报。向苏联专家汇报的时候，个别时候我也去参加了，有的时候也没让我去参加。大概就是这样的过程。

这个过程，我给你这么描述一下，看文字上怎么调整。我觉得小调整一下就行了。

访问者：好的王先生，我听明白了，我再修改和调整一下。

二、北京西郊铁路环线的改线问题

王绪安：还有一个事情，关于铁路环线西北部位置的问题，我看你在书稿中用了很大的篇幅来讨论，包括苏联专家几次比较明确地说，要把铁路线挪到山后去。苏联专家的意见，我认为是很正确的，这不是我站在规划部门工作的立场认为正确，而是从总体上来看，这样处理尽管对铁路方面有不利的地方，但是拿铁路不利的地方和对北京市有利的地方来比较，北京市有利的地方更突出一些。总的来说，铁路环线改到山后应该是合适的。

这个事，我一到都市规划委员会的时候，就了解各方面的情况了。当时规划总图的事归傅守谦管。我跟傅守谦请教过这个问题，我说："对于山前线、山后线，咱们是怎么考虑的？"傅守谦对我说得很明白，他说："这个问题你也甭多问我，我告诉你，山前线过不去。"我当时理解"你不要多问了"包括两重含义：一是有些事儿不宜细说，你不要多问了，有这个意思在里头；二是反正山前线过不去，你知道这个就行了，肯定就是过不去。

后来，时间一长，也就了解了，当时北京市对这个问题的意见，除了铁路过境交通干扰市内交通以及风景区的问题之外，主要问题是由于新中国成立初期，不少中央首长住在香山和玉泉山一带，铁路部门想把环线摆在山前，沿线还邻近一些重要军事部门，这是难办的事，故此也无法把它作为总图上正式的比较方案，就是这么回事。所以，山前线方案（图8-3）在北京市都市规划委员会上报的总图中，从不表示。而在铁三院出的北京铁路枢纽总布置图文件中，虽然也画上山后线作为比较方案，但只是个陪衬。

北京市规划部门对铁道部门表的态，已经非常清楚了，但铁路部门特别坚持，这个事儿就摆在那儿了，先摆着吧。过程中，铁三院也曾研究提出过妥协方案，拟把山前线局部以路堑甚至明洞的方式通过，以减低对附近的干扰，市规划部门未予考虑。这个事儿毕竟是具体方案的分歧问题，只有等实施时再研究决定了。

这个事儿，到了1958年出了点情况，那时候冯佩之主持北京市规划局的工作，他把我找去了，他说山后线有问题了，我说山后线有什么问题？他说你赶紧去找铁道部第三设计院。原来山后线在韩家川那个地方绕了一个大弯儿，沿着半山腰过去的，他说这个地方不要再规划铁路了，挪出去。我说这有点困难，他

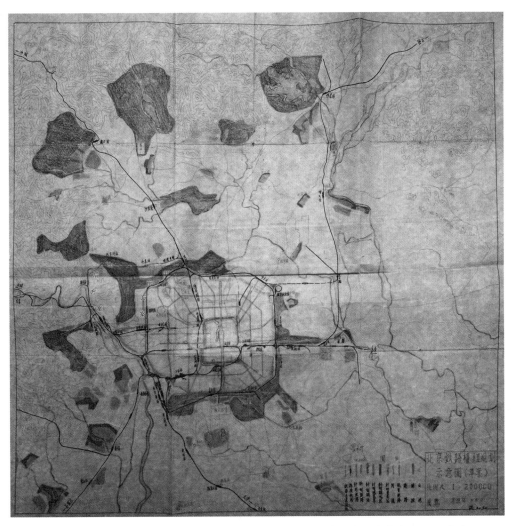

图 8-3　北京铁路枢纽规划及西北部环线改线之山前、山后方案示意图（草案，1956 年）
资料来源：铁道部. 铁道部 1956 年对北京铁路方案的建议 [Z]. 1956. 北京市城市建设档案馆，档号：C1-48-1.

说怎么困难呢？我说铁路只能沿着山势转，它是有坡度的，如果不让它沿着坡度转，让它往北走，整个铁路要悬空好几十米，怎么弄啊？他说那是具体技术问题。他说：我就跟你说清楚了，你也不用再问了，就是这个地方过不去了。我也就不再问了。过后，我一了解，实际上是有个单位定在韩家川了，把整个韩家川的山洼占了，规模很大，铁路不可能再居高临下往那儿修了。

所以到后来，这个问题没辙了，我就再提出一个方案，即从三家店站南端出线，甩一个弯，穿一个隧道，把韩家川躲过去，直接往北接沙河站。就这样提出一个无奈的"山中线"。

拿什么平衡改线方案的矛盾呢？北京规划铁路的环线，唯有环线西北部的山后线是 20‰的坡度，其他方面，包括南边、东边、北边的环线，都是 4‰的坡度。铁路对坡度非常敏感，哪怕坡度从 4‰提高到 6‰，列车的编组长度就要调整。

铁路部门极力躲避山后线，主要原因就是坡度太大，运输成本太高。所以，我就对铁道部三院说，咱们把环线的标准统一起来，都弄成4‰，工程量大点儿，从山里穿出去，那边架上大桥。其实"山中线"也没有比"山前线"绕多远。于是就弄成了这么一个方案。

后来，这个方案就被写入了1958年的规划稿，在1959年的北京城市总体规划方案上就有了"山中线"，北京市提的规划方案中"山中线"和"山后线"并存。在铁道部1960年批准的枢纽文件里，调整的环线方案变成"山中线"和"山前线"，早先提出的老的"山后线"就放弃了。实际上，这个事儿不到修铁路的时候，也就没人再提了。

"文化大革命"开始以后，北京的城市规划建设就停滞了，连北京市规划局也被撤销了，1969年把我们都下放到小汤山那儿劳动去了。原来一百多人的规划局，只有十几个人留守，基本上就在那儿看摊吧。

在这个过程当中，由于战备需要，必须要修铁路西北环了，不修不行了。如果不修西北环线，北京铁路系统的机动灵活性太差了，哪怕修个坡度陡一点的，通过能力低一点的，也总比没有强。这样的话，西北铁路环线的走向就得确定下来。在征求规划方面意见的时候，留守的同志就说：按照已定的北京市规划方案办，我们都没意见，没别的意见。

事后，我听留守的同志对我说，在勘察"山前线"和"山后线"的时候，有勘察人员到山上测量，结果那边的有关单位把他们给扣起来了，弄清楚了后又给放了。这项代号321的战备工程，北京市规划部门仍然是原规划的意见，市里领导有的靠边站了，也没人管了，上级让修西北环线，要赶紧拿出方案和设计图纸，赶紧开工，铁道部三院没办法了，往韩家川那边走肯定此路不通，只能就沿着大觉寺山麓往北去，直接插到沙河去了。

以前长期争论不休的一个规划问题，当时在实际的战备和"文革"中，很快就解决了。大概的过程就是这个样子。

我说这些话的中心意思是啥？你在书稿中写的这个问题，都符合事实，你写了苏联专家的意见，他们的意见很明确，就是坚持着不能同意"山前线"，要让铁路服从咱的规划，服从大局，应该走"山后线"。实际上，这个意见跟当时的北京市都市规划委员会的领导，包括市领导的意见，是完全一致的。你写苏联专家为此事也做了许多工作（图8-4），这是完全对的。但总的来说，苏联专家和市里的意见一致，跟铁道部的意见是不一致的。所以我们就很明确，我们作为做具体工作的人来讲，就是"山后线"。

我说的是什么意思呢？你在适当的地方，也可以加上一句："苏联专家的意见很正确，与北京市有关方面的认识完全统一。"这样的话，就不只是苏联专家

图 8-4　苏联专家勃得
列夫和兹米耶夫斯基在
北京西郊考察铁路和道
路情况（1956 年春）
注：上图中左 1 及其他 3
图中左 2 为勃得列夫，上
图中右 1 及其他 3 图中左
1 为兹米耶夫斯基。
资料来源：郑天翔家属提
供。

在坚持，北京市也坚持，别人读起来就无可挑剔了。你明白这个意思了吧？

访问者：我明白了，王先生，我修改一下，把北京市的作用体现一下。

王绪安：我能提出来的，大概就这些意见。我觉得你整理得很好，拿"苏联专家在北京"做一条主线，把整个北京城市总体规划的发展、演变和逐步完善给梳理清楚了，整理成册了，挺好的。

三、教育背景

访问者：王先生，可否请您聊聊您的学习和工作经历，比如早年在唐山铁道学院学习的一些情况？

王绪安：有个小插曲我说说吧。我是1951年入学，1955年毕业的，入学的时候还不叫唐山铁道学院，叫唐山工学院，后来进去一个学期以后，这个学校就划归铁道部了，改叫铁道学院了。我们进这个学校的第一年，没有分专业，叫大家先学基础课。成立唐山铁道学院，我认为这是国家很有远见的举措，它是专门培养铁路建设人才的一个学校。铁道部在这方面抓得早。

当时在全国范围内有四五个以上的高等学校为铁路交通发展培养人才，不光是铁路线路，还有桥梁、机车、车辆、通信信号、材料乃至管理等。随后，又建了多所铁路院校，为铁路、桥梁建设打下了基础。这是很有远见的，很了不起的事。我很幸运，从1952年起，每个学生每月都有10元助学金，用来交饭费还有余，从入学起就不用交学费、住宿费和讲义费等，上学是国家全包了。

我们毕业那会儿，完全包分配，并且那会儿的思想认识和现在可能不太一样，大家是绝对服从，没有什么好说的。我们班比较大，70多人，将近80人。印象中只有一个人对分配有意见，略作调整就没事了。

访问者：你们70多人是同一个专业吗，还是不同的专业？

王绪安：都是铁道建筑专业。我们的专业名称叫铁道建筑，包括房建（主要学钢、木、混凝土结构设计）、选线、线路工程，全学了，知识面比现在的专业要宽。所以，毕业以后分配到勘测、设计、管理、工程建设或科研等单位都可以。

那时候有一个比较明确的说法：铁道部全包，毕业出来多少人，就要多少人。所以，我一心想上铁路去。我也没有什么其他想法，比如有没有发展前途？我没想过这些问题。就是人家都到铁路去，我也想去。

所以，后来毕业时，我一接到分配通知书，让我去北京市人民委员会，我真不知道人民委员会是什么部门，后来一问，说这就是政府。哎哟，我说我去政府工作，还修什么铁路呢，心里挺别扭。

访问者：王先生，您是哪里人？

王绪安：我的原籍就在北京。上完学回北京，按现在来讲应该是很高兴的，那会儿还有点不大满意，我还真愿意到铁路系统，建设铁路。当时还是那么一种心态呢。当时我心里的这点想法，不敢对别人说。我对我爸爸说过，我说我们班70多人，大部分都分配到铁路系统了，就只有两个人"出部"——就是出了铁道部。一个是我，另一个同学也姓王，是个女同学。那时候，学校把她分配到了第一机械工业部，她到那儿以后就不满意，要求回铁道部，随后办成了。她回铁道部，两个多月后我就知道了，我心里想：这事儿怎么弄呢？后来想，既然把我分配到这儿做规划，我就先把规划这件事做好，规划总有个阶段吧。

四、在北京市都市规划委员会参加工作之初

王绪安：1955年毕业后，我就在北京市都市规划委员会参加城市规划工作，跑铁路局收集现状资料、客货运数据，联系三院协调方案，也和大家一起绘图，以及编写铁路规划说明等。

1956年我们整理资料、写说明的那段时间，是在畅观楼工作的，我印象特别深，在畅观楼，写各个专业的稿子，包括道路的、铁路的、河湖的、交通的，等等，各方面都把规划说明书给写出来。天翔同志在那儿主持，他认真地阅改文稿和提出意见，抓得特具体。那时，他有一个习惯性动作，眼睛干涩，总眨巴眼。他工作太忙，夜里没工夫睡觉吧！我看他太累了。

我怎么记得是在畅观楼呢？有一天中午吃饭的时候，坐那儿了，天翔同志就问：宣祥鎏今天怎么没来啊？别人搭了一句话：你真是官僚主义，人家老宣今儿结婚。这是在畅观楼的饭桌上，这句话我记得很清楚。

铁路枢纽规划说明由天翔同志提出意见，张其锟同志动手改，现在在北京市城市建设档案馆存档的规划说明书上，都还有张其锟修改的笔迹呢。

约在1956年初冬，依据中共"八大"期间征求的意见和中央领导的指示，北京总规修改上报，我们下边的工作不太忙了，我就提出来，我说把我从学校里分配来，现在规划也完成了，也上报了，究竟什么时候批也不知道，所以现在咱们活儿也不多了，是不是把我放了得了。我说我想做点具体工作，比如到铁道部三院做点设计工作。

这下可好，在都市规划委员会道路组办公室，组织了包括张其锟、陈鸿章和李馨树等在内共五六个人，为我的事专门开了个会。那时候我是个团员，这个会议也不能算党小组的会议，主要就是因为我想调走，对我进行重点帮助。

会上，我说了我的看法和意见，我说规划工作很重要，这个工作是高屋建瓴的，是统管全局的，应该找更有经验的工程师，做铁路工作做了十几年再来做这个工

作比较合适；我是刚从学校出来的学生，忙完这段工作后，我想回铁路系统继续学习学习。我的话是这么说的。他们把我批评了一顿，大意是：你如果回到铁路系统，只是能做一些具体设计什么的，但咱们这个规划工作是统管全局的……

我听了大伙儿的意见以后，我想我也别再多说了，服从领导安排吧，当时觉得再说深了更不好，非但调不成，给人印象还挺坏。我说：那我服从领导安排，咱们就不提这个事儿了。以后，我说不提，咱就不提。就这么，我一直留在了规划部门，直到退休。

现在回过头来看，城市规划这个事业确实是一个龙头，是很重要的事业。要是出了点小的偏差，它造成的损失，绝不是像某个具体工程出了问题那样好补救。规划工作也确实需要有经验的人，由做过这方面工作的人来做，这个话也应该是对的。

这件事，就是我说的"小插曲"，也就这么走过来了。就我做的具体工作而言，在1992年以前，北京城市总体规划的几次修编工作我都参加了，到了1992年版北京总规修编那次我就没再参加。

就铁路这一个单项而言，不管是原来安排的放射状干线、环线也好，客运站也好，基本上都是按照原定规划方案逐步实施的，这一点也是很不容易的。相对来说，铁路方面的调整和变化还是比较小的。几十年建设都是按既定规划实施了。

我大学毕业之初，把同学们毕业分配的情况对我父亲一说，我父亲说：没上铁道部也没关系，塞翁失马，焉知非福？现在回头再来看，他这句话也不无道理。

五、关于北京地铁的规划建设

访问者：王先生，我还想问您点问题，可以吗？

王绪安：可以，只要我知道的肯定跟你说，你问吧。

访问者：这份书稿中还写到第四批苏联专家，也就是1956年10月份到北京的地铁专家组，不知您当时参加北京地铁规划了吗？

王绪安：没有。地铁规划一直是张光至他们参与的，我没参与。

访问者：我听说张老已经去世了，是吧？

王绪安：他已经去世了。编写《岁月如歌》①的时候他还在呢，我还跟他见了面，还聊了聊，那会儿他的身体已经很差了。

1955年我到北京市都市规划委员会刚参加工作的时候，张光至和我们就在正义路2号办公。到了1956年冬，我们搬到霞光府马路北了，霞光府那边都是小

---

① 北京市规划委员会，北京城市规划学会. 岁月如歌（1955—2004）[R]. 内部资料，2004–09.

图 8-5　苏联地铁专家和规划专家正在一起研究北京地铁规划（1956 年）
注：左图中左 1 为张光至（站立者），左 2 为苏联地铁专家果里科夫，右 1 为苏联电气交通专家斯米尔诺夫。
右图中左 1 为斯米尔诺夫，左 2 为果里科夫，左 3 为苏联建筑专家阿谢也夫。
资料来源：郑天翔家属提供。

间的办公室，就把我、张光至和李馨树放在一间屋里，所以我和张光至特别熟。
我就是负责铁路规划的，他就是负责地铁规划的（图 8-5）。

不过，在那个时候，地铁规划方面的一些具体事情，张光至不能对外说，他也
不会对我说，我也不问。但是，地铁规划的线路方案我是知道的，因为每次汇
报规划方案，要画图了，大家都在一个大房间，画出来的图纸都在那儿摆着，
一看也全明白了，起码知道地铁规划方案的布局和线路了（图 8-6）。至于说
深埋或浅埋的矛盾等，那些情况我就不知道了。那个时候，凡是在都市规划委
员会做规划工作的同志都知道，地铁建设首先要考虑的是战备要求，用于避险
和疏散，这一个大的原则我是知道的，地铁规划的详细内容我不知道。

过后听说，当时地铁规划方案中争论很大的是深埋或浅埋的问题，我认为苏联
专家的意见和最后确定的浅埋方案都是正确的。深埋方案，最深处要 100 米以
上，都埋到基岩里去了。

深埋、浅埋争论的实质，简而言之就是：深埋是以战备为主，兼顾平时交通需
求；浅埋则是以平时交通为主，兼顾战备需要，增加相应防护设施。鉴于 1965
年后的国际形势和战备需要，使得这一争论更为激烈。

就苏联专家来说，这本书稿重点是写苏联专家在北京都做了哪些工作，起了什么
样的指导作用，就这些内容而言，苏联专家对一些大的问题的意见，比如说铁路
环线在西北部的位置和走向、北京地铁应浅埋等，他们提出的意见都是对的。

北京规划地铁埋深问题的最终决策，是工程部门在公主坟挖了一段试验井，做
了施工试验以后，最后提出工程、地质资料以及各有关部门、专家和领导的意见，

图 8-6　北京市地下铁道远景规划第
一方案和第二方案（1957 年）
资料来源：张光至.回忆我一生所从事的北
京地铁建设事业 [R]// 北京市规划委员会,
北京城市规划学会.岁月回响——首都城市
规划事业 60 年纪事（上）.2009：281.

由周恩来总理亲自听的汇报，他听完了拍的板，决定浅埋。我知道的过程大概
就是这样。

当前，北京市的地铁已经修建 700 公里了，还有几条线正在修建中，很快就要
突破 1000 公里。不要说埋深 100 多米（最深的段落达 150 米），就是五六十米，
其工程费、运营支出、能耗和乘车时间的增加等，难以计数。这愈发证明，半
个世纪前苏联地铁专家支持浅埋方案，周总理确定地铁浅埋，具有远见卓识，
是完全正确的。

六、为修地铁而拆城墙的无奈之举

访问者：王先生，后来到 1960 年代，把北京的城墙拆了修地铁，这段时间的规划工作
　　　　您参与没有？

王绪安：这段时间我正在规划局工作呢，你想问什么问题？

访问者：因为好多人对北京的老城墙很留恋，觉得拆了很可惜，我想了解的是，当时是

否就是为了修地铁才把城墙拆了，这也是没有办法的事情，对吧？

王绪安：对，是这样的。北京地铁首先修的一段线路也就是现在东西贯通的 1 号线，其中长安街从建国门到复兴门这段怎么办？北京市定不了。北京市为什么定不了呢？长安街每到"五一"和"十一"就要游行，那时候修地铁还不会暗挖，只能明挖，即使"五一"不游行了，国庆还得游，国庆游完了就开工，还没等盖上，第二年又该"十一"游行了，这事儿怎么办？解决不了。

实际上，当时落后的施工方法制约了地铁的走向，地铁就不得不从复兴门往南拐，走城墙和护城河之间，走崇文门、前门、和平门、宣武门这一线，我们叫它"前三门"，也就是地铁规划方案上的 2 号线。走"前三门"，具体走哪儿呢？如果不动护城河，不动城墙，完全靠拆房来修地铁，资金和时间等都不行，只得把城墙和护城河给占用了。

那时候，先在护城河南侧修了一个"盖板河"。所谓"盖板河"，实际是北京最大的一条排水道，可以开着大汽车在里边跑。在它的北边修了地铁。

这里还有个细节，一条地铁的双线隧道，用得了城墙再加上护城河那么宽的用地吗？这是因为在规划上，在地铁和"盖板河"之间，还必须预留出联系北京站与北京西站的铁路地下直径线，是一个四线的铁路隧道位置，即便拆了城墙也安排不下，故此铁路直径线只能压缩为双线隧道，现已建成通车。

我写过一篇文章，题目叫"北京铁路直径线规划方案经历重大波折"[1]，记述过这方面的一些事情和经过。当时对城墙是什么态度呢？实际上，作为规划部门来讲，不可能有人再提出来"城墙不能拆"，因为地铁工程项目是因战备而上马的。所以，在那个情况下，城墙就只能成了牺牲品。

为什么崇文门往东的这段城墙不拆了呢？因为北京站在 1959 年十年大庆的时候就已经建成了，地铁又必须联系北京站，所以地铁从崇文门这儿拐了一个小弯儿，拐到现在的北京站广场，设了两个出入口。所以，北京站南侧的这段城墙就保留下来了。

作为规划部门来讲，如果能够把城墙留下来，完整地保留下来，当然是好事，现在来看也是很有意义的事情，毕竟它是历史上实际存在的真东西，哪怕后来再有修修补补，它也是原来的真东西。现在，也不可能再恢复了，已经拆了。

所以，有很多的无奈，很多的事情碰到一块儿了，不得不做。不完全是谁愿意扒，谁不愿意扒，不完全是这么简单的问题。这是我的看法，我讲得也不一定全面。

访问者：哪里，您讲得非常全面和客观。

---

[1] 载《岁月回响》一书。详见：王绪安 . 北京铁路直径线规划方案经历重大波折 [R] // 北京市规划委员会，北京城市规划学会 . 岁月回响——首都城市规划事业 60 年纪事（1949—2009）（上）. 2009：275–276.

七、对北京未来交通发展的建议

访问者：王先生，我想再向您请教一个问题。北京城市建设发展到今天，铁路系统特别是地铁对支撑这个特大城市的正常运营起到了非常骨干性的作用，可以说很多人都是在依靠地铁上下班，甚至进行日常的商务联系等，您对北京未来的铁路系统建设和交通发展有什么想法或建议？

王绪安：1955 年我们在做铁路规划的时候，当时北京铁路局的局长叫王效斌，他去莫斯科考察过，回来以后写了一个报告，送给天翔同志了，他批下来。我看过这个报告的内容，核心问题就是说，莫斯科很好地利用了市郊铁路解决城市交通的问题。咱们是不是也要安排一些市郊铁路来解决城市当中将来的通勤问题？王效斌从苏联回来后就提出了这个问题。

当时，铁道部是中国铁路建设的主管部门，城市方面没有能力再安排车、机、工、电等各个部门齐全的修建铁路的机构，要修市郊铁路就得依靠铁道部。所以，关于这个意见，我们就跟铁三院的老总和北京铁路局的郭总（他是指定的和我对口联系人）等联系，交换意见，结果，几家均不以为然。他们的意思我很明白，简单说就是与我们无关。记得有位铁路局的总工说得直白：如果货物拉不走、长途的客运拉不走，打我铁道部的屁股，不找你北京市，我现在的事儿都忙不过来，也没有上级让我弄这个事儿，我没事儿找什么事儿？

联想到地铁，修地铁的时候曾有两种意见：修了地铁，是由城市管，还是由铁道部管。还有过一段磨合期，铁道部是尽量往外推，支援技术人员或专用物资等都可以，但投资建设、运营和管理这块我不管，我就负责城市间的客货运输。这样的话，地铁建设和管理的事情就落到各个城市的肩膀上了，各自筹款，城市自己干。

改革开放后，1984 年我出国考察，第一次去的是日本，我到东京一看，原来人家的市郊铁路起了这么大的作用，承担了市间客流这么大的比例。咱们确实在这方面有差距，问题在什么地方呢？第一，铁道部不管；第二，我们做城市规划的人，有些人对铁路有成见，认为这个东西不能要，有噪声、污染、振动、阻隔交通等各方面的问题，咱们不能要，城市里不能要铁路，要把铁路都推到城市边缘以外去。当然，这种看法也是片面的。

我看过国外的市郊铁路，它不是没有缺点，比如东京，就在市中心附近。当时，市郊铁路两侧连隔声屏障都没有，铁路跨过道路的桥，有的还用的是钢梁，火车一过，"嗡嗡嗡"，声音特别大，如果夜间过个车，肯定会产生很大的噪声。白天还好，早晚噪声污染很严重。

实际上，这些问题也不是解决不了。铁路的电气化就把原来的蒸汽机车的声音给消灭了。另外，现在都用长钢轨了，车轮子撞击钢轨缝隙的声音没有了，咱们现

图 8-7　王绪安先生代表北京市城市规划设计研究院交通规划所向北京西客站设计方案
的评委介绍西客站的选址定位和规划要点（1992 年）
资料来源：王绪安提供。

在的高铁也好，一般列车也好，至少是 500 米一节的钢轨，也就是每 500 米才有
一个接缝，有的线路现在焊接得更长，线上的技术咱们现在达到的真是世界水平，
非常高的水平了，充分说明噪声、振动和污染等好些问题在技术上是可以解决的。
我认为现在应重视，地铁到了郊区、居住密度比较低的地方以后，尽量多用地
面线路，把建造费用和运营成本大幅度降低。假如说全市的居住人口在四五百
米之内都能走到地铁站站口，能够达到这个水平，再辅以市郊铁路等公共交通，
就解决了城市交通的大问题。

1986 年 9 月北京市城市规划设计研究院成立后，成立了交通规划室，我就搞交
通规划了。到 1992 年底，由于 1983 年北京西客站上报计划任务书时我参与得比
较深（图 8-7），所以就把我抽调到西客站总指挥部去了，直到北京西客站按规
划建成通车为止（图 8-8）。所以，自 1993 年以后，我没怎么接触城市规划了。
说到交通规划，因为题目太大，我就说两句小汽车吧。小汽车，不论动态或静态，
都占地太大，人均能耗也高。随着经济发展，人均小汽车拥有量一上去，必然
造成城市拥堵，损失巨大，大城市和特大城市必须以公共交通为主。

就"以公共交通为主"这几个字而言，早在 1955—1957 年北京市都市规划委
员会时代，马义成、潘泰民主持交通组的时候，意见就非常明确，北京必须以
公共交通为主，控制小汽车发展。即便你控制小汽车，它也要大发展，如果你
不控制它，那就不得了了，足以使城市瘫痪。当时，我就同意这个观点。

图 8-8　北京西站建成通车时规划设计部的部分人员合影（1996 年 1 月 21 日）
左起：钱连和（左 1）、王绪安（左 2）、朱嘉禄（左 4，北京西站总建筑师）、崔凤霞（左 6，女，北京市城市规划委员会常务副主任）。
资料来源：王绪安提供。

　　实际上，北京市很早就提出过控制小汽车发展的建议。早在 20 世纪 80 年代末，规划部门曾经写过报告，并提过一些具体建议。比如说控制小汽车指标，北京市一年就发放 5 万指标，但谁说也不行，上边就是要发展小汽车。我说句大实话，好些大的方向性的事，不是说问题都没提出来过，也不是都提错了，落得无可奈何的也不少见，可能上边还有些大事压着呢。

　　到现在这一步了，没别的可说了，大城市、特大城市只能走以公交为主、大力发展地铁的路线，已成必然，让地铁的密度更大一点，换乘的节点更人性化一点，让它的利用率更高一点。同时，对于小汽车，只能加强调节、引导，辅以管理措施，多管齐下，慎重控制其利用率。我的看法大概就是这样。

访问者：好的王先生，谢谢您的指教。

王绪安：我也提不出什么特殊的意见来，刚才跟你聊的这些供你参考吧。你做的工作还是挺好的，把苏联专家活动的一些资料搜集得都比较全，分析得很清楚，也都提出了你的一些看法，是很重要的一个规划研究成果。

访问者：谢谢您的鼓励！

王绪安：再见了。

访问者：王先生再见。

（本次谈话结束）

钱连和先生访谈

畅观楼规划小组成立以后，工作分开了，立刻就开始工作。为什么要分开？那时候，北京市都市计划委员会的人员，时间那么匆忙，需要赶快出东西，有些人员谈话又谈不拢，我理解干脆成立一个专门的组织，所以成立了畅观楼规划小组，专门做规划方案。甲、乙方案不用说了，陈干就是甲方案的组织者之一，当然了解这个情况，另外对于乙方案，我估计调到畅观楼小组的人也有所了解。

（拍摄于 2020 年 9 月 28 日）

钱连和

专家简历

钱连和，1934 年 1 月生，唐山玉田人。

1949—1952 年，在北京市高级工业职业学校（后改称北京工业学校）学习。

1952 年 7 月毕业后，分配在北京市建设局工作。

1955 年 6 月，调中共北京市委专家工作室（北京市都市规划委员会）工作。

1958 年起，在北京市城市规划管理局工作，曾任规划管理处处长、远郊规划管理处处长、交通规划处处长和局党组副书记等。

1986—1990 年，在北京市城市规划设计研究院工作，任副院长。

1990—1995 年，在首都规划建设委员会办公室暨北京市城乡规划委员会工作，任副主任。

1995 年退休。

2020 年 9 月 28 日谈话

访谈时间：2020 年 9 月 28 日上午

访谈地点：北京市西城区复兴门北大街 3 号楼，钱连和先生家中

谈话背景：2020 年 9 月初，访问者将《苏联规划专家在北京（1949—1960）》（征求意
　　　　　见稿）呈送钱连和先生审阅。钱先生阅读书稿后，与访问者进行了本次谈话。

整理时间：2020 年 12 月至 2021 年 1 月，于 2021 年 1 月 8 日完成初稿

审阅情况：经钱连和先生审阅修改，于 2021 年 1 月 20 日定稿并授权公开发表

李　　浩（以下以"访问者"代称）：钱先生您好，感谢您接受晚辈的拜访。今天主要
　　　　　是想听听您对《苏联规划专家在北京（1949—1960）》书稿的意见，并请您聊
　　　　　聊您的一些经历。

钱连和：其实我提不出什么意见来。说实在的，我对你的这本大作没有什么评价的资
　　　　格（图 9-1）。

访问者：您过谦了。我主要是搜集了一点规划档案和历史资料而已。

钱连和：这本书稿中的资料非常翔实。总的感觉，你的这本著作在资料方面下了非常大
　　　　的功夫。

一、对《苏联规划专家在北京（1949—1960）》
（征求意见稿）的总体评价

钱连和：你做的资料搜集工作，我觉得是挺不容易的。档案资料是文字的东西，本身跟
　　　　一般的文章还不太一样，跟口述也不一样，口述终究记得不一定很准确。档案

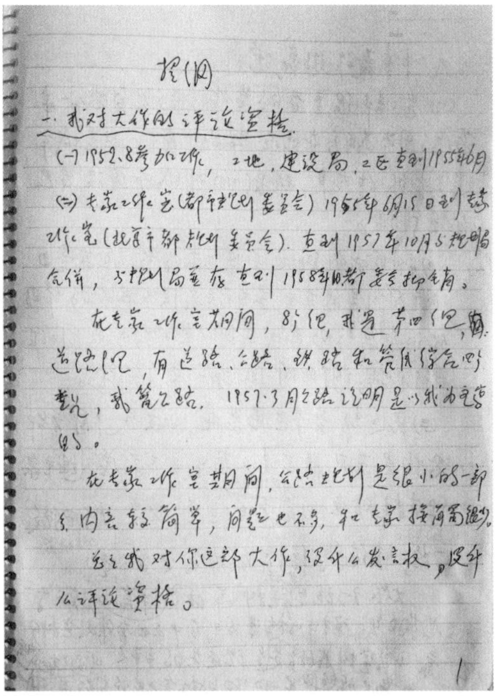

图 9-2 《北京城市规划志》（资料稿）和《建国以来的北京城市建设》封面
资料来源：李浩收藏。

图 9-1 钱连和先生手稿：2020 年 9 月 28 日访谈提纲
资料来源：李浩摄。

资料还是比较可靠。总的来说，我觉得这本书稿搜集到这么多资料很不容易，搜集了很详细的资料，非常难得。

我本人还没看到像这类的写得比较翔实的著作，更不用说写得比较深入的。过去北京市写过《北京城市规划志》，但关于苏联专家这部分内容比较少。还有一本《建国以来的北京城市建设》（图 9-2），是佟铮同志主编的，你可能也看过了，一个大厚本，可是其中关于苏联专家们的内容写得也很少。

你的这本著作，尤其是写北京，北京又有专门援助城市总体规划工作的苏联专家组这么长时间一起工作，估计全国其他城市绝无仅有。就其他城市而言，苏联专家指导规划工作，一般都是短暂工作一段时间，或者是听听汇报、提提意见，这种情况比较多，像北京这样长期专门帮助的情况是比较少见的。

总的来说，这本著作应该说是很难得的，分析得很细致，很不容易，很不错。

另外也可以这么说，这本书让我也回顾、重温了一下过去，对我来说也是个学习机会，因为我接触苏联专家的机会本来并没有很多。

总而言之，这本著作很需要，也很重要，写得也是很不错的。

访问者：谢谢您的鼓励。

二、在中共北京市委专家工作室工作的有关情况

钱连和：我是 1955 年 6 月份调到北京市委专家工作室工作的，那时候专家工作室共分八个组，其中第四组是道路组，道路组又分成四个专业，包括道路、公路、铁路，还有一个管网综合，很多管网都在道路上，所以道路组有管网综合专业。

我是在道路组的公路专业。总体来说，公路专业比较简单一点，1955 年这批苏联专家组来北京以后，关于公路问题谈得很少，谈完了以后也没有提太多的意见，所以在你这本书稿中，关于公路规划的内容是很少的。

当时我调到专家工作室工作的时候，还是个小年轻，我们是做一般工作的，与苏联专家接触的机会也都很少。在我到专家工作室的时候，是 6 月份，有很多苏联专家的讲课都已经进行了一段时间了。

访问者：这一批苏联专家是 1955 年 4 月初到北京的。

钱连和：对，他们是 4 月份到的，我是 6 月份到的。当时，苏联专家提供了一些资料，翻译组搞翻译的也积累了一些资料。资料对规划工作是非常重要的。

访问者：是的。

钱连和：在你的书稿中，既有规划图纸，有历史照片，也有文字的资料，中文外文都有，还有口头的资料。口头的资料，也大都是现在还健在的一些比较了解情况的同志提供的。

可以这么说，当年真正了解情况的一些人，现在大部分都不在了，至少说不多了。因为在那个时候，了解情况的那些专家至少已经三四十岁了，到现在都已经 90 多甚至上百岁了，你能找到一些口头的资料很不容易。

你已经访问过的那几位专家，也都是了解情况的，像董光器是 1956 年分配到北京规划系统工作的，他挺有学问，也挺聪明，后来写过一些书，也了解北京规划的历史情况。张其锟一直在跟着天翔同志工作，是了解情况的。杨念是主要的翻译人员，虽然翻译组的组长是谢国华，但真正翻译比较多的、有经验的应该说是杨念，杨念是了解情况的。

访问者：您说到谢国华先生，我看一些资料中写到她是翻译组的副组长。

钱连和：谢国华，我记得应该是翻译组的组长。你从资料中看到的情况可能更准确。

访问者：岂文彬先生是什么职务？

钱连和：岂文彬是个老同志，我印象中好像没有职务。岂文彬搞过很长时间的翻译，本身的翻译水平是很高的。

访问者：我听说岂文彬和谢国华两位先生都不在了，是吧？

钱连和：岂文彬应该是不在了，都上百岁了。谢国华如果健在的话，也 90 多岁了。杨念都 90 多岁了。

访问者：杨念先生现在在医院疗养，我把这本书稿给她呈送了，她还没看完。

钱连和：杨念这个同志，说实在是很不错的。她参加革命工作较早，又上过外语学院，学过俄文，后来她自己又学过英文，英文也行，她应该是了解情况的，她总是跟苏联专家在一起。中国的同志，即使是各组的组长，与苏联专家接触的机会也没有翻译人员那么多。

图 9-3　苏联专家斯米尔诺夫在交通组指导规划工作（1956 年）
资料来源：郑天翔家属提供。

当时来的 9 个苏联专家中，真正的规划专家实际上也就两三个，主要是勃得列夫和兹米耶夫斯基。尤尼娜是经济专家，但也是跟规划比较接近的，其他苏联专家都是各个专业的，道路方面本身没有苏联专家，就有一个交通专家斯米尔诺夫（图 9-3），他主要是管交通比较多，所以有些道路问题我们都是请教勃专家或兹专家，他们两个直接听道路组汇报的情况比较多（图 9-4）。

三、北京城市总体规划工作中的人口规模问题

钱连和：由于当时我工作的状况，与苏联专家接触的机会并不多，对于你的书稿，我只能根据我自己的感觉和我所掌握的一些资料，提点意见，我的意见很不成熟。首先是对毛主席提出的 1000 万人口规模问题应该怎么看待的问题。关于这个问题，在你的著作中也谈论了，人口计算的方法很多，但真正很科学地确定它是很难的，我们在这里真正说得很准也是很难的。首先要声明一下。

图 9-4　苏联专家勃得列夫和兹米耶夫斯基在北京郊区视察铁路和道路情况（1956 年春）
注：上图中右 1 为兹米耶夫斯基，右 3（后排，被遮挡）为勃得列夫。下图中左 1 为兹米耶夫斯基，左 2 为勃得列夫。
资料来源：郑天翔家属提供。

我梳理了一下，北京人口规模的情况分几个阶段。在 1953 年畅观楼规划小组成立之前，甲、乙方案中关于人口规模都是 450 万，到畅观楼规划小组工作的时候就是 500 万了；1955 年第三批苏联专家来了以后，时间不长，就出现了 1000 万人口的问题。

畅观楼规划小组提出 500 万人口规模，到底依据什么，我不太清楚，好像也跟莫斯科的人口有关系。莫斯科 1935 年版规划的人口是 500 万，那时候肯定有人口分析等，参照莫斯科的人口也是一个办法，而且中国的人口比苏联多，在这么个情况下应该说也是可以的。后来到了 1955 年成组的苏联专家来了以后，他们也表示过，可能也做过一些粗算，对于 500 万人口规模也是认可的。所以在那个时候，提出 500 万应该说还是可以的，特别是当时有一个留有余地的想法，后来说到底算不算留有余地，就很难说了，因为很多事情很难精确估计。

到了 1956 年，就出现了毛主席的指示。毛主席提出 1000 万人口，究竟怎么来看？

是不是一点根据都没有？在这个时候，毛主席提出 1000 万人，其实也有问号，另外当时他也提到了："将来世界不打仗，和平了，会把天津、保定、北京连起来。"[1]什么叫"天津、保定、北京连起来"？很难说了，是多加联系？还是有的就并入北京？北京离天津的距离只有 100 公里左右，现在来看，它们连起来并不一定不可能，北京市域范围东西、南北方向的距离就超过了这个数字。毛主席当时的谈话有这样的意思，从这个情况来看也就是"地区"的概念。

北京真正有所扩大的话，相应地需要各方面的发展。北京终究是消费城市，必须得变成生产城市，老是消费哪行啊。当时北京也考虑过，需要壮大工人阶级队伍，建立大工人、品质优秀的领导阶级。

再者，当时可能对有些问题不一定有经验，比如水源问题到底怎么解决，能源问题到底怎么样，污染问题到底怎么解决，等等。不管是空气污染还是水污染等，都有污染问题。对有些问题也估计不到。

当时毛主席看起来也不是没有考虑地区的问题，这 1000 万人口应该说就是北京地区范围内的人口，我自己觉得应该是这么个情况。当时北京市的市界还不是那么大，以后考虑是要扩展的，扩展以后就不一样了，产业的发展，各方面的人口必然得聚集；作为中央政府所在地，各个部门还没有说不发展了，肯定也要发展，也得有人来；其他的工业产业、三产等，都得有人来。总而言之一句话，我觉得毛主席当时也不是瞎说的，他也考虑了以后的发展，考虑到以后北京范围的扩大，这才提出 1000 万人口。他作为领导者，考虑问题总得考虑得宽一些，有点余地。人口规模的问题，当时毛主席提出了有些地区的概念。他还讲了，将来到北京来的人还有很多，有的也挡不住。

关于人口规模的情况，北京市接到毛主席的指示以后，也征求了苏联专家的意见。郑天翔同志跟勃得列夫、兹米耶夫斯基一块儿谈过，实际上也是听取他们的意见，研究对以后的规划有什么影响，过去北京市人口还没有提过这么大的情况。兹米耶夫斯基在发言中说这是政府的决定，他说也是有可能的，他还说了人口计算的问题，不光是自然增长，还有机械增长，甚至于其他的增长因素，粗算过，也是可能的，他说过这样的话。勃得列夫并没有直接提疑问，但是他说这是地区规划的问题，而且接着说对这个地区的范围和现状人口等应该搞清楚，今后农民可以算在人口范围之内，当时他就说这话了。苏联专家有些思想准备不够，记得兹米耶夫斯基说了，好像过去没出现过这个问题，有这个意思。

访问者：他说苏联没有这么大的城市，莫斯科是最大的城市，人口规模也就是 500 万，他们没有出现过 1000 万的城市。

---

[1] 中共中央文献研究室. 毛泽东年谱（一九四九——一九七六）第二卷 [M]. 北京：中央文献出版社，2013：535.

钱连和： 这还是个地区的问题。勃得列夫看起来是很有经验的，他说这是地区的问题，这个地区的范围和人口等跟国家的情况都是有关系的。总的来说，苏联专家基本上没有人反对 1000 万人的提法。

北京市 1956 年 4 月在向中央的报告里就提到了这个问题："城市人口 400 万（如果包括外围市镇是 420 万人，连同农业人口、流动人口则为 500 万人）""远景不定期限……经主席指示，按 1000 万人规划。"[①] 报告中还指出："我们认为，这就是说北京将发展为一个强大的工业城市，而且市区将扩大到一个相当大的范围。"[②] 从北京市来说，虽然说不是特别明白，但是一些基本概念是很明确的，一个是大工业的发展，一个是地区范围可能要扩大，如果没有这两条的话，1000 万人口怎么来的？

1957 年 3 月的时候，北京市对人口问题还有点论证，包括 500 万人口怎么样，苏联的莫斯科有先例，1000 万人口到了五六十年的时候会是怎么样，世界也有先例，有很多大城市，比方说当时多少人，过了 50 年有多少人，一般的都会增长到 1.1 倍到 1.5 倍，甚至还多一点，根据世界的情况，结合中国的情况，1000 万人口不是多了，这样就有点理论的东西了。总而言之，从毛主席首先提出来，最后到各个方面都同意了。

1984 年北京市区常住人口已经快到 500 万了，地区城市人口 900 多万，加上农业人口也达到 1000 万了。从 1956 年到 1984 年大约 30 年，已经达到了，还没到 50 年呢。毛主席是不是有预见呢？很难说，但是事实证明这个判断是对的。当然，后来北京市的区域范围逐步扩大了一些。

中国的大城市，像上海，面积不到 1 万平方公里，人口也超过 2000 多万了。人口规模的问题，咱们的规划预测没什么大问题，而且有的时候预见性还不够。当然，咱们自己在做规划的时候也说这个话了：计划生育的问题，人口控制的问题，都需要做。不过，根据实践，即便这么做也是很难压缩的，最后也没有控制住。这算一点吧。

四、北京的城市性质及工业发展问题

钱连和： 关于城市性质问题，其中有一个工业问题。关于政治中心和文化中心没有争论，主要是在工业问题上争论比较多一些。对这个问题，我自己本身没有什么看法，我看了一点资料，实际上就是对资料的看法。

---

① 中共北京市委. 中共北京市委关于城市建设和城市规划的几个问题 [Z]. 1956. 北京市档案馆，档号：001-009-00372.

② 同上。

关于城市类型的划分，你在书稿中有一个脚注：1952年9月，在中财委召开的首次全国城市建设座谈会上，对全国的城市是有分类的，其中第一类就是重工业城市，北京就列在第一位，北京属于重工业城市。实际上咱们自己做的规划里好像并没有提重工业城市，也就是大工业城市。到1954年重新划分城市类型，"北京系首都特殊重要"，这个划分就模棱两可了，好像这就算一个类型似的。

访问者：北京被单列了。除北京外，其他城市被划分为四个类型。

钱连和：北京作为首都，特别重要，谁也没有否定，包括国家计委和国家建委，提的都是适合首都特点的。历次规划里对北京城市性质的论述，可以说都把发展工业问题放在突出地位，并且作为编制城市总体规划的重要指导思想。

在1982年版规划之前基本上都是这样的，比如1949年有关文件中提的是大工业城市，1953年提出首都应该是经济中心和强大的工业基地，1954年进一步提出建设速度不应该过慢、过迟，到1957年进一步强调应该把北京迅速建设成为现代化的工业基地，1958年城市建设加速，首都工业化、公社工业化更快一点了。

北京为什么这么强调发展经济，特别是发展大工业？实际上是很明确的，一个是变消费城市为生产城市，北京需要壮大工人阶级队伍，当时就是这么认为的，工人阶级是领导阶级，而且品质各方面都应该是好的，而北京当时的一些工业都是小字号的，工人阶级很少，最初只有几万人，这也是当时的情况，所以产业工人特别是工人阶级得壮大。

而对于国防的问题，虽然很多部门包括国防部门都提出要注意，北京也认为还是可以解决，它有这么一个概念。再有，对于能源、水源问题，也认为可以解决。问题都提出来了，概念上可以解决，实际上有的问题是很难解决的。

我记得1964年，我和佟铮局长一起到外边去做战备选点的时候，钟国生处长是在另外的一个水组，他们就考虑过北京的水源来源问题，好像当时只提出了将潮白河和滦河作为主要水源。当然，那时候还没有南水北调，最后选的这两个水源都不够，就变成南水北调了。水源、能源问题也是不少的，在都认为可以解决的情况下提出工业发展问题。

当时根据首都的特点，发展适合首都特点的经济，特别是具体发展什么工业、安排在哪儿、多大规模等这些问题，由于经验不足，考虑得不够，对首都特点经济的问题认识不够，所以在工业发展上存在一些问题。比如说工业部门门类选择比较少，考虑首都特点和资源条件不够，过去强调发展基础工业，重工业的比重过大。所以，根据1979年的统计，就轻、重工业而言，北京重工业的产值占63.7%，这个比重仅次于重工业城市沈阳，比上海还大。

又比如工业过分集中在市区，占了大量的城市用地，不仅是工业本身出现拥挤，也导致整个市区运力紧张，而且在生活区里边新建工厂，对人民生活和工作环境产生了严重的干扰和破坏，人口急剧膨胀，能源、水源形成压力，工业"三废"和生活废弃物的污染日益严重。

从1957年到1960年的这一段时间，正好是"大跃进"和"人民公社化"运动时期，这一段时间北京工业建设得比较快，但出现的问题也比较多，说明对首都特点经济认识不够。

鉴于这种情况，"文化大革命"后，到了1980年4月，中央书记处听取北京市规划工作汇报的时候，就做出了重要指示。这次指示很重要，胡耀邦同志听的汇报，我记得我们规划局局长周永源还跟着一块儿坐着飞机，到北京周围看过，其中包括绿化怎么加强等，都是那次看了以后提的。

中央书记处听完北京汇报以后，提了四点指示，提出北京不一定要成为经济中心，至于政治中心和文化中心都没有问题，指示提出对工业建设规模要严加控制，工业发展主要应该依靠技术进步，今后不要再发展重工业，特别是不能再发展能耗多、用水多、运输量大、占地大、有污染、扰民的工业，而着重发展高精尖、智力密集型的工业，当时提出尤其要创造一流的服务质量。

根据这些情况，北京最初的一些想法，包括变消费城市为生产城市等都是对的，工业是要发展，问题是从首都特点出发，重工业肯定不宜发展，所以有的重工业最终搬出北京了，像首钢，其原因是发展这么大规模，确实出现了很大的污染。此外，还有北京的南郊工业区，那里有好多化工企业，本身有各种污染等，有的停止生产了，有的搬迁了。

这些情况说明，北京发展工业的有些做法是对的，也有些做法确实是掌握得不够，当然其中可能也有经验不足的问题。说来说去核心就是这个问题：如何发展适合首都特点的经济。

五、对《苏联规划专家在北京（1949—1960）》 （征求意见稿）的修改意见

钱连和：在看书稿的过程中，我发现了一些错别字，建议你再核实一下。

第44页，第9行，刘少奇访问苏联的时间，"1945年"不对，应该是"1949年"。

第162页，倒数第7行，"如此繁重的货易"中的"货"字应该是"贸"，即"如此繁重的贸易"。

第225页，第4行至第6行，书稿中说："就道路建设而言，根据放射环状系统的概念，提出在北京市区要建四个环路，以环绕旧城的'二环路'（当时尚未建设）为起点，建对外24条放射线，二环路以内是方格网的道路系统。"

我记得以二环路为起点的放射线有 10 条左右，实际可能比 10 条要多，但是到不了 24 条。你这里是引用一个老同志的话，他是权威人士，但是我既然看到了，就提出来，究竟是十几条还是 24 条？请你再核实一下。

第 311 页，倒数第 16 行，"往意"不对，应该是"注意"。

第 317 页，倒数第 9 行，"少部分中业"不通，应该是"少部分工业"。

第 326 页，倒数第 4 行，"戒合寺"不对，应该是"戒台寺"。

第 379 页，"1959 年 10 月"不对，应该是"1956 年 10 月"。

我看到的错别字就这么多。

访问者：好的，我认真修改一下，谢谢您的帮助！

六、关于 1953 年畅观楼规划小组的成立

钱连和：在你的书稿里，也提到 1953 年时之所以成立畅观楼规划小组的一些情况。那个时候，主要就是因为在甲、乙方案提出来以后，有些专家可能比较坚持某一个方面，特别是对城墙和文物的处理原则，弄不到一块儿，光是在一块儿争论不休，而且当时又需要尽快把总图搞出来，时间上又来不及，干脆就成立一个规划工作小组，这是全国成立的第一个规划工作小组。

不过问题是这样的，那时候新中国刚成立不久，共产党领导一切，有些问题共产党也是可以自己抓的，畅观楼规划小组是在这个情况下成立的。老专家，有的确实在工作中摩擦比较多，就没被安排进畅观楼规划小组，但是真正有经验的专家也有被安排进畅观楼规划小组的，比如陈干，他就很有经验，因为他也了解情况，他不仅参与了甲方案，估计对乙方案也会有所了解。

还有沈永铭，他是清华大学的，那时候刚毕业一两年。还有李准，他虽然不是北京市都市计划委员会的干部，但是他本身是很有经验的，是 1946 年大学毕业的。张其锟和储传亨（图 9–5）都是北京市委的干部，与领导同志经常接触，也了解一些情况。

说到畅观楼小组，丙方案是什么时候提出来的？我看一些资料，大部分都是说畅观楼小组成立以后，实际工作人员跟都市计划委员会分开了，当时调了几个，包括沈永铭和钱铭他们。一些人是从都市计划委员会调去的，从各单位调的人，主要是一些骨干，大部分都是党员领导干部，一般都是处长级的，年轻的同志承担辅助规划工作，包括制图。还有一些人不是长期在畅观楼小组，有时候来，有时候不来，有时候把工作带回去，市委如果交给各局什么工作，没有不完成的，各局的局长有的虽然说是民主人士，也都是专家，副局长大部分都是党员干部，调谁谁都得来。当时就是这么一个情况。

图 9–5　北京市都市规划委员会同志与苏联专家兹米耶夫斯基正在讨论规划问题（1956 年）
注：左 3 为储传亨，右 1 为兹米耶夫斯基。
资料来源：郑天翔家属提供。

畅观楼规划小组成立以后，工作分开了，立刻就开始工作。为什么要分开？那时候，北京市都市计划委员会的人员，时间那么匆忙，需要赶快出东西，有些人员谈话又谈不拢，我理解干脆成立一个专门的组织，所以成立了畅观楼规划小组，专门做规划方案。甲、乙方案不用说了，陈干就是甲方案的组织者之一，当然了解这个情况，另外对于乙方案，我估计调到畅观楼小组的人也有所了解。应该说，畅观楼规划小组一成立就是独立工作，并不是因为苏联专家加入了以后才开始工作，苏联专家是 1953 年 8 月份才加入畅观楼小组的，8 月 12 日谈话，8 月 14 日正式工作。而畅观楼规划小组成立的时间，你的书稿中没有明确写，我查过一些资料，也没查到，6 月份肯定不对，7 月份才对，但到底是 7 月初还是 7 月中，就不知道了。我想起码是 7 月初，为什么？你的书稿中谈到了，在 6 月份的时候，郑天翔就组织了一些老专家和青年党员研究过北京规划方案，在畅观楼规划小组没有成立之前就研究过，不知道这个规划方案跟丙方案有关系没有。总而言之，畅观楼小组成立以后就是独立工作，是畅观楼小组成立以后做的丙方案，还是其他什么时候做的丙方案？

访问者：应该是畅观楼小组成立后做的丙方案。起初一段时间，苏联专家还没有加入畅观楼小组，小组人员先做了一稿。

钱连和：对，苏联专家没进来的时候，也就是用一个月左右的时间做的，这是可能的，因为陈干本身就是参与者，对那几个方案是有所了解的。

苏联专家巴拉金加入畅观楼小组指导规划工作的时候，是不是就已经有丙方案了？如果有一个方案了，可能指导起来会更好一点。巴拉金进到畅观楼小组以后，可能一开始是在丙方案的基础上，听汇报，进行指导，第一次提什么建议，第二次提什么建议，第三次提什么建议，第四次提什么建议。巴拉金对畅观楼规划小组的帮助不小，这是没问题的，但巴拉金的工作是跟前边接续、连续的，不是另起炉灶，他特别强调了这一点。

丙方案本身就是在甲、乙方案的基础上综合的，它也必须得综合，为什么？人家已经有两个方案了，而且陈干就是甲方案的重要参与者之一，乙方案也有优点，干嘛不吸取好的方面呢。

另外，1953年9月29日，中共北京市委听取过畅观楼小组规划工作情况汇报，郑天翔日记中记载"和丙方案大同小异"，好像丙方案和甲、乙方案区别不大，这个意思我不太理解，到底丙方案改了半天有所前进没有？

访问者：这里可能是巴拉金所说，不要另起炉灶的意思。

钱连和：对，应该是这样。总而言之，到底丙方案是什么时候开始的，最好有一个明确的说法。

访问者：好的钱先生，我再修改一下。

七、关于北京"环形 + 放射"的路网结构

访问者：钱先生，我想向您请教，您早年在北京规委会的道路组，对北京的公路情况很熟悉，而众所周知，北京的城市空间结构和道路网格局是城市结构的主要体现，一般来说也就是"环形 + 放射"的结构，这个大的结构是在1953—1955年前后形成的，当时为什么会形成这样一种"环形 + 放射"的路网结构？有没有一些争论？

钱连和：在北京市规划委员会工作的时候，虽然我在道路组，但我并没有太多参与北京的道路规划。实际上，我参加工作的那个时候，北京市规划方案已经是"环形 + 放射"的结构了。而且据咱们的材料来说，放射线的起点已经改到了二环路和护城河了。当然，这个结构也是合理的，那时候基本就是现在"环形 + 放射"的状况了。

这么一个大的结构，后来有什么变化吗？我长期在北京市城市规划管理局工作，1979年担任道路交通处处长，那时候我参与了北京的道路交通规划。我觉得几十年来北京道路结构的变化是不大的。当然，变化也是有的，比如西三环以前

是从玉渊潭公园走，后来往西挪了，有的地方又出现一个半环，等等，有这些变化。但是，我不觉得有什么大的变化。而且我自己认为，这个"环形 + 放射"的结构方案还是合适的。你有什么问题呢？

访问者：因为路网结构对城市结构的影响非常显著，也有专家对北京路网结构的评价非常好，但也有些专家有些质疑，有不同的看法，比如说这个"环形 + 放射"的结构就造成了北京的单中心发展模式，城市各方面的交通和人流都集中在城市核心区，矛盾很大，在后来几十年的发展中，也很难把它们分解到外围地区，形成相对均衡的结构。

通过查阅历史资料，我感觉到"环形 + 放射"这个路网结构可能就是在苏联专家巴拉金指导规划工作的时候，在对原来的甲、乙、丙方案进行优化的基础上形成的。巴拉金的谈话中也说到了，他希望改善一下北京原有的方格网路网格局，增加一些放射线，他主要是希望有些更便利的交通，比如对角线的交通可以更迅速一点，对原来的方格网结构有些改进；此外，环路可能也是需要的，当时希望能够有一个比较快捷的联系通道。此外，这可能跟莫斯科规划的路网结构也有很大的关系，1953 年北京城市规划方案也学习了莫斯科的"环形 + 放射"的格局。

钱连和：关于首都行政中心的位置，过去一直有争论，到底是放在城外还是放在城内，后来主席发话了，政府主要的机关放在城内，次要的行政机关放在城外，实际真正建的时候也是这么建的。这个争论到最后，梁思成等于是同意了，到底是违心的同意，还是他也认为合理，这就不知道了。

访问者：还有人在议论，毛主席做出 1000 万人口的重要指示以后，从北京的规划布局上来说，特别是从城市空间结构上来说，是否应该有不同的做法，进行多方案的比选？比如说当时是不是也有可能形成双中心或者是多中心的空间结构。就 1957 年和 1958 年的规划方案而言，采取了一种比较现实的思路，即老城作为主要的中心，外围有很多卫星城，这种集团式的空间格局也是一种规划方案。除此之外是否应该还有别的可能性？因为从之前国家计委和北京市争论的 500 万人口，一下子到 1000 万，这是一个挺大的跨越。

钱连和：这个问题我倒还没有什么思考。北京的分散集团式空间结构就是因为 1000 万人口才提出来的。原来提出的一些规划方案，城市规模相对比较小，如果想发展工业，可能就需要多点地儿。毛主席说了 1000 万以后，等于给北京的规划定了调子：如果就是这么多人口的话，北京就需要发展大工业，需要区域范围扩大。可能跟这个有关系。但我不知道国外的城市发展状况怎么样，有没有类似的情况，要真是 1000 万人完全集中在一起，那真是太拥挤了，太集中了。这样的话，提出分散集团式，是不是也是个办法，周围的城镇也有点产业，包括工业等。总而言之，我对这个问题没有什么明确的意见。

图 9-6　复兴门内旧刑部街（从西单路口向西拍摄，1954 年）
资料来源：北京市城市规划设计研究院 . 北京旧城 [R].1996-09：95.

八、北京市规划工作中道路方面的一些问题

访问者：还想向您请教，这份书稿中谈到了长安街的宽度，当时有些讨论，苏联专家也
　　　　有一些意见，这方面的情况不知您清楚吗？

钱连和：据我了解，当时说长安街准备将来起落飞机，这个设想是有的。对于长安街的
　　　　道路形式，搞几块板，有过争论。起落飞机的话，道路中间就不能有隔离带，
　　　　就只能搞一块板。同时，道路还得有一定的宽度，到底需要多宽，咱们也不懂。
　　　　关于长安街的建设，在 1955 年初的时候，开始修从西单到府右街东的这一段
　　　　街道，快到新华门了，这段街道是我当时正在负责的工地（图 9-6）。当时那
　　　　里有两个塔，后来拆了。那段道路，就是按照当时的规划方案修的，当时准备
　　　　按照 50 米修，但是没有修成 50 米，因为西单路口只有 35 米，府右街路口那
　　　　里由于有个拐弯，走电车，"大肚子"，比 50 米宽一点。
　　　　我们刚开始修这条路的时候，苏联专家还没到北京呢，我也还没调到北京市规
　　　　委会。长安街的宽度，主要还是咱们中国方面自己的意见，那时候争论也不大。
　　　　可能跟起落飞机也有一定的关系，这样可能就宽了一点。

访问者：据说苏联专家一直是比较坚持 100 米的宽度，认为不需要太宽。

钱连和：是的。

访问者：北京市因为很早就说了要搞 120 米，后来向苏联专家解释，苏联专家也同意了，
　　　　但是北京市委也稍微妥协了一点，没有坚持按 120 米，而是采取了 110 米，据
　　　　我查的资料，是这样一个情况。双方都有点让步，整体来说，既尊重了苏联专家，
　　　　也保持了中国特色（图 9-7）。

钱连和：有的事，如果没有绝对理由的话，很难妥协。

访问者：早年您在道路组工作，对道路方面的情况比较了解，当时还有北海大桥的改建

图 9-7　北京西长安街西段（旧刑部街）展宽后北面在改建（1958 年）
资料来源：北京市城市规划管理局. 北京在建设中 [M]. 北京：北京出版社，1958：109.

图 9-8　团城及北海大桥鸟瞰（1956 年）
资料来源：北京市城市规划设计研究院. 北京旧城 [R].1996-09：83.

　　问题，涉及团城的保护，这方面的情况不知道您是否清楚？

钱连和：不太清楚。但是我知道，北海大桥的改建问题，好像连周总理都过问了，改建的结果也不错，就这么一个感觉。要不然就影响到团城的保护了，团城也是很著名的名胜古迹，好像跟蒙古有点关系，详情我不太知道。可能有过争论。

访问者：北海大桥的改建，后来实际上采取了建堤的方式，并不是一个桥，而是一个堤岸，下面有一个孔能通水，大部分的孔就是做的形状，是假孔（图 9-8）。对于北海大桥的这个形式，您觉得合理不合理呢？

钱连和：如果都能通当然是好的，做成堤省钱。要做真桥的话，起码得做孔。

访问者：当时的实际工作当中，您所了解到的在道路方面争论比较大的问题还有什么呢？比如电车，有轨电车和无轨电车的争论您清楚不清楚？

钱连和：不清楚。说实在的，道路方面的一些问题往往就是由施工设计决定的。当然，在规划层面还有道路宽度和断面等这套东西，再往下面就是以设计为主了。有些事情因为时间长了，也不记得了。

九、在北京工业学校学习的有关情况

访问者：钱先生，能请您聊聊您的经历吗？您的籍贯是哪里，您是北京人吗？

钱连和：我的籍贯是河北省唐山市玉田县。应该说没什么可聊的，我没什么很明显的事迹，不客气地说，也就是一般的工作。

访问者：您过谦了。您在北京工业学校学习，是1952年毕业的？

钱连和：对。

访问者：1952年几月份呢？

钱连和：7月底，8月1日我就参加工作了。

访问者：北京工业学校，也就是现在的北京建筑大学的前身，对吧？

钱连和：也算是，但不完全是。我是1949年入学的，当时这个学校的名字叫北京市高级工业职业学校。我们上学的时候，它招的一般都是家里不是很富裕的一些学生，学完了以后就直接参加工作。

访问者：您是1949年几月份入学的，9月吗？

钱连和：1949年的开学时间我不记得了，一般是9月。北京市高级工业职业学校刚办学的时候，一开始就三个专业，包括土木、机械、化工，我考进去的时候还是这三个专业，过去每个专业就招一个班，我们考进去那年北京解放了，开始各方面的发展，建设工业城市，所以我们那一届土木专业就变成了两个班，以后又增加了电机科，办了电机专业。

访问者：您学的专业就是土木？

钱连和：对，我上的是土木。

访问者：后来到赵知敬先生他们那一届入学的时候，这个学校的名字变了？

钱连和：对。在我入学后没多久，学校的名字就已经改成北京工业学校了，"高级"和"职业"这两个词去掉了。在北京工业学校的时候，一开始在东郊建了一个分校，我们还没分开，我们有时候也去那边开会，后来就把化工专业分出去了，把电机专业和机械专业也分出去了，最后就只剩下一个土木专业，也算一个学校吧。

访问者：对，这时候学校改名叫北京土木建筑工程学校。

钱连和：分出去的那三个学校的情况我不太清楚，一开始可能也是一个学校。赵知敬好像是1953年入学的，他入学的时候学校好像已经分开了，因为我毕业的时候就快要分开了。

访问者：赵知敬先生是 1952 年入学的，1955 年毕业。

钱连和：你说得对，因为我们毕业时间早，他们入学时间晚一点。我在学校上学的时候他不在，还没有他们。赵知敬入学以后，学校就搬到现在北建院①那儿了，当时与北京建筑专科学校合并了。钱铭就是北京建筑专科学校毕业的，北京建筑专科学校是 1949 年成立的，原来就有建专，建专跟北京工业学校的土木专业合并了。

访问者：说到钱铭先生，最近他的身体状况怎么样，您了解吗？听说他病重，我还没打听到他的联系方式。

钱连和：近年来我和他没什么联系。他是 1952 年从北京建筑专科学校毕业的。1953 年畅观楼规划小组成立的时候，他刚毕业一年，参加工作的时间不太长，那时候他加入了畅观楼小组。他的工作比较扎实，我们在一个处里待过。钱铭对北京城市总体规划接触比较多，一直到"文化大革命"以后才调到别处去，改革开放以后调到国家土地管理局去工作了。

1957 年，北京市建筑设计院办过一个职工业余学校，叫北京市业余建筑设计学院，赵知敬上了这个学校，后来毕业了。赵知敬也喜欢建筑，他本身就是学建筑的。赵知敬画画画得好，我记得以前搞展览的时候就有他的画，他现在还经常画画。

访问者：是的。您说得没错。

十、分配到北京市建设局参加工作

访问者：钱先生，您是 1952 年 7 月底毕业，分配到北京市建设局工作的？

钱连和：对，我 8 月 1 日就上班了。我被分到"道工所"，全称是"道路工程事务所"。北京市建设局当时一共有五个所，我是在第一所做技术员。我在道工所待了两三年，到 1954 年调到局里，在北京市建设局的技术办公室工作。当时，技术办公室有一位同志被选派到苏联学习去了，没人了，我就被调到局里，到技术办公室跟我们主任一块儿待了一段时间。1955 年 2 月，北京市建设局改称"道路工程局"。

访问者：您是 1954 年几月份调回局里的？

钱连和：记不清楚了。我调到局里后不到一年，大概 1955 年初我又回到了工地，担任第五工区主任。到了 1955 年 6 月 15 日，我又被调到了市委专家工作室。

访问者：您在北京市建设局工作的时候，局长好像是王明之对吧？

---

① 指今北京建筑大学西城校区。

钱连和：对，局长是王明之，副局长是许京骐。许京骐实际上是个老干部，我记得我在学校上学的时候他作为领导给我们讲过课，他是一个学者，也是地下工作者。王明之是民主人士，也不错的。管党的工作的局领导是另外一个副局长，叫吴思行。当时主要就是这几位领导。当然，之前还有曹言行当过局长，赵鹏飞当过副局长。许京骐的经历是挺坎坷的。

访问者：他后来当北京建筑工程学校的校长了。

钱连和：对，他还当过北京市市政设计院的副院长，人挺不错，他做的很多报告都是他自己写的。

访问者：当时北京市建设局负责的工地比较多，对吧？

钱连和：对，当时有好多工地都是受建设局领导的。

访问者：我查资料了解到，在1950年1月之前，北京市建设局相当于规划局，既管规划，也管拨地，管的业务很多，1950年1月改组，改组以后规划审批和拨地等职能都划给了北京市都市计划委员会，北京市建设局就不管规划的事了。这个情况没错吧？

钱连和：北京市建设局前面的工作我没经历过，不了解。

访问者：您在北京市建设局工作的时候，大概有几个工地？

钱连和：工地挺多的。比如我在道工所工作期间，建设局还有一个养护管理处，养路归养路，修路归修路。就修路而言，那时一共有五个施工所，第五施工所管桥梁，其他施工所都是管道路。

期间我在建设局待过一段时间，当时局里有一个工程处，工程处底下管一些工区，我在第五工区待过，当时有六个工区。长安街展宽那段路是我们去修的，当时我们在天安门一带还有点工程。

十一、进入城市规划工作战线

钱连和：1955年，我调到规划委工作了。当时北京规委会的人员都是正式调来的。那个时候就把我从工地调到规委会了。

北京规委会的组成人员，一部分是市委各部门的一些干部，当时市委搞专家工作室，市委的一些学工程技术的干部都集中到这儿来了；一部分是相关部门的业务骨干；还有一部分是青年学生，像董光器他们，刚大学毕业就被调来了。1950年以后到北京市规划系统工作的人员，大学毕业的还比较少。我是从北京工业学校毕业的，虽然是中专，但当时缺人，有关部门很需要技术人员。1955年北京市委专家工作室成立以后，才开始分配比较多的大学生。

从人员来说，市委的干部中有很多是学工的，到专家工作室（北京规委会）以后，

图 9-9 北京市都市计划
委员会同志和苏联专家斯
米尔诺夫正在研究城市交
通问题（1956 年）
注：中为斯米尔诺夫。
资料来源：郑天翔家属提供。

有一部分人是做规划设计工作的，有一部分人是搞经济工作的，还有苏联专家
亲自指导，工作条件都是很不错的（图 9-9）。

访问者：钱先生，您在道路组，组长是郑祖武对吧？

钱连和：对的，当时道路组的组长是郑祖武，崔玉璇和陈鸿璋是副组长。道路组一共三
　　　　个领导。

访问者：您对郑祖武先生有什么印象？他们三个组领导有什么风格特点？

钱连和：郑祖武是一个老专家，我刚分配到北京市建设局，在道工所工作的时候，他就
　　　　是道工所的主任。他是一个老干部，知识分子。

访问者：他是什么学校毕业的？

钱连和：应该是北大毕业的。郑祖武是党内专家，还写了好几本书呢，他对工作的要求
　　　　比较严格。

访问者：另外两位副组长呢？

钱连和：崔玉璇主要是以管道路为主，公路问题有时候也过问一下。公路问题比较简单，
　　　　有时候就由郑祖武直接抓。道路组中还有一位叫谭伯仁的。崔玉璇是 1950 年
　　　　毕业的大学生，分配在北京市建设局工作。

访问者：他是哪个学校毕业的？

钱连和：好像是天津大学，记不准了，应该不是北京市的。工作也是有经验的。

访问者：另外还有一个副组长？

钱连和：陈鸿璋，他是从北京市市政局调到都市规划委员会的，他主要管管线综合。管线综合专业有三四个人，一个叫李馨树，一个叫李贵民，还有陈鸿璋。应该说，管线综合也是新事，但是在国外已经开始搞这些东西了，我们国内接触这方面的业务比较少。陈鸿璋工作很负责，后来也担任过北京市城市规划管理局市政处的处长，他是从上海调来的，那时候上海支援北京。现在李贵民还健在。

十二、1958—1970 年间的一些工作经历

访问者：1957 年苏联专家回国以后，北京市都市规划委员会和北京市城市规划管理局合并了，您一直就在规划局工作？

钱连和：对，我等于 1955 年调到规划系统以后，一直在这个系统工作，一直到"文化大革命"的时候，下放了。

访问者：您下放到哪里了？

钱连和：北京小汤山。

访问者：去了多长时间？

钱连和：一年多。我记得是 1969 年 5 月去的，1970 年回来的。我们到小汤山以后，参加劳动和学习，包括整党都是在那儿进行的。

访问者：您下放回来后，是在规划局的道路处工作吗？

钱连和：开始时我是在规划组工作，后来到了规划管理处。

访问者：规划界有一个比较大的事，就是 1960 年 11 月提出"三年不搞城市规划"，它对北京规划系统有没有什么大的冲击？

钱连和：我记得我们搞了"十三年总结"。

访问者：您参与没参与"十三年总结"？

钱连和：我参与了，但是时间太久了，我不记得当时的详细状况了。我记得当时做了不少专题，我们那个处承担的道路方面的专题报告是让我起草的，然后处长再修改。

访问者："十三年总结"的负责人是谁？是冯佩之局长吗？

钱连和：应该是他吧，记不清了。我就记得到了 1964 年，开始战备了，我参加过战备选址。

访问者：您去哪儿选址？

钱连和：一开始是在北京市的北部山区。后来可能跟苏联有关系，北部太近了，又到西部。西部主要是山西了，我也去过山西选址。

记得第一次选址先到张家口开会，佟铮局长带着我们去的，当时临时抽了几个人，上午通知我们说下午走，当时很神秘，准备得很匆忙。

访问者：具体是布置什么项目，您知道吗？

钱连和：当时不知道，到那儿已经比较晚了。之前，我们坐的车在途中还出了点问题。我们开车的司机挺好的，但是半路上遇到一个人晃晃悠悠，可能有点喝醉了，车把人家碰了，但是问题不大，结果佟铮就让我留下等待处理，留一个车，我就留下了。后来张家口市来人，就把这个事儿帮着处理了，我们就到张家口那里吃饭。究竟佟局长他们和领导是怎么开会研究的，我不知道了。那次去的人，级别都挺高的，包括刘仁、万里也去了，据说还有杨成武①，佟铮他们认识。然后第二天直接踏勘，以佟铮为主，有关县的领导分别陪同，从张家口一直到坝上，后来从北边回来。那时候选的几个点，有的也用上了，有的现在可能已经拆了。

访问者：当时选址的都是一些军事工业吧？

钱连和：对，都是军事工业。

访问者：这是否就属于"小三线"建设呢？

钱连和：属于"小三线"。后来有变化了以后，又到西部去选址。

访问者：北京的同志到山西去选址，这些项目是由北京投资建设吗？

钱连和：谁投资不知道，反正是北京要建厂，选了址以后搞建设。

刚才我说去张家口选址，选址完以后我就没再去，后来赵知敬去了，他会搞设计，跟着一块儿去搞过短期设计。后来就在西部选址。选了以后，有的地方用了，有的地方没用。说起来选址也不容易，以山区为主，平地很少。

访问者：建设条件很差。

钱连和：交通也不好走，有一次我们路过山西雁门关，都比较晚了，山上路窄，靠近山根走，那天正好刮大风，地上还有雪，不能使劲靠。下来以后天就黑了，一片都是雪，看不清路了，结果我们以为坐的那个车一下子就掉到河里了，实际上不是河，是一个马路的大边沟。司机还不错，又开上来了。原以为掉河里了，还好不是河，如果掉河里就麻烦了。边上有平路，不是很明显，就往前边走，看到有地方亮着灯，一看是部队，还不错，人家收留了我们。那次到西部山区选厂，去的不光是我们北京市的人，还有些华北局的人一块儿去。当时的选厂归华北局领导，我们承担具体工作，将来建设的时候还是由北京来建。

访问者：您说的是华北局，对吧？ 1954年全国的几个行政大区撤销了，大区撤销以后还有华北局吗？

钱连和：到我们选厂的那时候还有华北局，我记得当时华北局的一个处长领着去的。

----

① 杨成武（1914年10月27日—2004年2月14日），福建长汀人，1929年参加革命，1930年加入中国共产党。指挥过抗日战争、解放战争。1950年参加了抗美援朝战争，任中国人民志愿军第二十兵团司令员。1955年获一级八一勋章、一级独立自由勋章和一级解放勋章，被授予上将军衔。1958年参与组织指挥了炮击金门战争。1959年参与组织了西藏平叛作战。1962年参与组织了中印边境自卫反击作战。1988年获一级红星功勋荣誉章。

访问者：钱先生，您对"文革"期间北京城市规划建设的秩序有什么印象没有？当时规划工作陷入停滞了，国家建委通知说北京城市总体规划暂停执行了，那么城市规划的实际日常工作和拨地等还正常开展吗？

钱连和：当时北京建设口一共有八九个局都并到一起了，规划局变成了一个小组，以规划管理为主。

访问者：您说的这个情况，是规划局撤销建制的时候吧？

钱连和：规划局建制是什么时候撤销的我都不记得了。1969 年前后，一部分人下放到小汤山，专门留下一部分人成立一个小组做规划管理。还有，下放的职工如果有孩子怎么办呢？规划局专门留下一部分人，成立了一个小组，管理这些孩子。北京市建委系统总共八九个局，有一个统一的组织。"文革"初期，国家建委对北京市委系统派了工作队，规划局系统派了工作组，对运动和工作进行统一领导。当时的状况算不算撤销，我不记得了。

十三、1970—1980 年代的一些经历

访问者：1971 年万里同志回北京主管城建工作以后，提出恢复城市规划工作的要求，1972 年北京市城市规划管理局恢复建制，并且在 1973 年提出了新一版的城市总体规划修订方案，简称"1973 年版总规"，这段工作您了解不了解？当时您在局里吧？

钱连和：我在局里，1970 年我就回来了，下放的干部有的分出去了，我是回到了局里。1973 年版总规我没有参加。

其实 1973 年时我在规划管理处，还负责这个处。我记得 1973 年版总规是由军宣队的魏恪宗主抓，汇报规划的时候万里已经开始抓工作了，据说万里觉得他挺好。他对军宣队的工作不太关注，过去本身就是工程兵。魏恪宗这个人抓工作抓得比较紧，他布置的工作，过不了一两天就得汇报。后来魏恪宗担任过北京市城市规划管理局的副局长，再后来担任过北京市城市建设档案馆馆长。

我是 1973 年 5 月担任规划管理处处长，到了 1974 年又开始下放了。那时候下放是以管学生为主，学生到农村，有一段时间没有什么人管了，等于从机关下放一些干部去管，我也申请去了，1974 年以后我去过一年。

访问者：您下放到哪里？

钱连和：潭柘寺（图 9-10）公社，这个地方挺封闭的。

访问者：这个公社里边怎么会有学生呢？

钱连和：那里有一个公社。

访问者：这是不是知识青年"上山下乡"呢？

图 9-10 苏联专家
考察潭柘寺时的留影
注：上图中右 3、下图
中右 1 为苏联专家组
长勃得列夫，上图中右
2、下图中右 3 为苏联规
划专家兹米耶夫斯基。
资料来源：郑天翔家属
提供。

钱连和：是知识青年，可能就算"上山下乡"。到公社以后我们主要是和学生一起劳动，
并组织他们学习。一开始我们就管一个公社，一共十几个人，后来又说北边的
公社也需要人，让我们派了三个人，因为不是我们的公社了，就不怎么联系了。
我在潭柘寺公社待了一年时间吧。下放回来以后，我就担任远郊规划管理处的
处长，又干了一段时间。

访问者：远郊规划管理处主要是做一些郊区规划吧？

钱连和：实际上是以规划管理工作为主，规划设计工作很少。

访问者：1970 年代后期开始拨乱反正，城市规划工作逐渐步入正轨，您觉得重要的标志
是什么呢？北京城市规划工作是怎么恢复的？

钱连和：我到远郊处主要以规划管理为主。过了一段以后，北京市规划局成立了交通规

划处。局长说："老钱，你去这儿当处长去吧。"我正好管过道路交通，过去道路交通方面没有一个专门的处室，跟市政处在一起。从1978年起，我就在交通规划处任处长。我到交通规划处以后就开始做规划了。

在此期间，1981年，我随着沈勃局长和其他几个处长，一起到日本访问了一次。这次访问的收获挺大，第一是我自己之前没有出过国，第二是日本的城市规划搞得挺不错。我们到了日本以后，对它的印象也还不错。咱们国家在那边有公司，是这个公司具体出面组织的。

访问者：你们在日本待了多长时间？

钱连和：超过了半个月，不到一个月，是1月份去的，冬天，2月份回来的。

访问者：1981年的1月份去的？

钱连和：对。去了以后，参观的地方比较多。

访问者：当时是北京市组的团，还是国家建委组的团、北京市派代表参加的？

钱连和：北京市自己组的团。那次去考察，我记得因为日本国土面积小，所以既有郊区的高速公路，也有城市的快速道路，过去我们不太清楚这个情况，没有把它们区分得很清楚。日本的高速公路较窄，但是做得都比较好，那次出国考察对我们做规划也有很大帮助。我记得当时回国以后，北京市交通学会还让我做了一个学术报告，谈了谈自己的一些体会什么的。当然，这本身对我也是一个提高。

访问者：您到北京市交通学会做了一个报告？

钱连和：对。这次学术会议也有其他学会来参加。张启成也参加了，他还健在吗？

访问者：不在了。张启成先生是2017年3月逝世的。

钱连和：张启成人很不错，他见面还说：我听过你的学术报告。那时候张启成是中国城市科学研究会交通学术委员会主任。

访问者：您1986年担任北京市城市规划设计研究院副院长，在这之前您一直都是道路交通处处长，还是又担任过其他职务？

钱连和：我是1983年8月进入规划局领导班子的，但我不是副局长，我是党组副书记。到了1986年8、9月份，规划局和规划院分开了，我当规划院副院长。以前北京市建筑设计院和市政设计院都是规划局的下属单位，不是局级的，当然比处级要高一点，但也没有副局级一说。1986年8、9月份调整以后，北京市建筑设计院、北京市市政设计院、北京市城市规划设计研究院和北京市城市规划管理局一样，几个单位全变成局级了。后来到2003年以后，又把规划院变成副局级了，变成了北京市规划委员会的下属单位。到1990年，我又调到首都规划建设委员会办公室暨北京市城乡规划委员会工作了。

访问者：当时您是分管什么工作？

钱连和：我担任首都规划建设委员会办公室暨北京市城乡规划委员会副主任。一开始我不是管交通，原来有副主任崔凤霞，她管交通，后来她病了，我管了一段时间的交通。

除了交通之外，我主要管郊区规划管理。其中有一项工作值得一提。1991年，赵知敬从海淀区人民政府（副区长）调回北京规划系统。他调回来以后，搞了一件很有意义的事情，就是第一次由规划部门自己对所制订的规划组织实施。当时鉴于规划中确定的绿化隔离带逐渐被蚕食，选择了规划的绿化隔离带作为试点，组织实施。

开始时选了十来个试点。为了搞好试点，经北京市规划委提出并报市政府批准，搞了一个文件，叫"京政发〔1994〕7号"文，文件中明确规定了搞试点的内容、政策和措施，并建立了联席会议制度，及时解决出现的问题。多数试点都搞得比较好，比如曙光大队、草桥大队和大屯乡等，他们基本上是按照规划、按照文件实施的。

1996年，国务院发文，耕地连一亩也不能占用。北京市对已批准占地的4~5处试点仍允许继续进行，其余的试点基本上都停下来了。

1999年市里直接抓绿化隔离带的实施，当时也搞了一个文件。因为我此时已退休，具体情况不清楚了。

访问者：您对绿化隔离带的探索实践怎么评价呢，算成功的吗？

钱连和：北京市城乡规划委员会主抓的4~5个试点，应该说是成功的，环境和生活条件都有所改善。对已经实现的绿化，也提出了维护办法。

十四、若干提问

访问者：钱先生，我还想向您请教个问题。您这几十年来一直工作在北京规划战线，是老规划人了，北京在我们国家的城市系统中比较特殊一点，因为它是首都，各方面的问题和矛盾比较复杂，规划工作也有很大的难度，您对首都规划工作的特点是怎么认识的？几十年工作有何体会，该怎么样做好首都规划工作？这个问题比较大一点，我问得也有点太突然了。

钱连和：这个问题，我真是说不出什么来。

访问者：是不是在实际工作当中各方面的矛盾比较突出一点，要协调好各方面的关系？比如说北京的好多事，涉及中央的很多部门，还有一些是军事单位，都比较特殊，可能还有领导干预的问题？

钱连和：是这个问题。局长和主管领导涉及多一点。到我管的这一部分，好多事情是工程规划和郊区规划管理，就比较具体了，矛盾没那么明显。

过去，不论搞公路还是道路交通，都是规划工作，和建设单位的利害关系不直接，

图 9-11 钱连和先生近影
资料来源：钱连和提供。

矛盾不大。

过去北京市城市规划管理局有一个部门叫作交通战备办公室，办公室主任是规划局的副局长，"文革"以前我是办公室的成员，还有几个局的一些人员一起参加，比如公安局和市政局。办公室设在我们规划局。因为我了解一些情况，有一次北京军区一位领导到我们这儿来，提到准备修一条战备道路，我看了规划图以后，正好这条线有一部分我过去知道，走过。这条路实际上有两条线可以选，一条线是盘山的，一条线是穿洞的，穿洞的线路他们可能不太清楚，我说你们可以考虑穿洞线，去看一看，过去那边我都去过。结果他们后来去看了以后，果然说这个方案更好一点。主要是我比较了解现状情况。

访问者：您对现状情况和规划情况比较熟悉。

钱连和：情况比较熟悉一点。过去局内搞管理的处室，他们做一些规划方案的时候，其中关于公路的部分在画图的时候，有时也让我去帮忙。

访问者：您对北京未来发展有什么期望没有？

钱连和：我已经很久不接触实际工作了，没有什么考虑了（图9-11）。

访问者：这几年北京发展挺快的，环境也在改善。

钱连和：是的，环境改善很明显，最近看到很多蓝天。

访问者：谢谢您的指教！

（本次谈话结束）

武绪敏先生访谈

面对北京城市规模总是不断扩大的客观现实，一些搞市政规划的老专家、老同志，他们很早就提出和强调了要在规划中坚持留有余地的思想。比如，他们在规划北京城市中心区供水管网的时候，就总是强调供水干管的供水能力一定要多留些余地，以适应城市用水量不断增长的需要。北京是一个缺水的城市，他们很清楚，这是一个必须经过长期努力才能解决的难题，所以他们在很早以前，就向上级主管部门呼吁要重视和解决这个问题。在中央的直接领导下，经过几十年来各有关方面的共同努力，终于在 2014 年实现了南水北调，将汉江水引到了北京。

（拍摄于 2020 年 10 月 13 日）

专家简历

武绪敏，1934 年 3 月生，湖北沙市人。

1951—1955 年，在重庆大学电机系学习。

1955 年 6 月毕业后，分配到中共北京市委专家工作室（北京市都市规划委员会）参加工作。

1958—1986 年，在北京市城市规划管理局工作。

1986 年起，在北京市城市规划设计研究院工作，曾任市政规划所所长、院副总工程师等。

1994 年退休。

2020 年 10 月 13 日谈话

访谈时间：2020 年 10 月 13 日上午

访谈地点：北京市西城区复兴门外大街复兴商业城，肯德基（复兴门餐厅）二层

谈话背景：2020 年 9 月，访问者将《苏联规划专家在北京（1949—1960）》（征求意见稿）
呈送武绪敏先生审阅。武先生阅读书稿后，与访问者进行了本次谈话。

整理时间：2020 年 12 月至 2021 年 1 月，于 2021 年 1 月 11 日完成初稿

审阅情况：经武绪敏先生审阅，于 2021 年 2 月 25 日返回修改稿并授权公开发表

李　浩（以下以"访问者"代称）：武先生您好，很高兴能当面拜访您。今天主要是
想听听您对《苏联规划专家在北京（1949—1960）》书稿的意见，并请您聊聊
您的一些经历和感悟。

武绪敏：你的书稿我看过了。我是 1955 年大学毕业的。你的书稿中写了 1949—1960 年
间指导北京市规划的四批苏联专家，其中前两批专家工作的时候，我还在上学，
所以书稿的前半部分内容我都没有经历过。第三批苏联规划专家是 1955 年来的，
我也是 1955 年到北京市都市规划委员会的，但那时候我只是个刚毕业的大学生，
再加上我是搞供电的，而第三批来华的 9 位苏联专家中并没有供电方面的，只
有供热专家，所以，我与苏联专家接触的机会很少，对不少情况并不了解。对
于你的书稿，我提不出什么具体意见（图 10-1）。

不过，你提出要和我聊聊"几十年工作的经历和感悟"，作为老校友①，我愿
意和你聊聊。

_____

① 武绪敏先生和访问者均毕业于重庆大学。

图 10-1　访谈现场的留影（2020 年 10 月 13 日）
资料来源：李浩摄。

访问者：谢谢您的大力支持！

一、对《苏联规划专家在北京（1949—1960）》
（征求意见稿）书稿的评价

武绪敏：我离开规划工作岗位已经很长时间了。我是 2004 年完全离开规划工作的，如果从那时候算起，到现在也十几年了。离开规划工作岗位后，我对很多情况也都不了解了。所以在我开始谈认识之前，你能否简要谈谈最近几年来规划界的一些思想动态，有些什么新的趋势？

访问者：最近两三年，规划行业重点在推进国土空间规划改革，现在要搞国土空间规划，不怎么提城市规划了，这是对规划行业影响很大的事件。现在国家已经新组建成立了自然资源部，在主导国土空间规划改革。新的国土空间规划体系正在建立中。现在矛盾比较多的是在实际工作层面，也就是说国土空间规划究竟具体怎么做，跟以前的城市规划有什么区别。大家一般认为，以前搞的国土规划比较粗线条一点，而城市规划体系比较庞杂一点，现在正在推进多规融合。同时，不少规划设计院也在改制，规划人员的思想状况比较动荡一点。

武绪敏：国土空间规划有什么新观点、新思路？

访问者：我个人感觉到，国土空间规划特别重视生态文明建设和生态环境保护，强调国土空间生态安全格局的构建，加强生态控制，在这些方面有些新的观点。

武绪敏：最新的规划情况我不了解，只能从过去的城市规划情况来聊聊吧。

那就先说说你的书稿吧。我对北京解放初期在城市规划方面存在的问题和争议，以及苏联专家的活动情况，了解得都很少。看了你的书稿，我觉得该书稿历史资料较多，对当时的一些情况也写得比较清楚，让我明白了当时北京在城市规划方面存在的一些问题和争议的真实情况，所以，我对该书稿的评价还是挺好的。

二、关于城市性质的一些认识

武绪敏：下面我就谈点基本观点吧。我觉得城市性质的确定，应该主要取决于国家赋予
该城市的使命和该城市自身具有的主客观发展条件。北京是首都，自然就是政
治中心；北京是古都，自然就会成为文化中心。对这两个中心的定位人们都很
认同，所以很早就确定了。

至于如何发展北京经济的问题，人们的看法就不大一致了。新中国成立初期的
提法是"工业中心"，后来因为看法不一致，就不提了。之后又想提"经济中心"，
但后来也不提了。这个问题一直争论了很多年，我个人虽然没有直接参与这方
面的实际工作，但在思想上还是比较认同"经济中心"这个提法的，因为我觉
得对于一穷二白的中国，实在是太需要发展经济了。

2017年中央在对北京城市总体规划的批复中，明确北京的城市性质是全国的政
治中心、文化中心、国际交往中心、科技创新中心。我个人对这个提法是很认
同的，政治中心和文化中心是早就确定了的，至于国际交往中心和科技创新中
心的提法我也特别赞成，因为确定了这两个中心的定位，也就明确了今后北京
经济必将为建设这两个中心来大发展，由于这两个中心有特定的、明确的领域，
所以也就确定了今后北京经济的发展必然是高质量的发展。同时，北京自身也
确实具有建设这两个中心的主客观条件，对此我充满信心。

三、对城市规模的不同看法

武绪敏：接下来要谈的是城市规模问题。几十年来，北京的城市规模总是在不断扩大，
并且已经成为一个超大城市。分析原因，一些人认为是限制不力，但我却认为，
这既然是几十年来发展的一个客观现实，是否也存在某种客观必然性呢？

如果换个角度思考一下，北京在城市发展的过程中，虽然确实存在着较多的问
题和矛盾，但我们也必须看到，现在北京的经济实力已经是大大增强了，北京
城市居民的生活水平也大大提高了，北京对全国的发展也作出了自己应有的贡
献，这些巨大的发展成就都是有目共睹的，这才应该是北京城市发展的主流，
问题和矛盾只能处于次要位置。

如果再从世界上的某些发达国家看，虽然他们的人口规模较中国要小得多，但
他们也都有自己的超大城市，比如纽约、伦敦、东京等，这些超大城市不仅自
身经济实力强大，而且也是这些国家发展成为发达国家的某种推动和支撑力量。
至于北京这个超大城市自身存在的一些问题和矛盾，我相信北京肯定会在今后
的高质量发展中逐步解决，发展中的问题总会在发展中得到解决，这也是人们

的共识嘛!

总之,城市规模的大小,并不是城市发展问题的关键。需要我们特别关注的焦点,应该是城市是否真正具有与发展相应的主客观条件,以及人们是否能够引导城市真正实现高质量发展。

四、"留有余地":市政规划中长期坚持的一个重要指导思想

武绪敏: 面对北京城市规模总是不断扩大的客观现实,一些搞市政规划的老专家、老同志,他们很早就提出和强调了要在规划中坚持留有余地的思想。

比如,他们在规划北京城市中心区供水管网的时候,就总是强调供水干管的供水能力一定要多留些余地,以适应城市用水量不断增长的需要。北京是一个缺水的城市,他们很清楚,这是一个必须经过长期努力才能解决的难题,所以他们在很早以前,就向上级主管部门呼吁要重视和解决这个问题。在中央的直接领导下,经过几十年来各有关方面的共同努力,终于在2014年实现了南水北调,将汉江水引到了北京。

针对北京的缺电问题,这些老同志还提出了多点(在不同地方建设发电厂)、多方向(建设多条输电线路,从不同方向)向北京输送电力的规划原则。多年的实践证明,这个规划原则,不仅充分满足了北京的供电需求,而且也保证了北京的供电安全。

以上事实充分表明,"留有余地"确实是市政规划中应该坚持的一个重要指导思想。

五、关于城市疏解工作的新认识

武绪敏: 几十年来北京的城市规模一直在扩大,直到2015年扩大的势头仍未停止。所以我在思想上也产生了一个疑问:"城市规模的扩大总不能没有一个尽头吧?"通过2016年以来的学习和观察,我的认识确实有了很大提高,不仅消除了城市规模扩大是否有尽头的疑问,而且还对城市疏解工作有了一些新认识。

2016年习近平总书记视察北京,对北京的工作做了很多重要指示,其中还提到了要重视城市疏解工作,特别是还具体指示要抓住疏解非首都功能这个"牛鼻子"。根据习近平总书记的指示,北京随即积极开展了疏解工作,由于疏解对象明确,疏解能力强大,所以很快就收到了明显的效果。2017年、2018年北京的城市人口规模不仅没有增加,而且还略有减少。

以上事实说明,对于城市规模而言,只要我们能够科学确定疏解对象,同时具有足够强大的疏解能力,那我们就一定能够做到使城市发展的增量和城市疏解

图 10-2 苏联供热专家格洛莫夫（右 2）在北京考察城市现状时的留影
资料来源：郑天翔家属提供。

的减量取得某种平衡，从而使城市规模相对稳定在一定的水平而不再扩大，如有必要还可适当减小，同时，城市仍可持续不断高质量地向前发展。

当然，要科学确定疏解对象，主要靠充分的调查研究和领导的正确决策。至于城市要具有足够强大的疏解能力，则必须要城市具备相应的强大的经济实力来支撑。

六、在北京市都市规划委员会工作的一些情况

访问者：武先生，我还想向您请教点问题。您是 1955 年几月来到北京，在都市规划委员会参加工作的？

武绪敏：我记不太清楚了，大概是 7 月份，反正还比较热。电力电热组有一个组长潘鸿飞领导我们。当时来的苏联专家中没有供电专家，只有一个供热专家。指导电力电热组工作的苏联专家就是供热专家格洛莫夫（图 10-2、图 10-3），组长潘鸿飞则是供电专家。

访问者：当年在电力电热组工作，有没有什么比较大的争论问题？

武绪敏：那时候除了组长以外，全组大多数同志都缺乏城市供电供热规划方面的知识和经验，除了向苏联专家学习和在苏联专家指导下工作以外，没有什么争论。

访问者：苏联专家 1957 年回国的时候，你们送行了吗？

武绪敏：送行了。我们跟苏联专家的关系是很好的，不管苏联这个国家的一些领导怎么样，苏联专家是真心帮助我们的。我们是这么看，政治上不好的东西在官僚这个层次、在苏联高层反映得很充分，但是社会主义一些基本的东西在老百姓、知识分子和苏联专家层面确实还是有好的风范的，当年来到北京的那些苏联专家，工作确实兢兢业业，对我们的帮助是真心的，教我们、帮我们也是真诚的，所以我们当时跟苏联专家的关系都特别好（图 10-4）。

图 10-3　苏联供热专家格洛莫夫
（左 3）正在与北京市都市规划
委员会热组的同志谈话（1956 年）
资料来源：郑天翔家属提供。

图 10-4　北京市城市规划设计
研究院代表团访问莫斯科城市总
体规划设计研究院（1990 年）
左起：冯文炯（左 1）、董光器（左 3）、
范耀邦（右 2）、武绪敏（右 1）。
资料来源：北京市城市规划设计研究
院. 北京·莫斯科：规划 60 年 [R].
2012：45.

七、关于"照搬苏联规划模式"之批判

访问者：关于苏联专家，有一个话题，有些人批判照搬苏联模式。在你们电力电热组的
　　　　实际工作当中，1960 年代中苏关系恶化以后有没有过这样一个思想的转变？您
　　　　对照搬苏联模式这个问题是怎么看的？

武绪敏：我个人认为，在我们电力电热组，不管是在 1956 年以前还是以后，都不存在
　　　　什么照搬苏联规划模式的问题。我们多数同志最初都缺乏供电供热规划方面的
　　　　知识和经验，虚心向苏联专家学习，在苏联专家指导下进行工作，这是非常正
　　　　常的事。在苏联专家走了以后，我们根据北京的实际情况，继续开展北京的城
　　　　市规划工作，并取得了明显的成效，这是客观事实，有什么可以批判的！

访问者：谢谢您的指教！

（本次谈话结束）

申予荣先生访谈

陈占祥、华揽洪、张镈、张开济、张佳德，就这些人。国务院的什么室专门把我叫去，就在中南海，让我汇报我们单位这些有名的建筑师的情况。当时他们排挤张佳德，说他疯疯癫癫，实际上重庆大礼堂就是他设计的，还有市政院的林治远，市政院也有好几个老总……这些人当时是中央管，中央都得了解，就为这个事儿，中南海专门请我去汇报，属于我们规划局范围内，就是规划委范围内的人，这些高级工程师、专家。像陈××，市政院的老头，个子很小，但是他在修路的时候选线，是特别有本事。当时汇报的就是这些专家。我给他们汇报，都给他们落实政策。

（拍摄于 2010 年前后①）

申予荣

专家简历

申予荣（1935.01.04—2018.06.24），陕西佳县人。

1946 年参加革命，在中共中央军委二局工作。

1949—1955 年，在"总参"第三部文工队和政治处工作。

1956 年 6 月转业，分配到中共北京市委专家工作室（北京市都市规划委员会）工作。

1958—1986 年，在北京市城市规划管理局工作，曾任组织处副处长等。

1986 年起，在北京市城市规划设计研究院工作，曾任政治工作办公室主任、人事处处长、院党委副书记等。

1995 年离休。

---

① 本页照片系申予荣先生家属提供。

2018 年 5 月 24 日谈话

访谈时间：2018 年 5 月 24 日下午

访谈地点：北京市西城区二七剧场路 1 号院，申予荣先生家中

谈话背景：《八大重点城市规划——新中国成立初期的城市规划历史研究》一书和
　　　　　"城·事·人"访谈录（第一至五辑）正式出版后，于 2018 年 5 月初呈送
　　　　　申予荣先生审阅。同时，访问者向申先生请教新中国成立初期首都北京规
　　　　　划建设和苏联专家技术援助的情况，申予荣先生应邀进行了本次谈话。

整理时间：2021 年 3—4 月，于 2021 年 4 月 21 日完成初稿

审阅情况：经申予荣先生家属审阅，于 2021 年 5 月 7 日返回修改稿并授权公开发表。
　　　　　未经申予荣先生本人审阅

李　浩（以下以"访问者"代称）：申先生您好，很高兴能当面拜访您。今天主要是
想听您讲讲北京城市规划建设的一些情况，并请您聊聊您的一些经历。

一、关于北京城市规划建设情况的简要回顾

申予荣：［关于新中国成立初期］北京［的城市规划问题］啊，说实在话，争论很大。
有的人就主张拆［城墙］，梁思成呢，就不赞成。华南圭和华揽洪他们就主张
可以拆了，拆了以后重建。实际上，那个时候"四部一会"的建设就是在城外，
那就是等于在城外建了一个中心了。

后来就好几种说法了，等于是双轨制。一个是从永定门那儿一直到地安门那儿，
这是一个中轴线，后来他们就又规划了一个。清华大学刘小石他们过来以后又

提出来说，从[原广安门]火车站那儿开始，往北延伸走，也可以弄一个[轴线]，这就是双轨制，就是两个中心、两条轨。

这个[问题]一直在争论，中间的争论很大、很多。后来因为毛主席讲过话，天安门广场的建设，包括盖人民大会堂什么的，当时就明明确确地[说]这些地方不能动，然后就是延长长安街，往西一直延到山里去，东面都快到通州了，这是后来的变化。

申予荣：[关于]人口规模，开始的时候，[第二批]苏联专家在的时候，提出来过一个四五百万人口[的方案]。后来说这个不行。毛主席也说了，好多人都想到北京来看看、到北京来。[如果]定得太保守恐怕不行，就定了个 1000 万。比较长[远的目标]就是 1000 万。

到后来，实际上到前几年，北京远超过 1000 多万人口。这不现在又要疏解嘛，有的是疏解到通州去，所以在通州搞了一个副中心，就是把北京市级机关将来都搬到通州去。

北京最后规划的面积是 16800[平方公里]，好像是。①这是万里他们提出来的②，在这个时候面积扩大。另外提出来分散集团式的建设。但是，这个分散集团式后来施行中也有问题，实际上中间又摊了个大饼，中间隔开的隔离带啊，有一阵子砍树砍得挺厉害。所以，北京的建设中，干扰很厉害。但是呢，毛主席在的时候，主持盖人民大会堂，盖军事博物馆……"十大建筑"，这个时候是不错的，一直坚持下来。

从总的情况看的话，北京的建设到后来的"文化大革命"时期就不行了。原来北京城是四四方方，而且又是按照过去的城市建设的规律那么建，但是后来呢，有一阵子，在"文化大革命"，除"四旧"，甚至连颐和园的好多地方都闹得挺厉害。颐和园呢，对那个长廊采取的办法，就是把长廊上的各种雕梁画栋用白粉涂上，都盖住。扫完"四旧"，就保留了长廊。

像王府井著名的一些景点，那个时候有四联的理发馆，也是给弄得不成样子。后来把隆福寺那儿原来有的一个古玩小吃街弄了以后，在那又[盖]起来一个大高楼，就现在那个楼，那儿本来是最繁华的地方之一，后来就弄得不行了……所以，北京走的弯路很多。

到了后来，定下来，就是那个谁……你看我现在脑子也不行了……储[音]……

访问者：储传亨？

申予荣：不是储传亨。储传亨是原来我们都市规划委员会的。

---

① 北京市域面积为 1.64 万平方公里。
② 1958 年 2 月，国家城市建设部撤销（并入建筑工程部），城市建设部部长万里调北京市工作，任副市长。

访问者：他在经济组。

申予荣：经济组。他是第一组的组长。那会儿第一组的人还挺多，储传亨、俞长风、力达……好多人在这个组。郑天翔直接抓，北京的建设郑天翔直接抓。

到了后来就是"文化大革命"，那没有办法。当时弄得把好多街道都给改名字，等到"文化大革命"完了以后就恢复，开始恢复原来的一些老字号。像东安市场，原来很热闹，结果后来整个都盖了大楼以后，把东安市场给弄没有了。原来里面有卖旧书的，有卖小吃的，另外还有剧场，还有专门唱评弹、说书的，后来就全不行了。所以，北京的变化挺大。

北京究竟怎么建？就出现了华揽洪、陈占祥和谁［思考中］的争论，争论的焦点是梁思成。梁思成不主张拆北京城墙，华南圭主张拆。华南圭和华揽洪是父子俩。梁思成曾经的设想就是说城墙可以保存好，建起来的话，上面搞夜市啊，摆一些茶摊。他们［梁思成和陈占祥］主张另盖新城，就是在西郊这边，实际上地点要算下来的话，就是"四部一会"这个地儿。实际上已经盖起来了。

这里面争论特别大，特别是建筑界的争论特别大。比如说西郊的［苏联］专家招待所，最初的［方案］是张镈［设计的］，实际上盖了［大屋顶］，当时不是画漫画嘛，它是琉璃瓦屋顶，李云生［音］画的漫画，说是慈禧表扬他还是怎么着了，但是盖的那个专家招待所，说老实话，里面开间太小，也不太好。

二、北平（京）解放初期的一些情况

申予荣：原来的时候，咱们刚进北京城的时候，是保护城墙。那会儿［的关键人物］是傅作义，他们［中国共产党］是要进北京城、改造北京城的，傅作义怎么办呢？他的女儿傅冬菊［是］共产党员，她就进城给她爸爸做工作。那时候，蒋介石还一直跟傅作义有联系，就是认为他手里还有很多军队，另外还有一个什么教导团，反正都是他培养起来的队伍。他［傅作义］是学水利的。北平是和平解放，咱们就派傅冬菊，共产党员，让她回家去给她父亲做工作。

还有就是，咱们一些人在包围北平以后（咱们的人当时是在西郊），［从］西郊往城里打炮，后来梁思成就画了个草图，说故宫这些地方不能打，你要这么打的话，那就是千古罪人，北平是重点保护文物什么的。后来咱们的队伍就拉到了丰台县，拉到丰台县，围而不打，就谈判。

后来，谈判了以后，当时咱们接管的人吸取了东北的教训，不能先打烂坛坛罐罐，然后全部给接过来，这个不行，有问题。所以，后来陈云他们就提出来，北平不能打，毛泽东也说不能打，就不让打，就说和平谈判：［如果］你破坏了故宫三大殿，将来是罪人。我们负不起这个责任来，不能这么干。所以就谈判，就跟傅作义谈判，通过傅冬菊跟她父亲谈判。然后就说好了。最后就答应了，起义。北平起义的时候，就是把各个城门钥匙交出来，交出来以后，就把国民党的一些队伍给疏散出来。疏散出来，可要命了。疏散出来的时候，据说是一个连里面咱们给他配一个连长，带他们。结果他们从北京出来以后，到处抢老百姓的东西，弄得……

我们怎么知道呢？我们那时候在河北省那儿住。中央［领导］是先进［北平］，我们单位后进，我们进去得晚，是［1949年］7月份才进［北平］。但是，我们2月份就派了几个精干的人到北京［平］来搞接管。

那时候，毛泽东和中央都在香山。毛主席在双清别墅住，朱总司令他们等都在香山住。那时候，就起了个名字，叫"劳动大学"。毛主席在双清别墅的时候，就咱们三大战役、"要打过长江去"的那个时间。毛主席那个词，"虎踞龙盘今胜昔，天翻地覆慨而慷。宜将剩勇追穷寇，不可沽名学霸王。天若有情天亦老，人间正道是沧桑"，就是他在香山双清别墅那儿写的，就是打上海、打南京的时候。

后来就让毛主席搬到中南海去。那个时候，中南海还没有清理完呢，中南海里面，丢的什么东西都有，什么大刀啦，枪炮啦，黄金啦，那个时候乱得一塌糊涂。有些有钱人就跑了，房子也不要了，东西带不了的，有的就扔那里头了。后来咱们在收拾、疏通中南海的时候，挖出那些东西，里面什么东西都有，有些是宝贝，有些是枪支、弹药，什么都有。清理完了以后，最后才注进水去。

一再给毛主席讲，先是毛主席不进驻，后来请周总理他们说服，最后从双清别墅［出来］，搬进去的。毛主席的住地，我们去参观过，"文化大革命"以后去参观过。

三、参加革命工作之初

申予荣：我那会儿是［在］中共中央军委二局，就是在西北，延安时期。我呢，是"小鬼"，我是佳县人。他们到我们佳县去招兵，招什么人呢？就是招后勤的。后勤，就是不管你文化程度高、低，有没有文化，只要身体好，壮劳力，年岁呢也不算太大，最大不能大过30岁。这样的人就到我们村里，他们来了三个人：张宗林［音］、杜城进［音］、杨志成［音］，三个人住在我们院儿里，我们院儿在我们村里是最大的。

我们家原来是一个大院落，还有一个酒厂，那会儿我们家里还出酒、养着牛什么的，有两口井，我们那儿的两口井是最好的。所以，所有的队伍来了，都到佳县城去住，但是上面没有什么［生活设施］，待不住［人］。为什么？没有水。

要吃水的话，一个〔办法是〕到佳汝河，就是我们村经过的佳汝河，去驮那个水，那个水呢，还比较浑浊，〔驮〕上去了以后把它澄清了，吃那个水。还有〔一个办法〕，就是在半山上有一个类似泉水〔的枯井〕，实际上是枯井一样的，往上吊水，打那个水吃。所以呢，所有的部队一来，先占那个高处——佳县城，占完了一看，不行，养活不了他们，下来就到我们村。

我们村叫申家湾，我们村下游、佳汝河下游叫吕家坪，就到我们村和吕家坪这一带。我们那儿在申家湾村和吕家坪中间办了一个学校，高小，我小时候就在那儿上高小。后来一打仗，另外就是黄河一发大水，就坏了，就把我们那个村〔淹了〕，家里面那井也给淹了。那一场水太大了，黄河上发的水，〔带下来的〕全部是煤炭，不知道冲的哪儿的煤，〔冲〕下来以后，到处〔都是〕，两面岸边〔像〕大石头一样〔堆着〕，有的人上去，在上面写自己的一个姓儿，谁去了，占上，就算谁的。完了光弄那个炭。那个时候，我正好出来当兵前，就是弄我们家的那个炭，就是在那儿弄的炭，堆得就有这么高〔手势〕。弄好了这个炭，烧好长时间。

就那个时候，我参军了。中共中央军委二局来的人带我去的，是准备去延安的。

访问者：您说的这个情况是在哪一年？ 1946 年吗？

申予荣：1946 年。他们是中共中央军委二局。那会儿是三个局：一局、二局、三局。一局都是知识分子，〔文化程度〕高的，懂外文的，什么人才都有。二局是什么呢？搞报路的，搞谍报的，就是搞机器的，敌人电台发报的时候咱们收他的报，咱们收了就给它翻译过来，把国民党队伍的行踪了解得一清二楚，然后就把报给毛主席送。毛主席都知道，对敌人的情况了如指掌，所以毛主席才能在陕北这么来回，给胡宗南他们打游击，在里面转。

后来中央分了两部分：一部分是刘少奇、朱德他们，先过黄河，到西柏坡；另一部分是在山里，和胡宗南他们打转，打羊马河、青化砭、蟠龙，这几仗打下来，把他们打得够呛。打完了以后，咱们才什么东西都有了，什么发报的东西也好，另外俘虏他们的人有搞发报的，也有搞机器的。另外就是我们那会儿在延安的时候，实行边币，边区自己发行货币，在那儿流通，不用国民党时期的那个〔货币〕，有那么一段〔时间〕。

那个时候，我呢，正好到了杨家园子，清涧〔县〕有个杨家园子。到了杨家园子说等一等，我记得特别清楚，那会儿正好是过三八妇女节的前后，说我们要搬家了，搬到哪儿去？说搬到延安去，不能带那么多的东西，要整顿好一块儿往那边去。刚〔说完〕以后，来个紧急通知，收拾东西，不能往延安那面走了，要过黄河，结果我们就……我那会儿因为〔年龄〕小，是在卫生科，在卫生科就等于是当个卫生员，跟我一起的几个小兵〔都〕一样，当卫生员。我们几个人就一块儿，渡过黄河，过了黄河就到山西，三交镇。那时候三交镇是中央单位驻地，我们就住在山里面，叫胡功泉什么的几个地儿。

住了一阵子以后，后来说形势好转，要搬家了，要往河北省去，就从兴县、临县一直再往北走，走到岢岚〔县〕、五寨〔县〕那个地方，那个地方穷极了，晋北特别穷，吃水井，打下去好深才能打上来水。我们到那儿的话，是要过雁门关，那个地方冷，特别冷，就说要给大家准备东西，准备好保暖〔的东西〕。到了雁门关，我们是卫生科嘛，跟着他们托儿所过去。

过了雁门关以后，最后就走到了河北省的平山县，到平山县的东岗南、西岗南、尚家湾，这三个地儿是我们那个部住的地儿。我记得很清楚，那会儿行政部门管供给的就是在西岗南，我们住在东岗南，尚家湾住的是一个训练班，就是我们招收的新学员在那儿训练，训练班在那儿住。在那儿住了一段时间以后，就说要进北平了。

四、进入北平（京）城

申予荣：进北平的时候。我们单位派的先遣部队，先遣的，派了几个能干的，文化程度也高，也是拿枪杆子的，挺有本事的，去接管北京城，他们是〔1949年〕2月份就进去了。我们进〔北平〕的时候，中央机关已经进去了，后来毛泽东说不行，都弄出去，怎么能够这么干呢？因为敌人全跑了，有的家里挺富的，家里的摆设，好多东西，咱们那些人有的就……

所以，我们进北京城之前，让我们学习了三个月，就学习那个《甲申三百年祭》，这是郭沫若写的，里面就提到李自成他们进了北京城又败下来，清朝的时候出了好多问题，所以咱们进的时候就给我们宣传，说城里面是大染缸。国民党说了，北京是个大染缸，你共产党"泥腿子"进来以后，也待不了几天就得走，就像李自成一样。所以呢，说这儿的人是"火烧的头发，河蟹的嘴，老鱼的胳膊，过河的腿"。就说女的抹口红、烫头发、穿旗袍，你要是被那香风一吹啊，就完了。所以，咱们不能拿老百姓的一针一线，不能够随便占人家的东西。就进行教育，教育了一段时间。

后来我们进了城以后，就特别注意。〔老北京城〕什么人都有，什么"一贯道"了，这个道，那个道，都有，一转眼他们〔身份〕全变了，有的当三轮车夫，有的就自谋生意。咱们说不改变秩序，警察不要撤，用他们的警察，但给他们讲政策，不许欺负老百姓。那旧警察可不是么，〔他〕要抽烟，〔遇见〕小摊卖烟的，过去拿了，不给人家钱就走了。

这样的话呢，就在那儿进行《甲申三百年祭》的教育。教育完了，我们进城以后，

图 11-1　申予荣先生进北平之初的一张留影
（1950 年前后）
资料来源：申予荣家属提供。

就住下来了。我说的这段时间，进城的时候，毛主席他们还在双清别墅呢。

访问者：你们进城的时候，是住在城里吗？什么位置呢？

申予荣：我们先进来的时候，住在南池子和观象台，还有一个就是寿比胡同。我们住的是观象台，像张洪追［音］处长，有肺病，别人吃的都是小米、高粱，但给他吃面食什么的，后来我们才知道他的肺病很厉害。东单那里面有一个很长的胡同，一直通到观象台，就这个胡同里头，我们那儿有人住着（图 11-1）。

［有一回，］我们的"小鬼"出来买烟的时候，［遇见一个］拉三轮的，上面坐着一个女的，烫着头发，抹着口红，穿着翻皮的衣服，她掏出手枪来对着我们的"小鬼"，吓得"小鬼"就哭，因为那个胡同挺长的，他们就到胡同里去了。后来"小鬼"回来就哭，说："我买烟，不敢买了，买不了了。"那个时候打黑枪，确确实实出了好多怪事。所以从那以后接受教训，警察不能马上都［换掉］，要跟他讲清楚，慢慢再一点一点地换，不能全换了，［如果］瘫痪了就不行了。就这样，毛主席进了北京以后，到颐和园里面了，要吃饼，吃什么东西都没有了，都没得吃了，说你们胡闹，把公园里的服务员都赶走干什么？后来就说让他们坚持岗位，不要动他们。毛主席最后没有办法，就住到香山。西山有大觉寺，刘仁他们很早做地下工作的人就在那儿，香山也有咱们的人，这样的话呢，就叫一个"劳动大学"。

香山原来挺好的，它的植被特别好，从下面到上面，一早起来，雾水嘀嗒嘀嗒，就像下雨一样，植被和喷泉都挺好的。开始咱们首长们就在香山，毛主席住双清别墅，其他人分别住在香山的好几个地方。后来咱们有些人不懂，就在山上乱开采，把水脉给挖断了，这个山就不行了，水上不到顶上去了，就干了，雾气也少了。现在稍微又好一点了。

访问者：还有一个"新六所"。后来毛主席是不是从双清别墅搬到"新六所"了？

申予荣：对。进城之前。因为毛主席当时说了，中南海不能进啊。那个时候，中南海都是过去的军阀在里面住，所以弄得乱七八糟。另外，咱们也不放心啊。所以，就首先清中南海。中南海的水，有的地方干了，有的地方都成了臭水坑子，所以咱们派部队来了，就清理中南海，把中南海的泥都清出来，都运走。里面什么都挖出来，什么枪炮子弹，什么玩意儿都有。

等那儿清好了，一切弄好了，让毛主席住那儿。毛主席开始说什么也不去，最后周总理他们说领导工作方便，那还是必须搬进去，还是要搬进去的，这么着，毛主席最后才同意搬进去。

这一段［时间］，还有个问题。进城来，一个［问题］是中南海的臭水，还有一个［问题］是天安门，天安门前堆的炉灰和破烂泥，快堆到天安门上了，就在门前堆上的，没有办法。后来光是运那些东西，就运了好长时间，把那个"山"给搬走了。先说准备搬到天坛那边去，好像要到那边去盖个"山"还是怎么着，后来那儿也没有盖起来。［但］以后这些东西都运走了。运走填到哪儿去？反正北京地区有些地方［地势］就是很低，像大水坑子什么的。反正都给它清走了。所以，北京城，［在］刚进城的时候，也是清理完了以后才进去的。把好多人清走。有的［住宅］得给人还了，像一些有名的文人，人家自己的住宅，该还的就还了，该补偿的就补偿了。［这就是］社会主义改造。就是作贡献，每人拿一个袋子，上面表示要把自己的财产什么的交给共产党，哎呦，搞那个活动。这些人，白天高高兴兴，敲锣打鼓去送这个［袋子］，到了晚上，回家就哭鼻子，后来才知道［这是］社会主义改造。

北京的这一段［时间］，开始［时］，毛主席说让这部分人搬出去。本来咱们的人已经占进去了，后来这些人被撵到邯郸去了，就是在北京周围的一些城市住，不让轻易地进来。有这么一段［故事］。

我们进北京的时候是6、7月份，住在遗光寺，也是东四路，程家花园，是程砚秋的花园，住到那儿去了。以后再进一步进城，我们就搬到刚才我说的寿比胡同，我们住在2号，印刷厂的人住的是4号还是多少号。反正我们都住进去了，都搬到城里去了（图11-2）。

那个时候实行供给制，就［比如］说小米，你吃多少斤，给他多少斤，［是］那样［分配］的，那［样］过了一段［时间］。后来就实行"三反""五反"，镇压反革命，取缔"一贯道"，关闭妓院，所以才有了后来的《姐姐妹妹站起来》那个［剧情电影］。后来毛主席征求意见，王稼祥他们最后说，把北京叫北京，不叫北平了，所以就把咱们的首都定在北京。说实在话，我们那时候［年纪］太小，所以就跟着走，

图 11-2　申予荣先生 1954 年
前后的一张留影
资料来源：申予荣家属提供。

有好多事情是后来慢慢才明白过来的，当时糊里糊涂。那会儿［年纪］小，小的话就跟着［队伍］走，走着走着就睡着了，［等］有熟人的队伍过来，再把我们拉上，前面有牲口，就让我们拽着马尾巴睡觉，一边睡觉一边走。就是这样。

五、在"总参"第三部文工队和政治处的工作经历

申予荣：我们先是叫作中共中央军委二局，进了北京城，升为部了，［叫］"总参"第三部。这个时候呢，我们在三部下面成立了一个办公室，办公室下面成立一个文工队。当时西郊有一个"革命大学"。"革命大学"是什么？就是把国民党时期一些旧的知识分子，一些军官［等］，把这些人给集中起来，改造他们。

结果，我们就出了一档子事儿。我们把一个女的弄到我们文工队来了。她年岁比较大，那个时候已经 30 多岁了。结果她的爱人是大连市党部的书记，她没有跑得了，那会儿大连市党部书记都是国民党时期的。我们文工队去挑选人，说有没有会弹钢琴的呀，会搞文艺的什么的。她说她会弹钢琴，结果就把她［带］来了，来了就给我们当老师，就带着我们［学习］。［现在想起来］，哎哟，挺危险的。带着她，我们还去过一次中南海。等到第二次再去的时候，就把她逮捕了。

第二次我们要去的时候，她就没有去，说怎么回事？后来就知道她被逮起来是什么原因了，她丈夫就是大连市党部的书记，她本人呢，也是国民党。她竟然

给小孩儿宣传日本怎么怎么好，跟我们讲日本怎么怎么好。后来我们"小鬼"把情况跟我们办公室的同志谈了，人家就注意了。那时候，刚开始，[环境]还是比较复杂的。

后来我们就是文工队的。我们这个文工队，当时就是为我们单位和中央机关服务。中央机关为什么要我们这个乐队？因为国民党的军乐队，他们都是穿着军服，咱们不敢用他们。我们是从陕北那儿过来的，我们在东岗南和西岗南那会儿的时候，在河北省那会儿，我们就老开舞会，跳舞，敲锣打鼓，人们都来[看]，来了以后扭秧歌，扭一扭秧歌，完了就跳交谊舞，跳完了以后再来[别的活动]，就干这个[工作]。

我们进了城以后，还有个问题，也组织跳舞，但是这个时候跳舞那就是新样子了，就跟陕北的跳法不一样了。我们为什么去中南海？就是让我们这个文工队，我们一群"小鬼"，为中南海、为毛主席他们服务。我们那会儿是"小鬼"，到[举办活动的]时候，就让我们去。

那会儿，我印象很深。[在]中南海跳舞的时候，[见到]毛主席是一套沙发，朱德是一套沙发，刘少奇一套沙发，就住在那个大厅里面。[有]大沙发，还有小沙发。周总理不要沙发。那个时候还有李涛，[他]好像是"二部"的部长。李克农是我们这边的，就是我们"三部"的。"三部"的[首长]大概有李克农、戴镜元、王永浚。后来进了城以后，戴镜元到东城区当区长，[在]那干了一段[时间]。我们这些干部，转业以后有的复员，有的转业，到了北京以后，有好多[人]就在北京的机关里工作。

中共中央军委二局进了北京城，我们就改名叫[总参]"三部"了。"三部"下面分三个局："一局"是搞这个[翻译情报工作]，就是收到敌人谍报以后，到这儿来翻译，文化程度比较高，这里面选的人都是大学知识分子；"二局"是搞监听的，发报，收报，套报；"三局"是搞后勤的。进了北京城，我们就是这么分的。

我们那个时候，就要给"一局"办舞会，周末，都是星期六办舞会，我们去给[一局]演奏。二局也去过。后来就到中南海去。最早那里负责[招待的是]中央办公厅的主任杨尚昆，后来还有一个人，他们招待我们这帮"小鬼"。一进去，朱总司令一看"小鬼"来了，[说：]"好，咱们坐船。"在中南海里划船，划一阵子船。去得早，划完了，回来就开晚会。这是一个时期。那个时期，我们都是"小鬼"，反正政治上都没有问题。后来呢，就慢慢地发展成演戏、看戏（图11-3）。

我后来就到了"三部"的政治处，住在南池子，里面部长啊，像李涛、李克农这些人，他们就在这里住。我们在南池子住，住[那里]的话，就搞舞会，内部跳舞，这是一个让我们去[参加的活动]。还有一个[活动]是[到]劳动

图 11–3 申矛荣先生在"总参"第三部工作期间的一张留影（1955 年前后）
资料来源：申予荣家属提供。

文化宫里［去］跳舞，一到了周末晚上的时候，我们住在南池子，一墙之隔，就能听见里面［放音乐］，所以我们这些人要玩儿的话，就出去。但是我们要有任务的话，就得出去［完成任务］，到中南海去也行，到总政治部去也行，总政治部那儿［的首长］是萧华他们。

还有到外交部。到外交部去，就更出洋相了。我们这些"小鬼"，穿的那个棉衣都脏的啊，上面都光溜溜的、油了吧唧的样子，白色的衬衣快成灰色的了，就这么一群人。一到外交部，往里走［的时候］，人家说：这是从哪里来的一群耗子啊，黑不溜秋。越走越近，越走越近，结果［认出］是我们。我印象特别深，到了外交部里，一跳舞，我们给他们奏［乐］，尽出洋相。

［有一次］在中南海奏乐就出了问题。我们的队长是陕西人，他是团级干部，是我们文工队的队长，他外语不行，找来了一本外语的歌谱子，结果里面有英国国歌，我们也不知道，就用英国国歌［伴奏］跳舞。还有《双星旗下》，这是美国人的。那首《双星旗下》，我们奏得带劲极了，［分为］几部吧，奏得特上瘾。结果［那次］在中南海里［演］奏，人家指出来说："小鬼，你们奏的这是什么呀？"我们说奏的叫什么什么名。他说怎么能奏这个？这个是英国国歌吧，你［们］跑到这儿来奏？哎哟，这下把我们队长可是吓坏了。《双星旗下》是美国人的歌，我们分部奏，那首奏得最精彩，也不行了。［他们］说你们这是怎么回事？后来就知道我们那个［外语］不行啊。所以，以后他们就说了：你们干脆奏广东音乐吧。

我们后来就奏广东音乐。广东音乐倒没事儿，什么《步步高》《娱乐升平》《雁落平沙》，奏这些没有问题。但是，一奏西乐，就容易出问题。

我在文工队的时候，[有一次]送我去文化宫，就是在东单那儿的一个文化宫，那是我们队里送我去的，听交响音乐。那个老师是从国外回来的，据说是从美国回来的，他就先跟你讲这一乐章是讲什么的，说的什么意思，大概介绍完了，然后他就放唱片让你听，你就闭上眼睛听这是什么，这是骆驼队在沙漠上运输，走路的声音比较低沉，但是里面有乱铃声响，这个是沙漠地带。要是欢快的地方，比如在[轻松的]环境，走在大的都市也好，走在娱乐场所也好，乡村也好，江南的音乐，出来的声音就不一样。奏得确实是很美。就[以]这样[的方式]给我们训练。训练完了以后，让我们回去。

后来我就[换了演奏乐器]。原来我们是拉小的手风琴，另外拉二胡，后来我就拉小提琴，第一小提琴[手]，就体会那个[意境]，[比如]小夜曲什么的。后来我们就会了。到了中南海，舞会一开始，大家就跳[舞]。[演奏]中国的乐器，一看毛主席要来了，因为中南海的帘子很宽，把那个帘子一打起来，我就知道，得，毛主席要来了，我们就奏《东方红》。那会儿还挺好，也挺高兴。后来单位提意见了，说：你们都到中南海，每个礼拜都要去的话，咱们这几个局里面的一些文艺活动怎么办呢？结果呢，就给我们提出来，[要求]两个礼拜去一次中南海。还不只是一个[地方]。后来外交部就不让我们去了，就去了一次。因为一到外交部，我们的谱子上面都是外文啊，人家一看你这个乐队水平不行，所以那儿我们就去得少了。但是到萧华[首长那儿]，政治部，去那个地方还行。我们最好的一条就是政治上保证没有问题，能跳起来就行。那一段时间，确确实实挺好的。

我们进了城以后，军委"三部"机关主要是在遗光寺，遗光寺大院，那个大院里面有大礼堂，我印象很深。我们到前门外[的]民主剧场，我去看了一个李忆兰演的《张羽煮海》，挺漂亮的，后来我就把这个事打电话告诉我们部里了，我说这个演得挺好，你们要是来这儿看的话得分多少波儿才能看得上，干脆让[他们]在遗光寺的大礼堂演一次。结果跟人家一联系，人家还真同意了。那会儿别的电影很少，就是演戏。所以，[那段时间]我就成了军体干事了。

军队这块儿推广"劳卫制"，[要求]所有人都要会单杠等几个动作。单杠引体向上[做]六个，双杠前后摆也是[做]六个，垫上运动，滚铁环。[这些运动]弄完了以后[组织看戏]，但是戏票由我来买。政治处专门有这笔钱，我就到各大剧场去。那会儿我看旧小说看得挺多，《三国[演义]》《水浒[传]》《红楼梦》《西游记》《三门街》《三侠剑》《小五义》，等等，什么都看。所以我就选票，我愿意看什么，就发[什么]票，去买了票以后，[再]给他

图 11-4　申予荣先生转业前的一张留影（1956 年初）
资料来源：申予荣家属提供。

们分配，[比如]"一局"给 30 张，"二局"给多少多少[张]，然后你们[各局]提前有人来[我]这儿领票，领了票，站在戏院门口，接你们[各局要看戏]的人就行了。那会儿我看戏看的，实在是……想看什么就看什么。[有次]看那个《江汉渔歌》，演得真好。

我在家里念书，念到高小。等我出来以后，在部队上职工教育学校，[军委]"三部"那儿办的，我在那儿学初中课程。那儿训练宣传队，我们培训的几个队，培训队里有一个是朝鲜族的，我们这个队，就是"二局"派多少人来，"一局"派多少人来，在这儿一起学，学完，毕业了以后，再分配工作。我呢，学得正不错的时候，[却]不让我学了，半道上不让我学了，说：干脆你去当军体干事吧。就这么着，我到南池子去了，当军体干事，也就是负责组织发票，买戏票啊，这些[工作]。另外推广"劳卫制"，大家一起比赛，比赛完了，该发奖的时候，给买什么东西，就干这个[工作]（图 11-4）。

军体干事和文艺干事，都是我。我就在部里面，就是这几个部长住的地儿，我就在那儿。我们是军队的政治处，政治处的人水平挺高，有好多人会外语，首长要什么资料，他们给找材料。那个时候我是最舒心，也是最能干、最积极的时候，我喜欢搞这个。弄完了以后，我们这些单位，几个局，互相搞评比，搞完了评比，给他们发奖，这些事儿，具体事儿都是我来做。我们政治处有处长和副处长，我是干事。

六、转业到中共北京市委专家工作室 （北京市都市规划委员会）工作

申予荣：从部队转业的时候，给我提出来两个条件：一个[条件]是转业，给你一笔费用；

图 11-5　申予荣先生转业纪念
（1956 年 2 月 3 日）
资料来源：申予荣家属提供。

［另一个条件是］退伍，给一笔费用。退伍给得多，转业给得少。［问：］你
到底是转业还是退伍啊？我说：得了，你看着办吧，你要是让我退伍回老家去，
我现在身体不怎么好，回家去干什么？我不愿意，我不想回去。说：那你就转
业吧。我说：转业可以，干什么？后来他就讲了：转到［中共北京市委］专家
工作室。正好是苏联专家来，这个挺好。最后对我还真好，因为那会儿［年纪］
小，拿退伍的钱又转业了。

访问者：您是 1956 年的什么时间转业的，几月份？

申予荣：1956 年的 2 月份吧，我印象是（图 11-5）。好像那个时间我入党了。

访问者：那时候您 21 岁？

申予荣：是。

访问者：专家工作室的情况您有何印象？

申予荣：到专家工作室的时候，我们是在南池子这儿了。那里对内叫作专家工作室，就
是［苏联］专家有很多特殊的需要，比如说，那个时候对专家是"三日一'小
宴'、五日一'大宴'"，就是领着他们各处看，这儿看、那儿看，有一些［时
候］当然是看地形，说这儿要搞水库，这儿要修什么路，这儿要修什么飞机场，

那儿是修地道……这些方面，当然是［服务］他们那些专家。

访问者：就是接待服务工作？

申予荣：我那个时候呢，就是专门管我们内部发票。那个时候［主要是］演戏什么的，
也没有电影、电视，不像今天这么方便。我去买票，我记得最清楚的是演《赤
壁之战》。那个《赤壁之战》，全是名角儿。

我买的票，除了给首长们买的票以外，我自己买了一张票，三百块钱买了一张票，
结果我把这个票给丢了，哎哟，把我心疼的。我说这怎么办呀？最后我就去了，
跟人家看门的说，说我是几排几号，我们单位的首长都是几排到几排，是多
少号，我这个号是后排的，后排的靠边的。我说我的钱包让人家给掏了，钱给
掏了不要紧，丢钱不要紧，我说我这［钱包］里面有［张票是］几排几号，要
是有个人坐在这儿，这个人可能就是掏了我的包的那个人。后来他说：行，我
进去给你看看。一看，那个位置空着呢，他告诉我说那个位置空着呢。［我说：］
那行，那我进去看了。看完了［人］也没来。那个时候挺那什么的。因为给我
们单位分票也是我分，所以跟他们都挺熟的。有过这个事儿。

那一阵子，就看梅兰芳的戏，当时梅兰芳的戏最有名了，把我看得简直恶心。
为了衬托梅兰芳的水灵，［演］丫鬟［的］全是五大三粗的壮汉，那手伸出来……
打扮得好像女的似的，难看死了，哎哟，我不看了。当时我后面是一个中央的
首长，我们队长看我往后这么一靠，就打我一下，不让我往后靠。后来一看，
情报部部长李克农就在旁边趴着呢，他趴着看。所以，以后我说：得了，我不
看这些了。那个时候，中和［剧场］、广和剧场，还有民主剧场，好些剧场都演。
那个《张羽煮海》就是［我］买完了以后，［觉得］演得不错，我才给他们发
的［票］。那时候还是挺好的。

我们军委"三部"最后转业的时候，对我［来说］也赶上了好时候。正好石俊
是我们"三部一局"的一个处长，他夫人王景昆也是个老同志，正好我跟石俊
是老乡，石俊爱唱秦腔，他会拉秦腔，他让我学秦腔唱，我学了好几段秦腔，
一有时间就到俱乐部那儿去唱秦腔。后来我们进城以后，我们"三部"就演戏，
演《群猴》，有的是现代话剧，有的是京剧，那个时候真好。那个时候对我特
别地照顾，有什么新的东西就让我学，所以点汽灯那都是我的任务。那个时候，
就是在排那几出戏和演那些戏的时候，拿高灯什么的，到时候都要点好汽灯，
他才能唱，要不然没有灯。那会儿还没电灯呢。

所以，转业了以后就干这个，在专家工作室。［我们］在畅观楼搞展览。我们
自己那时候搞了几次展览，有的是在阿尔巴尼亚刚建起来的使馆区搞展览，或
者占其他的［地儿］。所以那时候是很好的，心情也好。

后来主要是我身体不怎么好。就是刚才我讲了，张洪追得了肺病，有一个"小鬼"

图 11-6　申予荣先生 1960 年前后的一张留影
资料来源：申予荣家属提供。

伺候他，别人吃的都是高粱米、棒子面、玉米豆什么的，唯独给他这个病号吃白面。他吃不了多少，那个"小鬼"就把他吃的白面片端来，让我们几个"小鬼"吃，最后也传染上病了。

后来我跳苏联红军舞的时候，很激烈，刚出去演出，演出完了以后，回来已经快五点了，就把东西放下，说再看看电影。就是我们给别人放的电影自己看不了，因为我们自己是乐队，我们有三个放映员，在那儿给我们再放一段，放完了然后就该起床了。起来就该锻炼了，锻炼就是跳舞，跳苏联红军舞，扭秧歌，中国的舞蹈，芭蕾舞，什么都练，都要学、都要练。这个练得啊，时间太［长］，一下子就吐血了。

我说这下完了，诸葛亮吐血而亡，我吐血就完蛋了，不行了。政治处那几个小伙子把我架起来，顶着给我送到保健室去，三天才止住血，［结果］发现得了肺结核。我在那儿养了半年，好了又回单位。

七、1958 年以后的一些工作经历

申予荣：我干的事儿太杂，一会儿这个，一会儿那个。后来因为拆城墙，北京市备战备荒，毛主席说要高筑墙，要准备打仗。那不是珍宝岛［事件］么，跟苏联人打。从那个时间起，我就到了规划局。

当时，规划局那儿是管拨地的，我们［中共北京市委专家工作室］这儿就是搞规划的，跟苏联专家学习，搞规划。1957 年 11 月，我们合并了，就从城里面搬到了南礼士路规划局那儿。到了那儿以后，我就在人事处工作（图 11-6）。后来［1986年］，规划和设计分开，规划局管拨地，规划院管规划，我在规划院担任党委副

书记和党组书记，当时［党委和党组］是分着的，党组是对［领导］班子进行监督的。所以，我最后退休就是从规划院退下来的，我是离休。

后来为什么弄城墙？就是因为当时他们提出来要保存原来的资料。当时北京城圈儿还不动，北京城里要运进来大件的东西，从城门洞里进不来，怎么办？就允许去拆豁口。这一拆豁口不要紧，好些地方拆豁口，好几个地方都拆豁口了，得了。毛主席说的准备打仗，高筑墙，要准备打仗了，那么就是掏防空洞，怎么掏啊？这些人就在北京城墙上掏防空洞，城墙上挖的都是蛇形的洞。哎哟。我说这怎么弄呢，城墙这么结实，你给它挖松动了，就不行了。但是，那个城墙是相当的坚固。后来我就调查城墙的资料，有一个外国人，是瑞典［人］还是瑞士［人］，他对北京城进行过丈量，他弄得挺好。他说了，好像北城墙高，几个地方还不完全一样，那个垛子都差不多，城墙上他都标了记号了，哪个地方是哪一段城墙，有多厚、多高，他都弄了。我就按他这个［材料］又复查一遍。

咱们后来就把城墙给拆了，拆了个乱七八糟。我说人家原来弄得挺好。曾经提出过一个方案，就是保护北京城墙62平方公里，保护它，原封不动保护它。梁思成也是这个观念。然后你再另外建一个新北京，就是现在三里河"四部一会"那个地儿。这个争论可就大了，没完没了地争论，后来什么说法都有。结果有的人就［说］，干脆把这个北京城［盖起来］，北京城不是矮吗，矮的话它到了夏天，树很密集，盖起来也挺好。后来就说，城墙因为一下雨下多了以后，尤其是南城，都是碎砖头垒起来的，雨淋得厉害了以后，它就塌了，结果就拆外城。

结果正在这个时候，正赶上要准备打仗。准备打仗，那会儿防的实际上就是苏联，就挖防空洞。那防空洞，这底下挖的……我去参观过，一个是前门外的，就是大栅栏那儿，那儿也有地下的［防空洞］。然后，我们在月坛南街和三里河直接挖的那个地道，一直通到三里河，通到月坛这儿，然后从月坛这儿下去，再进去，里面全都是做生意的，好多做生意的，堵得满满当当的，都是这些［人］。［这些防空洞］都是那时候挖出来的。

所以，这个事儿，说实在话，就是那个时候搞坏了，那个时间给搞乱了。好多有名的人后来都不行了。那会儿打得太厉害了，后来说别打了。所以，最后抓落实政策，我抓了三年。

八、落实政策工作

申予荣：要我说，我就干了这两件事：一个是给"文化大革命"中的人平反；另一个是落实政策（图11-7）。

访问者：落实政策，规划界比较有名的是陈占祥先生。

图 11-7　申予荣先生 1990 年前后的一张留影
资料来源：申予荣家属提供。

申予荣：对，陈占祥、华揽洪、张镈、张开济、张佳德，就这些人。国务院的什么室专门把我叫去，就在中南海，让我汇报我们单位这些有名的建筑师的情况。当时他们排挤张佳德，说他疯疯癫癫，实际上重庆大礼堂就是他设计的，还有市政院的林治远，市政院也有好几个老总。这些人当时是中央管，中央都得了解，就为这个事儿，中南海专门请我去汇报，属于我们规划局范围内，就是规划委范围内的人，这些高级工程师、专家。像陈××，市政院的老头，个子很小，但是他在修路的时候选线，是特别有本事。当时汇报的就是这些专家。我给他们汇报，都给他们落实政策。

"文化大革命"时，赵冬日、沈其、杨焕林、张镈、张开济这些人都在一块儿劳动。开始是赵冬日、沈其设计的人民大会堂的立面，建院的总工程师张镈说"赵冬日拿的是立面，但是真正最后实施的是我设计的"，张镈跟赵冬日打起官司来了，就说不清楚。最后等到人民大会堂建设起来了，就开始争了，大会堂的设计应该署谁的名儿？吵得一塌糊涂。后来大会堂建起来以后，毛泽东就过问了：盖起来大会堂叫什么？说我们叫大会堂工程。毛主席说就叫人民大会堂吧。

大会堂是很有意思的，顶层用了一种"水天一色"［的设计理念］，一开灯，分不出棱角什么的。说这署谁的名？别署了，别署谁的名了，人民大会堂是人民的，大家一起盖的。后来都在一起劳动，打嘴仗也就是带有开玩笑［性质］的，也就拉倒了。

赵冬日是留［学］日［本］的，他有些想法还是可以的，同仁医院好像是他设计的。张镈厉害，这个人思路开阔，手也快，说着说着，当下动手就拿出［方案］来了，西单的民族文化宫是他设计的……反正我是很佩服他，设计得挺好。张镈是真有两下。

图 11-8 申予荣先生撰写的《前苏联专家援京工作情况》首页
资料来源：申予荣. 前苏联专家援京工作情况 [R]// 北京市规划委员会，北京城市规划学会. 岁月回响：首都城市规划事业 60 年纪事（下），2009：1144.

访问者：关于人民大会堂，还有一个人叫陶宗震，您听说过吗？

申予荣：知道。

访问者：他说他也参加了，您清楚吗？

申予荣：陶宗震参加过设计。说实在话，沈其是有才的。刘仁跟沈其［关系］不错，刘仁跟沈其一起做过地下工作，我觉得沈其特别平易近人，还很有才，但不是锋芒毕露。赵冬日跟她在一个室，赵冬日是主任，她好像是副主任，他们配合得不错。那是才女。

九、撰写《前苏联专家援京工作情况》的缘起

访问者：在《岁月回响》里有您写的大作，《前苏联专家援京工作情况》①（图 11-8），这篇文章写得非常棒，可否请您谈谈写这篇文章的一些情况？

申予荣：这是很早时候写的了，我都没有这个［材料］了。弄完了这个，我把资料弄了几本，后来他们都要，送完了。后来跟我一起弄这个资料的人给我打电话，他说：申书记，咱们写的《北京城的改造》准备出书了，请你给我提供一下资料的来源。

---

① 申予荣. 前苏联专家援京工作情况 [R] // 北京市规划委员会，北京城市规划学会. 岁月回响——首都城市规划事业 60 年纪事（下）. 2009：1144–1149.

我说：怎么回事，不是都有材料吗？我给清华大学也送了，文物单位也送了，好多地方我都给送过了。他说：正式出版的话，你的每一句话，每一个材料的出处都必须注明。这下完了。我现在再给你找，就找不出来了。

那会儿是通过朱友学，他那时候在公用局待过，跟他们有关系，所以我找的话，可以通过他们要资料。要完了我发给他们，好长时间，他们根本没有整理，也没有像人家那样弄成档案。我把这个资料弄出来了。这个资料确确实实是早期的，北京还没有正式［步入正轨］之前，市委书记和市委委员开会的时候，都是记录本。那个记录，写的字龙飞凤舞，有的就猜，一个一个对，对了半天。我都查出来了。要我说它的资料是第几本、哪一卷、哪一篇，我拿不出来。再说了，那会儿资料还没有整理，就把这些资料送到市政工程局去了。我到市政工程局的档案室去［查到的］，心想，这个［事情］跟公用局有什么关系？怎么弄到这儿去了？我还就在那儿查到的。

访问者：这些档案没有交到北京市档案馆吗？

申予荣：我想它不会交。为什么？公用局的材料交到市政工程局，那会儿局长是贺翼张。我到市政工程局的档案室，去了好长时间，就在那儿查。别的地方，整理过的，我一调卷，一看那个题目，一件件看完了就能调出来，调出来看。档案馆在崇文门那边。一个是咱们的档案馆①，一个是那个档案馆②。

访问者：您说的市政工程局，是北京市的市政工程局？

申予荣：对。

访问者：您是哪一年去查的？这本《岁月回响》是 2009 年前后出版的。

申予荣：那会儿也是零几年。我查的时候，正好开的第一次会，让我们参加，有市里的人参加，当时领导小组还有沈勃，原来我们单位的局长，给他汇报。我们单位有董光器、我（图 11-9），张敬淦自己署名写了一本《城市规划》。好像是谭伯仁我们几个人，还有曹型荣，我们几个人一起弄北京的规划，关于水的部分都是以曹型荣为主，道路交通方面的是以谭伯仁为主的。

访问者：您的这篇文章写得非常好，很生动。

申予荣：我弄了半天。这些资料都没有了。

访问者：比如说 1949 年 10 月 6 日，苏联市政专家团团长阿布拉莫夫和几个苏联专家跟彭真谈话，这都是非常重要的，但我在北京市档案馆却没有查到。

申予荣：原来谈话有记录。

访问者：您找到的资料，就是在北京市的市政工程局的档案室查到的？

---

① 指北京市城市建设档案馆。
② 指北京市档案馆。

图 11-9　和同事们在一起活动时的留影（2010 年前后）
左起：李声勇、张凤岐、申予荣、唐炳华、董光器。
资料来源：申予荣家属提供。

申予荣：对。1949 年 9 月份［前后］，这批材料，我原来整理的时候也有，后来有人要，送完了。我中间身体不好，住了一段院。这些资料是对的，当时弄的。

访问者：当时您为什么想到要专门写一写苏联专家呢？

申予荣：1956 年中苏关系破裂，［后来到 1960 年］他们一下子把专家全撤走了。后来我就查看档案，我要看彭真跟他们谈话的情况。后来就找到了第一批来的专家，分到各个方面，有往中央去的，有在咱们这儿的，也是根据专业分的，这是第一批的。

访问者：前后几批苏联专家，您都写了。

申予荣：当时我就是这个意思，把这个［情况］全写出来。《岁月回响》是赵知敬弄的，资料里有这个。我当时查资料包括照片，那时候采取了一个办法，一段一段的，一个一个专题写来着。那时候我写完了，都给他们发，当时写了第一批、第二批、第三批。

访问者：第三批您写的是地铁专家。

申予荣：对，地铁。当时专门咨询他们怎么搞地铁，还拿出各种方案来。

访问者：特别是您写的第一批苏联专家，很多人不知道这些信息。我在北京市档案馆查到一些档案，比如这份文件（图 11-10）。但您的文章中写到的有些情况，我

图 11-10　苏联专家关于交通事业的报告和讨论会记录（1949 年 10 月 12 日）

注：左图为封面，右图为正文首页。

资料来源：中共北京市委.苏联专家对交通事业、自来水问题报告后讨论的记录[Z].1949：1-3.北京市档案馆，档号：001-009-00054.

在北京市档案馆没有查到。

申予荣：第一批专家那时候，北京市市长上任时间不久，他们都没有什么［正规的］记录，只有一个手写记录，没有整理过，找他们单位［领导］一层一层批注。我把记录拿来，写得龙飞凤舞的，那字我都不认识，得琢磨半天，最后才能够证明那是什么，我就把那个［内容］给他写下来。

访问者：您查到这个资料，就是在刚才说［的］这个北京市市政工程局的档案室？

申予荣：对，就是市政工程局。市政工程局为什么有那个［资料］啊？就是它那儿是从公用局［调整演变过来的］。公用局是怎么回事儿？它是共产党和国民党合起来的一个局，换句话说它是"换汤不换药"，国民党时期李准在那儿就是头儿，等到共产党了，一转眼又成了共产党的公用局，这些资料弄出来的话给谁啊？没地儿放。贺翼张，老红军，他是市政工程局局长，后来就把这个［资料］转交给那儿了。说白了，这儿还有国民党时期的那些旧人员，那些资料什么的，不大放心，干脆就弄到市政工程局贺翼张那儿去。

我到［市政工程局］那儿去查，就是从头至尾，一页一页地翻，就这样，翻了好长时间，最后把有些有用的［记录下来］。尤其是开始一批的，就你刚才给我看的那个，当时谁签的字，另外就是彭真怎么样跟他们谈话，这一段呢，我就把那些资料都给它摘出来了，弄出来。弄出来以后，就弄了一个《前苏联专家援京工作情况》，这里就是一批一批［专家的情况］。弄了半天，这个资料我现在都［没有了］。你现在收集的资料不少了，基本资料都有。

访问者：您的文章中写到的有些情况，我在北京市档案馆和北京市城市建设档案馆都没有查到。听您这么一讲，我明白些了。

申予荣：这个资料在市委，市委的档案室，市委那儿能找到。就是当时的记录都是龙飞凤舞的，它没有整理成册、整理成卷，一卷一卷给他［整理好］。我就是在那儿"云山雾罩"，他们写的那个字龙飞凤舞的，写的那个记录。

访问者：市委的档案室，它的档案不就应该交到市档案馆了吗？

申予荣：市委跟那个［档案馆］不是一回事。市委［那些资料］最大的问题就是手写记录，没有整理，这个［内容］你还得猜。另外，彭真他不让你做记录。你要给彭真汇报工作，你说我拿个本记，［他会说］"要你的脑子干什么的"，所以不让做记录。彭真那个人，脑子挺好使的。我还整理过彭真对北京城市工作的［讲话］，弄过一段那个，但是那个情况呢，中间是从别的材料上找到的。

就这些材料的话，为什么我当时就有这个意识，就是要把第一批、第二批、第三批苏联专家给咱们的意见都弄出来？就是［因为］刚才你［给我］看的那些资料，我都翻过，就咱们自己档案里面的，但是有好多［资料］没有整理过，有时候是只言片语，［比如］有彭真写的一段话，［意思是］给毛泽东看，毛泽东看了以后说"就按你说的这个办吧"，还有这样的。我当时就觉得，这个［问题］找不着正式的［依据］，它就是开会记录，甚至是他们的对话，这么说的。我到公用局去，当时的目的，一个是要把公用局接［收］下来的那些内情资料［查阅一下］。因为那个李准啊，他是共产党员，但是他在国民党时期就是干城市建设的，然后转过来，转到咱们这儿，又是负责咱们搞规划的总图方面的组长，为查他，我到南京档案馆去查过两次，什么原因啊？这个李准，几次查都说没有他。说他是到国民党的政治大学，在那儿工作过，对他进行审查，审查结果，我们这儿派了两批人去查，都没有查出来。

后来我说我去查，开始没有查出来，后来我想起来，李准的准现在是这么写的，原来的准字下面有一个十字，繁写字［準］，我用那个［四角］号码［法］一查就查出来了，结果这个政治大学的李准戴着国民党的帽子、校级军官的帽子照的相，也是个"李准"，也是这个地方的人。这下回来，这块石头落地。我跟他们说了这个李准，我说我知道准字繁体字还有一个十字，所以查不出来，最后查的［结果］，把他这个疑虑去掉了。本来就怀疑他上过政治大学，就是国民党的政治大学，最后证明就是那个人，那个人确实穿的是军装，也叫李准。所以，这个事儿也是没有办法。

十、"申玉荣"和"申予荣"

访问者：说到专家的名字，我看关于您的一些材料中，有的是"予"字，有的是"玉"字，这是怎么回事？

申予荣：它是这么回事。我们家里面，我前面的哥、姐〔叫〕申玉尧、申玉润、申玉花、申玉美……我叫申玉荣。开始的时候，老师给我起的名叫申玉卓，意思就是玉不琢不成器，后来我说我不叫这个，我叫申玉荣。结果我〔一个〕姐姐的名叫申玉荣，我说得了，正好我要参军走了，人家说你得起个冠名啊，老叫你那个〔小名怎么行〕。我小名叫桐子。后来就叫了申玉荣，实际上是我姐姐的名。我出来以后就叫这个，但是老容易叫错。

正好我去公社劳动的时候，他们那儿也有一个"玉荣"，哎哟，他们广播一叫名儿，〔出来〕两个人，〔先〕出来一个女的，怎么我又去了，男的。怎么回事？后来回来，我说不行。我就给我们那个政治部主任王琪〔音〕说：你说这不是乱套吗？这怎么弄啊？得了，我改一个字，我不用那个"玉"字了，我就用这个"予"，给予的"予"，叫申予荣就完〔事〕了。他说那可以，那就给你改过来吧。

这么着，到人事处那儿也备了案，名字你怎么叫都可以，就叫申玉荣也行，但写就不那么写了，所以才写成这个字，一直就是写这个字，后来我署名都是署的给予的"予"（图11-11 ~ 图11-13）。

哎呀，这个事，给你也帮不了什么忙。

访问者：哪里哪里，您讲了很多我以前不了解的情况。

十一、再谈落实政策和档案管理工作

申予荣：真正来帮咱们的那一批〔苏联专家〕也是相当不错的，我看了以后〔感觉得到〕。但是那个情况呢，有些资料也不完全，我给它到处找找，给它写上了。后来证明，彭真确实找他们谈过话，就是自来水在哪儿打水，怎么样怎么样……另外，这个人口，北京变化太大了，北京地区变化太大了，所以这个情况有好多种说法，这一点也不奇怪。

关于北京城墙的这些资料，各处我都搜集过。说老实话，那会儿我就把北京地区的档案馆全跑了，就连军队上我都去查过。凡是当时有档案库的地方，各单位，我全都去过了。有的〔单位〕，比方说工程兵的领导机关，我去了，因为北京城墙拆的时候还爆破了，爆破的话都用工程兵来给爆破，爆破以后拆除。

城建口的这些单位，什么房管局、规划局、规划院、市政工程局、建工局，建筑总公司的一公司、二公司、三公司，一直到五公司，这些全都算一个口，落

图 11-11　申予荣先生 2010 年前后的一张留影
资料来源：申予荣家属提供。

图 11-12　申予荣先生在公园的一张留
影（2015 年前后）
资料来源：申予荣家属提供。

图 11-13　申予荣先生与夫人徐雪华在
海边的一张留影（2010 年前后）
资料来源：申予荣家属提供。

实政策的时候，这些地方我都跑了，都一个一个单位跟他们跑，然后告诉他们，什么样的材料必须撤出来，没有经过正式讨论、党委盖章或者是上级组织盖章的资料，别人塞进去的条子，一律不作数，给他全撤出来。别人检举揭发的材料撤出来，没有得到印证、没有进行查证的一律作废……这么着，这个时间就长了。他们的人都挺多的。像这些东西你都得要给它去掉，把真实的东西留下来。档案怎么整？咱们建立起来的［标准］，整档案都有规定的，主件包括什么，附件包括什么，入档案的材料必须经过什么手续才能进。这样，［如果］没有经过什么正式的审查和得出结论的话，你这个［材料］不能进，怀疑的材料一律不准进正式档案。所以当时相当严格。这样的话呢，我就成天跑到这些单位，去完了以后，就给他们交代这些政策。有的单位执行得挺好。最后还会不会有别的东西，就不好说了。但总的来讲，通过这次［整顿］，都规范了，都比较好了。

这个事情啊，那个时候我就说：你干这个事儿，得有坚强的党性，你不能随随便便，［比如］这个人你说他好，就好得了不得；那个人你说他不好，就给他塞材料，弄这个、弄那个，那根本就不允许。

我光抓落实政策，前前后后，包括复查，弄了三年，是什么原因啊？就包括整风、"反右""肃反""三反"。"文化大革命"就更不用说了。"反右倾"那个时候，也是给人家塞的材料，也有好多。当时，市里专门有领导小组，我就专门找市里领导小组，跟他们请示。落实政策这件事，我觉得意义太重大了。

当时我们落实政策，胡耀邦讲：落实政策就得兑现，该怎么就怎么，原来是什么就是什么，不能含糊，该退赔就得退赔，给人家降了级的，你恢复人家级，要补上人家那段［时间］的工资。没有钱也得给人家补，差这点钱？怎么能把人家的东西弄成那样？

胡耀邦这个人倒是挺好，挺坚决。所以当时执行的时候，我们该给人家赔什么就赔什么。从此以后，情况就好得多了。尤其到了习近平总书记这一届，就更好。这一届的话，好多事情的处理比较合情合理，也不是一阵一阵的。那会儿说"打老虎"也好，"打苍蝇"也好，打什么东西都是一阵儿，过去就完了，你退下来就完了，就不追究了；现在没完，随时发现，随时处理，这个挺得人心，挺好的。

十二、关于城市规划史研究的期望

申予荣：你弄这件事也很重要。"千年的文字会说话"。现在咱们弄这件事，比较公正，不会极左、极右，不会有这个观点，实事求是。现在这个时候挺好，修史也好，修志也好，尤其是写志，要求你不要一面之词，实实在在，就说这件事，说完就完了，也不要褒贬，反正这件事就是这样，它是怎么样，后人自有公论，所

图 11-14 申予荣先生访谈结束时的留影（2018 年 5 月 24 日）
注：北京市西城区二七剧场路 1 号院，申予荣先生家中。

以也不容易。

我最感到欣慰的，就是抓落实政策本身，我觉得这件事很了不起。

访问者：可以说是功德无量。

申予荣：是啊。所以这个政策好啊。好好的，给人家说错一句话，就上纲，没完没了地搞。咱们现在这个政策好，现在随时发现随时处理，该怎么处理［就］怎么处理。你弄这件事也是很不容易，很吃功夫。另外，这个事情是一件大好事，就像司马迁［写］的《史记》一样，秉笔直书，你就不要抱偏激的态度。

我给你也提供不了别的材料，我只是把这些情况、过程，跟你随便聊一聊。说老实话，这些事儿都已经过去。反正我心里踏实的一件事，就基本上在落实政策［这方面］。我落实政策是几次啊，不是一次，一次比一次彻底，到了最后我心里比较踏实。

访问者：今天下午您已经讲了三个小时，连口水也没喝，非常辛苦。我想研究"苏联规划专家在中国"，其中北京是一大块，但北京的问题比较复杂，研究的难度比较大。

申予荣：这个工作很有意义，你下决心，好好地把它弄清楚了。得到一个公正的评价很不容易。因为写史，当下写是不行的，谁的势头大就得听谁的，不听就把你收拾了。你写史，过了这段了，这么多年了，再回过来看，就知道谁对谁错。事物的形成是有特定条件和特定气候的，过来以后就可以冷静地看，当时的情况，不得不这样做，所以现在秉笔直书就有意义（图 11-14）。

干这个工作也很辛苦，但是是个长久之计，对咱们国家、对今后的时政，是很有参考借鉴意义的，所以辛苦一点也是值得的。

访问者：谢谢您的鼓励！刚才您也指点了一些道路，比如北京市市政工程局的档案室，我也准备去查一查，试一试，争取把档案资料掌握得尽量全一点，认识会更客观一点。

申予荣：如果那些档案资料他们也整理完了，就更好了，好找了。没有整理好，反正你就去故纸堆里慢慢翻吧，有的已经看不清楚了，模糊了。但是这个值得一看。现在时间长了，看起来就更明显一点了。你辛苦了。

访问者：再次谢谢您的指教！

（本次谈话结束）

张凤岐先生访谈

关于城墙的存废问题，这是很重要的一个争论问题，时至今天仍有一股暗流在涌动。据我了解，第三批苏联专家对城墙存废问题有不同意见，直到专家回国时还将关于城墙存废问题（不同意拆）及道路宽度问题（太宽了）的书面意见留在其办公室。

（拍摄于 2020 年 10 月 20 日）

张凤岐

专家简历

张凤岐，1935 年 8 月生，北京人。

1952—1955 年，在北京土木建筑学校（今北京建筑大学）学习。

1955 年 7 月毕业后，分配到中共北京市委专家工作室（北京市都市规划委员会）参加工作。

1958—1986 年，在北京市城市规划管理局工作，曾任总体规划处副处长。

1986 年起，在北京市城市规划设计研究院工作，曾任总体规划研究室副主任、总体规划研究所副所长等。

1996 年退休。

2020 年 10 月 20 日谈话

访谈时间：2020 年 10 月 20 日下午

访谈地点：北京市朝阳区太阳宫夏家园 5 号楼，张凤岐先生家中

谈话背景：2020 年 9 月，访问者将《苏联规划专家在北京（1949—1960）》（征求意见
　　　　　稿）呈送张凤岐先生审阅。张先生阅读书稿后，与访问者进行了本次谈话。

整理时间：2020 年 12 月至 2021 年 1 月，于 2021 年 1 月 21 日完成初稿

审阅情况：经张凤岐先生审阅修改，于 2021 年 1 月 25 日定稿并授权公开发表

李　　浩（以下以"访问者"代称）：张先生您好，很高兴能当面拜访您。今天主要是
　　　　　想听听您对《苏联规划专家在北京（1949—1960）》书稿的意见。

张凤岐：你的书稿我粗略翻看了两遍，我看到有问题或疑问的一些地方都给你标出来了，
　　　　折了一个犄角，你可以拿回去仔细看看。

访问者：我把您批改的地方拍个照就行了，书稿留给您。

张凤岐：你都拿走吧。我批改的不一定很准确，你回去再仔细看看。

　　　　除了在书稿上有些批改之外，我还给你写了两份书面的修改建议，一份是针对
　　　　整本书稿的建议，另一份是针对第 18 章中关于 1958 年版北京城市总体规划修
　　　　改和呈报情况的建议（图 12-1）。下面我再简要谈一下，这两份建议也送给你。
　　　　我提的建议不一定对，仅供你研究参考。

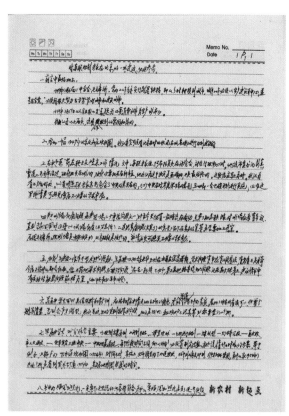

图 12-1　张凤岐先生手稿（2020 年 10 月）

注：左图为对整本书稿所提建议的首页，右图为对第 18 章中关于 1958 年版北京城市总体规划修改和呈报情况
所提建议的首页。

资料来源：张凤岐提供。

一、对《苏联规划专家在北京（1949—1960）》（征求意见稿）
书稿的修改建议

张凤岐：第一，书稿在前言中最好加上两点内容：一是 1949 年 3 月毛泽东主席在七届
　　　　二中全会上讲话中提出的，党的工作重点实行从乡村到城市的战略转移，城市
　　　　工作必须以生产建设为中心，并号召全党"必须用极大努力去学习管理城市和
　　　　建设城市"；二是 1949 年 3 月 17 日《人民日报》发表题为《变消费城市为生
　　　　产城市》的社论。我认为加上以上两点后，可以说明当时重视并开展城市规划
　　　　的原因和工作目的。

　　　　第二，建议增加一幅 1949 年北京近郊区现状图。我帮你找了一张图，你如果
　　　　找不到更合适的，就可以用这张图。我认为它可说明北京当时的状况，当时是
　　　　在这样的城市建设和发展的基础上进行规划的。

　　　　第三，关于第一批苏联专家，可以突出强调一下苏联市政专家团团长阿布拉莫
　　　　夫的一段谈话："市委书记彭真同志曾告诉我们，关于这个问题曾同毛主席谈

过，毛主席也曾对他讲过，政府机关在城内，政府次要的机关是设在新市区。"[①]
我认为这段话很重要，它表明苏联专家的意见包含了中央的意见，同时中央当时考虑过梁思成和陈占祥的意见，且"四部一会"已按计划实施。讲清楚这个情况可以避免今后不必要的学术争论。

第四，是关于城墙的存废问题。这是很重要的一个争论问题，时至今天仍有一股暗流在涌动。据我了解，第三批苏联专家对城墙存废问题有不同意见，直到专家回国时还将关于城墙存废问题（不同意拆）及道路宽度问题（太宽了）的书面意见留在其办公室。这个情况是否要加上，请你考虑。

访问者：您说的这个情况很重要，我还不知道呢。

张凤岐：所以我专门告诉你。写不写进书稿，还要你来决定。你可能想要证明我说的这个情况是不是事实，我估计查档案可能会查不到，但你可以问翻译，以前的翻译人员中杨念还健在，你可以问问她，核实一下。

关于城墙的存废，你的书稿中也谈到了，毛主席讲过："在天安门建立人民英雄纪念碑、拆除北京城墙这些大问题，就是经中央决定，由政府执行的。"[②]拆城墙是中央的决定。再加上第 17 章中你引用柯焕章谈话中讲的那些情况，就能把以前拆城墙的问题说得比较清楚了，阐述清楚以后可以避免不必要的学术争论。

访问者：您刚才说苏联专家回国的时候把书面意见放在办公室，是指第三批苏联专家组组长勃得列夫吗？还是其他哪位苏联专家？

张凤岐：他们具体是谁我不清楚。我虽然知道这个情况，但我是听别人说的，并不是我亲眼看到的，有些细节不清楚。你可以去问杨念。

访问者：好的，我前几天刚去看过杨老，当时她没谈到这个问题。

张凤岐：苏联专家走的时候口头上没说，只是把他们的书面意见搁在他们的办公室里了。"我给你们提意见，你们也不听"，因此最后就搁那儿了。我知道这个情况。你看书稿中要不要明确写，要写的话，可以写是我提供的。如果需要另外再找个证明，建议你去问杨念。

另外，1958 年的时候，北京市代表团去访问苏联，他们访问的时候也访问了以前来过中国的苏联专家，了解到，苏联专家回国后不久，莫斯科也把马路展宽了。以前苏联专家在中国的时候说咱们的马路太宽，结果他们很快也跟着把马路展宽了。这是另外一个情况，你都可以找杨念去证明。

① 资料来源：阿布拉莫夫．附［件］二：市政专家组领导者波·阿布拉莫夫同志在讨论会上的讲词 [R]// 巴兰尼克夫．北京市将来发展计划的问题（单行本），北京市人民政府编印，1949：15–19.
② 毛泽东．毛泽东选集（第五卷）[M].北京：人民出版社，1977：94–95.

图 12-2 《苏联规划专家在北京（1949—1960）》（征求意见稿）封面

注：该书稿在征求意见阶段为便于老专家审阅而采用了大字版，分上、下两册。左图为下册封底，右图为上册封面。

写学术性的历史回忆，总结经验和教训，应站在当时历史角色的立场，才能说清当时的真实情况。若加上现在的看法，可以，但要分别写清楚，否则会产生混乱，我们系统出的资料就有这问题。

我们系统搞的大厚砖《岁月回响》就是欠认真负责，为什么？我给你举个例子，这本书正文的开篇（第3页）就是《中共中央书记处邓小平同志 1959 年主持审议认可了北京城市总体规划方案》，这是一篇访问记录，访问对象和采访者都是权威人士，但是这篇短文把中央书记处听取汇报的时间写成了 1959 年 8 月，这个时间肯定不对。这就是不认真负责的表现。写历史的时候，时间概念非常重要。

从我个人来说，你写这本书稿，我觉得非常难为你，为什么说很难为你？因为你没有具体经历这个过程，就看各方面的材料，这些材料对不对？如果没有时间概念就很难判断。以规划方案为例，需要经历"计划开始—调查现状分析—进行规划设计—规划方案成型—向领导汇报—再次修改—市人大等审议通过—领导审定后上报中央—中央批复通过"这些复杂阶段，每个阶段时间不同，所以规划必须先判定过程，才好说清楚是什么时候的规划方案。

还有，现在的封面（图 12-2），不是不好，但值得商榷，这张水彩画画的是南京长江沿岸，与苏联规划专家在北京的目的和任务关系不大，应改为与任务目的有关的图片为好。建议上册用 1954 年规划方案，且符合上册介绍第一、二批苏联专家工作和成果，下册用 1957 年规划方案，且符合下册介绍第三、四批苏联专家工作和成果。如果用这两张规划图，仅从图面上就能看出来苏联规划专家在北京搞规划建设。

图 12-3　苏联专家勃得列夫和尤尼娜与北京市规委会总图组及绿地组部分人员的留影（1957 年 12 月 19 日）

注：欢送苏联专家勃得列夫和尤尼娜的座谈会后所摄。

第 1 排左起：潘家莹、陈干、勃得列夫、尤尼娜、何定国；

第 2 排左起：叶克惠、王怡、岂文彬、沈其、徐国甫；

第 3 排：朱竹韵、孙红梅、崔凤霞、陈业、张凤岐、李嘉乐、孟凡铎；

第 4 排：赵光华、程炳耀。

资料来源：张凤岐提供。

我还有其他一些修改意见，书面文件中写清楚了，供你参考。

你的书稿中有很多图片，但是却没有北京市都市规划委员会总图组的合影，我给你找了一张苏联专家勃得列夫和尤尼娜与北京市规委会总图组及绿地组部分人员的留影（图 12-3），你看是否有必要纳入。

访问者：太好了张先生，您的这张照片很珍贵，我暂借一下，扫描后把原件还给您。

二、1958 年版北京城市总体规划修订的有关情况

张凤岐：首先谈一下 1957 年版北京城市总体规划成果未及时上报中央的原因。你的书稿第 15 章中写到了 1957 年版规划方案未及时上报，它为什么拖了一年到 1958 年才上报中央？我认为，这个问题就是出在图上。

因为规划图是上报文件的重要附件，必不可少。可是 1957 年规划的展览总图是 1：10000 比例，整幅宽 4 米、高 2.8 米，还不算 10 厘米左右边框，而图纸

是裱在图板上。为了绘制时不伸缩、膨胀，当时每块图板宽1米、高2.8米，四块图板拼成整个图，现状图也是四块。八个图板铺满在楼中厅和会议厅内，场面相当壮观。专业图也是1：25000比例，无法进行汇报，故只能将图缩小后，才好呈报。

故首先将1：10000规划方案用铅笔缩放在1：25000地形图上，由12小幅图（每幅图长50厘米，高40厘米）组成（为了使图照相、制版时不伸缩膨胀，将每幅小图裱在木板或铅板的中心处），再将铅笔线上成墨线，因图幅小，不能搞人海战术，最多只能每人画一张，墨线上好还要接边修好，如果不修好容易造成图拼接不上，有许多错口。

此项工作要十分认真、仔细才成，非常费事，即用硫酸透明纸，用铅笔画清这幅边（右边）内所有规划线，再画清相接图左边内所有规划线，然后分析如何修，究竟是改哪个边的线好，有时两边线条均要改。改也非常费工，先得用刀片把墨线条削掉，然后再画上墨线。上完后还要接一遍，整幅图共17个边要接。此项接边工作，有的人能干，有的人还干不了。

图纸全都画、修好后，送制印厂，照相成玻璃版，玻璃版再晒制成铅皮版。有规划线的铅板则开始上机印刷，先印上地形图，再印刷规划线后，1：25000比例的规划素图完成。再将图拼接成整图，然后照相缩制1：100000玻璃版，还要上述过程，印1：100000素图。有了1：25000比例和1：100000比例的素图后，才能上色画图。专业图画1：100000比例，画好后还要送制印，印制成单色彩图。1：25000比例的总图，1957年没有印成彩色。如果印刷彩图，更费工、费时，一幅图几个色彩，要制几种版，再要上印机印刷几次等，故时间拖得更长。

以上情况可去市档案查证，1957年总图和1：100000比例的专业图集，具体花了多少时间，没有记录，我估计即便用不了一年，也得10个月。

访问者：您讲的这些情况，外人一般还不太清楚，谢谢您的指教！

张凤岐：关于1958年版北京城市总体规划修订工作情况，郑天翔、陈干、崔凤霞和钱铭等同志都回忆过，我再给你介绍点情况，供你参考。

据我了解，1958年版北京城市总体规划的修改工作情况和过程是这样的：北戴河会议期间，刘仁同志回京，找沈其讲了北戴河会议的一些精神，要求急速修改总图（出快意图），莘耘尊（当时为总图室市区组组长）等立即在1957年素规划线图（简称白图）上，抹掉一些规划建设用地和支次道路，增加绿地，原规划绿地均画为绿地后，送给刘仁看。刘说不够，不像。再次扩大、增加绿地后，又送给刘仁看后，认为差不多有点像。回来后又略加修改，就成为1958年总体规划方案。经过向中央书记处汇报，原则上给予肯定后，方进行综合用地平衡，又适当修改后，提出了城区40%、近郊60%绿地的1959年总体规划方案。

1958年规划修改的基本时代背景是"大跃进"运动。当时在"鼓足干劲、力争上游、多快好省地建设社会主义"的总路线和"我们应该积极运用人民公社的形式，探索出一条过渡到共产主义的具体途径"的号召下，规划工作开始按"人民公社""城市园林化"和"大地园林化"等方针修改规划方案。我认为这就是修改规划的根本原因。

为了实施"工、农、商、学、兵"五位一体，因此大搞工业。后来城区的工业又出现了污染，这是什么原因呢？根据"五位一体"的要求，需要有"兵"的因素，但以前的城市中心区没有"兵"，怎么办呢？全民皆兵，搞民兵，就带起这个"兵"了。城里没有"农"怎么办呢？在公园绿地搞小面积的农业生产。而且还要盖公社大楼，住宅设计要按集体生活（不设厨房）。这些要求都付诸实施了。像这么多的事实，应该说是1958年修改的主要原因。

不仅如此，1958年修改后的规划总图还进行了具体实施。一方面，提出以街道办事处为集团单元，并在城区的二龙路、北新桥、体育馆、椿树四个街道办事处和"工、农、商、学、兵"皆有的石景山区（政企合一）组织试点。以后中央于1960年3月决定普遍推广。新建住宅一律按人民公社的原则进行建设，且决定在东城区的柏林寺、西城区的福绥境、崇文区的安化寺和宣武区的南横街，各建一幢人民公社大楼，前三个很快建成（福绥境大楼已被划定为近代建筑予以保护）。另一方面，在工业发展上提出控制市区、发展远郊的设想，且首次将工业搬迁到远郊区（计划搬110多个工厂，实际搬迁80多个），实现"工、农、商、学、兵"五位一体以带动农村的发展，便于农村剩余劳动力就近就业。城区则解放妇女，大办"五七工厂"，导致城区到处见缝插工，实现集团单元有工（符合"五位一体"要求）但又埋下了隐患。

1958年9月10日，中央建工部党组就城市规划问题向中央写报告，报告说：今后城市建设的基本方针以发展中小城市为主，尽可能把城市搞得好些美些，努力实现城市园林化。1958年10月4日，北京市城市规划管理局佟铮同志在党组扩大会议上传达中共北京市委决定：一、中央书记处通过了"北京城市建设总体规划"，城区规划还需继续深入工作；二、明年庆祝新中国成立10周年，要大搞城区建设。

还有，毛主席始终关心北京的绿化。1959年9月在视察密云水库时，他指着周围的山头问道：把这些山头绿起来，用得了一百年时间吗？郑天翔回答用不了。同月由于毛主席提出"大地园林化和水利化"的重大方针，市规划局对1958年9月总规做了若干重大修改，提出了1959年9月的方案并提出"城市建设总体规划纲要"。

综上分析，能得出"城市园林化""大地园林化"是 1959 年规划进行修改的主要原因。

三、教育背景

访问者：张先生，还想请您聊聊您的一些经历。听说您是北京土木建筑学校毕业的，您是 1952 年入学的对吗？

张凤岐：对，我是 1952 年入学的。我跟赵知敬既是中学同学，又是"建校"（北京土木建筑学校）的同学，毕业分配的时候又分配在一起，在同一个单位工作。

访问者：在北京市都市规划委员会工作的时候，您被分配在总体规划组，众所周知，规划总图设计对专业技术水平要求很高，包括还需要有一定的艺术造诣，您小时候是不是学过美术？

张凤岐：我没学过美术。我们在北京土木建筑学校学习的时候，有关课程是以施工为主，而搞城市规划则是要包罗万象。

访问者：您是北京人，对吧？

张凤岐：我是北京人，老北京人，我家的生活比较紧张，困难。我记得上中学的时候交学费，一个学期要交两袋面，我家里拿两袋面很困难，咬牙交学费。

访问者：这么说，那就是您在北京土木建筑学校学习的时候比较用功？

张凤岐：别说用功吧。上中学的时候，我是走着去学校的，两个窝头，一块咸菜。后来我为什么考北京土木建筑学校？因为这个学校不要学费、吃饭不要钱。上这个学校，我觉得给我家减轻了很多负担，所以我有点感共产党的恩，这是我工作的动力。

因此，在实际工作中，需要干什么我就学什么。我去过经济室，去过道路组，搞过卫星城镇，搞过工业，搞过农业。我干一项工作，就要学跟这个工作有关的知识，怎么能把这个工作干好。因此你问我学没学美术，我小时候没学过美术，但我工作时画图不成问题。那时候，北京市都市规划委员会挑选了 10 个人，对这 10 个人要求家庭出身要好，要政治觉悟高——是党员或团员，关键是能绘图，那时候是要解决问题。

在北京土木建筑学校学习的时候，我在绘图设计方面不能说是全班最好的，但也算是前头的，而且我画得还比较快。我画透视图、建筑图、渲染图和设计方案，根本就不存在问题。我是上课专心听讲，干什么都能按部就班地完成，没有专门学过艺术。当然，城市规划总图基本上是粗线条的东西，对绘图能力的要求也不是特别高。

四、从事规划工作的主要经历

访问者：张先生，1958年以后您一直在北京市城市规划管理局工作吗？

张凤岐：1959年我下放劳动过，中间有一段时间工作接不上。

访问者：您下放了多长时间？

张凤岐：下放一年。我不知道究竟为什么要把我下放到勘测处。当年总图室下放劳动三人，其中两人都去了沙岭副食劳动基地。可能是当时领导考虑，把我下放到勘测处劳动锻炼，跟他们一起搞测量，测万分之一的地形图。

访问者：测北京的地形图？

张凤岐：对，就是测北京的地形图。

访问者：那也不算下放了，还是工作。

张凤岐：不是工作，就是跟人家劳动，背着仪器，给测手当副手，协助搞些内业等。我下放的时候是1959年，正是困难时间，到郊区测图，刚开始的时候在公社食堂吃饭，后来食堂有问题，便自个儿转到一个地方，到粮店买粮，一边测图一边自个儿做饭。

那一年我在勘测处表现还不错，最后处里给评了一个一等奖。原来规划部门和勘测处还没分开之前，勘测处的好多人我是比较熟悉的，我们在印图各方面有很多合作，以前有什么任务的时候实际上就是让我去谈的，关系挺好的。

访问者：您是1960年回到规划局的？

张凤岐：1959年劳动，1960年回来。

访问者：回来之后工作有变化吗？

张凤岐：回来的时候，还回到总图室，工作就又接上了。"文化大革命"的时候，赵知敬和我留在建设局规划组的小班子。

访问者：等于是北京市城市规划管理局1968年被撤销以后，你们到了北京市建设局工作？

张凤岐：到了建设局的小班子。"文化大革命"又是一个插曲。我在"文化大革命"期间还去湖北一段时间。

访问者：是哪一年？

张凤岐：大概是1967年下半年，本来说要支援"二汽"（第二汽车制造厂）建设，在湖北十堰地区，去的时候当地两派斗，咱也跟不上，没事儿干。记得那时候十堰刚开始搞公共汽车，因此我们就帮着去把汽车两侧喷上"为人民服务"标语等。再没事儿的时候还帮食堂做过饭。我去了有几个月吧。后来因为我爱人生孩子，我又回来了。后来等到恢复规划局的时候，我又去劳动过半年时间。

访问者：记得北京市城市规划管理局是1972年恢复建制的。您这次劳动是去了哪里？

张凤岐：还是勘测处。这一次劳动是测万分之一地图，测百花山，都是在山里头折腾，而且我们有一次测的地方，测的图中周围没有村庄，怎么办呢？烙点糖饼，夜里找山崖底睡觉，几个人就这么过的，最后把图测完。

访问者：非常艰苦。

张凤岐：非常有意思，还可以吧。那时候很多人都下放了，才又让我到测绘处劳动半年。1959 年那次劳动是测地形图，这次是测防空洞，测人防工程，又待了半年。除了这两次出去、离开了总图室以外，其他时间我基本都在总图室工作，不管总图室的领导怎么调整，我基本上没动。

访问者：在十年左右的"文革"期间，有一个说法是首都的城市规划建设受到很大的影响，根据您的印象判断，这方面的影响大吗？

张凤岐："文革"十年的影响，主要就是规划局被撤销了，城市管理松懈，自由主义泛滥，出了一些违章建筑，压管线乱占地等。但是，当时没有什么大型的建设工程，从各方面来讲，对城市规划的影响并不是很严重。当然，在有些方面，"破四旧"的时候砸了一些，但关键的文物都是中央出来保护了。我认为基本上没有把什么最主要的文物弄坏。

访问者：北京的规划人才队伍受到一些冲击没有？当时国内有些城市规划院解散了，人员被分散到全国各地了，有的人员一辈子再也没有回到规划岗位。

张凤岐：这个问题应该由申予荣来回答，他是最权威的。我只能说说我的看法。可能是在都市规划委员会和规划管理局合并的过程中，市委给规划局有过指示，这批规划专家无论如何要保留下来。我说的可能不准确，但是实际上肯定有这个意思。所以，对北京规划系统人员的冲击还不是很大。

访问者：您是哪一年入党的？

张凤岐：大概是 1967 年吧。我认为入党实际上要更全心全意为人民服务，而不是说我有了什么资本。

访问者：听说您在 1984 年被提为处级干部，当时您是在北京市城市规划管理局的哪个处？

张凤岐：当时我是总体规划处的副处长。

访问者：1986 年北京市城市规划设计研究院成立以后，您又到规划院工作了？

张凤岐：对，当时规划院和规划局是平级的。当时技术能力强的一些干部很多都被留在了规划院。

访问者：在规划院的时候，您是在哪个所？

张凤岐：我是城市总体规划研究所的副所长。

访问者：您是什么时间退休的？

张凤岐：我退休的时间是 1996 年。

五、提问

访问者：张先生，我还想向您请教一些具体问题。譬如在新中国成立初期，北京城市总体规划工作中，城市人口规模多次发生变化，您怎么看？

张凤岐：到现在还经常说要控制人口。是要控制谁？哪些人口？不具体。我们过去提倡的是控制城市人口，主要是中心城区（规划市区）的人口规模，而不是说北京市的总人口。这是两个不同的概念，两个范畴的问题，而不能把它们混为一谈。

从1958年起，北京的城市总体规划就提出分散集团式布局。所谓集团式布局，每个时期指的是不同的范围、不同的内容。比如1958年提出的地区子母城布局，是中间的中心城区这块和周边区县卫星城镇的大布局，与目前北京"主城+副中心"的城市群布局是一脉相承，形态相似，现在的规模更大。而1958年规划提的集团式布局指的范围与它不同，那时候是指规划市区，以街道办事处为集团的单元。

访问者：内涵不一样。

张凤岐：内涵不一样，因此要结合规划图具体来讨论。说到人口控制，我认为还是曹洪涛说的一句话比较好。

访问者：曹老怎么说？您什么时间听他说的？

张凤岐：那是在"文化大革命"初期，北京城市总体规划暂停执行，北京市规划局要被撤销，当时我们围着曹洪涛问问题。当时有人问他：城市规模控制得住，还是控制不住？他说了一句话，他说"城市规模是大控制小发展，小控制大发展，不控制乱发展"。我觉得他总结得很好，有实事求是的精神。

访问者：对，这句话水平很高。

张凤岐：有一阵我们研究城市快速路，我自个儿拿西四到西单这段路来研究。当初研究快速路，我找了很多资料，等于中间一块板，两边有两条辅路，跟现在的快速路一样，辅路就把胡同全部隔了，那条辅路可以上下行，胡同不直接在中间开口，其他地方到中间可以通过主干路口或绕街坊等方式解决。按试点要求，搞了1：5000比例的城区快速路方案，这项工作在畅观楼那儿举行过展览，后来快速路的做法基本是按照三块板做的。

访问者：关于城市人口规模，毛主席曾指示要按1000万人规划，对此您是什么看法？

张凤岐：关于毛主席指示的1000万人，以前我还不知道呢。

访问者：您现在是什么看法呢？

张凤岐：关于这个问题，你说1000万是多了，是少了，能说得清楚吗？我们现在不能把毛主席夸张成是神，但最起码我认为他是比较英明的领袖。毛主席最起码站得高，看得远。这是我个人的看法。

访问者：您长期做规划总图工作，在 1950 至 1960 年代的总图工作中，工业是一个很重要的因素，现在回顾，对当时的工业布局有没有什么大的争论？从布局上来说。

张凤岐：布局上的争论，总结有东边挤了、西边大了、南边乱了、北边散了。但是我有不同的看法。我认为当时的工业布局基本上是正确的。

随便举个例子来讲。石景山钢铁厂实际上是北京市不亚于城墙保不保留的一个重大问题。有一次，石景山区政府的四套班子要听取规划汇报，问为什么让石钢（石景山钢铁厂）在这儿发展，你们有什么措施没有？

第一，我认为，石景山钢铁厂在那个位置，实际上是历史的产物（1919 年建厂，由于北有龙烟铁矿，西有丰富的石灰石，石景山地基好，用地宽阔，又紧临永定河，取水方便等条件，决定在此建厂），而不是说谁的问题，1949 年石钢与北京城中心相隔近 20 公里，规划措施有建北辛安立交桥，将首钢宿舍规划在古城路以西的路两侧，区公检法安排在古城路口东南角，厂东门东北空地进行绿化等。这是我的第一个看法。

第二，我认为，从地貌、地形、地质和地下水流向来看，石钢对市中心根本造成不了污染。我的根据很简单，首先，根据风向玫瑰图，布置工业的原则是下风向，在风向玫瑰图的两侧是下风向，北京冬季多是西北风，夏季多是东南风，不管刮什么风它吹不到北京城。

访问者：您说得有道理。

张凤岐：其次，污水流不到北京城，为什么？八宝山一带的地高起来，水根本往东流不了，因此污水全都往南边流，不会影响市区。

那么，为什么说会造成影响呢？我认为它没有深刻地分析，客观现实又造成了污染，为什么？石景山的洗渣水往外排放，下游用渣水浇地，另外清沟的渣砂堆在沟边，不少人都来拉，因为洗渣砂中含有氮等，从这儿拉回去当肥使，这就造成了土壤污染，这是其中的一个因素。再一个因素，过去农业没有什么化肥，都靠垃圾和粪便搅拌，农民认为是香饽饽，都去弄这个东西施肥。可是这东西有一定的量还行，常年这么使用会造成土地硬化，致使农业减产，且污染地下水等。因此，很多人都说是首钢污染的，这不是实事求是的态度。

我认为规划人必须有三个态度，一是客观需要，这是很重要的；二是现实可行性；三是规划的合理性，不能说连规划合理性都不考虑，脱离现实，不是实事求是，但它还是排在最后，不能排在前面。

访问者：您从事北京规划工作几十年了，现在来回顾，几十年的过程当中，哪些事令您感到欣慰，感到高兴，哪些事是感到有遗憾的？

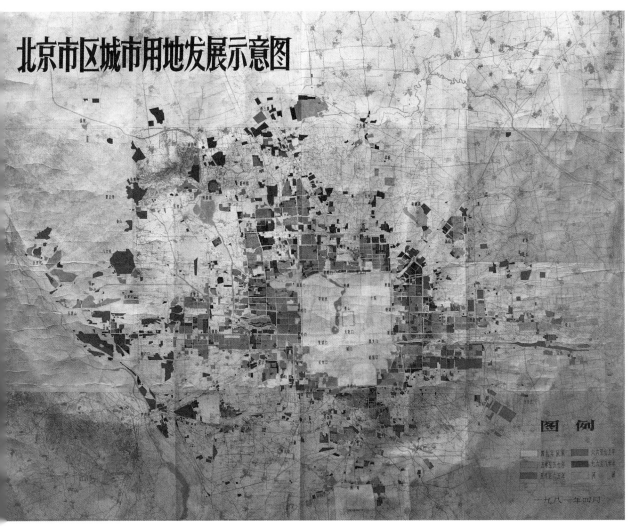

图 12-4　北京市区城市用地发展示意图（1981 年 4 月）
资料来源：北京市城市规划管理局 . 北京市区城市用地发展示意图 [Z]. 北京市城市建设档案馆，1981，档号：
C1-00015-1.

张凤岐：我感到遗憾的事很多。随便来说，你的书稿中有一张城市用地发展示意图（图
12-4），这个事就很遗憾。这张图就是我做的，本来计划做一套图，不是一张图。
我本来要把它分阶段全做下来，而且留有继续做的余地，因为这张底图是用硫
酸纸印的地形图，可把以后的发展用地补画在硫酸纸上即可，1978—1980 年的
变化等都做下来了，但是这张图往下没再继续做。咱不是头儿，决定不了。这
个问题我认为就非常遗憾。现在假若需要让我做这张图，我还能把它一直做到
现在，想办法完全可以做到现在。

访问者：如果能做到今天，是最好的。

图 12-5　张凤岐先生接受访谈时
的留影（2020 年 10 月 20 日）
资料来源：李浩摄。

张凤岐：但这是非常遗憾的事情，你说有什么遗憾，这就是非常遗憾的事情之一（图
　　　　12-5）。

访问者：谢谢您的指教！

（本次谈话结束）

董光器先生访谈

我为什么要写这本《古都北京五十年演变录》？王军写了一本《城记》，2003年出版。他是搞新闻的，写新闻就得有看点，当时他系统地接受了清华大学的观点，基本上认为北京的规划没有听"梁陈方案"，所以北京市建乱了。他的这本书，社会影响很大。我觉得，北京的城市风貌问题，绝不是那么简单的"梁陈方案"就可以完全肯定，或完全否定。所以，我就针对这个问题，提出我的观点，拿事实来说话，拿北京市的实践活动的历史记录来说话，拿市政府的文件来说话，当时为什么做这个决定，有哪些教训，比较客观地进行总结。

（拍摄于2015年冬①）

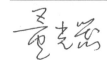

专家简历

董光器，1935年12月生，上海人。

1952—1956年，在东北工学院建筑系建筑学专业学习。

1956年9月毕业后，分配到中共北京市委专家工作室（北京市都市规划委员会）工作。

1958—1986年，在北京市城市规划管理局工作。

1986年起，在北京市城市规划设计研究院工作，曾任分区详细规划室主任、《北京规划建设》主编、副院长等。

1996年退休。

---

① 本页照片系董光器先生提供。

2018 年 3 月 19 日谈话

访谈时间：2018 年 3 月 19 日上午

访谈地点：北京市西城区南礼士路 60 号，北京市城市规划设计研究院董光器先生办公室

谈话背景：《八大重点城市规划——新中国成立初期的城市规划历史研究》一书和
　　　　　"城·事·人"访谈录（第一至五辑）正式出版后，于 2018 年 3 月呈送董
　　　　　光器先生审阅。同时，访问者向董先生请教新中国成立初期首都北京规划建
　　　　　设的情况和问题，董光器先生应邀进行了本次谈话。

整理时间：2018 年 5—6 月，6 月 12 日完成初稿

审阅情况：经董光器先生审阅，于 2018 年 6 月 26 日返回初步修改稿，7 月 2 日补充完善，
　　　　　7 月 5 日定稿并授权出版

李　浩　（以下以"访问者"代称）：董先生，晚辈前些年对"一五"时期八大重点城
　　　　市规划的历史情况进行了一些初步研究，最近准备开始"苏联规划专家在中国
　　　　（1949—1960）"的专题研究，北京是苏联专家技术援助的重点对象。这次过
　　　　来拜访您，主要是想向您请教一些北京市规划的有关情况。

董光器：我是 1956 年从东北工学院毕业（图 13-1），分配到北京参加工作。正好在那个时
　　　　候，有一个苏联专家工作组来到北京，帮助我们编制北京市的城市总体规划。
　　　　我到北京参加工作的时候，那一版的北京城市总体规划基本上已经成型了。我
　　　　跟苏联专家接触，也就不到两年时间。到 1957 年年底，苏联专家组在北京工
　　　　作两年以后，完成了任务，就回苏联去了。下面根据自己的工作经历，把学习
　　　　和了解北京规划建设历史的有关情况，做些简要的介绍。

图 13-1　董光器先生大学毕业前听到分配到北京工作的消息后，在东北工学院建筑系馆东侧的留影（1956 年 9 月）
资料来源：董光器提供。

一、北平（北京）解放初期的都市计划探索

董光器：1949 年 1 月 31 日，北平和平解放。三个多月后，1949 年 5 月就成立了都市计划委员会，专门负责城市规划编制工作。那时候叫"都市计划"，还没有"城市规划"的概念。北平都市计划委员会先后由叶剑英、聂荣臻、彭真等主要领导兼任主任，在市委、市政府的直接过问下，开始筹划城市的未来建设大计。

后来，中央决定定都北平，改北平为北京，这就提出了新中国的首都应该是什么样的问题，需要通过首都规划来明确方向。北平解放以后，很早就开始组织都市计划委员会的专家们，来研究未来北京的发展究竟该怎么办这一个重大问题。

当时，北平都市计划委员会中的中国专家大都有海外留学背景，除了梁思成留学美国之外，比较著名的就是陈占祥，他跟英国规划大师阿伯克龙比参与编制过大伦敦规划，当时他就把大伦敦规划的那一套拿过来了。还有赵冬日，他早年在日本早稻田大学学习，学的是建筑，他把东京都规划的那套东西拿过来了。还有朱兆雪，从比利时留学回来的。

另外就是从法国回来的华揽洪，华揽洪的爸爸是华南圭，他娶的夫人是法国人，华揽洪是混血儿。华揽洪是法国共产党员，北平解放以后，他回国来参加建设，他爸爸不太赞成他回来，说在中国生活很艰苦，可是华揽洪很爱国，就回来了。回来后，就在都市计划委员会的企划处工作。

那时候，彭真同志是北京市市长，他觉得要建设一个现代城市，就要向世界学习，因此就组织了一些人翻译各国首都建设的有关资料（图 13-2）。这些翻译的资料我见过，原来在北京市规划管理局的档案室里有保存。

我觉得，当年的资料翻译工作，对于现代城市的认识还是起到了很大的作用。

图 13-2　中共北京市委组织翻译的《城市建设参考资料》（第五辑）
注：左图为封面，右图为目录。该辑印刷时间为 1953 年 8 月。
资料来源：李浩收藏。

当时感觉比较突出的，一个是环境的问题，很多首都环境污染很严重；另一个是交通问题，交通堵塞严重。那个时候认为，这都是资本主义社会造成的。在1950年代，世界各国都还没有解决这些问题。我们对现代城市的认识就是从那时候开始的，把它作为首都北京建设的借鉴。

所以，在做首都规划之初，就对环境和交通问题很重视。但对于现代城市的规划怎么搞，还没有一本比较完整的教科书。因此，陈占祥就把大伦敦规划的经验拿来了，华揽洪就把法国大巴黎规划的经验拿来了。

那时候，都市计划委员会组织专家们，做出了若干规划方案。在各个规划方案中，有些主要的观点是一致的。比如，北京是政治、文化中心，所以规模不能太小，大家对这个意见是一致的。当时设想的城市规模大体上从二三百万人到四五百万人。至于到底为什么要那么大，也说不出什么所以然来。北京要发展工业，大家也不反对。

但是，专家们对北京要不要另立一个行政中心、行政中心到底放在城里还是城外，有较大的争论。其实行政中心要不要放在城外，历史上有过多次研究。

二、近代的城市规划建设

董光器：早在1910年代，北洋军阀时期，北京叫作京都，当时设有京都市政公所，由内务总长朱启钤任督办。他组织搞过一个北平的规划，计划在西郊另建一个中心。但是，至今尚未找到当时的规划资料。这个时期，东西长安门被打开，长安街首次开通。北伐成功后，首都南迁，京都改称北平。

民国26年（1937年），日本占领北平，改北平为北京，组建了北京公署。1938年，

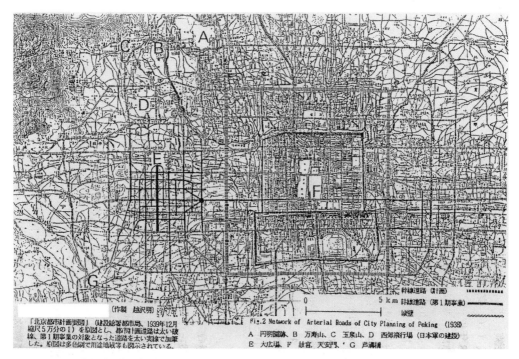

图 13-3　北京都市计划的道路网图
资料来源：董光器.古都北京五十年演变录[M].南京：东南大学出版社，2006：13.

在日本关东军司令部主导下编制《北京都市计划大纲》，提出了发展西郊新街市、东郊新街市和通县工业区的计划，准备把行政中心迁至西郊，在五棵松（现在的西四环路）附近规划一条轴线，搞个新北京（图 13-3、图 13-4）。在那里建办公楼、神社，设忠灵塔，辟中心广场，军区司令部等行政机关都迁至新址。同时，还为日侨建设了居住区，为的是回避中国人与日本人混居所造成的摩擦；在东郊和通县开辟工业区，企图把北京建设成为进一步侵略中国的后方基地。根据《北京都市计划大纲》，当时第一期计划在西郊开发 14.7 平方公里新区，但只建成了 581 栋房屋，建筑面积 6.7 万平方米，用地 86.2 公顷，修了若干土路、石渣或水泥路近 80 公里，主要的有复兴大路（今复兴门外大街）和五棵松路（今西四环路）。在东郊计划建的两条东西干道（今建国门外大街和广渠门外大街）和一条南北向大街（今西大望路），也仅仅成了路型，还没有建成，日伪就垮台了。虽然这个规划反映了日本帝国主义企图长期占领北京的本质，但是，就规划技术而言，是北京第一个按现代城市理念编制的规划。

民国 34 年（1945 年）9 月，日寇无条件投降，北京又改称北平，同年 10 月成立北平市政府。1946 年，何思源开始担任北平市市长。随后成立了都市计划委员会，除行政官员外，还请了陶葆楷、张铸、钟森等教授和工程技术界人士参加。对若干城市基础设施破败的问题和规划编制的指导思想进行了有益的探讨。

A 日本人学校
B 青年訓練所
C 北京神社
D 八宝山
E 医科大学
F 大衆運動場
G 中国人学校
H 中央駅
I 中央卸売市場、貨物駅
J 蓮花池
K ガス会社
L 家畜市場
M 下水処理場
N 公主墳
O 翠明公園
P 釣魚台公園
Q 東公園
R 大広場
S 西公園
T 旱水門
U 広安門

(出所 「北京市東西郊新市街地図」（建設総署北京市建設工程局、
1940年8月、縮尺1万分の1）に施設名称を加筆）
Fig.3 Plan of West Suburban New Town of Peking (1938)

幹線道路は東西方向は「街」、南北方向は「路」と命名された。
南北方向の幹線道路は西から玉泉路（同じ）、永定路（同じ）、興亜大路（？）、
豊台路（同じ）、万寿路（同じ）、円明路（西三環路）、西頭大路（現存せず）である。
（）内は、現在の道路名称を示す。

图 13-4　北京西郊新市街计划图
资料来源：董光器 . 古都北京五十年演变录［M］. 南京：东南大学出版社，2006：13.

1947 年，北平市政府以日伪编制的《北京都市计划大纲》为参考，征用日本技术人员，改订了《北平都市计划大纲》（参见图 5-7），把城市性质定为"将来中国的首都，独有之观光城市"。新的《北平都市计划大纲》，去掉了日伪时期把北京作为侵略据点的性质，接受了在西郊建设新市区的理念，对北京的地理优势和丰富的历史遗存做了充分肯定。显然，当时北平市长何思源认为北京作为首都比南京更好，这一点颇有远见。但总体看，这一时期的规划还比较粗糙，最终也因为解放战争开始而被束之高阁。

三、首都行政中心的建设问题

董光器：新中国成立后的 1949 年至 1953 年，是北京城市总体规划初步形成的阶段。关于城市中心的问题，专家们有两种不同的意见：一种意见是说北京的中轴线应该以天安门广场的老中轴为中心，因为开国大典就是在那儿举行的；另一种意见就是要搞个"新北京"。

比较有代表性的，就是像华南圭、朱兆雪、赵冬日等提出的方案，把行政中心放在老城（图 13-5、图 13-6）；梁思成和陈占祥主张搞个新中心（图 13-7、图 13-8），主要的理由是觉得北京是那么完整的一个老城，把新中心放进去

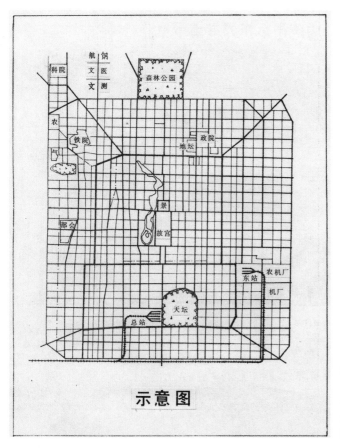

示意图

图 13-5　北京未来建设设想图
（华南圭方案）
资料来源：董光器．古都北京五十年
演变录[M]．南京：东南大学出版社，
2006：6.

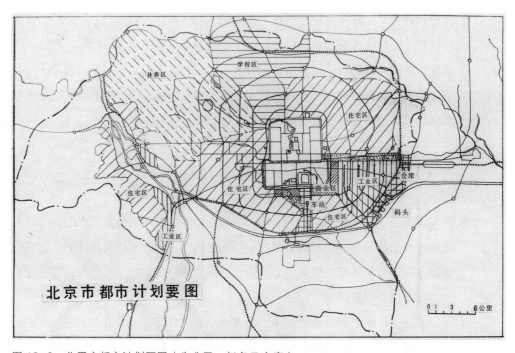

北京市都市计划要图

图 13-6　北平市都市计划要图（朱兆雪、赵冬日方案）
资料来源：董光器．古都北京五十年演变录[M]．南京：东南大学出版社，2006：5.

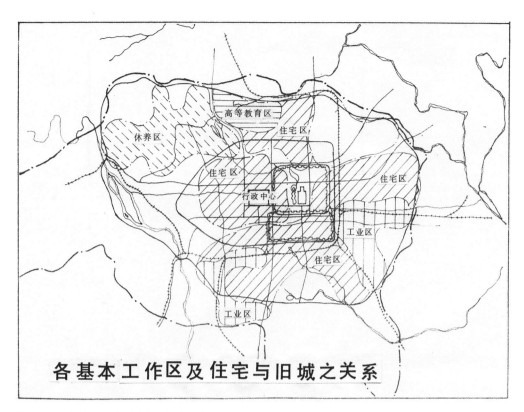

图 13-7　梁思成、陈占祥方案（一）
资料来源：董光器.古都北京五十年演变录[M].南京：东南大学出版社，2006：7.

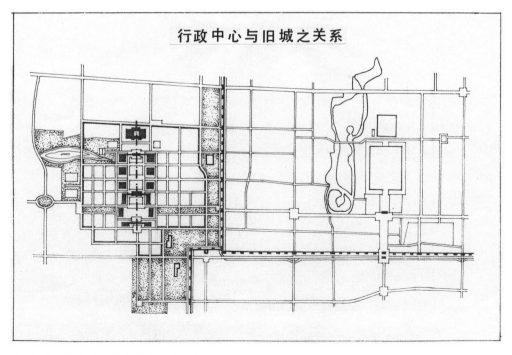

图 13-8　梁思成、陈占祥方案（二）
资料来源：董光器.古都北京五十年演变录[M].南京：东南大学出版社，2006：7.

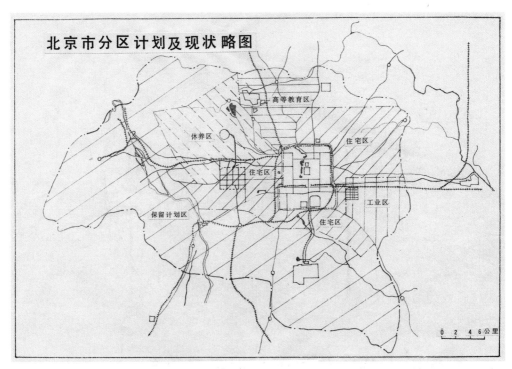

图 13-9　北京市分区计划及现状略图（巴兰尼克夫方案）
资料来源：董光器.古都北京五十年演变录 [M]. 南京：东南大学出版社，2006：5.

以后，必然要对老城进行改造，改造以后旧城就要受到破坏。专家们的意见难
以统一。

与此同时，1949 年 9 月，以莫斯科市苏维埃副主席阿布拉莫夫为首的一批从事
过莫斯科规划建设的市政专家来到北京，在调研的基础上，对北京市未来发展
计划发表了一些意见。在苏联专家组中，有一个搞规划的专家叫作巴兰尼克夫，
他也主张把城市中心放在老城（图 13-9）。莫斯科就是这样的嘛。

就行政中心位置的选择问题，彭真请示了中央，中央决定主要的行政中心还是
应该放到老城，次要的中心可放到西郊。

这个决定，是在特殊的政治、经济背景下做出的。当时，中华人民共和国马上
就要成立，中央各个部正在筹建，那个时候北京的西郊都是农田。日本占领北
平的时候，在西郊的规划中轴线上只盖了 1 万多平方米建筑，难以满足中央人
民政府各部门的需要，而在老城，则有诸多王府和衙署等可资利用。

北平刚解放时，成立过一个"清理敌产管理局"，专门接收国民党政府在北
平的财产。清管局就把那些接收下来的王府和衙署分配给正在筹建的各部（图
13-10），满足了新中国成立的需要。一直到现在，教育部还是在以前的郑
王府；在当时，卫生部在醇亲王府，内务部在九爷府，外交部在东总布胡同

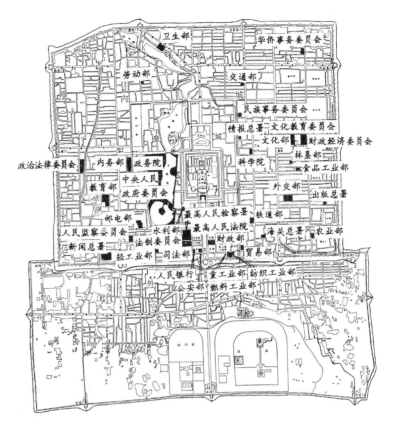

图13-10 新中国成立初期在北京旧城分布的国家机关分布图
资料来源：董光器. 古都北京五十年演变录[M]. 南京：东南大学出版社，2006：12.

那儿。那个时候，党中央、政务院就已经从双清别墅搬到了中南海。在当时条件下，要另外建一个新北京作为中央人民政府的办公场所，显然没有这个经济条件。

另外，解放北平的多路纵队，都在日伪时期修建的复兴大路（现在通往石景山的道路）南侧驻扎，这就是现在各个军兵种的司令部所在地。

当时，根据中央关于北京的主要行政中心放在城里、次要中心放到西郊的指示精神，在西郊（复兴门外）规划划出了25平方公里，作为中央机关建设之用，少部分中央机关放到了北郊六铺炕一带。在西郊首先建设的"四部一会"，也就是现在的国家发展改革委一带的建筑群，就是大体上按"梁陈方案"的意见实施的。这样做比较实事求是。由此看来，当时也没有完全否定"梁陈方案"。

四、从"甲、乙方案"到1954年第一版城市总体规划的出台

董光器：从1950年到1953年，北京的城市总体规划老是确定不下来，由于主管规划管理的企划处内部意见不统一，给城市建设带来很大的困难，给城市规划管

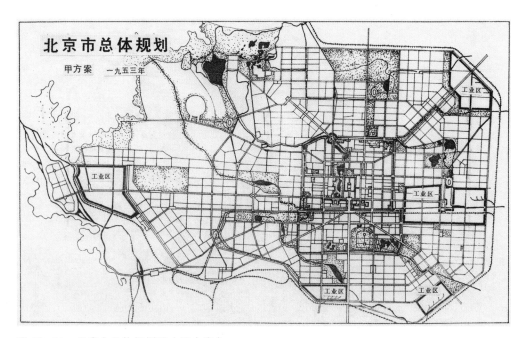

图 13-11　北京市总体规划图（甲方案）

资料来源：董光器. 古都北京五十年演变录 [M]. 南京：东南大学出版社，2006：25.

理造成一些混乱。有人形容当时的混乱，称："天上地下乱打架，死人活人乱搬家。"

那时候，北京市政府的秘书长是薛子正，他说都市计划委员会那么多的方案，各行其是不行，他指定陈占祥和华揽洪两个人牵头，根据各自的观点，编两个方案。当时确定，人口按 500 万人的规模编制，北京的行政中心就放在城里，不争论了。至于城墙，有的说要拆，有的说要保留，可以在方案中继续探讨。

结果，形成了甲、乙方案。甲方案是华揽洪的，他就把大巴黎轴线、放射线的概念拿进来，以前门为中心，除了中轴线以外，从东南、西南引进两条轴线，一直汇聚到前门；从东北、西北引进两条轴线，放到新街口北新桥。那时候，我们戏称这个方案给北京市增加了两条"眉毛"、两撇"胡子"（图 13-11）。陈占祥的乙方案是旧城保持方格网道路系统，旧城外面建设放射路，放射路不进城，相交于二环路上（图 13-12）。

可是，这两个方案还是没法统一。怎么办呢？到底听谁的？那时候，在百废待兴的首都建设形势下，大量建设活动要进行，没有一个统一的城市总体规划来指导各项建设是不行的。为此，市委决定由当时的北京市委秘书长郑天翔牵头，成立一个小组对规划方案进行综合。

访问者：您说的这个小组，就是"畅观楼小组"吧？

董光器：对。进行综合以后，就出现了 1953 年年底的北京城市总体规划方案，即《改

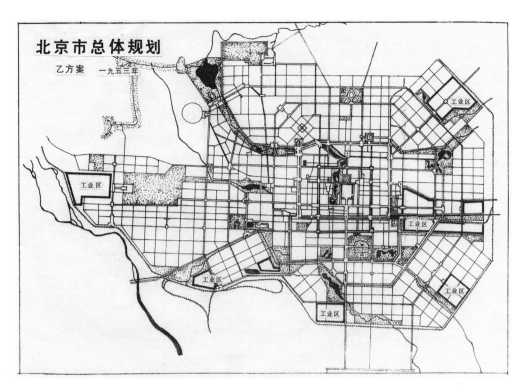

图 13-12　北京市总体规划图（乙方案）

资料来源：董光器. 古都北京五十年演变录 [M]. 南京：东南大学出版社，2006：25.

建与扩建北京市规划草案》。这个规划首先要解决的是以下四个问题：一是，首都除了政治、文化中心以外要不要发展工业；二是，城市规模多大合适；三是，如何确定城市建设标准；四是，如何正确处理文化古都和现代化建设的关系。这个方案出来以后，就报中央了。

在城市性质方面，这版规划最后的结论是：首都不仅是政治、文化中心，同时还必须是大工业城市。我理解做这个决定离不开当时的政治、经济与社会背景。北京成为首都以后，落后的消费城市面貌与首都地位极不相称。当时北京几乎没有现代工业，160多万城市人口有30万人失业（占就业年龄组人口的40%左右），不发展生产，解决人民的生计，就无法巩固政权。因此，市委、市政府从接管政权的第一天起首先抓了恢复和发展生产工作，同时下大力量整顿城市环境，改善市政条件。大家痛感旧社会的贫困落后，对建设新中国倾注了极大的热情，认为城市要摆脱贫困必须从实现工业化开始，"变消费城市为生产城市"。

现在看，市政府在当时的决策并无错误，有人把北京城市建乱的罪过推给"变消费城市为生产城市"这个口号，我认为不妥，这种论调只能说明其缺乏对城市现代化发展规律的起码知识。

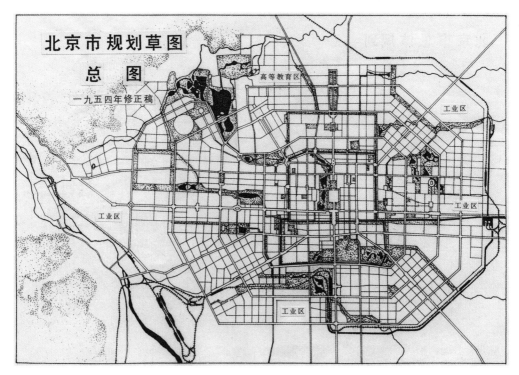

图 13-13　北京市规划总图草图（1954 年修正稿）
资料来源：董光器.古都北京五十年演变录[M].南京：东南大学出版社，2006：29.

访问者：这一版规划还有哪些主要特点呢？

董光器：当时主要的观点，就是城市规划要正确处理现在和将来的关系，城市建设要有
　　　　远见，所以提出来：建设标准不能太低，规模不能太小，绿化要多，环境要好。
　　　　在交通方面，规划提出要建设放射环状形的现代化交通体系，马路不能太窄。
　　　　可是，这个方案报中央以后，国家计委对北京市的方案提出了不同意见，认为
　　　　人口规模定得过大，工业发展过大，建设标准过高，道路红线偏宽，绿地偏多……
　　　　为此，北京市政府又提出了 1954 年修正方案（图 13-13），再次上报中央。除
　　　　了重申要正确处理现在和将来的关系，要为后辈子孙留有发展余地之外，还提
　　　　出了"第一期城市建设计划"，认为：从长远看标准要高一点，近期建设则要
　　　　量力而行，紧凑发展。
　　　　虽然，由于有不同意见，中央没有正式批复这一版规划，但是北京市的建设仍
　　　　按 1954 年的方案实施。就道路建设而言，根据放射环状系统的概念，提出在
　　　　北京市区要建四个环路，以环绕旧城的"二环路"（当时尚未建设）为起点，
　　　　建对外二十四条放射线，二环路以内是方格网的道路系统，并提出了严格按划
　　　　定的道路红线进行建设，任何建筑不得跨越道路红线。北京现在形成的道路系
　　　　统，在 1954 年的规划中已经基本定型了。

五、1955 年苏联规划专家组来华的背景及 1957 年版首都规划

董光器：为了更加科学地编制北京的城市规划，北京市委书记彭真和国家计委主任李富春商量，是不是请苏联专家来，系统地帮助北京市编规划。中央也同意了。于是，在 1955 年李富春到苏联访问时，向苏联提出了这个要求，很快得到苏联方面的同意。当时，主管莫斯科建设的是卡冈诺维奇，他派了一个由莫斯科市规划院各个专业的专家组织起来的专家工作组，以勃得列夫为组长，很快就来到北京。

为此，北京市委对都市计划委员会进行了改组，于 1955 年成立专家工作室，对外又叫北京市都市规划委员会，郑天翔任主任（图 13-14），佟铮、梁思成、陈明绍任副主任。在苏联专家指导下，进行北京城市总体规划的深化工作。

那时候，北京市委从各方面抽调各个专业的技术人员，充实到北京市都市规划委员会来，在苏联专家指导下工作。同时，还招收了一批刚从大学毕业的大学生。1956 年我大学刚毕业，也有幸分配到北京，在专家工作室工作。

访问者：您是 1956 年的几月到北京报到的？

董光器：1956 年 9 月。我本来是分配到北京市人事局报到，我还纳闷，我是搞建筑设计的，到人事局干嘛？到了人事局，人家一看我的资料，说现在有个专家工作室，苏联专家在那儿帮着做北京的城市规划，你就上那儿去吧。就给我分配到专家工作室了（图 13-15）。

苏联专家组来北京工作，当时苏联方面给专家组提出要求：你们要绝对服从北京市委的领导。所以，苏联专家来了以后，首先听取市委的意见，市委把 1954 年规划的思路向苏联专家做了介绍。

苏联专家来了以后，首先做的一件事，即花了一年多的工夫，对北京的城市发展现状进行全面的调查研究。当时发动全市力量，配合调查工作。例如组织交通大调查，那时候没有互联网，完全是人工的，发动各基层单位，站在路口数车子，要求通过 OD 调查①，了解上班的人流，节假日的人流，进北京的人流，分析他们的交通流量特征。

另外是组织专家讲课。请每个苏联专家每个礼拜都来讲课，系统地介绍各专业规划的内容。苏联专家讲的课，要求我们这些新来的年轻人必须去听，这方面的考勤是很严格的。而且，每个苏联专家讲课，都编了讲义，大概有 20 多本。当年我们学习城市规划的经验，靠的主要就是苏联专家讲的课。比如城市居住

---

① 即交通起止点调查，又称起终点间的 OD 交通量调查。"O"来源于英文 origin（指出行的出发地点），"D"来源于英文 destination（指出行的目的地）。

图 13-14 向老领导、原北京市都市规划委员会主任郑天翔同志汇报规划工作（1994年）
前排左起：董光器（左1）、郑天翔（左2）、赵知敬（右1）。
资料来源：董光器提供。

图 13-15 北京市都市规划委员会分区组的同志与苏联规划专家兹米耶夫斯基在一起的留影（1957年底）
第1排左起：周桂荣（女）、许方（女）、温如风（女）、章之娴（女）、郭月华（女）、孙琦（女）、温春荣（女）。
第2排左起：诸葛民、岂文彬（翻译组组长）、傅守谦（分区组副组长）、兹米耶夫斯基（苏联规划专家）、沈其（女，分区组副组长）、李准（分区组组长）、周佩珠（女）、徐鸣生。
第3排左起：李秀儒（女）、蒋淑贞（女）、贾秀兰（女）、杨景媛（女）、王文燕（女）、杜文燕（女）、徐俊凤（女）、张丽英（女）、韩蔼平（女）、王希平（女）。
第4排左起：陈璐、张承源、芦济昌、窦焕发、赵知敬、赵炳时（清华大学研究生）、王群、董光器、张国樑、石毓莉。
资料来源：董光器提供。

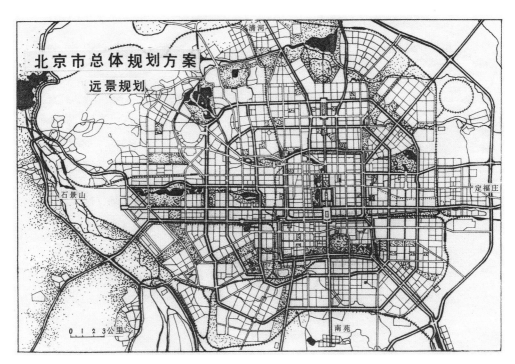

图 13-16　北京市总体规划方案——远景规划图（1957 年）
资料来源：董光器. 古都北京五十年演变录 [M]. 南京：东南大学出版社，2006：30.

区建设中小区的概念，在道路网的规划中以 1 公里作为主干道的间距，如何编制居住区和小区的定额指标，等等，都是来自苏联的一些经验。

在苏联专家的帮助下，经过一年多的调查研究，又经过一年左右的重新编制规划，对 1954 年版规划进行了深化，最后提出了 1957 年版的北京城市总体规划（图 13-16）。

由于在苏联专家派出之前，苏共中央就明确指示工作组要服从北京市委的领导，因而 1957 年版规划方案的基本思路与 1954 年版规划大体一致。同时，规划的内容更加具体，各专业规划更加系统、科学。

访问者：这一版规划有哪些特点？

董光器：首先，建设现代化大工业基地的决心更大。"一五"初期，北京列入京汉路以东沿海地区，出于国防考虑，发展工业受到限制。1956 年毛主席《论十大关系》发表，指出"对沿海工业不能只是维持，也要适当发展"。限制的解脱，推动了北京 1957、1958、1959 三年工业大发展。

其次，改造旧城的心情更急。有碍于旧城改建拆迁居民投资过多，政府难以承受，前几年建设的重点主要在城外，旧城面貌未有大改变。1956 年，党中央在成都召开会议，毛主席对北京旧城的落后面貌不满意，问刘仁：什么时候能看到改造好的北京？据此，北京市委提出了 10 年完成旧城改建，5 年完成长安街改建的设想。

再次，对各项设施现代化建设的要求更高，市区的人口规模扩大到了600万人。

访问者：1957年的这版规划，在技术方面解决了哪些主要问题呢？

董光器：1957年版规划在当时解决了几个重大问题。在行政中心确定放在老城以后，对于城市风貌的保护，跟古建筑的关系，北京市提出了明确的方针，既不能一概保留，也不能一概否定，拟采取拆、改、迁、留四种方式。实在妨碍交通的牌楼什么的，该拆就拆；有的可以进行适当的改造，如北海大桥、天安门广场；有的可以迁移，像东长安街的牌楼迁到了陶然亭；重要的文物要保留。

另外，还解决了两个大的问题。第一个问题是北京到底缺不缺水。当时，有一种意见认为北京不缺水。在1950年代，在西山脚下都是自流井，西山的水渗入地下以后，到了平原，因为压差，水从地下溢出，形成一个溢出带，出现自流井群，水自己就喷出来了，看起来水量似乎很大。可是，另外有一些专家认为，北京要搞那么大规模的建设，水是不够的。

于是，彭真就组织水利专家到北京的上游进行源头考察。当时的结论是，从长期来看北京的水是不够的，明确提出北京是缺水的城市，并提出从黄河和潮白河引水的设想，决定为了解决北京大工业用水的问题，先修官厅水库，后来修了密云水库、怀柔水库和十三陵水库，也就是从潮白河和大洋河、桑干河引水。北京是缺水的城市，这个观点建立起来，对北京几十年的发展起了大作用。

另外，在道路交通方面提出放射环状路的系统，马路要宽。那时候，有人批判北京大马路主义，彭真就说：你说我是大马路主义，我说你是小马路主义，反正大马路主义也是主义，到底谁对？他说50年以后见分晓。在一次审查北京城市总体规划的市委常委会议上，彭真对北京城市总体规划的一些问题进行了系统总结。彭真的这次讲话，收录到《彭真文选》里了。

访问者：我看到了，讲话的题目是"关于北京的城市规划问题"，讲话的时间是1956年10月10日。

董光器：对。在这一轮规划的编制过程中，彭真跟苏联专家组的每一个专业的专家都进行了多次谈话。这些谈话，都有谈话记录，在北京市档案馆应该能够查得到。

现在来看，彭真的这个讲话到现在也没过时。北京是缺水的城市，要解决水的问题，后来基本上按照这个思路，跨流域引水。马路宽度问题现在也没争论了。现在形成的整个道路系统、城市骨架，还是比较科学的。

在1987年，英国伦敦已退休的一位规划局长曾到北京来访问，我们给他介绍过北京的城市规划，伦敦的规划局长说北京的道路系统非常科学，伦敦没有做到的你们做到了，市区四条环路，市区外围两条公路环，二十四条放射线，完全按规划建成，很不简单，很了不起。他说伦敦做不到。

现在回顾，我感到北京 1957 年版的规划，作为北京市对现代城市的认识，还是比较实事求是的，还是讲科学的。不像某些专家，偏执于自己的专业，不能从综合的角度来分析城市问题。

六、1958 年首都北京的分散集团式规划

访问者：1957 年版规划及时给中央上报了吗？

董光器：上报了。实际上，市政府是一边执行一边上报中央。在这个时候，正好赶上中央的政策发生变化，开始"大跃进"和人民公社化运动。1958 年 8 月，党中央作出了人民公社问题的决议，国家开始提倡工农结合、城乡结合、大地园林化。

"一五"时期的北京规划总图是一张"大饼"，600 万人，600 平方公里，肯定和中央的方针不一致了。根据中央精神，市委觉得规划思路未能体现消灭三大差别、强调工农结合的思想，决定对初步方案进行修改。把市区 600 平方公里的一张"大饼"打碎成几十个集团，集团之间保留农田与绿地，大体上要求旧城内保留 40%、城外保留 60% 绿地，从而体现工农结合与大地园林化。在压缩市区规模（从 600 万人缩小到 350 万人）的同时，扩大市域范围至 16800 平方公里，强调大力发展城乡结合的新市镇，第一次提出在广大郊区发展工业的思想，把市域人口规模定为 1000 万。在生活组织上提出按人民公社原则组织居民集体生活，调整了住宅区服务设施指标，修改了住宅设计。这就是"分散集团式"布局方案产生的经过（图 13-17）。

访问者：您怎么评价 1958 年版的分散集团式规划？

董光器：这个方案，城市基础设施的大骨架均未更动，只是市区用地大大压缩，郊区市镇用地大量增加。这版规划对北京的城市发展还是起到了好的作用的，也就是制约了市区的盲目扩张，有效地控制了"大跃进"形势下市区工业过大的发展；分散集团式布局增加了市区绿色空间，有利于生态环境保护。而且正式提出建设卫星城规划，在远郊建设卫星城，工业要搬迁到远郊去。

当然，就这个规划的实施来说，很不理想。郊区工业布点过多、过散，大部分项目不久"下马"，造成浪费。到远郊区建城市，没有基础，搬出去的工厂，后来都维持不下去。可是市区的规模得到了一定程度的控制。

这个分散集团式的规划方案，在 1958 年就上报了中央。1958 年 9 月，小平同志主持中央书记处会议，听取了北京市的汇报。当时郑天翔已是分管工业的书记，万里分管城建，但由于万里刚到任不久，不熟悉情况，所以

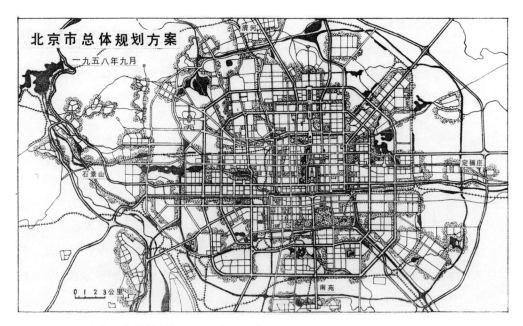

图 13-17　北京市总体规划方案（1958 年 9 月）
资料来源：董光器. 北京规划战略思考 [M]. 北京：中国建筑工业出版社，1998：338.

彭真还是让郑天翔去汇报。据郑天翔回忆，书记处会议由邓小平主持，薄一波等领导听了汇报，得到认可，原则上同意北京的规划，并要求在上报毛主席的同时，让郑天翔继续征求未到会的中央书记的意见。可是当时出现了中苏分歧公开化，并进入"三年困难时期"，中央没有下发正式的批文。一直到 1966 年"文化大革命"开始以前，北京市的建设都是按照这个规划来执行的。

七、"文化大革命"时期的首都北京建设

董光器：1966 年，"文化大革命"开始。北京市委被批判为"针插不进，水泼不进的独立王国"，总体规划也被批判为"封资修的大杂烩"。在此情况下，国家建委派出以谢北一为首的工作组，全面接管北京市建委和规划局。

1967 年 1 月 4 日，国家建委下令暂停总体规划执行，在其下发的《关于北京地区 1966 年房屋建设审查情况和 1967 年建房意见》中明确指出："旧的规划暂停执行……某些主要街道如东西长安街，暂缓建设。""1967 年的建设，凡安排在市区的，应尽量采取见缝插针的办法，以少占土地和少拆民房。"文件还特别指出："有的部门对于贯彻'干打垒'精神很不够，总认为北京是首都，或者片面强调本单位的特殊性而不愿降低标准。""为了进一步贯彻'干打垒'

精神，建议北京市组织有关部门的设计单位，按照近郊、远郊、城市、农村、工业、民用等不同情况统一制定北京的地区房屋建筑标准……"

应该说，这是国家计委自 1953 年与北京市委在规划指导思想产生分歧的延续。1964 年"设计革命"时，国家建委在下发的文件中不点名批评了北京市和上海市的"三大一高"（大工业、大绿地、大马路、高标准）观点。到"文化大革命"时期，又把这个问题上纲到走资本主义道路的高度。

1968 年 10 月，北京市规划局被撤销，有四年时间，北京的建设是在无规划状态下进行的，给城市建设造成极大混乱。

访问者：有哪些具体的表现？

董光器：比如，在旧城区出现 100 多处扰民工厂；大量房屋建在规划红线内，450 多处房屋压在城市各类市政干管上，在自来水干管上建厕所造成自来水被污染，在煤气中压管上建公共电车站造成煤气泄漏，酿成火灾；西山碧云寺风景区由于附近乱采煤堵塞了泉眼；400 多公顷绿地被占；数十万平方米墙薄、屋顶薄、无厨房、无厕所的简易住宅建成，增加了人口密度，生活环境极为恶劣，形成了新贫民窟；违法建筑大量出现，市机械局 1972 年违法建筑量超过其计划的建房量；国家级文物保护单位及其环境也遭破坏，最著名的如白塔寺山门被拆，建了副食店；天宁寺塔旁竖起了 180 米的电厂烟囱等。

当时，主管北京建设的一个领导，不知道是何方人士，我们就给他写报告：不能在自来水干管上修厕所，建筑不能压管道。那个领导就说：规划管那么宽？在哪儿修厕所你们还管？他根本不懂规划。

后来，一直到万里被解放回北京工作，对城市建设混乱局面才引起重视。1971 年 6 月，万里主持召开了城市建设和城市管理会议，提出重新拟制城市总体规划和加强城市管理的要求。万里主要做了两件事：第一是修订城市总体规划，说没有规划不行；第二是要制订规划建设管理条例，提出"城市建设管理二十二条"。1972 年恢复规划局的建制，1973 年 10 月，规划局提出了总体规划方案报市委（图 13-18）。

我们花了两年功夫，把北京城市总体规划的主要思路基本上恢复了，编制了 1973 年版规划，上报市委。但是，在当时特殊的政治气候下，市委书记却把它搁下了。后来我们问怎么着了，市委书记说看不懂，就搁下了。"文化大革命"期间情况乱着呢，书记也顾不得这个事儿。当时我们很泄气，看不懂就搁下了？

后来，我们针对城市基础设施和生活设施严重不足的问题，于 1974 年 12 月又向市委写了报告，促成市委向中央做了请示，并得到中央支持，同意在"五五"计划期间每年拨 1.2 亿元用于改善市政公用设施。但是，国家计委认为实施起来有困难，在头两年每年收到 0.6 亿元拨款后，就没有下文了。自然，杯水车薪，

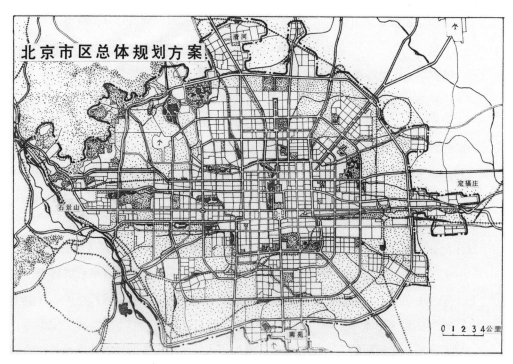

图 13-18 北京市区总体规划方案（1973 年）
资料来源：董光器 . 北京规划战略思考 [M]. 北京：中国建筑工业出版社，1998：382.

解决不了多大问题。

"文革"十年是首都建设的最低潮。十年总共建房不足 2000 万平方米（1811
万平方米），市政基础设施投资不足 3 亿元（2.9 亿元），除了一期地铁、519
工程、机场二期工程和首都体育馆等建设外，几乎没有其他重大建设项目。

八、改革开放初期首都规划工作的恢复

董光器：自 1972 年北京市规划局重建以来，一直没有中断对城市建设问题的研究。自
从 1975 年谷牧副总理（图 13-19）过问首都建设以后，规划局几乎每年撰写一
稿《北京城市建设中若干问题的汇报提纲》上报。但是，总体规划的编制始终
停滞不前。

一直到"四人帮"被粉碎以后，1980 年代初，重新编制城市总体规划的工作才
提上了日程，但认识总不统一，比如北京要不要发展工业，当时我们主张，北
京的工业建设已经对城市环境和首都环境造成很多负面影响，对北京的工业要
限制发展。可是市经委主张要大发展工业，特别是当时的市委书记明确支持经
济大发展，就是要大发展工业。

1980 年 4 月，胡耀邦当总书记的时候，要听北京建设的汇报。当时我们以为，

图 13-19 在北京总体规划展览会上给国务院原副总理谷牧同志介绍 1992 年版北京城市总体规划（1994 年）

注：左2为董光器,右2为谷牧。

资料来源：董光器提供。

所谓北京建设的汇报，主要就是城市建设，实际上却是要听首都政治、经济、文化等整个建设的大问题的汇报。胡耀邦听取了汇报以后，做出了"关于首都建设方针的四项指示"，并随即以中央办公厅文件形式下发。文件指出，北京是全国的政治中心，是我国进行国际交往的中心，要求把北京建成：全国、全世界社会秩序、社会治安、社会风气和道德风尚最好的城市；全国环境最清洁、最卫生、最优美的第一流城市，也是世界上比较好的城市；全国科学、文化、技术最发达、教育程度最高的第一流城市，并且在世界上也是文化最发达的城市之一；同时还要做到经济不断繁荣、人民生活方便、安定，经济建设要适合首都特点，重工业基本不再发展。

中央的指示不仅在当时为首都建设明确了方向，而且也应该是首都长期奋斗的目标。在四项指示以后，刚开完书记处的会还没有几天，中央的文件很快就已经送到北京市。随即，北京市又换了领导，派段君毅来担任市委书记，焦若愚担任市长，落实中央指示，这时候编制新一版的北京城市总体规划的时机成熟了。

经过两年努力，完成了编制工作，于 1982 年 12 月，《北京城市建设总体规划方案（草案）》上报国务院（图 13-20 ~ 图 13-22）。1983 年 7 月，以中共中央、国务院的名义原则批准了这个规划，并决定成立首都规划建设委员会，"委员会由北京市人民政府、国家计委、国家经委、城乡建设环境保护部、财政部、国务院办公厅、解放军总后勤部、中直机关事务管理局、国家机关事务管理局等单位的负责人组成，北京市市长任主任"。其主要任务是："负责审定实施北京城市建设的年度计划，组织制定城市建设和管理的法规，协调解决各方面的关系。"从此，确立了城市规划的龙头地位。

访问者：这一版规划有什么比较突出的特点呢?

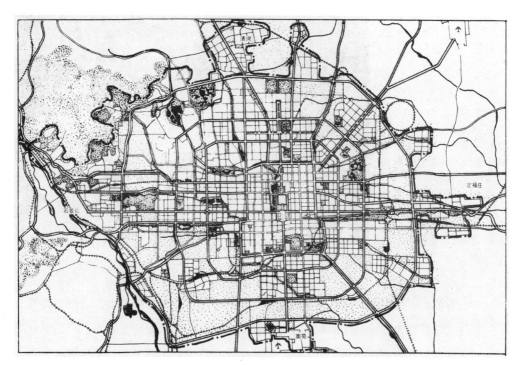

图 13-20　北京市城市建设总体规划方案（1982 年）
资料来源：董光器 . 古都北京五十年演变录 [M]. 南京：东南大学出版社，2006：44.

图 13-21　在 1982 年版北京总体规划展览会上的留影（1983 年夏）
左起：柯焕章（左 1）、董光器（左 2）、陈干（右 1）。
资料来源：董光器提供。

图13-22　落实1982年版北京总体规划在房山召开分区规划工作会议时的留影（1984年夏）
前排左起：钱铭（左1）、柯焕章（左2）、张其锟（左3）、刘小石（左4）、陈干（右4）、朱燕吉（右3）、
芮经纬（右2）、董光器（右1）。
资料来源：董光器提供。

董光器：1982年的总体规划，我认为是一个拨乱反正的规划。这一版规划，在规划思路
　　　　上全盘继承了之前17年规划与建设实践中一切好的经验，并根据中央书记处
　　　　的指示，在新的形势下有以下几点改变：

　　　　第一，鉴于北京已打下了较强大的工业基础，市区工业，特别是重工业发展过大、
　　　　过多造成能源、水源、用地、交通的全面紧张，影响政治、文化中心功能的正
　　　　常发挥，因此，城市性质中只提政治、文化中心，不再提经济中心，强调发展
　　　　适合首都特点的经济，强调除工业外的多种经济事业的发展。

　　　　第二，鉴于"文化大革命"中对历史文物的空前破坏；也鉴于建筑技术发展，
　　　　高层建筑增多，对旧城平缓开阔空间造成严重威胁；同时在旧城区，新建筑在
　　　　数量上已超过旧建筑，历史留下的东西已经不多了，矛盾的主要方面发生了变
　　　　化。因而，我们在旧城保护与改造的关系上更强调保护，提出了不仅要保护文
　　　　物古迹，而且要保护其周围环境，要对旧城实施整体保护的要求。

　　　　第三，在规划方案中强调了"骨头和肉"要配套的原则，大大加强了住宅和生
　　　　活服务设施建设的力度，强调了基础设施不仅要还账，而且要先行。

　　　　第四，第一次把环境保护作为重要专题列入总体规划，提出了"治山治水、防

治污染、兴利除弊、提高环境质量"的目标。

在这个总体规划的指导下，1980年代首都建设取得了前所未有的成就。每年建筑的竣工量从400万平方米增至700万～1000万平方米，城市基础设施年投资从2亿多元增至4亿～8亿元。城市建设长期欠账的局面有所改变。随着总体规划的深化，在历史城市保护和城市环境保护方面也做了一些规划研究和立法工作。提出了建筑高度控制规定，颁布了第一批文物保护单位的保护范围等法规。

可是，1982年版的规划，说科学呢，也不是完全科学的，比如，对于怎么处理经济发展和首都的关系，对于首都在对外开放后如何进行现代国际城市建设等，这些问题并没有得到解决。一直到小平同志"南方谈话"以后，北京市修改了总体规划，在1992年版的北京城市总体规划中才得到体现。

九、1992年版北京城市总体规划的编制和实施情况

董光器：1992年出台《北京城市总体规划方案》时，我国正处于加快改革开放、建立社会主义市场经济体制、促进经济高速发展的新时期，要求总体规划在全方位对外开放、建立社会主义市场经济体制的形势下确定首都建设的方向。它又是一项跨世纪工程，要描绘21世纪首都发展的新蓝图。

我有幸作为这一版城市总体规划编制工作的负责人之一，参与具体的组织工作和规划文本的撰稿，从1990年至1992年，经过两年努力，完成了方案的编制（图13-23～图13-30），并于1993年得到国务院正式批准。应该说，这一版规划所提出的新思路，初步解答了在体制转变后城市建设的方向问题，对推动首都的建设起到了积极的指导作用，实践证明是正确的，至今仍然有效。但是，对城市发展的速度估计不足，对新形势下可能出现的种种矛盾在当时难以预料，只能通过实践，积累经验，不断分析新形势、研究新问题，寻找规律，丰富规划理论，才能适应形势的发展。

访问者：这一版规划有哪些新思路呢？

董光器：1992年版总体规划提出的新思路，主要表现在以下七个方面：

一是首次提出建设开放型国际城市的目标。总体规划把城市性质确定为："北京是伟大社会主义祖国的首都，是全国的政治中心和文化中心，是世界著名古都和现代国际城市。"这个性质的概括，既突出了全国的政治、文化中心这个首都最主要的功能，同时也明确了21世纪中叶北京的奋斗目标是建设现代国际城市。在城市性质中不简单地提国务院公布的"历史文化名城"，而突出"世界著名古都"，说明北京的历史地位具有世界性，是当之无愧的世界著名的历

图 13-23 北京市区总体规划图（1992 年）

资料来源：董光器. 古都北京五十年演变录 [M]. 南京：东南大学出版社，2006：72.

史城市，这个提法加大了文化中心历史文化内涵的分量。

二是明确了发展适合首都特点经济的概念。总体规划提出了"建立以高新技术为先导，第三产业发达，经济结构合理的，高效益、高素质的适合首都特点的经济"的方针。它既体现了首都功能的需要，也是首都人才、信息和历史、自然资源的优势所在。要求以高新技术改造传统的工业、农业，通过第三产业的发展更有效地组织生产，促进流通，满足消费，建立优质、高效的经济结构，对经济发展提出了更高的要求。在城市性质中不提经济中心并不意味着忽视经济的发展，而是强调经济发展必须符合首都特点，这是正确处理政治、文化中心与经济发展关系的合理的选择，也是实施新型工业化和城市现代化的必由之路。

三是为满足在市场经济体制下城市加速发展的需要，城市规模要实事求是地论定。总体规划首次提出把流动人口纳入城市规模，实施有控制、有引导的方针，

图 13-24　董光器先生宣讲 1992 年版北京总体规划现场留影（1994 年）
资料来源：董光器提供。

图 13-25　在办公室工作中（1992 年）
注：董光器先生时任北京市城市规划设计研究院副院长。
资料来源：董光器提供。

图 13-26　北京市城市规划设计研究院的领导班子正在讨论工作（1993 年）
注：中（左5）为柯焕章院长，右4为董光器副院长。
资料来源：董光器提供。

图 13-27　1992 年版北京市城市总体规划评审会留影（1992 年 12 月 25 日）
前排（坐姿）：汪光焘（左1）、赵士修（左2）、郑孝燮（左4）、侯仁之（左5）、周干峙（左6）、张百发（左7）、侯捷（左8）、刘江（右7）、张磐（右6）、吴良镛（右5）、宣祥鎏（右4）、周永源（右3）、陈干（右2）、刘小石（右1）；
后排（站立）：邹时萌（左3）、柯焕章（左6）、毛其智（左7）、汪德华（左9）、王健平（左10）、王东（左11）、钱连和（左13）、董光器（左15）、平永泉（右13）、赵知敬（右10）、曹连群（右4）、孙洪铭（右3）、武绪敏（右1）。
资料来源：董光器提供。

图 13-28　和同事们一起讨论 1992 年版北京总体规划的文本草稿（1992 年 3 月 12 日）
注：左 3 为董光器。
资料来源：董光器提供。

图 13-29　在北京总体规划展
览会上给原中共中央政治局常
委、中央军委副主席刘华清同
志介绍规划模型（1994 年）
前排左起：李其炎（左 3，时任北
京市市长）、平永泉（右 3，时任
北京市城市规划管理局局长）、刘
华清（右 2）、董光器（右 1）。
资料来源：董光器提供。

图 13-30　国务院正式批复
1992 年版北京总体规划后在北
京市各区县宣讲会议上介绍总
体规划（1994 年）
左起：董光器（左 1）、赵知敬（左
2）、宣祥鎏（右 1）。
资料来源：董光器提供。

为城市发展适当留有余地。

四是城市布局实施两个战略转移的方针。把城市建设的重点逐步从市区向广大郊区转移，市区建设从外延扩展向调整改造转移。努力提高市区的整体素质。总体规划改变了在郊区建设卫星城的提法，提出建设新城的概念，扩大了新城的规模。要求加快新城建设的力度，使北京市区与郊区新城每年完成建筑竣工量的比例从当年的 8 ∶ 2 逐步转变为 6 ∶ 4。推动郊区城市化进程，实现产业和人口合理布局。

五是把历史文化名城保护作为现代城市精神文明建设的长期任务加以坚持。提出了分三个层次保护的要求，即一要按法律严格保护国家公布的文物保护单位；二要划定历史文化街区，进行整治与保护；三要从宏观环境、城市设计角度对城市中轴线、城郭、传统街巷水系、传统色彩、平缓开阔的城市空间，以及城市广场、对景、古树名木等实施整休保护，以延续文脉，提高品位，创建首都独特风貌。

六是把城市环境保护和基础设施建设放到城市建设的首位。努力把首都建成水源、能源充足，交通、通信快捷，环境清洁优美，防灾体系健全的现代城市。

七是为了实施总体规划，提出了三项举措，即，一要坚持开门搞规划，动员各专业部门参与。这次总体规划的编制就有 80 个单位承担了 24 个专题的研究项目，大大提高了城市总体规划的科学性和可操作性。并强调公众参与，加强宣传力度，使人人都知道总体规划。二要加强立法，严格执法，人人守法。三要通过土地有偿使用、基础设施产业化经营等手段，为城市建设集聚资金，加快城市发展速度。

访问者：这一版规划的实施情况如何？

董光器：自 1993 年国务院批准《北京城市总体规划》以来，北京市经济、社会发展的速度越来越快，城市建设的规模越来越大。其主要成果表现在以下四个方面：

一是发展适合首都特点经济的方针得以贯彻，经济结构调整初见成效，高新技术有了长足的发展，第三产业的支柱作用越发明显，人均 GDP 在 2004 年突破 4000 美元，提前 5 年达到了总体规划确定的实现初步现代化的目标。

二是城市建设实施两个战略转移的方针得以落实，市区的城市结构不断调整优化；郊区新城的发展大大加快，2009 年郊区新城每年完成的建筑竣工量占总竣工量的比重已提前一年达到了总体规划确定的 40% 的目标。

三是房地产开发极大地推动了首都的城市建设。多年来每年竣工的建筑量始终保持高位增长，在"六五"期间，年竣工量均保持在 1000 万平方米以上，1997、1998 年两年，年竣工量突破 1500 万平方米，1999 年突破 2000 万平方米，2005 年高达 4679 万平方米。

四是基础设施建设自1990年代以来始终被放在城市建设的首位，规模空前。每年用于城市基础设施的投资占固定资产总投资的比重均保持在20%以上的高位，从"六五""七五"期间的每年几十亿元上升到百亿元，"八五""九五"期间年投资高达200亿~300亿元，"十五"期间年投资700多亿元，到"十一五"期间年投资超过千亿元，尤其是在筹办奥运会期间，2800多亿元的投资绝大部分用于基础设施建设，使基础设施长期欠账的局面大为改观，中心城区提前实现了基础设施基本现代化的规划目标。

所有这些都说明总体规划提出的方向是正确的。但是，随着城市发展速度加快，又出现了大量新的矛盾和问题，反映了总体规划的不足，要求总体规划进一步深化。

一是对暂住人口的增长估计不足。虽然在编制1992年总体规划时已认识到随着城市化速度加快，移民潮的到来，会给城市规模带来巨大影响，所以提出把暂住人口（当时称流动人口，后来规划把暂住一年以上的人口称暂住人口，再往后把暂住一年的标准改为半年）纳入城市规模。但是，到底暂住人口会增长多快，谁也说不上来，总体规划只能根据在当时已达100万人的现状，预计人口将会成倍地增长，估计2010年暂住人口的规模将达到250万左右，总人口定为1500万。实践证明，这个估计远远不足。据统计，在1990年代常住人口（户籍人口加暂住人口）年均增长为20‰，到21世纪的前五年，随着北京"申奥"成功，城市发展速度陡然加快，常住人口年均增长突破30‰，到2005年提前五年达到了总体规划预计的人口预测目标，到2008年暂住人口已超过400万，大体上达到了1992年规划远景（2050年）估计的规模。

二是房地产开发过热，畸形发展既造成土地资源紧缺，又造成投资的浪费。房地产开发是一把双刃剑，它既有促进国民经济发展，推动城市建设的作用，又有很大的盲目性，如果调控失度，将会冲击城市规划，恶化城市环境，干扰城市健康发展。回顾自1992年以来走过的道路，可以清楚地认识其正反两方面的作用，18年来，在房地产开发初期，政府急于引资，大量土地通过协议廉价批租，在买方市场的作用下，开发商的胃口被吊高了，他们以要求提高容积率作为投资条件争取高回报，对生态环境和历史城市造成了极大的冲击和破坏，加剧了城乡矛盾。到后期，国内房地产商崛起。一方面，政府过分依赖土地财政，寅吃卯粮，地王频出，投机盛行，房价飞涨，民怨日增，中央不得不多次重拳出击，抑制房价。另一方面，房屋大量空置，不少地区城市功能结构出现一定程度的失衡，后劲不足，影响可持续发展。对于一些关系民生的建设还有待落实，经济适用房和廉租房的建设滞后，在旧城尚有200万左右危旧房屋亟待改造；某些公共设施建设力度不足，不同程度地给居民生活造成了困难。历史城市保护的任务也很繁重。

三是人口剧增，私人小汽车进入家庭，建设量居高不下，大大增加了城市基础设施的负担。虽然，当前城市每年投入上千亿元用于基础设施建设，城市现代化的程度已大大提高。但是，400多万暂住人口、400多万辆机动车、每年4000多万平方米的建筑量带给城市的负担极重，生态环境质量下降，基础设施仍感紧张，水源、能源存在较大缺口，环境建设的任务更加繁重，远水不解近渴，上气不接下气，路上车挤车、车上人挤人的局面将长期存在，离现代国际城市的目标还相去甚远。

以上问题，都需要在新阶段的城市总体规划修订中进一步总结经验，研究城市发展规律，根据经济发展的不同阶段，制定政策，改革体制，加强宏观调控，选择各项建设发展合适的"门槛"，以落实科学发展观的要求，引导城市健康有序发展。

十、从历版城市总体规划看首都北京规划思路的发展

董光器：回顾60多年来北京城市总体规划的历程，可以看到首都城市规划的思想是与时俱进和不断丰富完善的。北京是在总体规划指导下进行建设的。从每次规划主要思路的变化可以看到规划理论的发展。

1954年规划把城市性质定为全国的政治、经济文化中心，强大的工业基地和科学技术中心。提出了"为中央服务、为生产服务，归根到底是为劳动人民服务"的方针，强调要正确处理现在与将来的关系，从长远看，建设标准不能太低，人口规模不宜过小，定为600万，提出了北京是缺水的城市的观点，规划了放射环状的道路交通系统，为今后城市的发展奠定了基础和骨架。

1958年规划提出"分散集团式"布局模式，压缩了市区规模，把规划范围扩大到全市域，提出在郊区建设卫星镇的设想，人口规模定为1000万。

1973年规划在进行13年总结的基础上提出生产与生活等城市基础设施"骨头与肉要配套"，要限制大工业发展。

1982年规划按照党中央提出的四项指示把城市性质定为全国的政治、文化中心，强调经济发展不局限于工业，要适合首都特点。规划人口为1200万，并把生态保护和历史文化名城保护纳入总体规划。

1992年规划是在社会主义市场经济体制下制订的规划，提出了全方位开放的要求，城市性质除了提出全国的政治、文化中心外还加上"世界著名古都和现代国际城市"。经济发展要以高新技术为先导，第三产业发达，优质、高效，适合首都特点；城市规模要有限制有引导地发展，把暂住人口纳入人口规模，规

划人口 1500 万；城市建设重点要逐步从市区向广大郊区转移，市区建设从外延扩展向调整改造转移；历史城市不但要保护文物古迹和历史街区，还要实施整体保护；要把生态保护和基础设施建设放到城市建设的首位；规划的实施强调土地有偿使用，基础设施产业化经营，并要加强立法和公众参与。

2017 年中共中央、国务院批准的《北京城市总体规划（2016—2035）》，提出了"北京是中华人民共和国的首都，是全国政治中心、文化中心、国际交往中心、科技创新中心"的战略定位，要求首都建设要坚持首善标准，着力优化首都功能，有序疏解非首都功能，严格控制城市规模，人口规模控制在 2300 万人以内，做到服务保障能力与城市战略定位相适应，人口资源环境与城市战略定位相协调，城市布局与城市战略定位相一致，建设伟大社会主义祖国的首都、迈向中华民族伟大复兴的大国首都、国际一流的和谐宜居之都。中央批复还要求"深入推进京津冀协同发展"，发挥北京的辐射带动作用，打造以首都为核心的世界级城市群。2017 年版的北京总体规划，为首都建设揭开新的一页。看到新的规划，感到十分欣慰和鼓舞。

十一、对苏联专家技术援助城市规划工作的反思

访问者：回顾历史，在新中国成立初期，前后曾经有几批苏联专家到北京来，帮助搞城市规划工作，对此您怎么评价？

董光器：我个人感觉，苏联专家系统地把现代城市规划的概念落实到北京，起到了很好的作用（图 13–31），而且 1957 年版的规划，在城市基础设施建设方面奠定了现代首都的基础，现在来看这个规划还是科学的。

1957 年的规划提出一个放射环状路网系统，完全按规划建设了，是一个现代化的道路系统，另外北京要搞地下铁道，给北京打造了好的骨架。北京要跨流域引水，后来又提出跨流域引气，所谓南水北调、西气东输。另外，北京要建设污水处理系统，当时提出建设 6 个污水处理厂，当然现在已经不止 6 个了；北京要搞绿化，几十年来北京坚持搞绿化，建设 1 万平方公里的山区绿化和"三北防护林"。这些内容，到现在来看还是比较科学的。

当然，首都北京的规划在执行的过程中也存在一些问题或遗憾。比如说，在文物保护方面，前期一直不够系统，一直到 1990 年代才提出文物保护的三原则：文物保护单位、历史文化街区和整体保护。

但是说老实话，现在老是说"梁陈方案"，因为不听梁思成的话，把北京搞乱了，对于这种说法，老百姓说可以理解，可是真正从规划专业来说，这个说法不太科学。真正对北京风貌造成严重破坏的，是改革开放以后的这些年房地产的盲

图 13-31　在北京前门火车站送别苏联专家兹米耶夫斯基时的留影（1957 年冬）
注：左 2 为董光器，右 11（手持鲜花者）为兹米耶夫斯基、右 8（后排右 4）为郑天翔。背景为老城墙。
资料来源：董光器提供。

目开发。在改革开放以前，即使你想破坏，都没有这个钱来破坏。即便有一些所谓的破坏，也是小破坏，比如在四合院里"见缝插楼"，把一些古建筑给拆了。而且，那时候的一些重大决策，都是很慎重的。比如天安门广场的改建，从1950 年代开始，做过多轮方案，在迎接国庆 10 周年大庆前，决定对天安门广场进行改建。当时，动员了全国知名的建筑师和广大建筑工作者参与方案的设计，在周总理亲自主持下，编制了综合方案，最后由中央政治局开会讨论，毛主席亲自审定了实施的方案。

又如北海大桥的改建，也都是有争论的，后来在周总理的直接干预下，提出拆除牌楼、改造大桥、保留团城的方案，现在看也是比较成功的。所以说，当年还不是乱来的。

可是，实行土地有偿使用，房地产大开发以后，对旧城的冲击是很大的。一些地方领导，为了招商引资，通过土地批租，"以地生金"，使城市规划受到冲击，造成对古都风貌的破坏。

对苏联专家来北京指导城市规划建设，我持肯定态度，总的来讲还是科学的。当然，现在总结，也有些教训。比如对人口结构的分析，规划主要接受苏联的理论，把城市人口的结构分成基本人口（即直接从事工业生产的职工以及中央机关和国家级科研院所、大学的职工）、服务人口（即除前述职工以外的工作人口）和被抚养人口。认为只有工业才创造价值，没有认识到服务业对创新技术、组织生产、促进流通、刺激消费的重要作用。当时没有三次产业的概念，现在看是不科学的。

又比如说道路系统，按照1公里的间距搞主干道，道路网密度太稀，以前在1个平方公里里面，没有什么道路交通。给城市交通带来困难，像百万庄小区就是如此，现在要加密路网很困难。现在的概念就变了，大家提倡大街坊制度，道路网密度要加密。1990年代我们做控规的时候，很大的一个工作任务就是通过加密路网来改善交通。

再比如，当时苏联专家来指导的时候，对于天然气的应用没有怎么强调，所以建了几个发电厂、热电厂，还是烧煤，结果对城市造成的污染比较严重。焦化厂也是根据煤气专家的意见，选在下风、下游建设，可是北京的下风、下游就是天津的上风、上游，结果煤气厂的建设，把北京东南部地区的整个水系给污染了，也给天津的大气环境造成不良影响。

1950年代，对于工业发展造成城市环境的污染，当时没有太多认识。发展大工业，像化工厂建在通惠河南，把整个通惠河水系都污染了。包括首钢的发展，把西郊整个永定河水系破坏了。这些环境问题，在苏联专家帮助建设的时候，还没有认识和解决。

1959年至1961年，国民经济出现暂时困难，城市建设处于低潮，在这个时候，北京市委、市政府并未气馁，指示规划局对新中国成立13年的建设进行全面总结，为迎接新的建设高潮做好准备。规划局立即组织干部下基层、访专家进行调查研究，佟铮局长要求各专业课题都写出不少于"一块砖"厚的调研报告来，以示重视，不能敷衍了事。

通过总结，比较系统地认识到北京城市发展中产生的问题，指出市区存在着工业过分集中（东郊挤、南郊乱、西郊大）、交通混乱、地下水超量开采、环境严重污染，以及生活用房和城市基础设施不配套等诸多问题，严重影响城市正常的生产与生活，提出了必须调整工业布局，城市建设骨头（生产工作用房）和肉（生活用房和城市基础设施）要配套等主张，明确了今后建设的方向。

这项活动对城市总体规划的实施做了系统反思，通过检验13年的建设实践，获得了符合北京市情的经验，增强了规划的科学性，同时，也锻炼了规划干部队伍。

13年总结，对于城市环境污染的问题，对于工业过大的发展所造成的问题，譬如基础设施跟不上、老百姓生活困难等，都做了实事求是的评估。这样，也就为1970年代、1980年代修改总体规划打下了基础。很多问题在13年总结的时候就提出来了，在1970年代至1980年代的规划中得到落实。

后来在迎接2008年奥运会的时候，中央给北京市拨了2800多亿元进行建设，基本上都用到市区，把市区的基础设施现代化问题解决了，污水处理厂都建起来了，地铁建设也发展起来了，市区现代化基本上实现了。大概情况是这样。

十二、对城市规划工作的逐步认识及深化

访问者：董先生，可否请您谈谈在东北工学院学习时的一些情况？当时对城市规划工作有没有一些认识或接触？

董光器：说实话，在东北工学院，我是建筑学专业的。

访问者：学了几年？

董光器：四年。

访问者：1952年入学的？

董光器：对，1956年毕业。

访问者：等于是院系调整以后的第一届学生？

董光器：对。1952年院系调整以后，东北工学院是重新组建的，那时候归冶金部领导。我学的建筑学专业，严格说应该是工业专门化，我的毕业论文是"大型轧钢厂的设计"，当时在城市规划方面只是有一门课而已。所以，我对城市规划工作，基本上是到了工作岗位以后才开始慢慢地接触（图13-32~图13-34）。

我参加工作以后，对城市规划的第一个认识，就是苏联专家组的讲课。当时，就系统地学习了城市规划。应该说，1957年版的北京规划完全是在苏联专家的指导下完成的。到了1958年，根据北京的情况，规划的指导思想开始改变，特别是到1982年版的规划，结合中国实际因素的情况就更多了。大学毕业后分配我到规划部门工作，我是无可奈何，只能服从分配，对规划的认识都是在60年实践中逐步提高的。

访问者：您刚参加工作的时候，1956—1957年，您是分在什么组？有没有跟哪一位苏联专家接触比较多？

董光器：我分在分区室。我参加工作以后，主要分管朝阳区。1956—1959年，从参加规划到后来参与规划管理，我都在朝阳区。

到北京来搞规划，第一个任务，得学会骑自行车。我印象最深的就是，搞规划，如果不搞调查研究，就做不出好规划来，这个传统在当时就很明确。当年我刚参加工作，又是学建筑学的，觉得城市总体规划太抽象了，于是要求到分区规划组工作，认为分区规划还具体一点，做小区规划和建筑还沾一点边。当时我接触苏联专家较多的是规划专家勃得列夫、兹米耶夫斯基和经济专家尤尼娜。

图 13-32　董光器先生在东北工学院"西洋建筑史"课程中曾学习过的雅典卫城的遗址前的留影（2007 年）
资料来源：董光器提供。

图 13-33　董光器先生在德国勃兰登堡门前的留影（2007 年）
资料来源：董光器提供。

图 13-34　中日建筑师北京交流会上与日本建筑师矶崎新的合影（1997 年 3 月）
注：会议地点在北京人民大会堂。
左起：吴庆新（左 1）、董光器（左 2）、矶崎新（左 3）、柯焕章（右 2）、黄艳（女，右 1）。
资料来源：董光器提供。

我对北京规划的全面了解，是在 1960 年代，组织上让我参与"设计革命"办公室的工作，我把新中国成立以后市委、市政府有关城市建设的所有档案都翻看了一遍。当时，每年市委、市政府的所有文件、决议都汇编成册，发给市政府所属各局。通过阅读历年的文件汇编，我才开始系统地了解北京 1950 年代初城市规划是怎么演变的。到 1980 年代，担任过北京市都市规划委员会副主任的佟铮同志牵头组织北京规划建设 30 年历史研究工作（图 13-35），让我来编写北

图 13-35 《建国以来的北京城市建设》部分编撰人员在北京西山八大处的留影（1984年冬）
前排：高仁凤（女，左）、张一德（女，右）。
左起：朱祖希（左1）、陈永川（左2）、潘泰民（左3）、俞长凤（右3）、张敬淦（右2）、董光器（右1）。
资料来源：董光器提供。

京30年规划的过程。在那个时候，我又进一步收集规划资料，进行系统整理。

访问者：这等于是您写这本《古都北京五十年演变录》的起源？

董光器：还不完全是。

十三、《古都北京五十年演变录》的创作

董光器：我为什么要写这本《古都北京五十年演变录》？王军写了一本《城记》，2003
　　　　年出版。他是搞新闻的，写新闻就得有看点，当时他系统地接受了清华大学的
　　　　观点，基本上认为北京的规划没有听"梁陈方案"，所以北京市建乱了。他的
　　　　这本书，社会影响很大。我觉得，北京的城市风貌问题，绝不是那么简单的"梁
　　　　陈方案"就可以完全肯定，或完全否定。所以，我就针对这个问题，提出我的
　　　　观点，拿事实来说话，拿北京市的实践活动的历史记录来说话，拿市政府的文
　　　　件来说话，当时为什么做这个决定，有哪些教训，比较客观地进行总结。

图13-36 董光器先生三本专著《北京规划战略思考》《古都北京五十年演变录》和《城市总体规划》（第四版）的封面

另外，那时候我退休了，我手里搜集了那么多研究古都风貌的材料，进不了档案，不留下记录，损失了多可惜。后代人再看北京历史情况，找不着了。所以，我把我手头的资料，进行系统整理了以后，就写了这么一本书。

我写这本《古都北京五十年演变录》的时候，历史资料大部分都是直接引用的，是好是坏，大家可以来评论。我是希望比较客观地来写，对于历史资料部分，直接引用。当然，书中也发表了一些我个人的观点，这与历史资料的介绍是分开的。

我主要写了三本书：一本是《北京规划战略思考》，针对北京改革开放以后出现的问题写的；一本是《古都北京五十年演变录》；一本是《城市总体规划》，这本书是应东南大学出版社的邀请而写的，是对总体规划如何编制的学习笔记（图13-36）。我觉得，比较有历史价值的还是这本《古都北京五十年演变录》。当然，这本《古都北京五十年演变录》，出版社认为没有《城市总体规划》那么好卖，《城市总体规划》这本书，不断修改，至今已经出版了6版。可是，作为历史资料，《古都北京五十年演变录》还是有保存价值的。

我跟王军很熟，在兴起改革开放热潮的1990年代，他几乎成了我的代言人，我想向中央反映的问题，他都用记者的身份作为"内参"写出来，我们的关系很好。唯独在北京的古都风貌保护这个问题上，我跟他的观点不太一致。王军的《城记》影响很大，所以后来我就写了这么一本书。《古都北京五十年演变录》是2006年出版的。其中的一个动机就是：要客观地反映历史状况，为后人留下比较真实的历史记载。

访问者：您写的《古都北京五十年演变录》，对"梁陈方案"有比较深入的讨论。关于

图 13-37　北京城市规划界部分老同志聚会留影（1994 年）
前排（坐姿）：郑祖武（左1）、黄昏（女，左3）、冯佩之（左5）、郑天翔（左7）、赵鹏飞（右7）、宋汝
芬（右6）、沈勃（右5）、朱友学（右4）、周永源（右3）、储传亨（右2）。
最后一排：董光器（左6）。
资料来源：董光器提供。

"梁陈方案"，梁思成和陈占祥跟苏联专家的争论，有一个很重要的会议，就
是 1949 年 11 月 14 日，苏联专家巴兰尼克夫向北京市政府汇报关于北京未来
发展计划的问题，苏联专家组组长阿布拉莫夫参加了，梁思成和陈占祥也参加
了，他们的意见不一致。您在做历史研究的过程当中，关于 1949 年 11 月 14
日这次会议的比较原始的档案记录，您查到没有？

董光器：当时有正式刊印的发言记录，以及北京市建设局局长曹言行和副局长赵鹏飞（图
13-37）联名写给北京市领导的一个报告，这都是已经整理好的文件①。原始记
录我没有查到。

访问者：1956 年前后，北京市委书记彭真曾经多次专门与各位苏联专家进行座谈。这些
座谈会您参加过吗？

董光器：当时我刚参加工作，跟苏联专家谈话的会议我们都不能直接参加。当时，都是
都委会的领导和几个专业组的组长参加，他们陪着彭真跟苏联专家谈话。

---

① 指《曹言行、赵鹏飞对于北京市将来发展计划的意见》（1949 年 12 月 19 日），参见：北京建设史编辑委员会编辑部.
建国以来的北京城市建设资料（第 1 卷 "城市规划"）[R]. 1987：107-127.

访问者：分区组的组长是谁？

董光器：总体组的组长是陈干。分区组的组长是李准，兼管西郊组。分区组还有几个副组长：城区组的副组长是沈其；我在东南郊组，副组长是傅守谦；西北郊组的副组长是沈永铭。

我参加工作，在1957年版北京总体规划完成了以后，当时要在这个总规的基础上继续深化，我分在东南郊组，也就是朝阳区。我印象比较深的是，每天骑着自行车出去跑，到朝阳门外的街街巷巷转悠。对于朝阳区的变化，我就比较了解。

1956年我刚参加工作的时候，从旧城到朝阳区的道路还没有打通，从东单到建国门要从裱褙胡同绕过去。当时，朝外关厢比较多的是农民的服务所，朝外市场。到后来，1958—1959年东郊工业大发展，通惠河两岸的工业用地，基本上两年功夫，几乎全都拨完了，工业发展速度是十分惊人的。像化工二厂拨地，就是四角钉四个桩，这块地就拨出去了。随着工业区的形成，朝外关厢的功能也发生了变化，为农民服务的项目逐渐被为城市居民服务的内容所取代。

后来，市委领导觉得北京市的工业发展水平太低了，引进工业缺少选择，不能来什么工业都要。称"当兵十年，猪八戒赛貂蝉"，哪能什么都要？工业"大跃进"，基本上通惠河两岸工业区形成了。现在通惠河两岸变成CBD了，通过"优二兴三"产业结构调整，工业都迁得差不多了。

十四、古都北京的历史文化保护问题

访问者：董先生，刚才谈到了古都北京的风貌保护问题，可否请您进一步谈一谈？据说您曾讲过南北双塔和长安街的故事，大概是个什么情况呢？

董光器：北京的风貌保护问题比较复杂，有些历史文物的拆除是在比较特殊的背景下发生的。

从历史来看，元大都是按《周礼·考工记》规制建设的最完备的封建都城，它的建设奠定了北京旧城的基础。明北京城的建设与完善，对《周礼·考工记》的建城规制落实得更彻底，造就了北京旧城的完整形象。在明朝初年，将元代的南城墙南移，城墙的原址被开辟成道路，形成与城市中轴线在天安门前相交的东西轴线的雏形，这就是长安街。

明长安街从东单到西单，长3.8公里。在大慈恩寺南有一个折点，应该说起源于元代，在修建元大都南城墙时，遇到庆寿寺的双塔阻挡。因为在双塔下埋葬了成吉思汗时代的两个国师——海云和可庵，谁也不敢惊动，为此，元始祖忽必烈下诏令："远三十步环而筑之。"到了这里，南城墙不得不向南略弯曲，绕行通过，形成折点。到明永乐时代，庆寿寺改称大慈恩寺，帮助永乐皇帝打天下的重臣姚广孝在此主持，由于其地位特殊，自然也不便触动，长安街也只能绕行通过，形成一个折点，这个折点保留至今，长安街其实并不是一条直线。南北双塔是不可多得的历史精品，南塔为我国南方匠人修建，显得轻巧秀丽，北塔系北方匠人所建，显得敦厚古朴，体量相同而形态各异，两者交相辉映，相得益彰，具有极高的艺术价值。我在学中国建筑史时就对它仰慕不已。但1956年初到北京，在见到天安门广场激动不已的同时，却没能见到双塔，当时就感到十分遗憾。

在新中国成立初期，长安街规划是把南北双塔作为街道的对景保留下来的。但是，1950年朝鲜战争爆发，北京作为重点设防的城市，如何保卫，成为党中央高度关注的问题。根据佟铮同志回忆：有一天，彭真和粟裕（总参谋长）到长安街上踏勘，粟裕说："从国防上看，例如道路很宽，电线都放在地下，这样在战争时期任何一条路都可以作为飞机跑道，直升机可以自由降落。假如在天安门上空爆炸了一个原子弹，如果道路窄了，地下水管也被炸坏了，就会引起无法补救的火灾；如果马路宽，就可以作为隔离带，防止火灾从这一区烧到另一区。""道路中心种树不好，不如在路两旁人行道边种树好，因为人们不会到路中间去休息、散步的。"同时还说："如果战事需要，工兵团一个晚上就可把两边的行道树拔掉，这个（指双塔）就不好办了。"这可能就使长安街的道路断面否定了三块板形式而选用一块板形式的初衷，马路中间的双塔自然难以保留。

当时，市政府对此事进行过反复研究，主管城建的副市长张友渔是位历史学家，对此也颇费斟酌，但始终没有找到两全的办法，最后决定不得不忍痛拆除，成为永久的遗憾。现在，在电报大楼南侧的道路特别宽，就是双塔寺的遗址。1959年，为庆祝新中国成立10周年，打通了东单到建国门、西单到复兴门的通道，长安街从3.8公里延长到6.7公里。加上其向东西的延长线，形成了从石景山到通州贯通东西的40里长街。但是，历史形成的折点却永久留存了下来。

作为一个古都，在对待北京的古建筑物保护与城市改造的态度上，历来就有不同的意见，有人主张尽可能多保护一点，有人主张改造步伐应该大一点。在1950年代，当时城市建设的每一个举措，几乎都遇到两种意见的冲突。作为首都北京的第一版城市总体规划，1953年提出的《改建与扩建北京市规划草案》明确指出：在改建与扩建首都时，对古代遗留下来的建筑与城市基础，既不一概肯定，也不一概否定，要保留合乎人民需要的风格与优点，但必须改造和拆除妨碍城市发展的部分，以适合社会主义城市的需要。认为对古建筑采取一概保留，甚至使古建筑束缚我们发展的观点和做法是极其错误的。当时的主要倾

图 13-38 董光器先生向访问者介绍对访谈整理稿（初稿）的审阅修改意见

注：2018 年 6 月 26 日，于北京市西城区南礼士路 60 号，北京市城市规划设计研究院董光器先生办公室。

向是后者（图 13-38）。

我理解市委为什么做这个结论，并写进规划原则中去，这与城市的落后状况有关。当时，北京的旧城全都是古建筑，如果强调以保为主，不拆除一些妨碍交通的牌楼，不在城墙上打开一些对外交通的门洞，不拆除一些旧建筑，城市改造就寸步难行。

在这个思想的指导下，1950 年代的北京城市总体规划布局就体现了继承与发展的思想。例如：在总体规划中旧城保留了棋盘式道路的格局和河湖水系，保持平缓开阔的城市空间，并划定了四合院保护区；确定了对古建筑采取区别对待的方针，有的拆除，有的改造，有的迁移，有的保留；在旧城以外则建设环路、放射路系统，并进行合理的土地功能分区，划定办公区、文教区和工业仓库区，配套建设相应的生活区。

虽然当时对历史城市保护的认识还比较粗浅，缺乏三维空间整体保护的意识，但是这些认识在城市改建和扩建中还是起了积极作用。长安街牌楼迁到陶然亭、北海大桥的成功改造和天安门广场改建扩建，就是很好的例证。

对于城墙，虽然毛主席早有拆除的意向，但是，由于各方面意见不一，当时又不十分妨碍城市建设，因此，北京市委还是持慎重态度，彭真表示在城市总体规划中要"从长计议"，既不直接反对毛主席的意见，表面上也曾做出过分批拆城墙的计划；但又不积极行动，强调拆城墙工程量大，难以很快实施，采取了"拖"的策略。彭真还指示规划部门考虑保留城墙四角、保留城门楼、保留部分城墙等多种方案。一直到 1965 年"文化大革命"的"前夜"和在修建地铁这个特定的时代背景下，才开始拆除（图 13-39）。

图 13-39　拜访董光器先生合
影留念（2018 年 6 月 26 日）
注：北京市城市规划设计研究院董
光器先生办公室。

访问者：谢谢您的指导！关于《苏联规划专家在中国（1949—1960）》的研究，目前刚
　　　　刚开始，档案资料也在搜集中。等将来研究报告写出来了，再呈送您，请您指导。

董光器：好的。

（本次谈话结束）

赵知敬先生访谈

以前我经常说，城市总体规划是社会的政治、经济、文化的规划，不是规划委的规划，而是全社会的规划，所以，你得宣传，有些问题根本不是你自己努力就能解决的。比如，要提高整个社会的环境质量，规委能提高质量吗？管理部门连红线都不清楚，怎么提高城市环境质量？而且，习近平总书记指示，北京要成为全国的模范，这方面，我觉得必须依靠在京的中央单位和地方单位。

（拍摄于 2018 年 3 月 22 日）

专家简历

赵知敬，1937 年 7 月生，北京人。

1952—1955 年，在北京市土木建筑工程学校建筑学专业学习，1955 年毕业分配到北京市都市规划委员会（北京市委专家工作室）工作。

1957—1964 年，在北京市业余建筑设计学院学习。

1958—1986 年，在北京市城市规划管理局工作，曾任详细规划室主任、局领导小组副组长兼市区规划管理处处长、中共北京市规划局管理局委员会常委等，1976—1986 年任副局长。

1986—1991 年，在北京市海淀区人民政府工作，先后任副区长、常务副区长。

1991—1997 年，任首都规划建设委员会办公室主任兼北京市城乡规划委员会主任。

1997—2002 年，在北京市人民代表大会常务委员会，任常委。

2003 年退休。

1994—2014 年任北京城市规划学会理事长。

2018 年 3 月 22 日谈话

访谈时间：2018 年 3 月 22 日上午

访谈地点：北京市西城区二七剧场路 3 号，北京城市规划学会会议室

谈话背景：《八大重点城市规划——新中国成立初期的城市规划历史研究》一书和
　　　　　"城·事·人"访谈录（第一至五辑）正式出版后，于 2018 年 3 月初呈送
　　　　　赵知敬先生审阅。同时，访问者向赵先生请教新中国成立初期首都北京规划
　　　　　建设的情况和问题，赵知敬先生应邀进行了本次谈话。

整理时间：2018 年 5—7 月，于 7 月 3 日完成初稿

审阅情况：经赵知敬先生审阅，于 2018 年 7 月 31 日和 9 月 11 日返回修改意见，9 月 22
　　　　　日定稿并授权出版

李　浩（以下以"访问者"代称）：赵先生，我们正在开展《苏联规划专家在中国（1949—
　　　　1960）》的历史研究，北京是苏联专家技术援助的重点对象，想给予特别的关注。
　　　　您是北京规划建设的见证人，还曾主持开展过很多非常伟大的工作，特别是《岁
　　　　月如歌》《岁月回响》和《岁月影像》的编撰等，很想向您请教一些北京市规
　　　　划的情况和问题。

赵知敬：谈不上伟大，我只是利用"北京城市规划学会"这个平台，做了一些力所能及
　　　　的事情而已（图 14-1 ~ 图 14-3）。学会的工作，并没有人具体指导要怎么干。
　　　　我曾担任北京城市规划学会理事长 20 多年时间，通过实践，总结出学会的任
　　　　务主要就是两件事：一是学术交流，这是主要的任务；二是科普。

　　　　2003 年退休以后，我专职在学会工作，过程中我们做了一些回顾历史的事儿。

图 14-1 赵知敬先生正在接受访谈中（2018 年 3 月 22 日）
注：北京市西城区二七剧场路 3 号，北京城市规划学会会议室。

图 14-2 《岁月回响》编辑办公室人员留影（2010 年）
前排左起：马麟、申予荣、赵知敬、储传亨、宣祥鎏、谭伯仁、魏恪宗。
第 2 排左起：杨金凤（女）、周乔欣（女）、李贵民、曹型荣、董光器、谷守武、吴盛、孙维绚（女）、张影（女）。
第 3 排左起：翟聚珠、刘文忠、高毅存、魏礼开、赵以忻、李文琏（女）、钱连和、郝秋香（女）。
资料来源：赵知敬提供。

图 14-3 北京城市规划学会组织编撰的《岁月如歌》《岁月回响》和《岁月影像》的封面
注：《岁月回响》包括上、下两册。
资料来源：赵知敬先生赠送给访问者的资料。

咱不介入当前的规划工作了，回头看，重点研究规划历史。各级领导，都经常谈到要以史为鉴，特别是搞规划工作的。但是，规划界的很多人，包括我在职的时候，整天忙来忙去，频繁开会，好多具体的事儿。所以没能抽出时间研究、回顾历史。

听你说想研究北京的规划史，我特别感兴趣。北京市规划院和规划委都没有人具体来研究北京城市规划的历史，我感到很遗憾。你提出要跟我访谈，我觉得我找到了长期以来我很想找的那种人，也就是能够把历史准确、生动地记录下来的人。

一、新中国成立初期北京城市规划工作点滴

赵知敬：北京的城市规划近、现代史包括两大部分：一部分是 1949 年以前的历史，一部分是 1949 年以后的历史。明年就是新中国成立 70 周年了，现在来研究 1949 年以来的当代史很有现实意义。

新中国成立初期北京的城市规划，那是在我 1955 年毕业、参加工作之前的事。新中国成立之前，1949 年 5 月 22 日，北京市（当时叫北平市）成立了北平市都市计划委员会，地点在北海公园的画舫斋（图 14-4），就开始着手北京城市规划和管理工作。为迎接新中国成立全面整顿了长安街及天安门广场，竖立了国旗杆，并于"十一"（10 月 1 日）的前夜，在天安门广场进行了人民英雄纪念碑的奠基，这是非常有纪念意义的事。

1949—1953 年首都北京的规划编制工作，那是第一代中国专家主导的，他们大多留学英国、法国和日本，还有刚离校的青年人和一些老的市政工程管理技术人员。而北京市政府首批邀请的外国专家，是以莫斯科苏维埃副主席阿布拉莫夫为首的从事莫斯科规划建设的苏联专家。在编制规划初期，首先要解决的问题，譬如首都的性质、要不要大工业、城市规模、城市建设标准以及如何正确处理文化古都和现代化城市的关系等，几乎每一个问题都有不同意见。

为了抢在第一个"五年计划"之前编制出北京城市总体规划，市里决定在都市计划委员会内分成两组，编制甲、乙两个方案。后来我查了档案，甲、乙方案的说明书也就是两页纸，说明两方案的共同点和不同点，其实没有多大的区别。为了尽快编出一个规划方案，市委派市委常委兼秘书长郑天翔同志牵头，成立一个规划小组，由他任组长，还有几位副组长，工作地点在北京动物园畅观楼（图 14-5）。这个规划小组组织了一批规划人员，在甲、乙方案基础上，编制出第一版北京城市总体规划——《改建与扩建北京市规划草案》，并上报中央。期间，天翔同志组织一些翻译人员，翻译国外的一些有关城市规划的资料，根

图 14-4 北平（京）市都市计划委
员会成立地点：北海公园画仿斋（赵
知敬先生素描）
资料来源：赵知敬提供。

图 14-5 1953 年北京第一版城市总体规划诞生地：北京动物园畅观楼（赵知敬先生素描）
资料来源：赵知敬提供。

据北京情况以及一些苏联专家意见，进行综合研究。这一版规划方案对城市性
质、规模、布局作了较为完善的阐述，形成了北京城市总体规划的雏形。虽然
这个规划草案并未正式获得中央批准，但在第一个"五年计划"期间，北京的

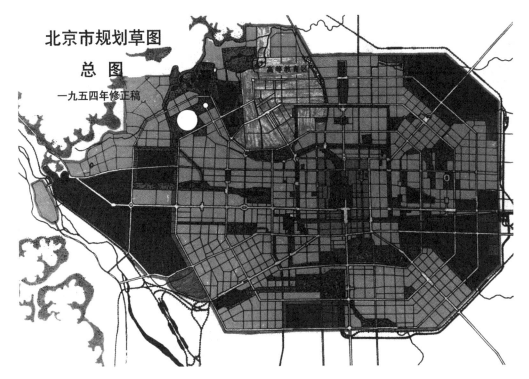

图 14-6　第一版北京市规划草图总图（1954 年修正稿）
资料来源：赵知敬提供。

城市建设基本上是按此方案进行的。

1953 年版总体规划上报到国家计委以后，国家计委对这个规划有不同意见。主要意见是认为规划的人口规模（500 万）太大了，当时北京才一二百万人；另外，提出要搞工业体系的说法不合适。

由于国家计委有不同意见，北京市又修改了 1953 年版规划，并提出第一期的建设方案（图 14-6），又上报了。中央认为，北京市跟国家计委的意见不一致。据说，毛主席认为城市规划有好多不成熟的地方，还有研究的余地。

正因为这样，后来国家计委提出：请苏联专家来帮助北京修编北京城市总体规划。我非常有幸，1955 年毕业后参加了第二批苏联专家来京期间的工作。第二批苏联专家共 9 位，包括规划、经济、煤气、电气、交通、施工、建筑设计等专业的专家。都市规划委员会内部相应设置了 8 个大组：即经济组、总图组、绿化组、交通组、热电组、煤气组、给排水组等。当时，我被分配到了总图组。后来又成立分区室的时候，我是在西郊组。

当时学习规划，先是从一本翻译过来的苏联名著——大维多维奇写的《城市规划：工程经济基础》入手，后来开始较为系统地听专家讲课。总图组细分分区组后，进一步学习了详细规划和居住小区规划。经济专家尤尼娜曾经讲过小区指标的制定，讲到居住小区规划的"六图一书"^①，这些知识一直指导我们后来的一些规划工作。改革开放后，我们在规划管理实践中又增加了"一书"（环境保护评价书），称为"六图二书"，并引用到对工业小区规划也要求"六图二书"。

苏联专家倡导并亲自参加系统、周密、细致的调查研究现状工作。在我们迎接建国40周年举办的座谈会上，大家回忆最多的就是当时的调查研究工作。当年，大家在生活、交通困难的情况下，艰苦的实地调查研究，寻找数据，在此基础上修编《改建与扩建北京市规划草案》。我们年轻人不断将修改的总体规划草案画出1：10000的挂图，有4个被子那么大，方案草稿一出，日夜加班，画出新方案。

在苏联专家来的第二年（1956年），为了迎接党的第八次代表大会，在北京城东郊的阿尔巴尼亚驻华大使馆（新馆建成尚未使用前）搞了一次规划展览。中央的一些领导和党代表，29个欧、亚、美的党代表团，在京中央及地方有关部门，共约1700多人参观了展览，对北京的规划进行指导。非常荣幸，我在这次展览会上负责介绍天安门广场规划方案（图14-7）。

1957年3月，修编后的《北京城市建设总体规划初步方案》（图14-8）正式完成，经市委讨论通过。5月，总体规划成果编制完毕，市委决定在北海公园的西岸举办规划展，参观展览的人员有上万人。

1958—1959年，根据当时的发展形势和中央新的要求，特别是1958年8月中央作出的关于在农村建立人民公社的决议精神，北京市委对1957年完成的《北京城市建设总体规划初步方案》做了两次较大修改。修改后的规划方案，在城市布局上强调大地园林化，内城规划40%的绿地，城外规划60%绿地，明确"分散集团式"的布局形式，以防止"摊大饼"式的发展（图14-9）。

这一方案，于1959年由市委书记处书记郑天翔向中央作了汇报，中共中央书记处书记邓小平主持会议，对规划进行了审查，原则同意。由于历史原因，没有下发正式文件，但照此执行了。这个方案一直指导着北京的建设，直到在1967年1月，国家建委下令暂停执行为止。

郑天翔是2013年10月去世的，这一年他99岁，到第二年是他100岁诞辰，中央决定在2014年搞纪念活动。我们跟北京市城市建设档案馆编了一本《郑

---

① "六图"包括：红线平面图、建筑草图、竖向规画草图、街道横断面图、街坊外部工程管网分布示意图和红线定线图。"一书"即规划说明书。
参见：A.A.尤尼娜.居住区规划与建设的经济问题（1956年10月报告）[R]// 北京市都市规划委员会.城市建设参考资料汇集（第十四辑：A.A.尤尼娜专家关于城市建设经济问题的报告），1957：49-58.

图 14-7　在规划展览会上介绍天安门改建规划方案（1956 年）
注：展览会地点在建设中的阿尔巴尼亚驻华大使馆，右侧正在介绍规划方案者为赵知敬。
资料来源：赵知敬提供。

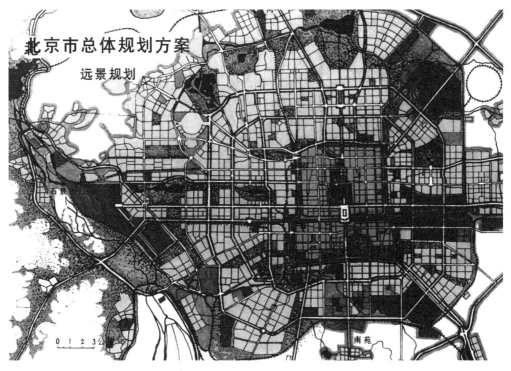

图 14-8　第二版北京市总体规划方案（远景规划）（1957 年）
资料来源：赵知敬提供。

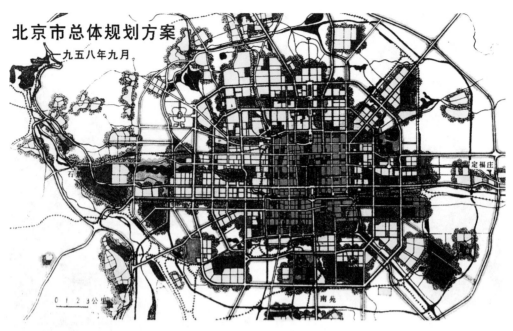

图 14-9　第二版北京市总体规划方案（1958 年 9 月）
资料来源：赵知敬提供。

图 14-10　《郑天翔
与首都城市规划》封
面（2014 年）
资料来源：李浩收藏。

天翔与首都城市规划》（图 14-10）。郑天翔的儿子我认识，也在海淀区当过
区长，我就找他，从郑天翔家里收集到好多珍贵资料。编这本《郑天翔与首都
城市规划》，是为了纪念天翔同志 100 周年诞辰。郑天翔同志是我们新中国成
立后北京城市规划的领路人和奠基人，我们永远地怀念他。

二、对苏联专家的印象

访问者：赵先生，1957 年北京总规是在 1955 年来的那批苏联专家的指导下完成的，这批苏联专家中，您印象最深的是哪一位？

赵知敬：管我们总图组规划工作的苏联专家是兹米耶夫斯基。这位专家其实是搞详细规划的，我跟他接触的也不是很多。尤尼娜是位女专家，她是讲经济的，我听她讲课的次数比较多。

那时，尤尼娜专家主要讲小区规划，怎么编制小区经济指标，一项一项的小区经济指标怎么编，编制的方法我们都学到了，后来北京市的小区指标编制也按那个方法来。比如，每个年龄段有多少人，学生占多大比例，每 1000 个学生得多少座位，多少建筑面积，多少用地面积……也就是"千人指标"。后来，还提到要求小区规划"六图一书"。

1955 年来北京指导城市规划工作的那一批苏联专家，我没有太多直接接触。但是，在编辑《岁月如歌》等的时候，我们找了一些当事人，回忆当时苏联专家的工作情况。9 位苏联专家都曾长期参与莫斯科的规划建设与改建工作，有着渊博的学识和深厚的理论基础及丰富的实践经验。他们以极端负责的态度，不辞辛苦，细致认真地系统讲授规划理论。相应地，大家写了几篇文章。总的印象，中苏当时的友好真是朋友关系，他们对我们国家规划工作的指导，非常认真负责，有不同意见就说不同意见，对北京规划的帮助真是真诚朋友的感觉。

那时候学习苏联，真是百分百的真心实意。遇到苏联的节日，我们跟苏联专家搞联欢，搞活动，我们还跟他们一块儿跳过舞。那些老的主任们还跳"瓶舞"——脑袋上顶个水碗跟他们跳，大家非常和谐（图 14-11）。

那时候，彭真市长跟苏联专家见面，交流不同意见。苏联专家觉得我们定的马路定得太宽了，彭真市长说中国人太多了。后来就问：他们每位专家有几个孩子？大都是一个，有的还没有孩子；一问咱们的主任，这位有两个孩子，那位有三个，那位四个，还有五个的。大家在非常和睦的气氛里讨论问题。关于马路宽窄问题，有同志回忆，专家走后，北京市副市长冯基平访问莫斯科，访问中了解到他们莫斯科的规划正在加宽道路，于是冯副市长打电话回来，要求正在开工的民航局大楼（东四猪市大街）再后退一些。后来，在民航大楼的西侧又增建过一座矮楼，就是因为之前退红线太多了。

访问者：在 9 位苏联专家指导北京都市规划委员会工作的时候，国家城建总局（后来又升格为城市建设部）也有一批苏联专家，包括巴拉金，他们对北京规划的影响，您是否了解？

赵知敬：巴拉金也指导过北京的规划，北京中轴线的延伸就是巴拉金的建议，非常精彩。

图 14-11　在联欢活动上
苏联专家组组长勃得列夫
与中国同志亲切握手
注：左 1 为勃德列夫（苏联专
家），前排右 1 为赵知敬。
资料来源：赵知敬提供。

那时候，李准是我们组的组长（第二组［总图组］组长），后来叫主任（分区工作室主任），他参加过 1953 年的畅观楼规划小组。那时候，巴拉金每个礼拜来畅观楼一次，他就琢磨，我们总图向北有两撇，一撇是安定门延伸出去，一撇是德胜门，因为中轴线到了钟、鼓楼就停止了，历史上没有延伸出去，谁也不敢突破这个。巴拉金来了后，把规划方案突破了北中轴，向北延伸，后来就画出来了。现在奥运会场馆坐落在北中轴线上，中轴线是真正延伸了。南边的永定门还开着口呢，中轴线向南一直到正在建设中的北京新机场。

访问者：巴拉金提的中轴延伸线建议，大概是在什么时候？

赵知敬：就是 1953 年在北京动物园的畅观楼搞第一版北京总规的时候。李准说：我一夜没有睡好觉，兴奋呐！规划人有点规划的创新，会很兴奋的。

三、都市规划委员会·市规划管理局 40 年后的回顾——岁月如歌

赵知敬：2003 年前后，在北京市城建档案馆发现了一张 1957 年苏联专家回国前与都委会全体职工的合影照片，包括郑天翔等领导在内，在正义路 2 号拍的照片（图 14-12）。后来，在整理这张照片有关信息的过程中，又找到一张北京市城市规划管理局的同志 1956 年在规划管理局沿街四层平台上照的一张照片（图 14-13），其中有冯佩之局长、周永源副局长和市规划局同志们的合影。于是，我们就找到很多老同志，回忆照片中的人员和 40 年前的情况。

2004 年，我们利用这两张照片搞了一次聚会。其中，调出规划管理局的好多人

图14-12　北京市都市规划委员会全体干部与苏联专家顾问合影（上）及局部放大（下）（1957年3月29日）

上图中第3排左12为赵知敬。

下图（局部放大）第2排左起：傅守谦（左1）、陈干（左2）、辛耘尊（女，左3）、佟铮（左4）、兹米耶夫斯基（左5，苏联规划专家）、尤妮娜（女，左6，苏联经济专家）、郑天翔（左7，北京都市规划委员会主任）、勃得列夫（左8，苏联专家组组长）、斯米尔诺夫（右7，苏联电气交通专家）、阿谢也夫（右6，苏联建筑专家）、雷勃尼珂夫（右5，苏联上下水道专家）、钟国生（右4）、朱友学（右3）、黄昏（女，右2）、岂文彬（右1）。

资料来源：赵知敬提供。

图14-13　北京市城市规划管理局成员合影（1956年）

资料来源：赵知敬提供。

本来不想参加的，到最后，绝大部分健在的同志都来参加了，有的人还是坐着轮椅来的。这个活动是很有意义的，也就是说，我们规委最后承认他们都是规划战线的同志。为什么这么说？因为1957年10月，北京市规划系统进行过力度比较大的机构调整，把1955年初成立的北京市都市规划委员会与北京市城市规划管理局进行了合并，机构合并以后，强调规划工作保密，把一些所谓社

图 14-14 《岁月如歌（1955—2004）》中储传亨先生和张光至先生所在页

资料来源：北京市规划委员会，北京城市规划学会．岁月如歌（1955—2004）[R]. 2004: 33,100.

会关系比较复杂的同志给调走了，有的调到北京建工学院任教去了，大部分人被调到了北京市建筑设计院。

会后，我们就编了这本《岁月如歌（1955—2004）》。我们给每位老同志提供一页版面，请大家把自己和家人的照片、个人简历和寄语什么的都提供出来（图14-14），汇编了一本纪念册。有的老同志在寄语中说："虽然我由于特殊原因被迫离开了我热爱的北京城市规划工作，使我抱憾终身，但我痴心未改，热切期盼年轻有为的同志们为祖国创造辉煌。"

我们的老领导宣祥鎏主任为《岁月如歌》还题了词（图14-15），从右边开始念是过去的50年："五十年前青年才俊从四面汇集幸会御河桥……"；从左边开始念是现在的50年："半世纪后古稀元老自八方归来欢聚礼士路……"，这是两边对应的百字对联。《北京规划建设》杂志的编辑文爱平同志执笔写了前言，把大家的感情都表达出来了。

2004年召开座谈会的时候，早年负责地铁规划的张光至[①]同志是拄着拐棍来参会的，在座谈过程中，谈到地铁规划方案，他是流着眼泪说的，为什么？当时他很年轻，都委会中就他一个人代表研究地铁，当时北京的地铁是跟军队和好多部门一起研究的，他们认为，由于北京的地质构造不适合做莫斯科那样的100米深的地铁，而适合做浅层的地铁。规委主要领导听完了他的汇报，拂袖而去。这种情况，对于年轻的技术人员来说，压力很大。所以他为什么哭了？当年的情况没办法，又要坚持技术上的观点。后来，张光至调到地铁部门去工作了，那个局长又对他说："张光至，我们作为技术人员，到底是深层合适还

[①] 张光至，1933年8月生，1955年在北京市都市规划委员会工作，1958年被选派赴苏联学习地下铁道规划建设，曾参加六次、全面主持五次地铁核效试验及其技术总结、规范编制等。1983年起，任北京城建设计研究院副院长、院长。1996年退休。

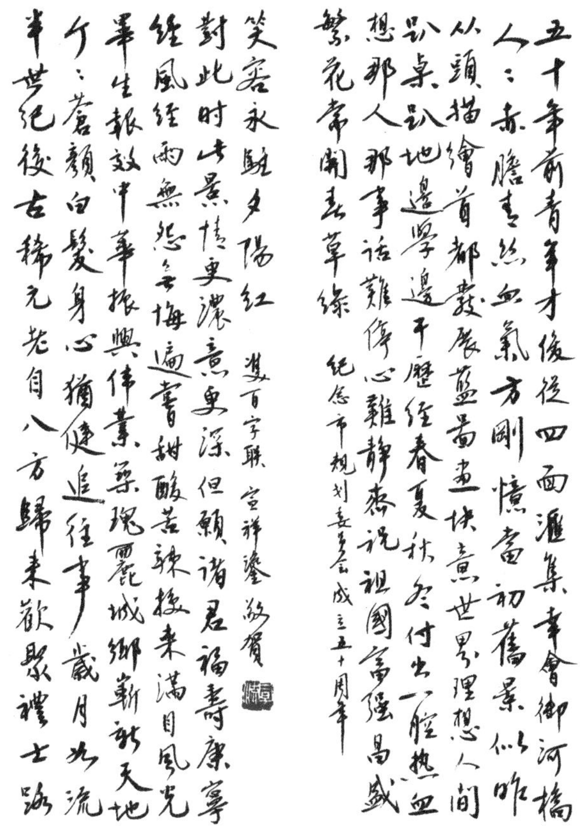

图 14-15 宣祥鎏先生的题词
资料来源：北京市规划委员会，北京城市规划学会．岁月如歌（1955—2004）[R]．2004，文前插页．

是浅层合适？我们都要研究，就是掉了乌纱帽也得坚持真理。"

后来，北京的地铁按深层方案做了试验，在公主坟打了井，100 米深，调查构造，因为底下是卵石层，不稳定。另外，仍然研究浅埋的方案。我们的地铁利用地面的保护层做了路面，1 米多厚的混凝土，很难钻下去，等它钻下去就是土层，一下就减弱了，真正到了结构它已经没有力量了，也是可以做到防护的。我们北京地铁一期的防护就是这么做的。

这个问题，在编辑《北京城市规划图志（1949—2005）》的时候，我们都已经论证清楚了，但当时没敢发表在这本书里，因为担心保密的问题。结果，没过多久报纸上登了这件事，表述整个过程。我发现以后，就去找张光至，我说现在登了报纸了，并把报纸复印了给他。他看了以后，说报纸上说得有好多地方不对。我说："你了解情况，你来写。"他就开始写，写完了以后给了我。

访问者：张老写的文章被收录在《岁月回响》里了？

赵知敬：对，编在《岁月回响》一书中①。

访问者：张光至先生还健在吗？

赵知敬：不在了，去年去世了。他写的文章篇幅很长，我说不怕长，写得长可以表述清楚，对后来研究历史一目了然。在这篇文章中就讲道："作为一个技术人员，要怎么样实事求是，坚持真理。"那时候，局长对他说："你把深层的研究透，浅层的也研究透，最后让领导定。"为什么他掉眼泪？那时候，一个青年工程技术人员面对这种困难的状况，他讲到了共产党员如何坚持真理的问题。我们非常理解他的心情。

我们所做的是40年的回顾。其实在当年，我并不是什么领导，那会儿咱们还是"小兵"，当时的领导大部分已都不在了，但我们做了这样一些工作，开了很多次座谈会，非常有意义，我们是个团结的集体，所做的是真实的历史回顾。

四、"文化大革命"之后的北京城市总体规划修编工作

赵知敬：回顾这段规划历史，首先要回顾"十三年总结"。1959—1961年，国民经济出现暂时困难时期，按照市委、市政府的决定，规划部门乘城市建设处于低潮之机，对北京解放13年来城市规划与建设的实践进行总结，简称"十三年总结"。

通过"十三年总结"，我们比较系统地认识到：工业过分集中在市区，造成东部工业区过挤、南部过乱、西部过大，工作用房与生活用房比例失调；给城市交通、职工生活带来诸多问题，环境污染日趋严重，卫星镇摊子铺得过大、过散；市政建设投资过少，基础设施欠账日趋严重。这些从规划理论和实践紧密结合的实事求是的总结，使我们对城市建设规律有了更深刻的认识。

在"三年困难时期"过后，本来有条件开创一个城市建设的新局面，但是不久以后便开始了"文化大革命"，北京城市总体规划被下令暂停执行，市规划局也被撤销。"文化大革命"期间，1969年，北京市的5个局合并成立了北京市建设局，当时规划局内设有建设组，我任组长。

访问者："十三年总结"这项工作，是郑天翔主持搞的，还是谁主持的？

赵知敬：郑天翔。郑天翔自己也写过一个十七年的总结②，非常厉害。在这份总结中，他做了很多自我检讨。他的秘书张其锟老说：这些事儿哪是你应该承担的？我觉得，这是郑天翔同志克己的崇高品质。

所以，在1971年至1972年恢复北京规划管理局以后，1973年修编规划的时候，

---

① 指《回忆我一生所从事的北京地铁建设事业》，参见《岁月回响》上册第280—288页。
② 指《回忆北京十七年——用客观上可能达到的最高标准要求我们的工作》，写于1989年5月2日至8月5日。

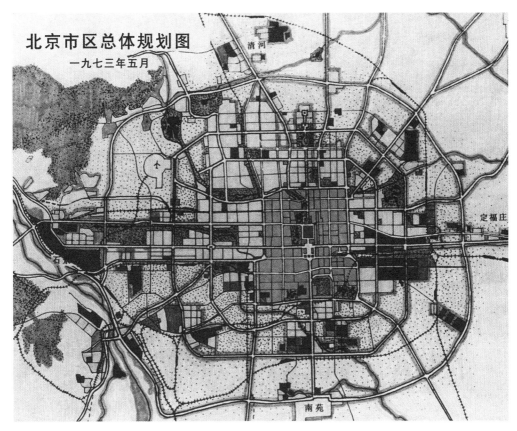

图 14-16　第三版北京市区总体规划图（1973 年 5 月）
资料来源：赵知敬提供。

我们认真地吸取了"十三年总结"中指出的问题和教训，在政策等各方面都表述得比较清楚。但是，这一版的规划在向市委汇报的时候（那天的汇报我也参加了）市委书记吴德却没有表态，汇报完了，什么都没说，等于规划搁浅了。

1972 年恢复规划局，我被安排在详规处任处长，主要任务除一些改建工程外，集中力量，发动全处制定规划道路红线。

1973 年修编的总体规划，虽然没有获得审批，但它所反映的问题却得到了国家的重视，国务院于 1975 年下发了关于《解决北京市交通市政公用设施等问题》的批复。国务院表示支持北京市建设按照统一规划执行，严格控制城市发展规模，凡不是必须建在北京的工程，不要在北京建设，必须建在北京的，尽可能安排到远郊区县，建设注意处理好"骨头"与"肉"的关系；国务院同意五年之内，每年安排专款 1.2 亿元和相应的材料设备；为解决施工力量不足，同意 1975 年增加 1 万人；同时要求认真执行勤俭建国的方针。

所以，为什么最近市委在北京的七版总体规划中，将 1973 年版规划称为第三版规划（1953 年算第一版、1957 年、1958 年算第二版）？因为它具有现实意义，同时对后来 1982 年修编总体规划奠定了基础（图 14-16）。

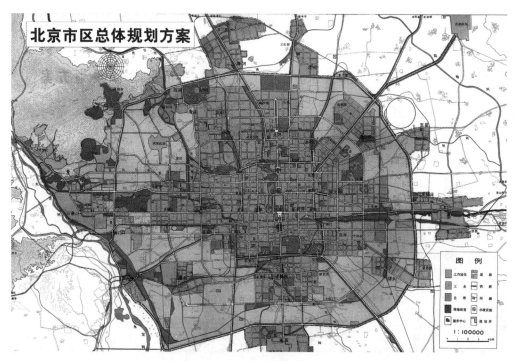

图 14-17　经中共中央、国务院批准的第四版北京市区总体规划方案（1983 年）
资料来源：赵知敬提供。

十一届三中全会以后，1980 年，中央书记处胡耀邦书记听规划汇报，我们认真
总结了，也画了图什么的，但到了那儿，胡耀邦书记没听规划的详细汇报，而
是一下子提出了"四项指示"。十一届三中全会的精神和"四项指示"，再加
上 1973 年完成的规划成果也打下了一定的基础，所以，1982 年版的规划是比
较实事求是的，也是拨乱反正的规划（图 14-17）。

当时我是分管规划管理工作，"文化大革命"后社会百废待兴，而规划又跟不
上要求，所以边规划边加强管理。从 1971 年万里召开的城市管理工作会议之后，
加强了规划管理，纠正违章建筑，但是没有处理办法，所以屡禁不止。在修编
1982 版规划时，时任市长强调将来有了新规划，还要制定一个保证规划实施的
管理办法，当时我和周永源局长、朱守平处长不断往返市政府、市人大修改管
理办法，这个管理办法是根据国务院颁发的《城市规划条例》，这个条例仅限
于城市建设规划管理方面，不包括对制定规划的管理部分，结合北京市的历史
情况，特别是在处理违章建筑部分加上罚款一项，这是继 1950 年代罚款退款之
后，一直没有解决的问题，这个管理办法，要写入罚款事宜。最后于 1984 年 1
月 17 日，北京市人民代表大会常务委员会第八次会议批准了《北京市城市建设
规划管理暂行办法》。这是北京市城市规划管理法制建设上的第一部地方性法
规。对违法建设有了经济手段处理，对遏制违章建设起了非常有效的作用。

早在 1950 年代初，我们北京市规划管理局在检查违章建筑的时候，曾经处罚过最高人民法院。最高人民法院的院长对北京市领导说：怎么我们也有违法？后来，彭真市长对规划局的领导说：你们看看，有没有什么不合理的地方？怎么解决？那时候，北京市规划局把所有罚款都退回去了，把处理文件也收回了。有的单位说：都处理完了，钱都交了，就算了吧！

我们说："一朝被蛇咬，三十年怕井绳。"没有罚款一项，后来的 30 年间北京市规划局对违法建设的处理，总是软绵绵的，老是发文件来回说，就没有真正的处理办法。30 年间，北京市的很多违章建筑没法处理，没有罚款，你说了人家根本不听。1984 年公布的 18 号文，我觉得是第一次比较完整的城市规划管理暂行办法，对于我们执行第四版北京总规，意义重大。

1983 年修编的北京城市总体规划，第一次经中共中央、国务院正式批准。为了有效地拨乱反正，中共中央、国务院决定成立首都城市规划建设委员会。1986年 10 月，市委、市政府办公厅通知（京办字〔1986〕54 号）经中央批准，成立"首都规划建设委员会办公室"，该办公室是首都规划建设委员会的日常办事机构，同时又是北京市人民政府管理全市城市规划和设计的工作机构，简称"首规委办"。首规委办在首都规划建设委员会和市政府直接领导下，归口联系、协调市城市规划管理局、市城市规划设计研究院、市建筑设计院、市市政设计院的日常工作。1984 年，首规委主任、市长主张成立首都建筑艺术委员会、首都城市雕塑艺术委员会，目的是为了落实总体规划，加强重大工程和城市雕塑的审批。当年还成立了"中央在京项目审查小组"。后来改革开放，大量个体设计单位增加，为了加强住宅设计的审查，又成立了住宅专家组。1992 年 3 月经市政府第五次常务会议讨论通过，同意在首都规划建设委员会办公室增挂"北京市城乡规划委员会"牌子，纳入市人大、市政府序列。

1992—1993 年，我们开展了第五版总体规划修编工作。第四版北京总规实施后，城市建设发生很多变化。1983 年 7 月，中共中央、国务院关于对《北京城市建设总体规划方案》的批复中明确指出："坚决把北京市到二〇〇〇年的人口规模控制在一千万左右。"结果到了 1991 年，北京市的人口已经达到 1030 万了。同时，党的十四大提出从计划经济到市场经济的改革要求。于是，我们就比较正式地提出修编城市总体规划。

1991 年正值我任 5 年海淀区副区长之后，调到首都规划委员会办公室任副主任。我到首规委办公室之后，来了第一件事：宣主任要我与钱连和副主任联系市规划院开展所谓"开放式"总体规划修编。过去修编的习惯做法是：规划人员到各区、各主管部门调查收集资料，回来后再集中研究修编。改革开放初期，连抄数据都要收费，原来的方式难以推动。对于这种规划修编方式，起初市规划

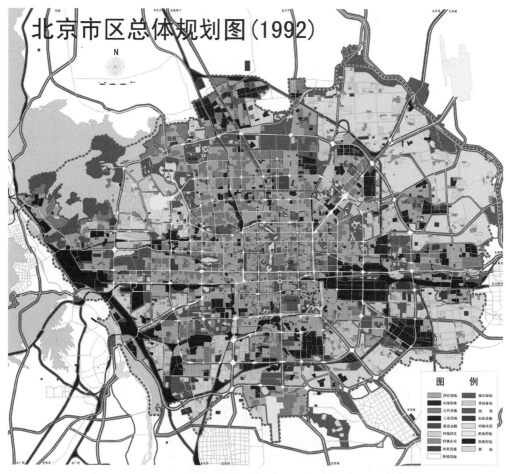

图 14-18　经国务院批准的第五版北京市区总体规划图（1992 年）
资料来源：赵知敬提供。

院还有些顾虑，经过协商，他们同意这种形式。很快，经过请示张百发副市长同意，我们召开了各有关单位参加的动员大会，向各单位发出号召，提出要求。到 1990 年代，各行业都有了很大发展，积累了很多经验，并有很多前瞻设想。随后，各单位提供了 70 多份调查报告及各专业规划设想，云集市规划院，为1992 年修编提供了丰富的基础资料。

1992 年版总体规划修编(图 14-18)，是在总结 1983 年版总体规划基础上完成的，并且提出了很多新观念，比如：第一，在城市性质上完整地提出"北京是我们伟大社会主义祖国的首都，是全国的政治中心、文化中心，是世界著名古都和现代化国际城市"。第二，严格控制人口和用地发展规模。坚持"分散集团式"的布局原则，城市建设的重点从市区向远郊区县转移，市区建设的重点要从外延扩展向调整改造转移。尽快实施规划市区组团间的绿化隔离地区。突出首都经济发展特点，促进高新技术和第三产业大发展。国务院重申：北京不要再发展重工业，特别是不要再发展那些耗能多、用水多、占地多、运输量大、污染扰民严重的工业。第三，北京是著名古都，是国家历史文化名城，城市规划建设和发展，必须保证古都的历史文化传统和整体格局，体现民族传统、地方特色、时代精神的有机结合，努力提高规划和设计水平，塑造伟大祖国首都的美好形象。第四，首次提出了"要从整体上考虑历史文化名城保护"，共十条内容。第五，加快城市基础设施现代化步伐，根本上解决水源不足、能源紧缺、交通紧张等重大问题。

这版规划，在提交国务院审查批准之前，建设部还邀请了全国的部分专家学者进行了深入的审议。国务院在批复中充分肯定这次修编成果，认为这次《总体规划》贯彻了1983年中共中央、国务院关于对总体规划方案的批复的基本思路，符合党的十四大精神和北京基本情况，对首都今后的建设和发展具有指导作用。

1993年，第一次争办2000年奥运会没有成功，全市如何振奋精神、鼓舞士气，市委、市政府决定将1993年版总体规划举办展览会，主题是"2000年更美好"。将北京的总体规划和各行业、各专业规划内容布满了北京展览馆。规模之大、内容之丰富、影响之广，前所未有。

实践证明，1992年版"开放式"修编规划的路子是正确的。

关于2004年第六版北京城市总体规划修编，像我们这些年纪的老同志，很多都没有参加2004年版总体规划（图14-19）的修编工作。我们编的一些材料，也避开了2004年的第六版规划。"两轴、两带、多中心"是2004年版规划的指导思想，都不太理解。说的是什么呢？

2004年版规划有一个突出问题。1992年之后，到2000年末，城市发展得太快了，规模失控。现在反过来看，2004年版规划不能说没有认识到这些问题，但是没有有力的应对措施。领导和专家都说人口没法控制，既然说没法控制，就没有措施控制"大城市病"，的确都发生了。在2004年的时候，是否因为缺乏像1963年"十三年总结"那样的一个实事求是的总结，来指导2004版规划的修编呢？

2000年以后，北京为解决交通问题修了那么多地铁和道路改建工程，发展得够快了，但是，如果人口无限制的增容，"大城市病"的问题谁也解决不了。习近平总书记多次就城市规划建设问题主持召开会议，全面地指示各类城市发展的方向。2013年12月12日，总书记在中央城镇化工作会议上的讲话特别指出："推进人的城镇化，一个重要的环节在户籍制度。要按照党的十八届三中全会精神，全面放开建制镇和小城市落户限制，有序放开中等城市落户限制，合理确定大城市落户条件，严格控制特大城市人口规模。按原有城市规模标准，50万人口以上是大城市，100万人口以上是特大城市，这可能已经不符合国情和

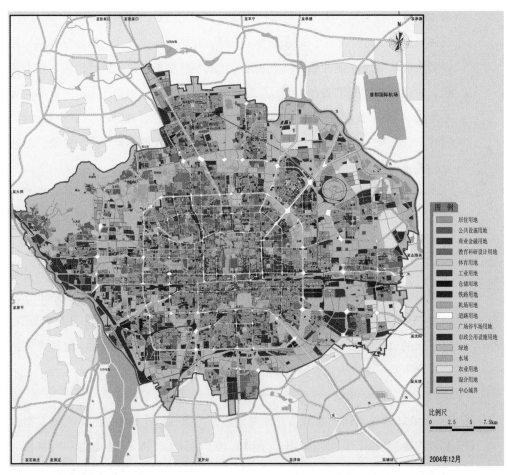

图 14-19　经国务院批准的第六版北京城市总体规划：北京中心城用地规划图（2004 年）
资料来源：赵知敬提供。

城镇化发展需要，也难以作为实施人口分类管理的依据。特大城市也要细分，
综合考虑我国实际情况和国外经验，一般而言，100 万至 300 万人口的城市还
是有潜力的，可以有条件地放开户籍限制。但是，300 万至 500 万人口的城市
就要适度控制，一旦放开户籍很容易突破千万大关……"这个说法，我觉得特
别科学，比较实事求是，有利于北京严格控制城市规模。

2014 年以来，习近平总书记在北京调研，发表重要讲话，强调北京要深入思考
"建设一个什么样的首都""怎样建设首都"这个问题，特别是提出疏解非首
都功能，搞了副中心和雄安新区建设，是非常英明的（图 14-20）。当然，还
必须得一步一步、一年一年地落实。

五、教育背景

访问者：赵先生，可否再请您讲一讲您的个人情况，比如家庭情况和教育背景。

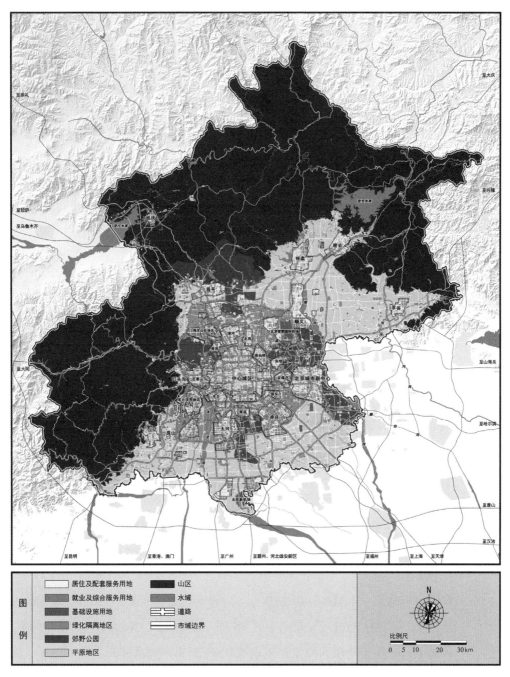

图 14-20　经中共中央、国务院批准的第七版北京城市总体规划：市域用地功能规划图（2017 年）
资料来源：赵知敬提供。

赵知敬：我是满族人，1937 年 7 月 2 日出生在老北京东城城墙根的一座大杂院内。我
　　　　们家一出门就是城墙。我画过一张透视图——从城墙上往下看我们的院子（图
　　　　14-21）。那个地方是劳动人民居住地，城根儿嘛！也没有路灯，也没有自来水，
　　　　也没有正式的马路。晚上回家，走着走着就没路灯了，走到城墙根儿挺害怕的，
　　　　心想旮旯儿是不是有人。那时候的条件就那样。

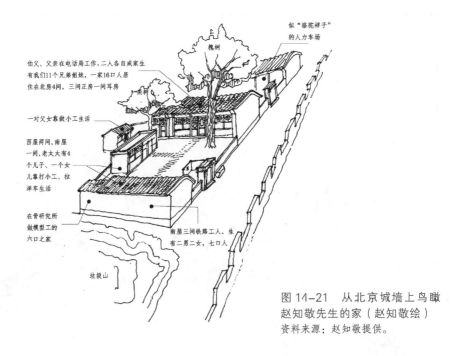

似"骆驼祥子"
的人力车场

伯父、父亲在电话局工作,二人各自成家生
有我们11个兄弟姐妹,一家16口人居
住在北房4间,三间正房一间耳房

槐树

一对父女靠做小工生活

西屋两间,南屋
一间,老太太有4
个儿子、一个女
儿靠打小工、拉
洋车生活

在骨研究所
做模型工的
六口之家

南屋三间铁路工人,生
有二男二女,七口人

垃圾山

图 14-21 从北京城墙上鸟瞰
赵知敬先生的家(赵知敬绘)
资料来源:赵知敬提供。

1952 年,我考入北京土木建筑工程学校。新中国成立前,北京有个市立高级工
程学校,实行供给制,毕业分配工作,学员的学识水平也都挺高的。新中国成
立以后,这个学校分成了三个学校,其中有一个叫工业学校,一个叫化工学校,
我们叫北京市土木建筑工程学校,是以前的土木科分出来的。

我们是北京市土木建筑工程学校 1952 年第一批招生的学生(图 14-22)。我们
挺幸运的,又管吃又管住,还管分配工作。在学校接受三年教育以后,阶级觉悟、
政治意识和思想水平也就提高了,所以在毕业的时候,我们全都服从组织分配,
各奔东西。

我们最近编了一本材料,叫《建三乙》66 岁纪念册(图 14-23)。从我们进
入学校,到现在 66 年了,记录了同学们的 32 次聚会。我们班一共 52 个同学,
年龄上我是第三小的,到今年生日我就 81 岁了,大家都是"80 后"了。同
学中有 16 位已经去世了,还剩 36 个人健在。

访问者:"建三乙"是什么意思呢?

赵知敬:建筑科有甲、乙、丙三个班,我们是建筑科乙班,最后毕业叫"建三乙",这
是我们班集体的代名词。在新中国成立的第三年,来自京津冀地区,聚到一起
来学习。大家有各不相同的家境情况,都很穷。

访问者:在学校时,你们学过哪些课程?

赵知敬:老实说,我们学过的功课很多,铺天盖地。那时没有正式出版的书,都是老师
写讲义。

光明日報 第五版 一九五二年七月二十九日（星期二）

北京市公立中等學校統一招生委員會發榜通告

北京市建築專科學校中級技術部（原工業學校土木科）錄取新生四百四十名

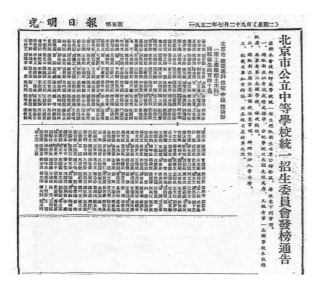

图 14–22 《光明日报》上的发榜通告（1952 年 7 月 29 日）
注：赵知敬先生的名字在右数第 13 列第二名。
资料来源：赵知敬提供。

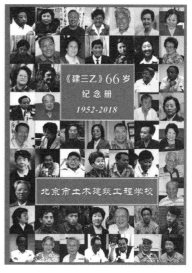

图 14–23 《建三乙》封面
资料来源：赵知敬提供。

我们的老师

班主任：王光迦、谢明法、吴凤才、李立、丁立炸
政治老师：王鸿遥、王镇西
语文老师：葛育华、郭瑛如
俄文老师：张恕箴、李智荣
代数老师：范尚志
几何老师：剑雨
立体几何老师：剑雨
三角几何老师：宵家骐
微积分老师：范尚志
物理老师：郑百坚
化学老师：唐名倩
体育老师：张永玲、安凤鸣、姜鲁
测量老师：萧尚文、王光迦、周斯济
制图老师：李锦、申鼎蔚、谢长贺
电工老师：樊伟梁、梁钟玲
营造法老师：臧尔忠
理论力学老师：谢明法
材料力学老师：吴凤才
结构力学老师：赵超燮
地基基础老师：李立
砖石结构老师：祝大钢
建筑概论老师：高履泰
木结构老师：王硕克
钢结构老师：赵超燮
钢筋混凝土结构老师：郭大铨
建筑施工老师：鲁乃参、顾其林
建筑法规老师：沈亚迪
施工图说老师：李锦

我们的班委

班主席：孟秀英
学习委员：郗绍辉、董勤
体育委员：汤麟成
文艺委员：宋瑞华、柴宜山、王世来

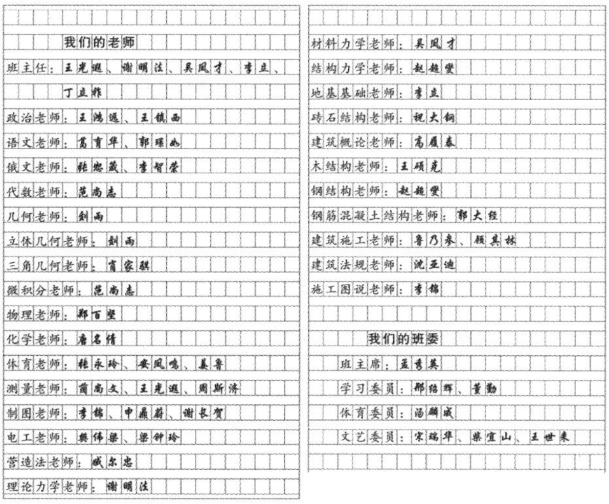

图 14–24 大学时的课程和任课教师
资料来源：赵知敬提供。

我们首先学完高中的课程，然后陆续学习专业课程，最近我们追计，三年共学了 27 门功课（图 14–24），还找到授课的各位老师，很多老师都不在了。

访问者：这本纪念册中的照片非常珍贵，这一张（图 14–25）中有没有您？

赵知敬：有，第二排右 1 就是我。1955 年 8 月我们毕业，在国庆节搞了一次聚会，照片是在南河沿规委宿舍院内照的。

这本《建三乙》66 岁纪念册，我们也专门送给了母校，实际上也是记录了学校的历史（图 14–26），这也是对学校负责，历史嘛！我们作了很多回忆，调查历史资料，记录了 52 位学子毕业之后为社会作的贡献，感谢学校的培养。学校认为很珍贵，在北京建筑大学校友网上全文登载。

图 14-25　大学毕业后的第一次同学聚会留影（1955 年 10 月 1 日）
注：第二排右 1 为赵知敬。
资料来源：赵知敬提供。

图 14-26　北京市土木建筑工程学校一九五四——一九五五学年结业典礼及欢送第三届毕业同学留影纪念（上）及局部放大（下）（1955 年 8 月 2 日）
注：上图全体合影中，55 届建三乙的同学在第 2 排中部靠右（见照片下方位置示意）。
下图局部放大照片中第 2 排（建三乙的同学）左起：毛凤林、许楹、路瑞昌、赵鹏飞、于为刚、付学增、孙国源、林鸿柱、张玉纯、王世来、苗滋、王贵增、赵知敬、陈盛满、刘受益、王达如。局部照片中未包括建三乙的全部同学。
资料来源：赵知敬提供。

六、参加工作之初

赵知敬：我是1955年毕业的，分配到北京市都市规划委员会（中共北京市委专家工作室）参加工作。当时，我们学校（北京土木建筑工程学校）一共分配了10个人到都市规划委员会。大家的专业各不相同，有学道路工程的，有学水利的，我是建筑学的，一共10个人。

访问者：当时都市规划委员会是在中共北京市委的直接领导下开展工作，你们的工作地点是在哪里？

赵知敬：主要是以市政府院内一座小型办公楼（原日本大使馆）和院里的两排平房作为办公室，专家、领导在朝向比较好的房间，我们规划组也在那个楼里工作（图14-27）。

其实，那里原来并不是市委办公室，而是北京市政府的交际处，有时候（比如礼拜六）搞点交际活动，因为那里有个舞厅，还有钢琴，能跳舞什么的。另外，旁边出了门，有一个大平台，对着一个小花园（这里原来是日本大使馆），夏天可以乘凉。他们一搞交际活动，我们就提前下班了。

访问者：当时的人事关系是怎么回事？您的档案是直接放在市委办公厅了吗？

赵知敬：没有。

访问者：赵先生，我有个疑问，您上学的时候主要学的是建筑课程，等走上工作岗位以后却是在做城市规划，您对城市规划工作的认识和概念是怎么建立起来的？

赵知敬：刚到都委会的时候，那时已经有了第一版规划（1953年版北京总规），很多同事是参加过第一版总体规划编制的，他们对规划工作比较了解，我们什么都不知道。

我们从认识地形图开始，北京市地形图是以外城的东南角那儿为零点，分了四个象限。当时以万分之一为标准，比如第一张图在天安门这个地方，起个名字就叫"天安门"，这张图有四个角，四角都有坐标，我们的Y（纵轴）叫X，X（横轴）叫Y，跟数学那种相反，X、Y保留到小数点后面三位。每张地形图都有编号，比如第一张就是111，第二张叫112，万分之一的图纸都是这个规定。

然后，逐步熟悉地形图上的内容。规划的范围比较大，多数情况要把多张地形图拼凑起来，要熟悉怎么粘。比如8张图，让你粘在一起，你绝对粘得歪七扭八。这也是技术：左压右，上压下。我们画一张总图，相当于四个被子那么大，这个图纸怎么粘？只能在地板上粘，还不能错位太多——左边这么粘合适了，右边这么也粘合适了，上下图一接可能根本对不上。用地形图做规划方案底图时，很多张地形图必须要对上，这也是个技术活。

我来到都委会以后，起初的那段时间里有两个学习环境。一个是苏联专家讲课，

图 14-27　原北京市都市规划委员会办公地点：正义路 2 号（赵知敬速写）
资料来源：赵知敬提供。

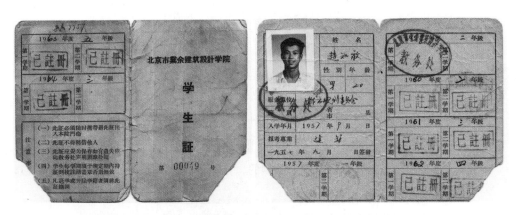

图 14-28　赵知敬先生在北京市业余建筑设计学院的学生证
资料来源：赵知敬提供。

比如讲小区规划，讲城市规划的经济问题。齐康现在是大师和院士了，以前就
是南京工学院的研究生。清华大学的程敬琪、宗育杰，这是清华的研究生。还
有武汉来的，天津规划局的，来了那么多人，在这一块儿向苏联专家学习。另
一个是我一毕业就上北京市建院的夜校，到第二年（1957 年），变成了正式的
业余大学——北京市业余建筑设计学院（图 14-28），这是高教局承认学历的。
本应该四年毕业，因为中间赶上"大跃进"，不能坚持按时学习了，就休学了
一年，后来又补了一年，一共是五年，所以我就有大学文凭了。
那时候我学素描，我觉得画得挺好的，没下过 5 分，当时是清华大学教美术的

图 14-29　北京东直门：赵知敬先生水彩
写生（1956 年）
资料来源：赵知敬提供。

图 14-30　赵知敬先生在北京市业余建筑设计学院
的水彩画习作（1961 年）
资料来源：赵知敬提供。

老师，每个礼拜来一次，教我们画的。后来学水彩画的时候是市建院的老工程师巫敬桓老师教的。

1956 年，我刚毕业的第二年，就画了东直门水彩画（图 14-29），一看这水分就不行。这是我上夜校时画的水彩画（图 14-30），后来还画了外景。

当年，我们学习挺难的。政治上叫"红专""白专"道路，甭管它是不是"极左"吧，你总不能走"白专"道路啊！咱是共产党员不能走"白专"道路。所以，偷偷摸摸地去学，比如今天到远郊去，晚上赶不回来参加学习了，不能说"咱们早点回去，我今晚还有课呢"，不能这样的，要以工作为主——现在就可以这样。那时不行——然后借别人的笔记补上。

再比如我做毕业设计时，要画成套的图。那时候，我先准备好了，到礼拜六晚上，大家都走了，一个人把门关上，在办公室里画一夜图，第二天再画一天，再画一个晚上，才能把图画完，交卷了，这样才能拿到毕业证书。那时候，我都不知道为什么会有那么大的精气神儿。

那时候，我们用的图纸算是很好的了，从英国进口的橡皮纸。我们负责把图粘上，把线放上，咱们都用颜色表示，黄色是什么，绿色是什么。我们经常连夜画图，只能趴在地板上画，画一会儿，困了，画错了，用海绵擦掉，拿吹风机吹。本来是黑的，我给画成黄的了，把黄的擦掉了，又画成黄的了。

等图纸画完以后，我们这几个年轻人负责拿到第二天要开会讨论的会议室，到那个会议室里把图挂起来。等我们挂好了图，他们就开始讨论了，这就没我们什么事儿了，我们就撤退了。那些讨论会，经常是郑天翔主任跟苏联专家一起讨论。这些会，我们都没怎么参加过。但是，苏联专家的报告会我们是都可以参加的，苏联专家的很多讲课我们都听了。

参加规划工作初期，画图的过程也是学习，熟悉地形、地貌、地名，熟悉规划总图的内容，总体规划是比我们学的建筑学知识更宽泛、更宏观的东西。通过对规划总图的学习，逐步使我们更加了解编制总体规划的重要性和必要性，增加了责任感，我们开始热爱这项工作。

七、在海淀区任副区长的五年难忘经历

赵知敬：我一共工作了60年，我把它分成两个30年。前30年我主要是在"规划局"工作。1955年2月同时成立了北京市都市规划委员会（中共北京市委专家工作室）和北京市城市规划管理局，市都市规划委员会经过两年多的规划工作，编制出1957年版北京总体规划以后，市委、市政府决定把两个单位合并（1957年10月合署办公，1958年1月撤销北京市都市规划委员会建制），工作地点到了南礼士路。

当时北京市城市规划管理局的下设机构，搞规划的叫"室"，比如总体规划室、详细规划室，搞管理的叫"处"或"科"，比如规划管理处、市政处、人事科、行政科，我被分配到了规划管理处西郊组。从1957年，我就开始搞管理了，具体分工为石景山、长辛店地区的规划管理工作。

30年以后，上级把我调到海淀区当副区长去了。可能是有领导看我学历太低，把我调离了专业技术部门，但没给我降职。在规划局的30年，在规划管理方面我认为是"纸上谈兵"，一定的主观主义和官僚主义是难免的，肯定是这样。人家报上来一个规划方案，你不满意，你肯定有看法，人家如果不按你的意见办，他就办不成——你不审批；如果人家按照你的意见办，最后结果怎么样？人家怎样克服困难？你也不知道。到区政府当区长，这是一次深入基层很好的机会。后来，我自己总结：区长是个什么角色？区长是个"全活儿"。在你管理的过程中，你觉得这个事儿应该办，你得首先去找钱，没有钱办不成；你得做方案，做方案得找到主管部门批准；批准之后得干出来，干出来要得到老百姓的认可，这是不是"全活儿"？所以，当区长可以接触到最基层，可以经历最实际的锻炼。

访问者：您被调到海淀区当副区长，是在什么时间？

赵知敬：1986年1月。我分管城市建设。海淀区史定潮区长对我说：张百发副市长正在

图 14-31 "双塔映辉"（中央电视塔和玲珑塔）
资料来源：赵知敬提供。

抓市里的亚运工程，你就抓我们海淀体育场馆的建设和环境整治吧！海淀区的亚运会体育馆，从选址，到设计，到建成，也是"全活儿"。那时候我们还建了一个饭店——海淀皇苑酒店，这是一个为区人大、政协开会而建的饭店，也是从选址，到设计方案，到施工建设，也是"全活儿"。那段时间，我们还干了圆明园的恢复和整治工作，那里文物保护工作非常敏感，我们干了两年以后，圆明园于 1988 年 6 月正式开放了。

我当了五年区长。这五年，接触社会，有很大的收获。所以，我就更清楚地知道了农村是什么情况，乡是什么概念，街道是什么概念，政府是干什么的。现在回想，我觉得自己干了一些事儿非常有意义，这就是在海淀当了五年区长。只要老百姓说一个什么事儿，我就去了，就解决了。

那时候，我听说香山地区（不在市供水管网范围）的老百姓有吃水难的问题，别人给市政府写了一个报告，说需要 300 万元，市领导批示"有钱则办、无钱则缓"。市财政局什么时候都说没钱。后来我们区长就说：赵知敬，你上吧。我带着我们区的市政管委会主任到现场调查，一调查就发现香山饭店在平原打的井有富余，那就不需要打井了，这就省 100 万元；中间泵站能力不够，改建泵站就可以了……细节不说了，反正我跟市政府要了 40 万块钱，就把这个事儿给解决了。我亲自去组织这些活动，办了事，解决了问题，对我后来的很多工作非常有好处。

这是我当区长的时候，京密饮水渠旁边建的玲珑园，《北京日报》给报道的时候，标题是"双塔映辉"，后来这个报纸找不到了。前几年，海淀区园林局又给我送来了一张新的照片，电视塔和玲珑塔都倒映在水面里，叫"双塔映辉"（图 14-31）。

八、主持"首规委办"和"北规委"工作

赵知敬： 后来，市里决定把我从海淀区调到首都规划委员会办公室，实际上是接宣祥鎏的班。重新回到规划岗位后，我感到工作有些不顺：一是首都规划委员会办公室并没有进入政府序列，工作关系不顺；二是首规委办和市规划局、市规划院"三驾马车"没有形成合力，急需理顺关系。

于是，我首先抓机构的问题。我向张百发副市长汇报，应在首都规划委员会增加北京市城乡规划委员会牌子问题，当时还有市长助理一块儿听了我的汇报，他们同意，要求我写一个报告。

我给百发市长打了报告之后，百发市长作了批示，按照批示我逐一去找市委、市政府的各位领导，汇报情况，争取支持。在各级领导的支持下，把一个机构变成了两个牌子，我是首都规划建设委员会办公室的主任，又是北京市城乡规划委员会的主任。和北京市建委一样，北京市城乡规划委员会被列入市人大序列。1991年，我被北京市人大常委会正式任命为北京市城乡规划委员会主任（图14-32）。

另外，通过建立定期（通常为每周一下午）的"联席会议"制度等具体措施，首都规划建设委员会办公室跟市规划局和市规划院的关系也就理顺了。这就是我到首都规划建设委员会办公室工作后经办的另一件事儿，坚持定期召开联席会，会前有议题、会上有决议、会下有纪要，分头执行，每年52个星期，我们能开成48次联席会，理顺关系。

北京市城乡规划委员会不是规划局，规划局是一件一件地具体办事，规划委员会比较超脱一点，它管行业管理的事儿。所以，理顺关系后，我又做了另一件事儿：调查实施市区规划的绿化隔离带（图14-33）。

在1958年版北京总规中，中心城区有个300平方公里的"大团"，外围有10个边缘集团，中心大团与边缘集团之间是用绿化带隔离起来的，这就是1958年版北京规划非常精彩的地方，这个规划有一个很根本的特征叫"分散集团式"布局。但是，随着几十年的建设与发展，中心"大团"和边缘集团之间的绿化带不断被侵占，怎么实现规划的远景呢？

对农民来说，他们肯定不会把土地变成绿化，因为他们要吃饭，那时候还没有种树可以养活自己的政策。所以我们就调查研究，最后提出一个办法，也就是农民城市化。通过房地产的办法，在隔离带上再划出一块地来搞房地产，政府不用出钱，其实乡里也没钱。我就找开发公司，开发公司建完了以后，这些村子的人就上楼了，然后给农民一些日常经营的场所，比如"三产"（服务业）。这样一来呢，就把农民给城市化了，规划的绿化用地也就实现了。

图 14-32　北京市城乡规划委员会部分领导班子成员合影（1992 年）
左起：宣祥鎏、储传亨、谢远骥、赵知敬、程恩健、姚莹、钱连和、崔凤霞（女）、周荫如（秘书处处长）。
资料来源：赵知敬提供。

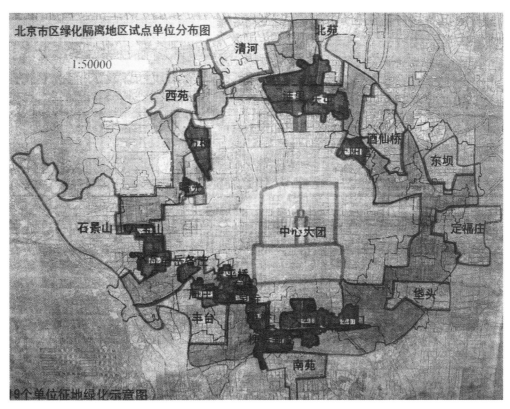

图 14-33　北京市区绿化隔离地区试点单位分布图
资料来源：赵知敬提供。

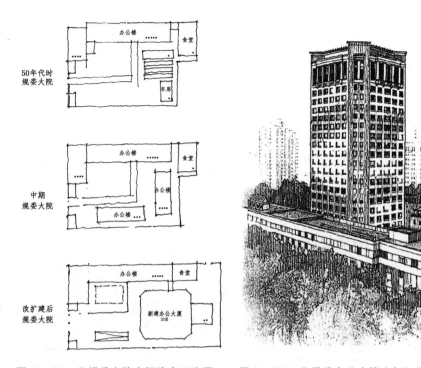

图 14-34　北规委大院空间演变示意图
资料来源：赵知敬提供。

图 14-35　北规委办公大楼（赵知敬先生速写）
资料来源：赵知敬提供。

这个办法，得到了市政府的正式批准，1994 年的 7 号文件[①]，后来陆续还有一些相关政策。这个办法，就是我在当区长期间跟乡镇、跟生产队交流的过程中，了解了那些乡，我还熟悉了很多人。像这件事，就只有亲自到了最基层，才能想出切实的办法来。

在担任北京规划委主任期间，我还努力促成了市规委和市规院办公大楼的扩建，既解决了长期困扰我们的业务办公用房不够用的问题，也解决了大楼前的临时停车等问题（图 14-34、图 14-35）。

九、规划实践案例之一：上地信息产业开发区规划与建设

赵知敬：我给你介绍一下上地信息产业开发区（图 14-36）的事。你可能听说过 "电子一条街"，但是，"电子一条街" 的做法——在马路边上盖了好多房子，并不是长久之计。要是再发展，还得需要空间。政府得统一创造条件，开辟新区。当时，市长就想找跟海淀比较熟悉的人来办这件事儿，谁熟悉啊？我刚从海淀

[①] 指《北京市人民政府批转首都规划委员会办公室关于实施市区绿化隔离地区绿化请示的通知》（京政发〔1994〕7 号）。参见：北京市城市规划管理局. 城市建设规划管理法规文件汇编 [R]. 1994-08：272-275.

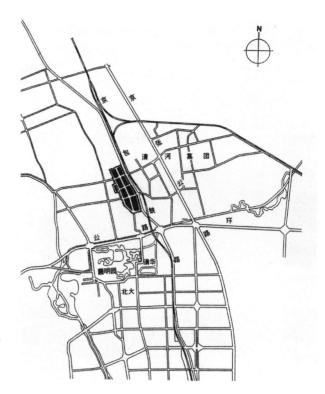

图 14-36　上地信息产
业开发区位置示意图
资料来源：赵知敬提供。

回来，在那儿当过五年区长，那儿我相对比较熟悉。后来分管科技的陆市长就
找我，时任市长也对我说："知敬啊，就这样吧！"意思就叫我干这个，叫总
指挥。其实，我敢于去做这些事，都是我当区长五年，干了很多工程的过程中，
自己有很多历练的东西。

那时候，陆宇澄副市长提出来要一流的规划、一流的设计、一流的速度、一流
的质量。我又加了一条：一流的服务。其实，我没有在那儿上班，总指挥不需
要天天在那儿办公，我一个礼拜开一次现场会。咱们最熟悉的还是规划设计，
首先得把这规划设计给弄顺了。开始做的那个规划方案不太规则，迁就现状太
多。我对规划院的柯（焕章）院长说：现在我当了总指挥了，规划人当总指挥，
咱得把开发区弄得像个样。

后来，就又重新调整了规划方案，平行京张铁路搞 300 米绿化带，将来预留一
个高速公路的地方，然后就确定了整体的规划布局。而且，规划一确定我就找
有关部门开会：马上开工啊！什么都没有就开工？因为在那块地的中间有一条
中央大道，我只安排了一条雨水管线，中央大道就可以开工了（图 14-37）。
为了尽快打开局面，我把区里市政管理、设计的有关部门和施工单位召集在一
起开会，研究中央大道先期开工，后补手续。市政管理部门说：我们连图纸都
没有，怎么监督？我同意先给市政管理处一份图纸，就这样，很快就开工了。

图 14-37　在上地信息产业基地市政工程开工仪式上讲话（1992 年）
注：主席台前排右 3（正在讲话者）为赵知敬。
资料来源：赵知敬提供。

　　　　谁要来投资，首先把车开到这条中央大道上，就看到这里的投资环境了：我们
　　　辅路、环路都建设好了，环路两边就是建设地块，地块编上号，公司来看了，
　　　想要几号地；道路下已经埋设了七种管线，房子建好后，把各种新管线接进去
　　　就可以投产了……
　　　　而且，时任市长要求在第一年就投产，怎么投呢？外地不是搞工业厂房嘛，四
　　　层的楼房，我们借鉴外地经验。因为我们这儿都是电子产业的，如果规模小，
　　　你可以租半层，规模大的话，也可以租一层、两层，甚至四层给你都行。房子
　　　盖完了以后，公用设施得配进去，市长他们来检查，那时候污水管已经开始使
　　　用了，煤、电、热也供上了，一年完成了，投产了。
　　　　在开发区配套建设的住宅小区方面，咱们最熟悉了，我们选的设计方案，是全
　　　市优秀住宅方案。另外，中小学的设计也是最优秀的方案，甚至中学里还有风
　　　雨操场，主要是为了给将来到这个地区工作的那些高科技人员的子女教育提供
　　　一个好的环境。总之，我把自己能搞得好的东西都用到这个小区里了。直到现在，
　　　我觉得上地信息产业开发区的建设仍然是很成功的。
访问者：在上地信息产业开发区规划建设的过程中，遇到过哪些困难呢？
赵知敬：最难的就是竖向，高程。因为在那块地的中间有个岗子，为什么叫上地开发区？
　　　　因为那个地方高，所以那里有个村子就叫上地。从上地的岗子向东到清河，向

西到农大，历史上在岗子上埋了很多坟，坟一般都埋在高地上。一开始，文物局要求按古墓勘察，花几十万，一座坟一座坟地探。

当时，我找了规委系统搞竖向设计最有经验的专家，研究现状多高、规划多高。大片建设用地在岗子以南，有三分之一建设用地在岗子以北，岗子以南建设用地排水至清河，问题是岗子以北建设用地能不能也向南排水，经过详细的测算，都可以排到清河。所以，很多技术问题的实际处理，对人都是历练的过程。

我觉得上地信息产业开发区的建设是成功的。十年以后，我们的同志调查了全国开发区市政方面的能耗，也就是每平方米需要用水、用电、用煤气的量，有一个评估。他们总结，我们搞的上地信息产业开发区，单位面积产出的经济效益在全国是最高的，可称为"钻石效益"。

十、规划实践案例之二：中华民族园和朝阳公园的规划与建设

赵知敬：还有中华民族园选址。那时候，他们找了宣（祥鎏）主任，宣主任就对我说：赵知敬，你研究这个事儿吧！

开始时，他们要求在玉泉山和颐和园之间建中华民族园，这个地区在政治上比较敏感，国家不同意。后来，我给选在了北中轴。中轴的位置，东边是奥运会场馆，已经建成了。当时中轴路只修了东侧，亚运会就够用了，西侧还是农田。市长让北辰集团把这个地方征了，搞绿化。北辰集团在亚运会结束后欠了一屁股账，弄不起。市规划院也曾经研究过，建议一半搞房地产，一半搞绿化。后来我就选了在这个地方建民族园，就是现在建成的中华民族园这个地方（图14-38、图14-39）。

中华民族园是一个公园，而且民族建筑都是1：1的比例，也是一个少数民族博物馆。你看首博（首都博物馆），孤苦伶仃的一座建筑。如果首博建在一个公园里，情况会大不一样。首博有好多东西不一定要放在房子里，比如说在屋子里弄一组四合院的大门，如果建在一个公园里，那就可以在公园里盖一个四合院，这样就更自然了。

民族博物馆是建在民族园里，那里收集了十几万件少数民族的文物。像这样的选址建设，是规划选址最成功的案例之一。我亲自找了市长，我知道他们要在月坛体育馆那儿开会，我写了一个报告在他们开会之前交给他们。后来三位领导当场圈阅，市长、张百发，还有一位副市长，三位主要领导画圈了，这个事儿就定下来了。实际上，民族园就是一个公园，在公园里有个民族博物馆。20多年了，公园的绿树成荫了，绿化也实现了。

再举一个例子，朝阳公园（图14-40）。朝阳公园的规划面积很大，比颐和园还大。

图 14-38　赵知敬先生《中华民族园建筑素描集》封面（2016 年 9 月出版）
资料来源：赵知敬提供。

图 14-39　中华民族园王平园长向张百发副市长汇报建园情况（1994 年）
前排左起：赵知敬（左 1）、张百发（左 2）、王平（女，左 3）。
资料来源：赵知敬提供。

这个公园一定要建设起来，在城市总体规划中，东郊有个朝阳公园，西郊有个玉渊潭公园遥相呼应，均位于城市核心地带。

那时候，我们一直就在给朝阳公园规划开发用地，搬迁居民和农民。那里以前是农场的地，有好多窑坑，怎么实现？就给它了 600 亩地。结果那时的搬迁政策，农民是按房子的多少分配搬迁房：如果你有八间房，就可以分到四套两居室。后来改为按人口分房，还是不够分，只好又在四环路以外再拨了600 亩地。

这 600 亩地，因为需要通过房地产开发融资，卖掉后才能赚出另一半用于搬迁。

那时候，公园老想自己圈出来一块地，建一个小公园算了，我们不同意，我每个礼拜六到那儿现场开会，帮着研究有关问题。

比如，我找区水利部门，一起研究窑坑的水怎么来，怎么解决灌溉问题，将来能不能保持稳定的水位。后来研究好了以后，我说每个窑坑之间修一个桥，因为两个窑坑之间就是一条自然走出的路，不管是斜路还是横路。朝阳区在一个冬天修了六座桥。后来，又来一个新区长，是从海淀调来的，清华大学毕业的。

亮马桥路

东四环路

朝阳公园路

朝阳公园南路

图 14-40　朝阳公园总平面图
资料来源：赵知敬提供。

以前我不认识他，但一说是从海淀来的，我们两个人就特别亲密，也不知道这是什么感情。他说：行了，最大的桥就交给我。新官上任三把火，第七个桥就修好了。

七个桥修完了以后，那里的窑坑全通了。但是，那里还是臭水啊？怎么办？污水怎么变成清水呢？我对他们说：你们买两条船，从南头开着这个船到北头，在臭水里走。最好拉着市长一起去，首先是臭水怎么还清，这船一走，窑坑边上的土就掉了，就得砌护岸。另外，一看有空地，就应该赶紧种树。还有很多学问，比如临时建筑怎么拆迁等。就这样，整个公园就活起来了，逐步搬迁了公园范围内的临时建筑和居民，公园的架子就搭起来了。

现在的朝阳公园，由南到北很大一片，当初就是这么开始建起来的。因为是规划部门的人研究问题，原则要有，也要有很多灵活的处理。遇到困难，可以这样，也可以那样。这个你说了算？他们不敢。每个礼拜，都跟他们啰唆这些事儿，就给他们把好多困难都解决了。所以，我深深地感到，我们规划人员一定要深入实际，落实规划。

我举这几个例子特别突出，这就是我在海淀区当了五年副区长以后，经过实践的积累，重回规划岗位以后才有这种意识，这种底气。

十一、市人大常委·长安街及其延长线环境整治

赵知敬：到 1997 年，我 60 岁了，应该退休了，又被选入人大常委，这项工作不退休。到了北京市人大常委会，不坐班，定期召开常委会。1998 年 8 月，贾庆林书记和孟学农市长找我，让我参加迎接国庆 50 周年长安街环境整治工作，并要求我尽快编出整治方案。市里决定由汪光焘副市长为领导小组组长，阎仲秋副秘书长和我任副组长，我兼任办公室主任。接受任务后我立即组织班子，成立办公室，很快提出了长安街及其延长线整治方案。人大本来是监督政府的角色，结果又变成被人监督的了。

东单到西单称"长安街"。新中国伊始，为迎接新中国成立庆典，就全面整顿过长安街及天安门广场。1958 年，为了迎接新中国成立 10 周年，中央决定建设十大建筑工程，曾邀请全国规划师、建筑师来京共同勾画天安门及长安街的蓝图，通过全面多方案的比较，取得共识，长安街红线宽度定为 120 米，天安门广场面宽定为 500 米、长 800 米，成为世界广场之最。同时，把天安门城楼与新建的人民大会堂和革命历史博物馆有机地结合起来，这一伟大创举为后来的天安门广场和长安街的建设奠定了基础。

1998 年，为迎接新中国成立 50 周年，整治长安街的任务是从公主坟到四惠桥，全长 13 公里，称"长安街及其延长线全面整治"工作（图 14-41 ~ 图 14-43）。市领导要求做长安街建筑形象的整治方案，我们便从复兴门至建国门每走 7 米照一张照片，连接起来在照片上做方案，体现现状与整治后的对比效果。市领导将此方案拿到北戴河会议上向中央汇报，经中央批准，然后组织实施。整治工作全线涉及东城区、西城区、朝阳区、海淀区、崇文区、市园林局、市公安局、市交通局、市政管委、市政工程管理处、市电信、市电力等部门都成立了专门班子，沿线各单位也都动员起来。

我们是规划人整治长安街，就是要按规划进行环境整治：长安街规划是经过多次邀请全国专家进行方案推敲确定的，尽管长安街建设是逐年完成的，但是它的长远规划是有基础的。全面整治，就是全面向长安街规划目标的实现去努力。效仿"铁人三项"体育运动，我们将长安街整治内容归纳为八项，号称"铁人八项"，各区分项努力组织实施。第一项：拆除沿街违章建筑和临时设施，使整个街道焕然一新。第二项：实施规划道路断面——主路、辅路及步道系统，逐一落实每段细节工程项目。第三项：全面整治沿街户外广告牌匾。第四项：

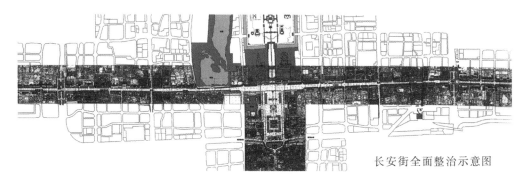

长安街全面整治示意图

图 14-41 长安街全面整治示意图
资料来源：赵知敬提供。

图 14-42 长安街及其延长线整治办公室留念（2002 年）
前排左起：倪维新、李子玉、刘长乐、汪光焘（时任北京市副市长）、赵知敬、韩长锁、周捷可。
后排左起：王涛（女）、朱敏（女）、张建文、赵树强、于化云、李洪波、盛莅、郝秋香（女）。
资料来源：赵知敬提供。

扩大绿化面积，提高绿化水平。第五项：架空线入地。第六项：有重点、有针对性、按不同层次组织夜景照明。第七项：配置城市家具，包括座椅、果皮箱、邮筒、公共汽车站棚、报栏、书报亭、路标、电话亭等。第八项：新增六座大型雕塑。

后来，到 2000 年 3 月，市委、市政府按照江泽民总书记"首都形象要不断地展现"指示精神，又提出了长安街及其延长线继续延伸整治的要求，即向西扩展到首钢东门，向东延伸到通州区运河广场，全长 46 公里，称为"百里长街"。

新中国成立五十周年长安街整治奖牌

长安街整治奖章

铁人八项单项奖杯

图 14-43　参加长安街整治工作获得的奖牌、奖章和奖杯（1999 年 9 月）

资料来源：赵知敬提供。

整治的地段除海淀区、朝阳区继续延伸整治，又增加了石景山区和通州区，以整治"长安街及其延长线"的经验和办法延伸整治。但有了新的矛盾和问题，突出的是海淀区在五棵松有规划体育场的临时市场，要拆迁的规模非常大；石景山区重点在首钢大门至古城一线；朝阳区从四惠桥向东是未城市化的三个乡，拆迁整治任务大；而通州区要穿过新华大街至运河广场。

严格按照规划范围拆除临时建筑、扩大绿化美化范围是整治任务的难点也是起点。西边海淀区重点是五棵松市场的拆除，为奥运会体育场的建设创造条件；石景山区曾为解决石景山路灯改造筹集资金，允许沿路边设一批广告，这次得以解决；首钢公司在厂东门设置环岛喷泉，在路南巨型厂房的外装修和将已经绿化地后退围墙，将绿化让给市民，大大改善厂东门环境；东边朝阳区重点是解决三个乡沿街铺面的整治，扩大沿线绿化环境，沿高碑店湖边扩大绿化面积；通州新华大街主要在东部展宽马路拆迁量大，在运河广场正在进行大规模的河床的造园工程。用不到一年的时间，贯穿市中心的东、西"百里长街"焕然一新。这是规划人按照规划意图实施环境整治，为此，在工作之后，我们编印了《神州第一街》一书，将整治的成果、工作方法以及体会编制成册。

访问者：作为"神州第一街"，长安街的整治一定存在许多困难，您有哪些工作体会？

赵知敬：我的体会有很多，概括起来有以下几点：第一，整治要有高层次的决定、高层次的标准、高层次的目标、高层次的决心和始终不渝的精神。第二，对已基本建成的街道进行全面整治，首先要做好城市设计，并依此进行，它是全方位的整治。第三，全面整治是一项系统工程，整治必须按照规划执行，是规划的全面实现，是规划的延续，是城市环境艺术的升华。第四，整治是在拆除各类违法建设及临时性建筑的基础上进行的。第五，整治工作是一个复杂的过程，不可能是一帆风顺的。第六，全面整治，巩固、提高、完善整治成果更难。

迎接新中国成立五十年的环境整治，记忆犹新，深感环境建设是一项永恒的课题，全国匠人深知规划领先的重要性，确定了长安街庄严、美丽和现代化的宏伟目标，使之与时俱进、健康发展。

城市环境建设，是尚未建立的科学，它是城市规划的延伸。城市规划是自然科学与社会科学的结合，环境建设同样是自然科学与社会科学的结合。迎接新中国成立50周年的环境整治是个机遇，实践证明，利用好这种机遇是推动环境提升的最有效的措施之一。然而，日常的维护、管理更为重要，往往下一次环境整治中的很多问题是因日常管理出了问题，反弹、回潮是必然的。

所以，利用各种机遇，突击性的环境建设，同时制定标准、制定规矩、制定维护法规，坚持"一张蓝图干到底"。创新是在总结基础上创新，已经按规划实践证明是正确的成果，要坚持维护，即使出现一些问题也要慎重调研，特别在维护已有成果时要尊重历史。

当然，长安街及其延长线的全面整治是一项持久性的工作，目前只是取得了阶段性成果。今天取得的成果只是目前认识可达到的目标，今后还会有更高的要求。另外，轰轰烈烈地整治不易，扎扎实实地管理、巩固整治成果更难。这需要管理部门制定有针对性的有效措施和切实可行的管理办法，加大管理、维护的力度。

访问者：明年就是新中国成立70周年了，您对新时期长安街的环境整治有何建议？

赵知敬：2017年中共中央、国务院批准了北京城市总体规划，特别是批复中的第十二条明确指示："健全城市管理体制……在精治、法治上下功夫……注重运用法制、制度标准管理城市。"具体而言，就是要用长安街规划这把尺子衡量，寻找提升的空间。

规划的第一要务就是落实规划道路红线，这个120米宽度就是长安街环境景观涉及的整治范围，也是沿线各用地单位不可逾越的边界，否则就是违法占地，要一一核实清退。其次是要判断道路断面和交通运行秩序是否标准、科学、合理。总之，长安街、天安门广场是全国人民向往的地方，让人们逗留在天安门广场及长安街期间身心愉悦，体会到国人的骄傲是一种视觉享受。要尽量创造条件，让人们坐下来仔细品味，感受人民广场、长安街的含义。

十二、规划人参与城市环境建设

赵知敬： 在近30年来不同时期的规划与管理工作中，我先后参与了城市环境建设，过去俗称"市容整治、环境整治"。20世纪80年代，我任海淀区副区长时，当时的街道环境很差。为迎接亚运会，对海淀地区主要的街道都进行了整治，许多地方也很难一步到位。90年代为了迎接新中国成立50周年，参与了全面整治长安街及其延长线工作，由于整治的地域范围比较特殊，整治层次比较高，整治的效果比较好，受到了各方的认可。

为迎接奥运会，我被聘为全市环境建设指挥部办公室顾问，动员全社会参与奥运会环境整治，做到先进行规划设计，制定一些标准，更有序地突出历史文化名城保护及按现代化的规划原则、标准向国际大都市的目标进行环境整治。把环境建设工作的地位与规划建设关系提升到更重要位置，环境建设伴随着城市建设发生、发展的全过程，环境建设是保护城市环境生态的重要组成部分，日常的环境维护和提升是城市环境建设的永恒课题。

作为城市规划工作者，我受命于2008年奥运环境建设工程指挥部，参与了2006、2007、2008年的环境建设工作的策划顾问工作。成功举办2008奥运会，环境建设是基础，是开创性的工程，以"绿色·科技·人文"三大理念为理论基础和出发点。从城市规划角度看，奥运城市环境建设做到了"五个第一次"：

其一，第一次把城市环境建设工作提到与工程建设同等重要的位置。同期成立了两个指挥部，一个是奥运工程指挥部，一个是奥运环境建设指挥部。环境建设指挥部有效地统领了全市各有关部门和区、县政府，实现了建设管理一起抓。

其二，第一次把环境建设首先进行城市规划设计。以重点大街、重点地区"两轴、四环、六区、八线"简称"二四六八"，进行了城市规划设计概念规划，规划内容归纳为影响市民使用和视觉观瞻的城市空间环境的10个方面，包括建筑界面、道路交通、绿化植被、市政设施、夜景照明、广告牌匾、城市家具、城市雕塑、主要节点、文物保护等10大类。总结了117项具体问题，提出了135条规划整治措施，形成了"北京环境整治通则"，以此指导全市各街道的环境整治规划设计工作，使环境建设有了依据。

其三，第一次为胡同整治、保护古都风貌，编制了《胡同环境整治的指导意见》，共三章18条。通过迎奥运三年628条胡同的整治，《指导意见》起到了非常重要的作用。制定这个指导意见过程中，坚持宜粗不宜细。尽管胡同四合院概念是一致的，实际上每条胡同的历史内涵是不相同的，《指导意见》把握保护古都风貌基本原则，所以在实践中较好地发挥和调动了专家、执行者的积极性和创造性。

其四，第一次由"2008办"（2008年奥运环境建设工程指挥部）组织，委托市质量监督局负责的20多个有关单位参加制定了《城市道路市政公用设施设置标准》。经过30多位撰稿人的审议，从概念上开创了人行便道的新概念，改变了以往城市道路建设只管路面和人行道的范围，造成长期以来从人行道至建筑之间无人管理、无序建设的局面，解决了长期的城市管理困难。如将此法继续完善将是从制度上得以维护城市环境的整洁、美观。

其五，第一次把城市道路的171个"城中村"列入整治内容，并落实投资，整治了长期以来城市一些街道环境的"恶瘤"，也增加了街道绿化环境。

所以说，迎奥运，我们在城市大环境建设方面做了大量有效的工作，同时形成了一套工作方法和基础资料，为今后从点到线、从线到面的全面整治打下了良好的基础。

奥运会之后，经中央批准，北京市成立城市环境建设委员会，设想把奥运会组织和工作方向传下来，继续北京的环境建设工作。我和一部分同志接着做环境委员会办公室的顾问。在总结奥运环境建设基础上，我们研究城市道路环境建设的标准，以使城市道路两侧的环境更上一层楼，并有一个保持环境建设成果的措施。经过近一年的调查研究，提出了"北京城市道路环境建设标准"，经过专家和有关部门讨论修改，最后提出十条标准，市管委领导意见还是称指导意见为好，避免与个别标准矛盾。最后确定的名称为《北京城市道路环境建设指导意见》。

十三、编写《北京城乡规划科普知识》读本

赵知敬：我在北京城市规划学会时，为了普及规划知识，我们编过一本城市规划科普读本（图14-44），探索怎么向社会宣传城市规划。

直到现在，北京市规划国土委还没有一个宣传处或宣传中心。最近的机构设置方案中，在研究室设了一个宣传部门，这是不够的，要有专门的宣传部门。规划是要实践的，要靠社会，听取社会的意见，必须把规划宣传给老百姓。

我们学会费了很大的劲，花了好几年的功夫，编了一本科普资料《北京城乡规划科普知识》。消防部门的科普资料有很多，而我们城市规划方面却很缺乏，老百姓都不知道城市规划究竟是干什么的。前几次我跟市政管委景观处管马路两侧景观的同志讨论，我说：你们管理的边界在哪儿？景观你管到哪儿？你应该管到规划红线。

图 14-44　北京城市规划学会组织编写的《北京城乡规划科普知识》封面
资料来源：赵知敬提供。

我们的城市管理，查处违章建筑在哪里？把红线亮出来，一下子就清楚了。很多建筑是沿着红线建的，超过了红线，不管建什么都是违法的。如果建筑后退了红线，在红线上砌了围墙，都算它的地皮，还可以。现在有些公共建筑退红线了，但是，把退的这块地和社会公众的马路的用地混合在一起，是可以的，比如首都博物馆，后退红线的用地和道路用地放在一起，社会公众也可以享受，这是可以的。怎么处理好各种设施的关系，有很多的问题需要研究，需要社会形成共识。所以我说，城市规划方面的很多宣传工作做得太差。

有一次老干部座谈，规委的现任领导跟我们座谈，我就提了这个意见。我建议把新编的总体规划编一个 PPT，谁都可以拿着到各地去讲。1992 年版北京城市总体规划获批后，我们就做过一个规划介绍材料，一有机会我就到处宣讲。

当时农场局的领导对我说：你给我们领导讲一讲吧。我说可以，你得把各个农场的同志都找来，如果没有 300 人我不讲。每个农场都在想自己怎么发展，最基本的是要了解规划，从规划的字里行间里找你的生存和发展的空间，而且社会基层老百姓也需要了解规划。

以前我经常说，城市总体规划是社会的政治、经济、文化的规划，不是规划委的规划，而是全社会的规划。所以，你得宣传，有些问题根本不是你自己努力就能解决的。比如，要提高整个社会的环境质量，规委能提高质量吗？管理部门连红线都不清楚，怎么提高城市环境质量？而且，习近平总书记指示，北京要成为全国的模范，这方面，我觉得必须依靠在京的中央单位和地方单位。

规划知识科普宣传工作，应随着规划的深化、细化，在不同时期采取不同形式，利用各种宣传手段，向群众宣传，逐步实现人们对美好生活的向往。落实在规划中，共同为建设幸福首都作出各自的贡献。

十四、研究朱启钤先生的心愿

赵知敬：近些年在编《岁月回响》等这几本书的过程中，我感到现在规委系统很少有人专门研究 1949 年以前的历史——从 1900 年到 1949 年的历史。前些年大家都在说朱启钤先生，我也找了很多资料，网上也查了，去年市城建档案馆还给我找了 25 篇写朱启钤先生的文章，都是从不同角度，没有完整地表述朱启钤先生的历史和对社会的贡献。

去年，市规划展览馆和规划学会做了五个国家六个城市的百年历史展览，这个展览中，北京有一段历史中谈到了朱启钤，后来我就找市规划院的赵峰[①]，他说不是市规划院编的，是请王亚男编的。你认识王亚男不？

访问者：认识，她在《城市发展研究》杂志社工作，是这本杂志的副主编兼编辑部主任。

赵知敬：后来，我就找到了王亚男。她以前写的博士论文，题目是"1900—1949 年北京的城市规划与建设研究"，她把北京这 50 年的历史分成了五部分来写[②]。我约请王亚男，给我介绍编这本书的情况，她曾到北京市档案馆收集了不少资料，我认真地拜读了她的这本书，但其内容只限于朱启钤先生在北洋政府时期（1912—1928 年）的贡献，1928 年以后朱启钤先生也没停止工作，一直在做事情，为社会和民族作出了很多贡献。新中国成立以后，周总理把朱启钤从上海请到北京。这个人非常重要，他如何改造北京，保护老北京，创办"营造学社"，他是中国建筑史学研究的拓荒者与奠基人，为国家和民族作出了多方面的重大贡献，被周总理誉为"实业家""建筑史学家"和"爱国老人"。

比如 1914 年朱启钤在北京香厂改造的工程，市规委历史名城办公室曾经组织过专门研究。那个改造的办法是从巴黎的奥斯曼那儿学来的，在外城建三四层的房子，现在已经提出要保护，其实吴良镛先生改造菊儿胡同的经验用在那儿挺合适的。现在我们非要把城外也追建四合院。

前一阵我们做的四合院试点，西城区提出在珠市口试点，沿街建五六层，后边建四合院。我们跟规委领导商量：把沿街高度降下来，后边不再建四合院。我觉得，外城就应该放开点。当时我就算过这个账，外城在解放以前大部分是农田，"龙须沟"，那里还要恢复成"龙须沟"吗？外城就应该按照奥斯曼的做法，可以不用盖高楼，一盖住宅就是 30 层，这不需要，就可以按朱启钤的香厂改

---

① 曾任北京市城市规划设计研究院研究室主任、总工室主任等。

② 即清末北京城市近代化发展的起步（1900—1911 年）、北洋政府时期的北京城市发展变革（1912—1928 年）、国民政府时期北京城市规划建设的活跃阶段（1928—1937 年）、日伪时期北京的城市规划与建设（1937—1945 年）、抗战胜利至新中国成立前北京城市建设（1945—1949 年）。

参见：王亚男 . 1900—1949 年北京的城市规划与建设研究 [M]. 南京：东南大学出版社，2008.

造方式，建四五层就可以了，在外城就形成了一种风格。这也是在传承历史。还有朱启钤为了解决前门火车站建立以后的交通问题，把正阳门两边弄了两个旋门，那个做法在当时也有不同意见。今天，我们已经做了很多类似的事情。中山公园有问题吗？中山公园筹备纪念100周年的时候，我也去找中山公园的领导谈过，1914年建的中山公园就是朱启钤先生搞的，皇上祭坛是从后门进去的，进中山公园东北角的门，由后面进现在的中山堂，整理行装、休息，再到前面的祭坛，前面不需要有门，由于长安街打通了，中山公园开了南门，文化宫这边也开了门，正门是朱启钤开的，而且人家在园林建筑布局上都有说法。从规划角度来说，中山公园简直太好了。我去得最多的地方就是中山公园。

北京市建筑设计院《建筑创作》杂志原主编金磊，你认识吗？

访问者：我听说过，但还没有当面拜访过。

赵知敬：金磊多次发表过朱启钤先生的文章，但也是没能全面论述。我也找过他，因为我们很熟悉。我跟他讨论该怎么研究朱启钤这件事，我们认为应该在政府的领导下，系统地组织一批人，编写一个东西，不是片断的。前两年我和金磊同志与市城建档案馆同志一道研究，争取政府的支持，组织社会力量，整体编写一本朱启钤先生的历史。编辑的过程，就是了解朱启钤先生的事情，学习朱启钤先生保护和改造老城的经验，做好历史文化名城的保护工作。这是我们的心愿。

访问者：谈到北京的旧城保护，大家还经常会提及"梁陈方案"，您对"梁陈方案"有什么评价？

赵知敬："梁陈方案"是50年代初的事，我是在1955年刚毕业，到规划委工作，不太了解此争议，单位没有单独这方面的讨论，总体规划布局上没有涉及行政中心设置问题。

在研究朱启钤先生的历史资料时发现，袁世凯恢复帝制失败后，朱启钤先生没什么具体工作了，但因为他很有名气，就派他到上海参加南北议和。他在路过南京的时候（1919年），在一个江南图书馆里意外发现了宋朝的《营造法式》（嘉惠堂丁氏影宋本），他把这个材料拿到以后，找人进行整理，整理完了后就交给了梁思成先生的父亲梁启超先生[①]，梁启超先生又把这个材料寄给了正在美国留学的梁思成先生。而且，梁思成先生后来也加入了营造学社，在朱启钤先生的指导下，进行中国建筑的考察、测绘研究。

我觉得，梁思成先生最大的贡献是：把中国的古建筑经过调查研究，写出了中

---

① 梁启超先生将《营造法式》寄给梁思成先生的信中说："此一千年前有此杰作，可为吾族文化之光宠也。已朱桂辛校印莆竣赠我，此本遂以寄思成徽因俾永宝之。"这本书影响了梁思成先生和林徽因先生终身。——赵知敬先生注

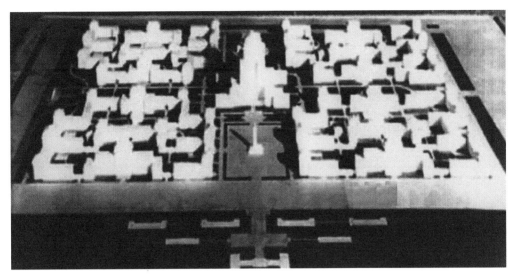

图 14-45　三里河地区"四部一会"建筑群规划模型

注：照片中最左侧道路为三里河路，最上方道路为月坛南街，最下方道路为复兴大路。模型中间部分系国家计委主楼。该规划未能全部实现，左上角（西北侧）的一组建筑为第一期（今国家发展改革委所在地）。清华大学刘亦师搜集。

资料来源：赵知敬提供。

国建筑史。他解释了《营造法式》，这是梁思成先生的重大贡献，还有在清华大学创建了建筑系。

去年，清华大学的一位老师（刘亦师）找我收集材料，我说你帮我找一找"一五"时期三里河地区的规划，他给我找了一个模型照片（图14-45）。三里河的规划，那里分四块，中间一块（第五块地）是国家计委的主楼。现在三里河地区建的"四部一会"房子只是当时规划方案的第一期，四分之一。由于种种原因，那个规划没有完全实现。但是，"四部一会"的房子在地图上已经有了，翻到东边四分之一就到了二七剧场路，翻到南边四分之一就到了复外大街。在一定意义上，这是否就是"梁陈方案"的具体化呢？

北京市认为行政中心应在城内，城内有已接收的一部分敌产可以利用。另外是看重了东单到天安门路南一带，那里以前是军营，是一片空地，所以公安部在那里盖了一座楼，纺织部盖了一座楼，煤炭部盖了一座楼，外贸部盖了一组楼。现在，中央机关的部级单位有100多个，可以数数究竟城里有多少个，城外有多少个，实际上也没有形成行政中心。

三里河建设的整体方案是高岗任国家计委主任时操办的，国家计委在中间，至高无上。但是，等"四部一会"快建完的时候，高岗就出事了，这个整体方案没有全部落实。"四部一会"建成后，还要建住宅，剩余的土地就建了住宅和配套工程。

图 14-46　赵知敬先生文集《规划
与实践》（封面）
资料来源：赵知敬先生给访问者的赠书。

市委有一位叫马句的老干部，当时在中共北京市委研究室工作，我们请他来，他聊了好多事，后来他也写了这方面的历史情况。当时彭真问马句：梁思成提了什么问题？马句说：梁思成先生提出两个问题，一个问题是行政中心要在三里河；另一个问题是老北京不能动，得整体保留下来。彭真要求马句调查一下。马句同志找了市建筑设计院的沈勃院长，一共找了四个人，骑着自行车去转了好几天。后来他们调查，汇报说：城里真要原状保留四合院，有些地方可以保留，但是整个保留保不下来，就这么一个概念。所以，旧城里大片的城市改造并没有，主要还是见缝插针地建了一些东西。

总而言之，"梁陈方案"是部分实施了的。因为历史原因，没能全部实现。行政中心搁在城里，利用旧的建筑，比如卫生部用的就是以前的醇王府，现在卫生部也在人民医院北边建了办公楼，迁出了老城。说的老城完全保护，也没有实现，没有全部保护住。现在，北京历史文化名城保护规划中划定的 30 多片保护区还在，制定了皇城保护规划，北京的中轴线也在申遗。这就是历史（图 14-46）。

十五、北京四合院"风貌保护与修缮"的试点及呼声

赵知敬：2003 年，我们做过胡同调查。早在 1949 年的时候，北京城有 3250 多条胡同，到我们调查的时候，只剩下 1571 条了。一算账，在保护区里的胡同只有 600 多条，

图 14-47 在已建成有下沉窗井的四合院调研（2005 年）
左起：业主（左 1）、赵知敬（左 2）、陈朝辉（右 2）、倪吉昌（右 1）。
资料来源：赵知敬提供。

另外有 900 多条还不在保护区的范围内。我就提出来：保，还是不保？没有人
给我解答（图 14-47）。

迎接奥运会期间，北京市花了 10 个亿，改造了一些危险四合院，连抗震棚都
翻建了，老百姓挺满意的。但四合院还是拥挤不堪。所以，后来这个办法停下
来了，又决定建拆迁房，都退出四合院后，空院再改建。可是，至今尚未落实。
后来我们又调查四合院。我们在调查报告中说：新中国首都辉煌建设 60 年之时，
我们踏进满目沧桑的四合院，有说不出的内疚，面对因历史的重重原因而造成
的四合院现状，任何追究、指责都无济于事，最现实的是从今天做起，从源头
做起，从我们规划人做起。

四合院调研之后，我认识到应该做一些试点工作。因为按我的理解，四合院的
问题不是我们这一代人所能解决的。那么多的四合院都是破破烂烂的，怎么可
能很快就解决。需要探索、摸索，就是利用各种机会，做各种试点，有关的各
个政府部门（如规划、文物、建设部门等）参与指导，从中总结经验，提出办
法和政策。

我找有关领导同志汇报，他们都支持搞试点。我就到东城区和西城区政府，共
同选择几个要进行建设的项目，搞试点。其中，比较容易落实的是东城区宝钞
胡同 9 号院（图 14-48）。宝钞胡同那一片，在历史上是四合院，1949 年以后
改造成了一个工厂，盖了三四层楼。现在厂子停产了，两条胡同的距离正是元
大都的街制。

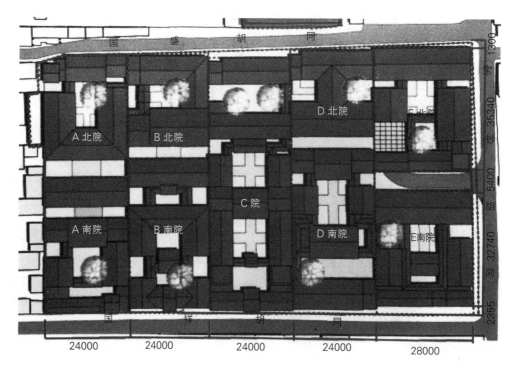

图 14-48　东城区宝钞胡同 9 号院用地分院示意图
资料来源：赵知敬提供。

　　宝钞胡同 9 号院可安排五排四合院，每排南边一个三进院，北面一个两进院，中间一排安排一个四进院。地上一层，严格四合院格局，为解决面积不足网开一面将地下一层给它，但保留一个 3 米 ×3 米 ×3 米的大树池。地下二层作满堂地下车库，为地面四合院用停车位占三分之一，其余三分之二车位供附近居民使用。每座四合院设一个简易电梯直达地下室和地下车库。

　　在落实该方案过程中，我们说独门独院四合院面积大、成本高。甲方说：当下多贵的四合院都有市场，不愁卖不出去。反过来我想也不可能都建成这种规模的四合院，在很多要改建的四合院，尤其不规则的四合院是多数，如何改善居住条件？我设想利用上述研究的成果，允许增加地下室，利用屋顶空间，设想在一座三进院里如果你有两间平房，增加两间地下室，这就变成四间，加上坡顶空间算一间，改造后两间变成五间，这样卫生间和厨房就可以进入房间了，这样一座三进院改造方案就能住八户。再沿街利用一间平房作成像东城区建设的可升降的车库方式，并排每排上下四个车位，可供八户每户一个车位。再设想，增设一些下沉式空间解决地下一层通风和采光，这是有现成的已建成的四合院做法。

　　在搞试点的过程中，我们就一些具体问题想过很多办法，甚至把秦砖汉瓦改成

图 14-49　四合院坡顶预制构件试验工作现场
注：前排右 1 为赵知敬。
资料来源：赵知敬提供。

构件，我们在一个工厂做了很多试验，基本试做成了。六块板就是一间房坡顶，改扩建的时候能不能这样搞，减少在胡同里湿作业，包括很多饰件，也就是雕塑的装饰，现在的雕塑工厂都可以用机械方式解决，不需要再用人工去雕了。人工雕得也不结实，如果筑成混凝土的，就好办了；还有镂空的，什么样的都能做出来，这些东西可以搞机械化（图 14-49、图 14-50）。

我们提倡的是"风貌保护与修缮"。这几个字儿，我都是通过调查研究后才提炼出来的。所谓四合院的"风貌保护与修缮"，我认为应该从三个方面开展研究：

一是从整个城市风貌的效果上看。在北京四合院上空，树比房高，呈现一片绿色，显示出老北京的特色。

二是从胡同的风貌来看。现在胡同中的很多瓦都是水泥瓦，一看就不是老北京。从保护风貌的角度看，过去整治一条胡同，由东头刷到西头，一片大灰墙，那不是老北京。老北京既有灰墙，也有白墙，还有砖墙，新旧程度也不一样，什么样的都有，这样就构成了老北京那种沧桑的感觉。

三是从院里看。现在有很多房子，屋顶开个天窗，不是那种立体天窗，就是顺

图 14-50　在四合院坡顶预制构件旁的留影
注：左 2 为赵知敬。
资料来源：赵知敬提供。

着瓦的窗，斜面做的窗，防水技术没有问题。那么，坡顶空间能不能利用？过去，老百姓的房子为了保温，糊了一层纸棚，实际就是保温、防寒，现在保温做在屋面板上，空间能不能利用？稍微加高半米，从 3.8 米变成 4.2 米，行不行？你看看，王府都那么高，你也没有脾气。在国外，屋顶做两个窗，利用屋顶三角空间的情况到处都是。

那天我到平遥去旅游，一进平遥大街我就愣住了。平遥大都是平房，可是我走到房子跟前一看，上面有一个空间，那是一个卖工艺品的店儿，屋里有一个楼梯。我问那个姑娘：能不能上去？她说：能。她跟着我一块儿上去，上面摆的也是工艺品。沿街铺面房，四根通天柱，门和窗户一直到顶，猛看是一层，实际里边有夹层，是这样的。我数数砖层数，合 4.2 ~ 4.5 米，所以研究一层设夹层，是可以进一步讨论的。

刚才我说的是"风貌保护"问题，还有一个问题是"修缮"。古建筑讲的是，如果一根柱子坏了，我可以把房梁顶起来，换一根新柱子，这叫"偷梁换柱"。如果屋顶坏了，要重新换檩子、椽子，这叫"挑顶大修"。如果全坏了，得拆了重新来，人家也不叫改建，而是"落地重建"，都落地了，按原样盖起来。所以，都不是大拆大改。我们避免这个词，我都叫"修缮"。如果能意识到这些内涵，就能做出有内涵的东西。

我曾建议东城区和西城区要联合起来成立一个四合院研究中心，市规划、市文物和各区相关部门参加，组织各种类型的试点，总结经验，推动四合院的风貌保护与修缮。

比如说红砖和青砖，红砖是一个价钱，青砖比它贵三倍。规划部门批准翻建时，一般要求用青砖。要求用青砖的话，如果说差多少钱由政府补助，他不就用青砖了吗，干嘛在红砖上贴瓷砖，还没贴几天就掉一大片。

再比如说容积率，规划的同志说容积率不能超过0.5，我就问规划的同志这0.5是怎么来的。我说曾在北京火车站附近找了一片四合院，我测算了一下，结果是0.5。可是呢，要是把胡同刨掉，那就不是0.5了，而是0.6还多呢。后来，委托古建设计部门，找标准的四合院做测算，结果不是0.5，而是0.58，或者说是0.6。后来我给他们定了"0.6左右"，他们都同意了。我是同意要有四合院容积率指标的，我的意思是要用容积率指标来控制确保四合院格局。

四合院有绿化率吗？小区有绿化率，四合院根本没有。老北京的四合院，院里十字路分隔，有一棵大树，有一棵丁香灌木等，那边种的花，或者放一个鱼缸。这就是老北京四合院，猛一看就是一片绿。现在我做的试点是：每个院里要求种一棵大树，3米×3米，这个地方不做地下室。四合院没有绿化率的问题。

搞个试点很不容易，你不知道，交通部门对地下二层作车库有意见，认为面积大，将来交通组织有问题。秘书长说了，东城区的区长也说："如果不让建地下车库，我们就不做试点了。"最后呢？地下二层全部停车。好多方面，得通过试点，才能提出政策，不断改进。

我看鼓楼那儿改造了一片四合院。过去的四合院最后一排是绣楼，在鼓楼是四个四合院联排建设一排绣楼，沿胡同一排高窗，对面老百姓的四合院挺矮的，形成对比，挡了阳光，实不相称。包括白塔寺那一片的改造，五六个四合院，一条线，你到老的胡同看，根本没有房子跟围墙在一条线上的。所以，我们的改造设计，都要求错落。在这些方面，得以积极的态度去解决这些问题。宝钞胡同四合院改造的好多问题，通过跟规委及有关部门协商，大都解决了。

四合院的各种问题，需要扎扎实实地深入实际解决。比如在能源方面，用地热，一个四合院打一个井，就解决了供暖问题。我们现在需要试点，旧城保护的问题是要通过试点，在发现问题、解决问题中采取措施，取得经验，提出政策，引进各方面的资金，来解决这些问题。

现在，就我而言，只能做到这种程度，就是用一个科研项目，来推动这件事。

图 14-51　拜访赵知敬先生
合影留念(2018 年 3 月 22 日)
注：北京城市规划学会会议室。

　　我认为，现在政府应该有更多的人去有意识地组织这些工作（图 14-51）。

访问者：谢谢您的指教！

（本次谈话结束）

柯焕章先生访谈

有些规划上的事情，比较复杂，规划人员有时会感到很无奈。所以，曾经有人说，城市规划是一门遗憾的学问。我还部分赞同这个说法。因为城市规划工作不容易做，难免有遗憾之处。当然，尽管有遗憾，有无奈，但也确有令人欣慰的时候。总有实现规划、按照规划实施做得好的地方，而且是多数情况，是主要的方面，所以还是应该感到很欣慰的。

（拍摄于 2019 年 10 月 29 日）

专家简历

柯焕章，1938 年 8 月生，浙江镇海人。

1957—1962 年，在南京工学院建筑学专业学习。

1962 年 11 月，毕业分配到北京市城市规划管理局，先后在城区规划室、近郊规划室及北京地铁规划设计组工作。

1970 年 8 月，调某重点工程指挥部负责规划设计工作。

1979 年 9 月，回到北京市城市规划管理局，先后任市区规划管理处、详细规划处副处长，1983 年 8 月任规划局副局长。

1986 年 9 月，任北京市城市规划设计研究院院长，1989 年被评为教授级高级城市规划师，2001 年 3 月卸任院长。

2003 年 3 月退休。

2019 年 10 月 29 日谈话

访谈时间：2019 年 10 月 29 日下午

访谈地点：北京市西城区西直门内玉桃园二区，柯焕章先生家中

谈话背景：2019 年 9 月，访问者完成《苏联规划专家在北京——1949—1959 年的首都规划史》（上部）草稿，呈送柯焕章先生审阅。柯先生阅读书稿后，与访问者进行了本次谈话。

整理时间：2019 年 11—12 月，于 2019 年 12 月 19 日完成初稿

审阅情况：经柯焕章先生审阅，2020 年 4 月 15 日返回初步修改稿，2020 年 4 月 20 日初步定稿并授权公开发表，4 月 26 日补充，12 月 2 日定稿

李　浩　（以下以"访问者"代称）：柯先生您好，这次拜访您，一方面是想听取您对《苏联规划专家在北京——1949—1959 年的首都规划史》（上部）草稿的意见，另一方面是想请您讲讲您的一些工作经历和感悟，因为您是北京市城市规划管理局的老领导，并担任北京市城市规划设计研究院院长达 15 年之久，对北京规划的有关情况是非常熟悉的。

柯焕章：我没有多少好说的，咱们随便聊聊吧。你的这本书稿，我还真提不出什么意见，因为我并没有亲身经历——1962 年我到北京参加工作时，苏联专家早已撤回去了。但我学习了你的书稿，对我挺有启发的。这里简要谈点我的体会（图15-1）。

总的来讲，我觉得几十年来，业界或社会上对首都行政中心位置、"梁陈方案"、

图 15-1　访谈现场（2019 年 10 月 29 日）
注：柯焕章先生家中。

北京老城保护问题以及对苏联专家的评价等，有些误传或误解。也有的人，为了说明某个问题，从不同的角度去理解、阐释。也有些人搞不清楚到底是怎么回事。你的书稿还是比较客观地反映了，或者说是再现了中华人民共和国成立初期对于行政中心、城市布局等问题不同的认识和理解。同时也比较客观地反映了对苏联专家及"梁陈方案"的认识和评价。

你搜集了好多资料，这些资料比较符合客观情况。这些工作有利于实事求是地，或者说比较公正地来评价这些事情，对历史有个比较客观的交代。这是挺好的，很有必要。

一、对苏联专家的认识和评价

柯焕章：看了这本书稿以后，我认为，确实应该对当时的苏联专家有一个客观的认识。第一批苏联专家在北京短短的几十天里，能够提出一个比较全面、客观的报告，是不容易的。尽管内容比较简要，但主要意思已经表达了，例如对行政中心的安排，对城市功能布局的建议等。他们做了调查，了解了情况，最后提出这样的建议，可见他们的工作是认真的。

当然，一方面，苏联专家有莫斯科规划的实践经验；另一方面，据说他们当时也有毛主席的指示作依据——苏联专家团团长说毛主席说过，中央主要机构在城里，次要机构在城外。而且在当时的经济状况下，哪有能力建一个新的行政中心呢？

苏联专家建议把行政中心放在城里，先利用老城的一些老房子办公，同时再建些新的办公楼，建议先从东长安街南侧的空地开始修建。

苏联专家开始也说了，北京这个老城非常宝贵，应该得到很好的保护。在长安街建办公楼，没有建议盖太高的楼，而只是盖五层。后来煤炭部大楼盖了五层，当时算是较高的建筑；纺织部和公安部的大楼盖了三层，比较低矮。而且在当时的经济条件下，这几个部所建房屋的标准是很低的。

二、关于"梁陈方案"

柯焕章：梁思成先生曾提出在北京西郊建设新行政中心的方案，他先提的方案基本上与1938年日本人做的《北京都市计画大纲》提的新街市方案的位置差不多。日本人规划的西郊"新街市"规模不小，面积约65平方公里，其中主要建设用地面积约30平方公里，周边为绿地；规划布局以颐和园佛香阁为标志点，往南设一条南北中轴线，大致是现在的西四环路位置，在五棵松周围建设城市中心。你的书稿中提到日本人做的北京都市计画总图，我曾经接触过。那是在1984年，有个日本代表团访华，由交通部接待，其中一个团员带了一张北京都市计画总图，他跟交通部的接待人员说，他想见北京市的领导，要把那张规划图送给北京市政府。交通部将此事通知了北京市人民政府外事办公室，因为这是城市规划图，就让北京市城市规划管理局接待。那时候，从清华大学调来的刘小石同志是北京市城市规划管理局局长，我是副局长。小石同志让我出面接待。后来我就跟交通部联系，把日本朋友接到我们局里来，座谈了一下，然后就把这张图接过来了。

接收图纸后，我在背面写了一下，几月几日从日本朋友那儿接收此图，就把它归档到我们的档案室了。这张图比较清楚地体现了日本人当时对西郊"新街市"规划的构想。

在北京解放之初，梁思成先生提的西郊行政中心方案，陈占祥先生看了以后跟梁先生说，西郊"新街市"这个地方太远了，应该往东移一移。他建议把行政中心移至复兴门外月坛以西、公主坟以东一带，以钓鱼台为中心安排行政中心为好。梁先生接受了陈先生的意见，后来陈先生画图，梁先生写文字报告。这样形成了"梁陈方案"。当时他们所花的时间很短，方案不可能考虑那么细。

我现在说句后话，幸亏那时没有把那么大的行政中心建在西边。这个问题，现在很好理解了，今天看，把行政中心放在西边显然不合适了。日本人也好，梁先生也好，他们选择在西边建设行政中心，可能跟当时北平市的区位和辖区面积小有关，那时北平市的辖区面积大概是 700 多平方公里，大部分面积在老城的西北边，西边的环境较好，而东边地域不大，当时也不可能预料到后来市域的扩大，更不会预料到京津冀现在的发展情况。所以，在当时的客观条件下，日本人和梁先生自然在西边做文章了。

现在看，北京 16400 平方公里跟原来 700 多平方公里怎么比？而且西边很快就进山了，石景山往西一点就是门头沟了，98% 是山区，整个空间很狭小，要是西边搞了行政中心，将来怎么办？发展空间和交通问题都很难解决，北京的发展将受到很大的限制。但那时日本人在"新街市"还是盖了一些房子，新中国成立以后我们有些军事机关就利用那些院子和房子，如总后勤部、通信兵部等。对于老城，没有完全放弃的说法，包括苏联专家，都是比较重视老城的。当时之所以把行政中心搁在城里，我理解是考虑国家经济的实际能力，利用老城老房子能够减少一部分建设量。老城里有好多王府寺庙，这些老建筑还是可以利用的，如卫生部、教育部等好几个部，包括国务院的 9 号院，都是利用老的王府。说是行政中心搁在城里，实际上并不完全是，而且梁先生的建议也不是完全没有采纳。你采访过李准同志吗？

访问者：没有，我年龄太小了，没有见到过李准先生。

柯焕章：我来北京规划局工作以后，听李准同志跟我讲过，他原来在都委会工作，他说中央不是说完全没有采纳梁先生的方案，而是采纳了一部分。

为什么在西边建"四部一会"呢？当时毛主席说过，中央的主要行政机关在城里，次要的在城外。实际上后来的发展也是如此，并没有将大量的行政机关都建在城里。在城里确实建了一部分，比如最早的煤炭部、纺织部和公安部，后来的地质部、交通部、文化部、冶金部等。但确有相当一部分建在城外，西边有三里河的"四部一会"和建工部，北边有和平里的化工部、林业部、农业部及六铺炕的石油部等。

老城的老房子被破坏得比较厉害的时候，还不是中华人民共和国成立初期，也不是"文化大革命"时期。"文化大革命"的时候，北京已经没有多大基本建设量了，大拆大改基本上没有了。拆城墙是在当时的背景下造成的。据说毛主席曾说过，哪个城市的城墙拆了，北京是不是也可以拆呀？1962 年我来北京工作的时候，北京的城墙大部分都还在，内城的西城墙、南城墙除了几个豁子基本都在，北城墙也在，东城墙拆了一些。后来全面拆城墙是为了修地铁。

三、北京地铁建设与城墙的拆除

访问者：柯先生，您曾经在市规划局北京地铁规划组工作，对北京地铁建设的情况比较熟悉，可否请您谈谈这方面的情况？

柯焕章：我接触北京地铁最早是 1961 年初，那时我在学校，还没有毕业，中央就已经考虑在北京修建地铁。那时候，地铁建设不归北京市管，而是由铁道部直接管，铁道部专门有一个北京地下铁道工程局。大学时我是在南工（南京工学院）就读的，北京火车站是我们学校设计的。铁道部对我们学校的印象挺好，所以修地铁的时候就邀请我们学校来参加，帮助做地铁的设计。南工就派了一位老师带了五个同学，我是其中一个，就这样来了北京。

访问者：当时谁带队过来的？你们的老师是？

柯焕章：老师叫孙钟扬，已经过世了。

访问者：他是交通专家还是建筑专家？

柯焕章：他是教建筑设计的，是民用建筑设计教研组的老师，我们来北京主要还是帮助做建筑设计。那时候做地下铁道设计，主要是学苏联的。莫斯科的地铁是很讲究的，地下站厅做得富丽堂皇，地面上还有华丽的进站大厅。

访问者：您的毕业设计也是地铁方面的吗？

柯焕章：对。北京地铁原计划是在 1961 年 7 月 1 日要开工的，所以我们来了以后工作很紧张。地铁设计处有不少专业技术人员，有的是从苏联留学回来的，很多是搞线路、结构和设备的，我们就参加做建筑设计。为了迎接"七一"开工，大家都白天黑夜地干。

但是，到"五一劳动节"前后，突然接到通知，由于困难时期，国家没钱了，地铁建设下马了。之后，我们就回南京去了。

回去以后，赶上做毕业设计，我们几个同学还是做地铁车站的建筑设计。我做的是天安门站的设计，那时叫中山公园站。除了做地下站厅，还要做地面大厅的建筑设计。

访问者：您到北京工作后，又参加了地铁规划设计工作？

柯焕章：是的。那是到了 1965 年，困难时期过去了，国家经济状况有了好转，所以中央又决定上马北京地铁。因为那时候地铁建设是保密的，北京市城市规划管理局专门成立了一个地铁规划组，我就调到地铁规划组工作了。

我们开始做地铁近期建设规划方案。当时先做了"一环""两线"。沿着内城老城墙是"一环"；沿着长安街是"一线"，另外一条是从西直门到颐和园后面的西山那条线。

当时为什么考虑"一环"呢？一是位置适中，二是考虑经济和施工条件，采用明挖施工占地很大。那时候城墙外侧的护城河两边的地很宽，护城河基本也没有什么水了，考虑把它做成"盖板河"。当时我们做过一些方案，看能不能不拆城墙，但如果不拆城墙的话，用地确实比较紧张，护城河盖了以后也得给它留个位置，而且盖板河离地铁太近了也不行，万一炸弹一炸，把盖板河炸断了，水淹到地铁怎么行？

决定拆城墙后，我们又做了方案比较。拆了城墙，修完地铁后，上面不可能按原样恢复城墙了。梁思成先生不是建议过城墙上面做公园吗？我们做过一个方案，就是在新城墙上面做公园，还有一个方案是在上面做城市快速路。最后，领导决定还是在地面上修快速路，就是现在的二环路，这样既简单又省钱。

当时，我们的老专家陈干同志，还有搞交通的郑祖武同志，他们带着我们几个年轻同志，把整个城墙走了一圈。几个比较完整的城楼，我们专门搞了测绘。当时我们三四个搞建筑的年轻同志，把几个比较完好的城门楼，如宣武门、崇文门、安定门等城门楼作了测绘，画了图纸，这些测绘资料后来都归档了。

拆城墙修地铁是从 1965 年开始。首先是修建地铁一期工程，先拆了前三门的宣武门和崇文门。前门为什么没拆呢？当时周恩来总理说："前门位置很重要，能不能不拆？尽量把它留下。"有了周总理的指示，就将地铁线路稍改移了一下，从正阳门与箭楼之间通过，这样就把前门给留下了。

外城墙拆得比较早，好像是 1950 年代后期就陆续拆了。就拆城墙而言，其实临近城墙的老百姓也拆了一些，过去做蜂窝煤、摇煤球，煤渣里要掺土，老百姓就近直接挖城墙上的土，还有的拆了城砖修房子、修猪圈。

所以，北京城墙的拆除，也是在一定的历史背景下，逐步造成的。

很多人很感慨：要是听梁思成先生的话，把城墙留下来，现在该有多好。其实，这样说是容易，实际上作为一个城市或国家，对于社会发展的历史过程，完全一厢情愿确实是很难的。

在你的书稿里曾写到，当年让谁做了一个调查？

访问者：马句先生。

柯焕章：对。他调查的情况，挺符合实际的，北京城真正有保留价值的四合院，也就三分之一。尽管那么些年过去后，又毁了一部分，但后来我们的调查结果基本是这样，尤其是外城，这些地方想要长期保留，确实是很难以为继的。

四、关于北京地铁设计方案

访问者：柯先生，关于北京的地铁规划，1956年的时候来过一个苏联地铁专家组，在北京工作大概半年时间。他们的工作主要是偏重研究性质的，但也提出过一些设计方案。您1962年参加工作的时候，对以前苏联专家关于地铁研究的方案是怎么评价的？咱们是在早期苏联专家规划设计方案的基础上进行的规划，还是另外进行研究和设计的？

柯焕章：我没有看到过苏联专家研究北京地铁的图纸和成果资料。原来郑总（郑祖武）倒是给我们讲过。

我印象当中，1950年代后期郑总他们研究地铁的规划建设，肯定是要学习苏联专家的经验和建议的，但那时的方案，可能很概要，线网比较简单。1965年我们做地铁规划，1966年"文化大革命"就开始了，批判反动学术权威，郑总资格比较老，肯定是"反动学术权威"了。当时地下铁道工程局设计处的人把他揪了去批斗，我是我们规划局地铁规划组成员之一，跟着去"陪绑"了（图15-2）。

当时批斗郑总的主要理由是什么呢？说我们规划局提的方案是以郑总为主导的，学"苏修"的方案，"求大、求洋"。大在哪儿呢？我们的方案是"一环加三横三竖"：三条横线包括长安街一条线、北边西直门到东直门一条线、南边两广路一条线；三竖是西单南北大街、东单南北大街，中间中轴线附近有一条。而他们提的方案，是"两横两竖"，比我们的方案少了两条线。所以把我们批成是"修正主义"的方案。看看现在北京已建成多少条地铁线啦，想想真是很可笑。

访问者：当时的地铁建设，主要是从战备的角度考虑的吧？

柯焕章：对，很明确，中央指示是以"战备为主、交通为辅"。

访问者：战备，主要是能把城区的人尽快疏散，是这个目的吧？

柯焕章：是的。

访问者：防止轰炸？

柯焕章：是的。为什么要修这条线呢？除了在核心区疏散更多的老百姓外，还要考虑一些中央机关和领导人的转移，可以很快进入地铁。

访问者：现在有些人来评价北京地铁，说好多出入口没有跟一些建筑结合，造成换乘不便等，这是不是跟北京地下的情况比较复杂也有关系？

柯焕章：不完全是。当时，所有地铁的出入口都在马路边，一个一个的小房子，现在基本还是那个样子。为什么这样做呢？马路边比较空旷，炸弹炸了也不会一下子堵死了，出入、疏解比较方便，这是一个原因。

图 15-2 "文革"期间的一张留影（1967 年）
资料来源：柯焕章提供。

另一个原因是考虑出入口修到两边去，要把"脖子"拉出去，要与马路两侧的地下管线交叉，还要增加房屋拆迁，要多花不少钱。原来还想学苏联在上面修建地面大厅，后来包括电梯等都省掉了。

五、北京老城老房子的拆改

访问者：现在提出北京老城的老房子不要再拆了，那么真正老房子拆得最多的是什么时候，哪些地方？

柯焕章：说实在的，真正对老城老房子拆毁比较多的是改革开放以后，尤其是招商引资搞开发。投资商既要占据城市核心区的好地段，又要建得多，建得高。记得那时拆迁量大的如西城的金融街，东城的金宝街、东方广场等。

访问者：金融街怎么搞起来的呢？

柯焕章：以前在计划经济时期，我们这么大个国家就有一个中国人民银行。改革开放以后，有了中国建设银行、中国银行、中国工商银行、中国农业银行、交通银行等，一下子增加了好几个银行。本来中国人民银行是在三里河"四部一会"那儿。机构增加并扩大后，三里河就装不下了，所以几个银行都要盖房子，纷纷找北京市。

当时，他们找主管城建的副市长张百发："你得给我们找地儿。"而且有个条件："你给我们找地儿，不能找远了，我们现在都在三里河办公，而且也在三里河居住，如果搬远了我们不方便不行。"张百发说："那儿附近哪有地儿？没有啊。""那不行，无论如何得给我们想办法。"

后来，张百发说："要不这样吧，地铁环线刚修完，二环路也刚修完，路两边尤其是城墙根破破烂烂，要不你们来给收拾收拾，拆一拆，在西二环那儿盖得了。"几家银行异口同声说："太好了，我们都住在西城，这样我们工作居住还是很方便。"

访问者：刚开始的时候，还没有规划一条"金融街"的想法，是吧？

柯焕章：是的，开始还不叫金融街，只不过是几家银行而已。这几家银行刚说完，紧接着，外贸部几大进出口公司也来要地。机械进出口公司、设备进出口公司、五矿公司等，几大进出口公司都来了，说他们外贸业务扩大，也要盖楼，也得给他们找地儿。

后来张百发说：上哪儿找？干脆得了，你们一起都上这儿来，就在西二环这儿。再后来就干脆在这儿搞个金融街，陈慕华副总理还给题了字。

但是，当时也有几家银行、公司等不及了，跑了，譬如：农业银行到了公主坟城乡贸易中心，机械进出口公司买了四川大厦，五矿公司到亚运村买了房子。

访问者：这是在一九八几年前后？

柯焕章：大概是 1984 年前后。为此，我们马上做西二环那一块的详细规划，当时考虑老城关系，对建筑高度、密度等有严格的控制要求，我们做的西二环规划建筑高度控制，城门口控高是 60 米，其他区间段是 45 米。这是依据 1970 年代初北京饭店东楼盖高了以后，周总理定的原则。

访问者：担心楼房太高就看见中南海了？

柯焕章：是的。总理还亲自到现场看了，后来总理定了个原则，以后老城里盖房子最高不要超过 45 米，城外 60 米。当然不仅是考虑看中南海问题，同时也考虑老城保护问题。

所以我们做西二环规划，包括东二环规划的时候，就贯彻这个精神。西二环的区间段建筑高度不超过 45 米，复兴门、阜成门、西直门城门口作为老城标志，高度控制在 60 米以内。而那些建设单位、开发商对我们的方案不满，纷纷要求提高建筑高度和容积率。他们又先后请北京市建筑设计院和当时的建工学院做方案，各建设单位做单体建筑设计时，又进一步要求提高建筑高度和容积率。这样，就逐步地把建筑高度和容积率涨上去了。到后来，事儿更多了。所谓旧城破坏，大概就是这样演变的。

图 15-3　与贝聿铭先生商讨中国银行大楼设计方案（1987 年，纽约）
注：左 1 正在发言者为柯焕章，坐姿中右 1 为贝聿铭。
资料来源：柯焕章提供。

对于建筑师来说，既要遵循老城保护规划的严格要求，又要满足建设单位的利益诉求，尽量要多建或建得更高，建筑师往往处于两难境地。我顺便说个做得比较好的案例，就是贝聿铭先生设计的西单中国银行总部办公楼，建设单位在 1 公顷多的用地内要求建 10 来万平方米的建筑，而规划限高是 45 米。贝先生说，我不能突破规划限高要求，但又要满足甲方的需求，感到很为难（图 15-3）。他琢磨了很久，最后做了一个大中庭围合型的建筑方案，基本符合规划条件，又满足了甲方的要求，经首都建筑艺术委员会审查，获得通过，建成以后的效果还是挺好的。

六、教育背景

访问者：柯先生，可否请您讲讲您的一些经历？

柯焕章：我的经历很简单。1938 年 8 月 24 日出生，浙江镇海人。

访问者：中学您是在宁波中学，1954 年入学，对吧？

柯焕章：对，这是上高中的时间。

访问者：您上高中的时间好像有点晚？跟同龄的老同志相比。

图 15-4 初中毕业时的
留影（1954 年 6 月）
资料来源：柯焕章提供。

图 15-5 高中毕业时的
留影（1957 年 6 月）
资料来源：柯焕章提供。

柯焕章：也差不多吧。我是 16 岁上的高中（图 15-4）。读大学时，我们班同学大多同岁，
多是属虎的，所以叫"老虎班"。

访问者：我看您的文章里说到，以前您对美术比较感兴趣？

柯焕章：是有一点。

访问者：您小的时候学过美术吗？这方面的兴趣是怎么产生的？

柯焕章：我没有专门学过美术，也不是什么特别地爱好。我读小学时是在农村，五、六
年级时只有三个同学，学校里有什么事儿，老师就让我们出个黑板报、壁报，
让我们画画写写，这样就慢慢有了点基础。

初中的时候，我到宁波去上学了，班上办黑板报，出壁报，大家一起做。老师
发现我画得还不错，就经常让我去做。初中那个美术老师挺好的，教得不错。
美术老师对我挺关照，他还鼓励我报考上海美术专科学校，我说我的水平不行。
到了高中也这样，就是平时画点东西，并没有专门去练习。高中没有美术课了，
班上和学校有什么活动需要画画写写的，我就去参与一下。也不是特别地爱好
美术，只是有那么一点点喜欢。

高三毕业的时候（图 15-5），要考大学了，因为当时宁波中学在浙江省排名也
是很靠前的，所以就有一些大学来介绍他们的专业情况，欢迎大家去报考。后来
有一位老师介绍一些学校的专业情况，其中说到建筑学专业，同类专业有同济、
清华和南工，还说：好像清华和同济比较有名，但实际南工最厉害，南工的前身
是中央大学。中国科学院学部委员中建筑学专业的学部委员总共只有三人，南工
就有两个——杨廷宝和刘敦桢先生，清华就是梁思成先生，同济还没有。南工的
老教授多是欧美留学回来的，刘敦桢先生是日本留学回来的，师资力量很强。
当时我就想，学建筑学不错，既有艺术，又是工程技术，我比较感兴趣，出于

图 15-6 在南京工学院学习
时的一张留影（1959 年 7 月）
注：右为柯焕章。
资料来源：柯焕章提供。

这个心态，我就报考了南工。

访问者：您是 1957 年入学的？你们那一届是五年制，前面比您早的是五年还是四年？

柯焕章：我们是五年制，1959 年以前毕业的是四年制。这张照片（图 15-6）中与我合
影的这位同学是 1959 年毕业的，他是四年制的最后一届毕业生。

七、南京工学院的几位教师

访问者：在南工时，您对杨廷宝先生的印象比较深刻吧？

柯焕章：是的，对杨先生印象很深刻。他是典型的知识分子，虽然平时说话不是很多，
但他还是挺和蔼可亲的，而且对学生挺爱护。因为那时他是国际建筑师协会副
主席，他每次去国外开会考察，总是要随身带一个小笔记本和一个小卷尺，以
便随时可以测量和记录，回来时还经常带一些照片、幻灯片或明信片等，回来
跟我们讲课，所以对他印象是很深的。

杨先生在南京和北京等地做过不少工程，大家都对他印象挺不错，对他很敬重
也挺崇拜的。记得有一次，也不是正式讲课，他把我们同学召集在一起，讲他
从国外带回来的资料。没有幻灯片，他就拿明信片，一张一张给我们讲。在讲
的过程中，他说：为什么要注意国外这些城市和建筑呢？他说看了这些城市和
建筑觉得印象很好，很值得我们参考借鉴，所以尽量测量记录下来，同时他看

图 15-7　东南大学（原南京工学院）在京的同班同学聚会留影（2014 年）
注：1962 年 10 月毕业分配到北京工作。
左起：吴庆新、孔军、柯焕章、王东、朱训礼、许铭圆、朱守平、徐景云（女）。
资料来源：柯焕章提供。

到有卖这些明信片或照片、幻灯片的，他就买了带回来。

接着他说了一句很经典的话，我们印象非常深刻。他说：你们毕业以后，不管到哪儿，记住"处处留意皆学问"这句话——处处都要很留意、很用心地去观察，这里面都是学问。后来我们同学都记住了这句话，出去实习或者公务考察，总是会想到杨先生的这句话，对我们确实很有教益，真是终身受用。

另外，我还有一层对杨先生的特殊感情。我的毕业设计是做的地铁设计，那时候国内没有地铁，也很少有出国考察的机会。辅导我毕业设计的孙钟扬老师也没有出过国，他就找杨先生说："这个事情得请您出山，有几个学生的毕业设计是做的北京地铁车站建筑设计，得请您帮忙指导。"杨先生欣然同意。所以我从北京回去后，在学校做毕业设计，是杨先生和孙先生给指导的。因此，我们接触杨先生受他的教诲更多一点。

访问者：杨老平时给哪个年级开课呢？还是只是高年级，低年级有没有？

柯焕章：我们入学的时候，杨先生还是系主任，过了不久，他当副院长了，也就是副校长，系主任就是刘敦桢先生了。杨先生不当系主任以后，社会活动多了，后来他还当选为江苏省副省长，基本就不开课了。

访问者：您当时的专业方向是民用建筑设计专门化吗？

柯焕章：是这样，我们前三年的基础课大家都是一样的，一起上的，到四年级开始分专门化了，我被分配到民用建筑设计专门化，这张照片（图 15-7）中有 6 位同学

图 15-8　参加齐康先生设计的中国国学馆设计讨论会时与齐先生的留影（2014 年 9 月 29 日）
注：左为柯焕章，右为齐康。
资料来源：柯焕章提供。

是城市规划专门化的，毕业时一起分配到北京市规划局工作。

访问者：您进入民用建筑设计专门化学习以后，上没上过城市规划方面的课程？

柯焕章：也要学规划专业基础课。

访问者：规划的课主要是哪些老师在讲授？

柯焕章：建筑系有专门的城市规划教研组。那时候，齐康老师是教规划的，还有黄伟康、
　　　　夏祖华老师等，他们差不多是和齐康同时期的老师。

访问者：齐康先生是哪年大学毕业的，您清楚么？

柯焕章：他好像是 1952 年毕业的（图 15-8）。我知道他 1956 年到北京都市规划委员会
　　　　来进修过。

　　　　据说齐康老师还挺勇敢的，他知道苏联规划专家来北京后，就跑到北京找北京
　　　　都委会，要求来进修。都委会告诉他，我们做不了主，要请市里审批，再一个，
　　　　你必须有当地市委的介绍信。他跑回去，真的找了南京市委，把介绍信给开来了。
　　　　他在北京进修可能是一年左右时间吧。1957 年我进南工学习的时候，齐康老师
　　　　从北京回来了。在北京这一年进修，对他帮助很大的，他自己又比较好学，回

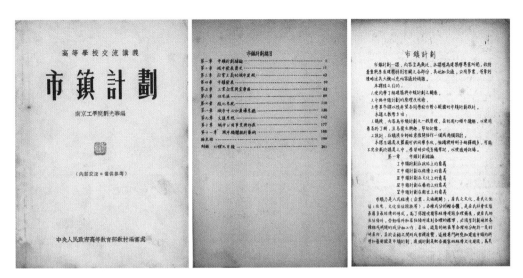

图15-9 《市镇计划》讲义封面（左）、目录（中）及正文首页（右）（1954年8月第一次印刷）
资料来源：李浩收藏。

到学校后就开设城市规划课了。

访问者：我买到过一本南工的教材，叫《市镇计划》（图15-9），这本书是刘光华老师编写的。

柯焕章：噢，刘光华老师很不错的，他也是留美的。

访问者：他是在规划教研组是吧？

柯焕章：不。他是民用建筑设计教研组的，他知识渊博，对城市规划也很有研究。

八、到北京市城市规划管理局工作

访问者：您毕业以后就到北京工作了吗？

柯焕章：是的，毕业以后，南工把我分配到北京工作了。但我晚来了一个月，因为我1961年来北京参加地铁设计时，耽误了一个课程设计，学校还是很严格的，要求把这个课程设计补上以后方可离校。

记得我到北京后，先到北京市人事局报到，然后他们让我再到北京市城市规划管理局去报到。我说我学的是建筑学专业，而且是民用建筑设计专门化，主要是做民用建筑设计的。我要求去建筑设计院工作，当时在人事局接待我的正好是北京市建筑设计院人事科的科长，她说："我们北京市建筑设计院是归规划局管的，所以你必须先到规划局去报到；报到以后你可以跟局里说，你要去设计院工作。"我说那好。结果我一到规划局报到，局里就把我给留下了。

北京市城市规划管理局规划设计职能的前身是1949年5月成立的都市计划委

图 15–10　在北京市城市规划管理局办公楼楼顶的留影（1963 年 4 月）
资料来源：柯焕章提供。

员会，后来改为都市规划委员会，再后来合并为北京市城市规划管理局，既做规划又负责行政管理，那时对干部的政治条件要求很高。我毕业之前已经入党了，那时候学生党员很少，规划局一看我的档案，就要把我留下。

访问者：您是哪一年入党的？

柯焕章：1961 年。那时，任凭人事处处长怎么说，我也没同意，我还是要求去设计院工作。她没有说服我，于是把我领到四室（城区规划室），让室主任赵冬日和副主任沈其给我做工作。两位主任对我说：规划局这儿也很需要建筑学专业的技术人员，而且规划工作和建筑设计很密切，我们还兼着北京市建筑设计院四室的主任呢……做了很多专业解说，并且说要把我安排在长安街和天安门广场规划组工作，与建筑关系更密切。这样，我只好服从组织分配，留下了（图 15–10）。

我留在北京市城市规划管理局工作以后，赶上四室正在做长安街规划和北京旧城改建规划第八稿。从 1950 年代开始，几乎每年都要做一稿北京旧城改建规划，当时已经做到了第八稿，这样我就开始参加长安街规划了。

访问者：柯先生，1962 年底参加工作后，您在北京市城市规划管理局工作了多长时间？

柯焕章：工作了将近 8 年，先后在城区规划室、近郊规划室及地铁规划组工作。1970年 8 月，组织上派我到某重点工程指挥部负责规划设计工作，1979 年回到规划局。

九、中央书记处的"四项指示"

访问者：柯先生，改革开放初期首都规划方面有一件大事——1980 年 4 月，中央书记处作出了关于首都建设方针的"四项指示"，当时您回到北京市城市规划管理局工作了吗？是否清楚"四项指示"的有关情况？

图 15-11　向时任北京市市长焦若愚同志汇报长安街规划（1982 年）
正面前排左起：柯焕章（左 1）、周永源（右 2，坐姿者，时任北京市规划管理局局长）、焦若愚（右 1，手持蒲扇者）。
资料来源：柯焕章提供。

柯焕章：我是 1979 年 9 月回到规划局的，对当时的印象还是比较深的（图 15-11）。
1980 年开始编制总体规划之前，北京市委、市政府专门准备了一个关于北京城
市建设问题的汇报材料，给中央书记处汇报。汇报的内容主要是因为"文化大
革命"时期北京的总体规划被停止执行，带来的后果及多年积累的城市建设方
面的问题，同时提出了相关的建议。

访问者：要进行拨乱反正。

柯焕章：对，可以那么说。北京市给中央书记处汇报的几个主要问题是人口规模膨胀问
题、建设用地紧张问题、经济发展和工业建设问题、生活配套设施以及城市基
础设施欠账严重等问题。汇报完后，当时中央书记处书记胡耀邦同志讲话，我
是听传达的，我觉得讲得真不错，很有针对性，他说北京发展规模还是要控制，
今后北京人口无论如何不要超过……

访问者：不要超过 1000 万。

柯焕章：是，他说北京的城市性质就是政治中心、文化中心，不再提经济中心。北京今
后不要再发展重工业了。
他还说北京的城市规模膨胀，其中一个重要因素是由于中央国家机关及其下属
机构多，他说今后中央国家机关以及它的下属机构，能不在北京设的尽量到外

地、外省市去设。还有一句话，他说中央国家机关必须要在北京设的机构，今后到郊区卫星城去建设。这些话，说得很明确了吧！

这些话，我的印象确实很深刻，正式下达的中央书记处的"四项指示"，不仅是 1983 年版的总规，到了 1991 年我们组织新版总规修编的时候，进一步贯彻了中央书记处的这些指示精神和要求。

十、关于北京市城市规划设计研究院的成立

访问者：柯先生，我听人说过，1986 年北京市城市规划设计研究院之所以成立，一个重要背景是因为当年您曾和北京市领导一起去莫斯科访问，所以借鉴莫斯科城市规划设计院的经验成立了北京市城市规划设计研究院。可否请您谈谈这方面的情况？

柯焕章：情况不是这样的，那一年我跟着市长出访了两次。我们第一次是 1986 年 2 月份去新加坡访问，第二次是 8 月份去苏联（图 15-12）。那时候苏联还没解体呢，莫斯科市委书记好像是叶利钦，他接待了我们。

有一天，在莫斯科吃晚饭的时候，我们中方代表团中有一位是北京市公安局的副局长，这个人的长相有点特别，大眼皮往下耷拉，莫斯科的一位领导老盯着他看。后来市长发现了，就开玩笑似的说：这位同志，你怎么老盯着我们那位同志看呢？你是不是觉得他这个人特别呀，像不像克格勃？市长又说：他是我们北京市公安局的副局长，他回去以后就要当局长了。

接着他指着我说：这位是我们规划局的副局长，他回去以后，就要当北京市城市规划设计研究院的院长了。我一愣，那时候还没有成立规划院呢，叫我当院长，我一点不知道（其实市委已研究定了，市长当然知道，只是还没有正式宣布，也没有告诉我）。

那么，为什么会在 1986 年成立北京市城市规划设计研究院呢？你们中国城市规划设计研究院好像是 1982 年恢复成立的。在中规院成立之后，1983 年，建设部要求全国各地，尤其是省会城市，都要成立规划局和规划设计机构。当时有些地方连规划局都没有，只有规划处，也没有规划院。北京的规划设计机构是在规划局内的，根据政事分开的要求，北京的城市规划设计机构也应与管理机构分开。

那时候，市领导对我们说：咱们规划局和规划院是不是分开吧？我们不愿意，这么多年来，我们一直是在一个机构里，从 1957 年底局、委（北京市城市规划管理局和北京市都市规划委员会）合并以后，一直就是在一个机构里，规划设计是后台，规划管理是前台，配合得很好。所以，我们一直不愿分。我记

图 15-12　访问苏联时与基辅市市长等的留影（1986 年 8 月 25 日）

注：摄于基辅，右 3 为柯焕章。

资料来源：柯焕章提供。

得在 1984 年的时候，先挂了个"北京市城市规划设计研究院"的牌子，实际机构没有分。

那么，真正分开是在什么时间呢？我到莫斯科去的时候还不知道，叫我当院长我更不知道，市长就在那儿直接给我宣布了。我们 8 月份回来，9 月份就正式宣布将原规划局一分为二，成立北京市城市规划设计研究院，为市属局级事业单位，并任命我为院长，是这么一回事。

访问者：听您这么一说，北京市城市规划设计研究院的成立，跟莫斯科城市规划设计院没有太大的关系。

柯焕章：没有关系。我们去苏联时，当时也访问了莫斯科规划院，与他们建立了相互交流的关系。交流了几年，我们去，他们来，隔一年一次。苏联解体后，就不了了之了。

访问者：您 1986 年去莫斯科的时候，像 1950 年代帮助过咱们搞规划的那批专家，应该又见他们了吧？比如说 1955 年来的专家组组长勃得列夫，经济专家尤尼娜，还有规划专家兹米耶夫斯基。

柯焕章：我们问了一下他们的情况，本来是很想见见他们的，结果一个也没见着。有的专家已经去世了；像尤尼娜岁数比较大，虽然还在，但不太方便了；有的专家当时没联系上，因为早就退休了。

访问者：对，那批专家在 1986 年的时候年纪都非常大了。他们 1950 年代来中国的时候大概是 50 岁，等到 1986 年，又过去 30 年了。

柯焕章：是啊，我们当时给他们提了，他们也想办法找了，因为时间比较仓促，我们还要去列宁格勒和基辅等几个城市考察，所以没见着。

访问者：当时你们去莫斯科访问的时候，莫斯科城市规划设计院的同志怎么看待 1950 年代他们的专家到中国来技术援助这样一段经历？他们苏联人怎么看苏联专家来援助北京规划这件事，聊没聊？

柯焕章：我们也聊了聊，他们比较友好，对他们这些老专家评价挺高的，派出去的那几个专家在他们那儿业务上都是挺不错的。因为交流时间比较短，他们没有说太多。主要交流了规划工作情况。

访问者：1986 年那次出访，杨念先生去没去？

柯焕章：她没有去。

访问者：当时担任翻译的人员是谁呢？

柯焕章：翻译是北京市人民政府外事办公室的。

访问者：不是北京规划局的人？

柯焕章：对。

十一、担任规划院院长的心得

访问者：柯先生，您曾经担任北京市城市规划设计研究院院长 15 年时间（图 15–13），之前还曾担任北京市城市规划管理局副局长，现在回忆起来，这 20 年左右的领导工作期间，有哪些经历是您最值得骄傲的？或者说，您对规划师群体的领导工作方面有什么心得体会，怎么才能当好规划院的院长？

柯焕章：我觉得我还是比较有幸的，能赶上那个年代。

访问者：新中国城市规划的第二个春天。

柯焕章：就是，周部长（周干峙）说这是新中国城市规划的第二个春天，因为改革开放后拨乱反正了。我最近看一些微信，不少人都怀念起 1980 年代，我觉得那段时光确实是值得怀念的。

访问者：社会风气比较正，人们改革的精神也比较足。

柯焕章：那会儿大家都比较单纯，心气儿比较足，工作上一个劲儿。所以我是觉得，在 1983 年当规划局副局长以及后来当规划院院长抓规划的那段时期里，大家心都挺齐，积极性很高。

1983 年 7 月 14 日，中共中央、国务院正式批复了《北京城市建设总体规划方案》。

图 15-13　北京市规划委员会重新组建时新老单位部分领导的留影（2000 年）
左起：刘永清（女，左 1）、柯焕章（左 2）、单霁翔（左 3）、平永泉（左 4）、姚莹（右 3）、王美君（女，右 2）、李非（右 1）。
资料来源：柯焕章提供。

批复后的次月（1983 年 8 月），我被任命为北京市城市规划管理局副局长，上任后，主要分管规划工作，其中一项主要工作就是抓分区规划。北京市以前也做过分区规划，那是比较局部的，比较系统完整地做分区规划还是头一次。当时发动做规划的面挺广的，包括市区政府的各有关部门都参加，相当于总体规划的内容都涉及到了，而且深度更深了。

分区规划一直做到 1986 年（图 15-14），紧接着又做县域规划及县城卫星城规划等，也是新的工作。以前没有做过完整的全县域的规划和县城的总体规划，所以也是一项新的工作量很大的规划工作。

张其锟同志你知道吧，1950 年代他是市委郑天翔书记的秘书。1986 年北京规划院成立时，市长把他安排到规划院当副院长，并当着我们的面对他说：你就当个副院长吧，虽然你年龄比小柯大，资格比较老。张其锟同志除了抓数据信息研究，同时负责县域规划和县城、卫星城规划，他工作挺来劲的，对规划院和我的工作很支持。

图 15-14　市长办公会审议北京市区分区规划现场留影（1986 年）
前排左起：韩伯平（左1）、张百发（左2）、刘玉令（右3）、柯焕章（右2）、宣祥鎏（右1）。
资料来源：柯焕章提供。

其实我有什么本事？主要是靠大家。当时规划院有好几位老专家，都是1950
年代都委会过来的。除了陈干，还有搞交通的郑祖武，另外还有搞水和能源的
老专家，我是建筑学专业出身，知识面没有那么广，就得充分依靠并发挥他们
的作用，他们挺高兴，我也没有思想包袱和顾虑，他们挺愿意跟我沟通，大家
相处配合得挺好（图 15-15）。

访问者：我国的规划事业经历过一些波折，不少老同志有过一些不愉快的经历，其实老
　　　　同志正是我们规划事业的宝贵财富。

柯焕章：你说得对。过去比较"左"的年代，他们的积极性受到一定影响。改革开放以
　　　　后，不少老同志就像焕发了青春似的，工作热情、积极性挺高，挺愿意下去调研，
　　　　不怕辛苦。年轻人更是如此。大家配合开展工作，都很高兴、很融洽。他们对
　　　　那时北京规划工作的推进，发挥了十分重要的作用，对我的工作给以极大的支
　　　　持，我从心里非常感激他们。

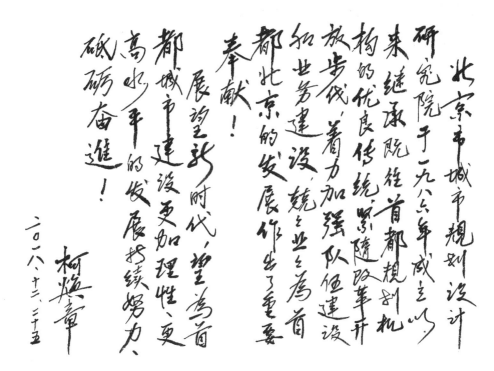

图 15-15　为北京市城市规划设计研究院建院 32 周年题词（2018 年 12 月 25 日）
资料来源：柯焕章提供。

十二、1992 年版北京城市总体规划的主要特点

访问者：柯先生，1992 年版北京总规是您院长任期内的一项重要工作，对此您有何突出
　　　　的印象或体会？

柯焕章：1992 年版总规是由好多因素促成的，总规做得比较到位，大家都比较认可。到
　　　　2004 年新的总规修编时，还用了其中的一些主要原则和内容。1992 版总规的
　　　　一个重要特点是更广泛地发动各方参加，采取"开门搞规划"的方式方法
　　　　（图 15-16、图 15-17）。

访问者：各个部门共同参与？

柯焕章：是的。不仅是北京市政府的各个部门及有关单位，还有中央有关部委及其下属
　　　　的研究机构也都参与了。大概有七八十个单位参加做专题研究，最后提出了 24
　　　　份专题报告，做得非常有针对性，很切合北京实际和发展需要。

访问者：改革开放以后的城市规划史，我还没有专门研究，但也有些粗略的概念。在
　　　　1992 年版北京总规之前，好像还做过一些首都战略研究，类似于后来常说的
　　　　战略规划的这种思路，对吧？这是不是也是 1992 年版总规做得比较好的一个
　　　　原因？

图 15-16　向时任北京市委书记尉健行同志汇报 1992 年版北京城市总体规划（1994 年 5 月 30 日）
左起：尉健行（左 1）、柯焕章（左 2）。
资料来源：柯焕章提供。

柯焕章：是这样的，80 年代就开展过首都发展战略研究（图 15-18）。到 90 年代，1992 年版总规修编工作正式启动是在 1991 年。在此之前，1990 年我们首先组织了一个专家讨论会，从战略高度研究北京这版总规应该怎么修编。梳理出来以后，形成一个报告文件，报给市委、市政府。市委、市政府审议通过以后，1991 年我们正式开始做总规的修编，前面有这么一个过程。

另外，在 1990 年专家讨论会之前，通过分区规划和县域规划等规划工作的开展，都为后来 1992 年版总规的修编工作打下了一定的基础，积累了一定的资料。所以 1992 年版总规应该说是做得比较实的（图 15-19）。

后来我们归纳了一下 1992 年版总规的主要特点。第一是进一步明确了北京城市的性质定位。1983 年版总规，中央书记处明确的城市性质是全国的政治中心和文化中心，不提经济中心了。1992 年版总规进一步提升了城市性质——"北京是中华人民共和国首都，是全国的政治中心、文化中心、世界著名古都、现代国际城市"。2004 年版总规用的还是这个性质定位。

第二是对首都北京人口的发展，提出"有控制有引导的发展方针"，不仅要有相应措施控制人口快速增长，同时要积极引导人口和产业向外地和郊区卫星城转移。

第三个显著特点是经济发展方面。中央书记处不是说了吗，北京不再发展重工业，那么北京到底发展什么？我们明确提出来，北京应该发展适合首都特点的经济。首都北京有什么特点？很显然，她是一个历史文化底蕴深厚，教育、科技发达的城市，这在全国是第一位的。北京根据这些特点能够发展什么？我们明确提出今后北京在经济方面主要发展两个产业：一个是高新技术产业，第二个是新兴第三产业，包括金融业、保险业、信息业、咨询业和旅游业等，后来叫现代服务业。

图 15-17　向老领导郑天翔同志汇报北京规划（1994 年 7 月）
前排左起：柯焕章、郑天翔、沈勃、宋汀（女，郑天翔夫人）、王东、苏兆林。
资料来源：柯焕章提供。

图 15-18　参加首都发展战略工作会议时的一张留影（1986 年 11 月）
左起：刘小石、杨念（女）、俞长风、曹连群（女）、钱铭、柯焕章。
资料来源：柯焕章提供。

图 15-19　正在向公众介绍 1992 年版北京城市总体规划（1993 年）
资料来源：柯焕章提供。

据此，北京科技园区、亦庄经济技术开发区相继发展，北京商务中心区（CBD）也是这次总规提出来的。我们 1991 年研究总规的时候，前前后后出国考察了一些城市。我们到这些国家的首都城市，参观了他们的商务中心区，像法国巴黎的拉德芳斯（图 15-20）、英国伦敦的金丝雀码头区、日本东京的老三区和新宿等。我想他们这样不是挺好嘛，同样作为首都城市，我们也应该搞商务中心区，发展新兴第三产业。于是我们在研究 1992 年版总规时就明确提出北京要建设发展商务中心区，就是 CBD。后来在做位置研究的时候，我们做了好几个方案的比较，最后认为在东边东三环国贸中心那一带建设 CBD 最合适。

第四个，我们根据北京的城市性质、经济发展和城市发展状况提出了一个发展方针，就是北京今后城市发展要实现两个战略转移。哪两个战略转移？老说城市发展摊大饼，以后不应再这样了，所以提出一个战略转移是北京今后的发展重点要从市区转向广大郊区，发展郊区卫星城。另一个，中心城里面，当时叫市区，市区今后的发展重点要从外延扩展转向调整改造，这样两个战略转移。那时建设部部长是侯捷，侯部长带队，包括各个司局领导，来听取我们总规修编的汇报，建设部领导对这一方针的提法很赞同，后来也被大家所接受（图 15-21）。

第五个，关于历史文化名城保护。这次总规正式提出了北京历史文化名城保护不仅仅要保护文物建筑及历史街区，而要从整体上保护历史文化名城。明确了三个保护层次：一是历史文物（文物保护单位），二是历史街区（历史文化保护区），三是历史文化名城整体保护（图 15-22）。并进一步提出了十条主要的保护内容，很具体，现在还在沿用这些内容。

图 15-20　访问考察法国巴黎拉德芳斯 CBD 时的留影（1991 年 10 月 11 日）
注：中为柯焕章。
资料来源：柯焕章提供。

图 15-21　北京市委扩大会学习国务院对 1992 年版北京城市总体规划的批复精神（1994 年 2 月 23 日）
左起：董光器（左 1）、柯焕章（左 2）、宣祥鎏（左 3）、赵知敬（右 2）、平永泉（右 1）。
资料来源：柯焕章提供。

图 15-22　在"历史城市的保护与现代化发展北京国际学术研讨会"上作学术报告（1990年4月）
资料来源：柯焕章提供。

第六个，明确提出要加快城市基础设施现代化，总规充实了很多内容。这版总规还有一些比较突出的特点，得到了大家的认可。1992年版总规应该说也是实施比较好的，但是因为90年代发展太快了，所以有些地方被突破是在所难免的。

十三、首都行政中心规划问题

访问者：柯先生，现在已经进入新世纪，也进入一个新时代了。我们国家的首都行政机关，是否也存在着一个现代化功能提升的问题呢？一方面，中南海等区域还可以继续保留；另一方面，是不是中央行政办公机构还可以有一个新的相对集中的场所，搞得比较现代化和高效率的，对这个问题您是怎么看？

柯焕章：这个事情，其实我们早就有考虑，尤其是1983年版和1992年版的总规，但这个事情影响大，虽有规划设想，一直没有正式公开说。
　　　　我在中南海搞过工程，那里其实没有太多的空间可以作为办公用的。其中有些传统建筑还是要保护的。尽管那时候文物保护意识还不是很强，但还是保护了不少重要的文物建筑。

访问者：包括瀛台是吧？我记得是在您的努力下，到万里同志恢复工作后把它抢救下来的。

柯焕章：你怎么知道的？

图 15-23　瀛台旧貌（1970 年代，修复前）
资料来源：柯焕章提供。

访问者：我看过您的一些资料。

柯焕章：是，差点把瀛台拆了。因为当年中央进驻中南海后，尤其南海能利用的空间和房子很少，而瀛台因年久失修，破败严重（图 15-23、图 15-24），一直没有利用，所以领导决定把它拆了，新建一组领导人居住和办公的用房。

我接到这个任务时，就想，这太可惜了，能否不拆把它修好利用起来呢？我先后三次向上反映了意见和建议，但未能被采纳。我以为没有希望了。但真有幸，那时万里同志已经恢复工作了，工程指挥部请他到工地来视察。我是工程指挥部规划设计室的负责人，陪同参加，一起看现场。当我们走到南海的时候，我突然想到，并鼓起勇气说："万里同志，您看这个瀛台怎么样？您知道这个瀛台吧？"万里同志说："我知道啊，这不是囚禁光绪那个地方吗？"我说："是呀，您看这个小岛和这组建筑多好，尽管现在有的房子房檐掉了，很破旧了，但是整体形态格局很完整，原有房子都在，那些大树、假山石多好啊。但是现在上面首长叫我们做方案把它拆了，拆了以后在上面新建一组领导人居住和办公的房子。"

万里同志说："我知道这是囚禁过光绪的地方，现在基本还是老样子吧？"我说：

图 15-24 瀛台蓬莱阁旧貌
（1970年代，修复前）
资料来源：柯焕章提供。

"是啊，如果把它拆了，太可惜了。"他说："是，最好不拆。"我马上说："那您一会儿要见首长，能不能跟他说说瀛台的历史文物价值，尽量不要拆，把它修好，保护、利用起来。"他说："好，试试吧。"

第二天，主管工程的一位中央警卫局领导过来找我，说要告诉我一个好消息。我说什么好消息，他说瀛台不拆了。我当时说：这太好了！他说昨天万里同志跟领导讲了，非但不拆，还原样修复。我说那真是太好啦！北京市房管局专门有一个修缮古建的公司，他们的队伍进来后彻底将瀛台进行了大修。同时我们进一步做了规划设计，适当做了一些调整改造，考虑方便使用，汽车可以上去，将以前的木头吊桥改成了混凝土结构的石拱桥，还增加了一些必要的设施（图15-25）。

修好以后，当时就想，那么好的环境和房子，将来作为中央领导接待外宾的地方多好啊。

没有想到，胡耀邦同志当政的时候，他的思想挺开放，他说中南海那么好，让老百姓都来看看。所以从1980年5月开始，每逢星期日就开放，两毛钱一张票，开放了好几年呢。但是到1989年"六四"以后就不开放了。你们没赶上吧？

图 15-25　瀛台全貌（鸟瞰）

访问者：我是 1979 年才出生的。

柯焕章：直到 1993 年才启用瀛台作为党中央领导接待宾客的场所。江泽民总书记先后接待过克林顿、叶利钦、小布什及普京等多位国际政要。从此以后，瀛台就作为党中央领导会见外宾的主要场所。

所以，像瀛台这种事情，那时刚好有这个机会，遇上万里同志恢复工作，保护了瀛台。否则，拆了也就拆了，现在后悔都来不及。

访问者：是的，您这是为党中央保留了一个"会客厅"。

柯焕章：不能那么说，我只是尽了一点应尽的责任，留下了一组国家重点文物。

回过来再说说行政中心规划。我们在 1983 年版和 1992 年版的总规中就有考虑，尤其是在研究 1992 年版总规的时候，我们坚持把四环路以北、北中轴线两侧那几平方公里的土地留下来，那是干嘛用的呢？

访问者：给首都行政中心预留的？

柯焕章：是啊，我们是这样想的。因为中南海可以用作行政办公的地方是很少的，其他中央机构的办公条件也不是很好，从规划的角度需要考虑首都行政用地的发展和调整问题。多年来，我们把四环路北边那一片地一直留着，作为行政办公备用地保留的（图 15-26）。

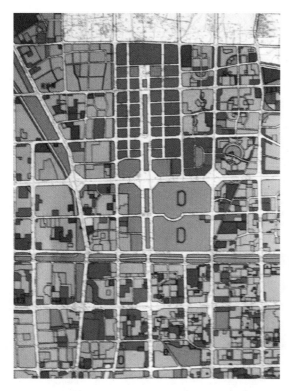

图 15-26　北京市区北部地区控制性详细规划图局部（1998 年）

资料来源：柯焕章提供。

为了筹办 1990 年北京亚运会，80 年代中期我们做亚运工程规划的时候，同时考虑了以后举办奥运会的需要，将奥体中心选址在四环路以南，中轴线以东，安定门外大街以西，北土城路以北的这片完整的土地上，面积 1.25 平方公里，其建设用地规模就是按照奥运会主会场的规模考虑的。但亚运会时，考虑国家财力，没有建主会场，是利用工人体育场作主会场的。所以规划的奥体中心只建了几个场馆，用了北半部不到一半的用地，南部用地留待举办奥运会时新建主会场，同时还可以建两个场馆。

这样规划，北中轴北段的总体布局，从功能到形态都很好，东边是奥体中心，西边是中华民族园，一边是体育公园，一边是文化公园，北边是行政办公区。这样北中轴不仅布局很完整，而且分量很重很得体。

亚运会以后，北京先后两次申办奥运会，在申办报告中都明确是将规划的奥体中心作为主会场的。2001 年，国际奥委会在莫斯科宣布北京为 2008 年奥运会的主办城市时，中国代表团，包括带队去的一位北京市主要领导，一下子蹦了起来，简直是高兴疯了。高兴可以理解，但一回来真的"疯"了。很快提出："我们北京一定要办一届世界上规模最大、水平最高、设施条件最好的奥运会！"在当时极度兴奋的情况下，认为原来规划的四环路南面的奥体中心用地面积小了，不够气派，要把主场馆挪到四环路北边去。然后马上开展规划设计国际竞赛（图 15-27）。第一轮国际竞赛的时候，记得有好几家设计单位，包括北京

图 15-27 参加北京奥运中心规划设计方案国际征集评审会留影（2002 年）
左起：庄惟敏（左1）、王瑞珠（左2）、宣祥鎏（左3）、汪光焘（左6）、齐康（右6）、彭一刚（右5）、
张锦秋（女，右4）、柯焕章（右1）。
资料来源：柯焕章提供。

市建筑设计研究院、清华大学，还有美国的 RTKL 设计公司等方案，都把主会
场安排在原来规划的奥体中心位置，他们认为场地空间足够，交通组织有利。
但确实也有好几家设计单位把主会场挪到四环路北边地块上去了，北京市领导
当然同意这类方案，最后把规划保留多年的行政办公用地占用了。

之后，紧接着做主会场的设计招标，最后定了那个"鸟巢"。方案定下来不久，
国际奥委会提出：你们中国是第三世界国家，你们要给第三世界国家做个勤俭
办奥运的榜样。所以，后来才有了奥运场馆要瘦身的过程。但是，"鸟巢"的
方案已经定了，整个摊子也铺开了，瘦身瘦不下来了。最后，把"鸟巢"上面
可开启的屋顶给"瘦"掉了。但是，最可惜的是把那个地方给占了，破坏了北
中轴原来理想的功能布局和形态格局，太可惜了！

访问者：成了遗憾。北中轴那块地，今后有没有再改造成行政办公区的可能呢？

柯焕章：我想不可能了，怎么还有可能呢？那几个都是大型永久性建筑。像"鸟巢"，
多少万吨钢在那儿堆着呢，怎么拆？可惜啦！

我曾想问问参加 2017 年版总规修编的同志：你们有没有做过一个跟北京规模
相近的国外首都城市的比较研究？例如莫斯科、巴黎、伦敦、东京这样的首都
城市，他们的行政中心是怎么布局的？另外，有没有哪个国家的首都城市把地

图15-28　为纪念中国城市规划协会第三届会员代表大会暨改革开放30周年题词（2008年9月6日）
资料来源：柯焕章提供。

方政府从市中心搬到城市边缘去了。

访问者：包括1929年南京《首都计画》，其中既有中央政治区的规划，也有南京市行政区的规划，它提出的意见就是市行政办公区要放在城区中，便于市民办事，但中央政治区可以选址在城区以外的地方。

柯焕章：是的。当初北京市的规划，包括苏联专家提的方案和都委会有的专家提的方案，把中央主要机关放在城里，市级机关也是在城里的。

访问者：现在经常听到一种声音，说去通州办事很不方便。

柯焕章：是啊。

访问者：为了便民，城区里又得另设办事大厅。

柯焕章：大概是吧。有一次我跟规自委（规划和自然资源委员会）的同志开玩笑，我说：你们以后开会，如果在通州开的话，我去不了啦。现在他们有好多会是在城里开的。有些规划上的事情，比较复杂，规划人员有时会感到很无奈。所以，曾经有人说，城市规划是一门遗憾的学问。我还部分赞同这个说法。因为城市规划受各种因素制约，工作不容易做，难免有遗憾之处。

当然，尽管有遗憾，有无奈，但也确有令人欣慰的时候。总有实现规划、按照规划实施做得好的地方，而且是多数情况，或是主要的方面，要不然，北京和全国各地这么大量的规划建设成就怎么解释呢。所以总的来说，应该感到很欣慰的（图15-28）。

十四、北京商务中心区（CBD）的规划建设

访问者：刚才在讲1992年版总规的情况时，您谈到了CBD，据说北京CBD是在您的建议并积极推动下建设发展起来的？

柯焕章： 也不能那么说。但北京 CBD 的建设，北京规划院确实起了积极的推动作用，也可以说，北京 CBD 的建设是规划引导并推进城市建设发展的一个较好的案例。我们在研究 1992 年版总规时，提出了建设北京 CBD 的建议，并做了选址比较研究，确定了今天这个位置。1992 年邓小平同志"南方谈话"发表后，1993 年国务院批复北京城市总体规划，同时迎来了建设发展高潮。但是，由于对北京 CBD 建设的必要性没有真正被市政府有关部门及很多建设单位所认识和重视，当时虽然有许多商务设施建设项目，但多分散在城市四处进行建设，而规划的 CBD 却没有多少建设项目。

1996 年下半年，北京规划院发现这一情况后，即组织对北京商务设施项目（包括写字楼、酒店、高档商业和公寓等）建设情况的调研。调查结果，包括正在施工的、已经审批立项的、已经批了建设用地和规划设计方案的各类商务设施项目，达 2000 多万平方米。我们感到很吃惊，当时想如果安排其中四分之一或五分之一项目到 CBD 去集中建设，就相当于上海的陆家嘴了。

于是，我们马上向市委市政府写了一个《积极培育新的经济增长点，加快建设北京商务中心区》的报告，于 1997 年初作为规划院 1 号文件报送市委市政府。市里很重视，2 月 3 日就召开市长办公会，专门讨论这个报告。会上气氛空前热烈，意见高度一致，认为北京应该建设商务中心区，而且要集中力量加快建设，会上决定马上成立北京商务中心区建设领导小组，下设办公室组织开展工作。

会后，很快开展规划设计和招商引资工作。可是有点"生不逢时"，不久遇上了亚洲金融危机，一些投资商纷纷撤资了，CBD 建设受到很大冲击，基本停滞。但另一方面，当时北京的住宅市场还很旺，建设需求量很大，处于 CBD 内一些急于要出让土地的工厂企业，纷纷要求把土地卖给开发公司建住宅。我们一看这情况就急了，如果这样过不了几年 CBD 就不可能成为 CBD 了，将是一个庞大的居住区了。

为此，1999 年底，我们又写了一个报告《关于北京 CBD 建设问题的请示》，于 2000 年初又以规划院 1 号文件报送市政府，报告呼吁市政府有关部门赶紧制止出让 CBD 的土地开发住宅；同时看到亚洲金融危机开始出现转机，希望市里抓紧开展招商引资等工作，争取将重要商务设施项目吸引到 CBD 来，重启 CBD 建设。6 月 5 日，刘淇市长和孟学农常务副市长主持召开市长专题会，讨论市规划院的报告。市长和参会的有关部门领导又一致同意并决定全面启动 CBD 的建设，重新成立北京商务中心区建设领导小组及其办公室，由常务副市长任组长，三位副市长任副组长，各有关委办局一把手为成员，下设领导小组办公室，由各委办局一名副职为成员。

当时市长说："老柯，你来当办公室主任吧。"我说："我已超期服役了，难

图15-29 《CBD》杂志第12期封面（2006年3月）
注：本期封面人物为柯焕章。
资料来源：柯焕章提供。

胜此任了。"市长说："那你就当总顾问吧。"我说："顾问还可以。"后来很快开展工作，8月在朝阳国际商务节和京港经贸洽谈会上，把北京CBD的概念及市政府全面启动CBD建设的决定推了出去，引起很大社会反响。接着CBD规划设计方案国际征集、招商引资全面展开，由此CBD大大加快了建设进程（图15-29）。

到2008年奥运会前，CBD已形成800多万平方米规模的各类商务设施及配套项目，不仅为北京的经济发展作出了很大贡献，而且CBD成了北京的新地标。2008年奥运会后，北京该建设的大项目都已经建成了，下一步北京还能建什么呢？市主要领导带队赴上海考察，一看上海浦东超高层建筑林立，感到十分惊讶，回京后就要启动北京CBD核心区建设。

原规划CBD核心区约30公顷用地，本来想待以后进行建设，期望建得更好。但是当时领导马上就要启动建设，并立即开展核心区规划设计国际竞赛，最后不仅大幅度突破CBD控制性详细规划的控制要求，大大提高了建筑高度和容积率，而且主体建筑"中国尊"高达528米。

访问者：按照原来的规划，CBD内的建筑最高可以多少米？

柯焕章：原CBD控制性详细规划考虑北京的城市形态和风貌特征，确定CBD最高建筑高度为250米。

21世纪初，国贸中心要建设三期工程，建筑高度要求330米，市里与业主商谈数次，未能谈妥。当时主管副市长汪光焘同志问我怎么办？我说别的不大好说，有一个硬指标，就是要征求军方关于净空控制的要求。他说对，你赶紧写个报告。我很快草拟了一份报告送汪市长。汪市长请市主要领导审阅后，就以市政府名义报送空军司令部。一周后，空司复文，明确说长安街及其延长线以北500米范围内，建筑高度不得超过 250 米。

国贸知道这一情况后，仍找市主要领导要求建到 330 米。市主要领导就让常务副市长孟学农出面，直接找空司领导商量，希望尽力通融和支持。最后空司第二次正式来文，称经研究，同意国贸三期建筑高度 330 米作为特例，并明确说"下不为例"。

可是，这次市领导欣赏并支持的 CBD 核心区的"中国尊"的建筑高度却达到 528 米，成倍超过了净空控制要求。当时我曾问过主管副市长：对 CBD 建筑高度控制，空军司令部给市政府曾正式来文，有明确要求的，这次找空军司令部商量了吗？副市长说"不找了。"就是说愣这么干了。最后的结果大家都看到了。

十五、几点提问

访问者：柯先生，我再向您请教几个问题。首先，对于 1973 年版的北京总规，您还有没有什么印象？

柯焕章：很抱歉，我没有参加 1973 版总规的研究，为什么呢？ 1970 年 8 月，我被派到一项重点工程去工作了，1979 年 9 月才回到规划局。

1973 年版总规，那时候还处在"文化大革命"当中，我想只能是修修改改吧。1966 年"文化大革命"开始，1967 年 1 月国家建委就通知北京的总规停止执行了。在"文化大革命"时期，尽管北京城市建设量不大，但也暴露了不少问题。后来万里同志恢复工作后，他说总规不能无限期停止执行，搞建设不能没有规划呀，原来规划有不当之处可以修改嘛。不过在那时候的社会环境下，1972 年版总规没有正式上报。

访问者：北京是咱们国家的首都，跟其他城市相比较，您觉得首都城市规划工作的特殊性和复杂性表现在哪些方面？应该怎么做好首都的规划？我问的这个问题比较大。

柯焕章：问题是比较大，不仅大，而且难回答，从规划部门的角度来说确实是不容易的。因为首都规划，不仅中央领导和北京市领导都很关注，而且还有中央各部门单位都有话语权，我们都得听呢。以前我们业界的一些前辈，一些规划专家，他们在这方面做得不错。而且以前强调政治挂帅，要服从政治需要。所以对上面领导的意见和指示，都是尽力加以贯彻，积极去做，努力做好，在我们规划部门形成了良好的传统（图 15-30 ~ 图 15-32）。

虽然社会上对北京的规划难免会有一些误读或误解，但应该说，首都规划 70 年，一步步走过来，总的看，各个时期的规划和建设成就是应该充分肯定的。

访问者：您对北京未来的规划发展有什么期望吗？

图 15-30 在办公室的一张留影（2006 年）
资料来源：柯焕章提供。

图 15-31 有幸获得建国 70 周年纪念章（2019 年 9 月）
资料来源：柯焕章提供。

图 15-32 拜访柯焕章先生留影（2019 年 10 月 29 日）
注：柯焕章先生家中。

柯焕章：期望值太高了可能也不现实，因为规划及规划实施确实是不容易的。当然现在
　　　　的规划，2017 年版中央批准的北京总规，视野进一步扩大了，目标要求是很
　　　　高的，尤其是在城市功能、人口和产业的疏解等方面提出的目标要求，我想实
　　　　现会有一定的难度，但我希望能够圆满实现这个规划，期望首都北京的建设发
　　　　展越来越美好！

访问者：谢谢您！

（本次谈话结束）

2020 年 9 月 24 日谈话

访谈时间：2020 年 9 月 24 日上午

访谈地点：北京市西城区西直门内玉桃园二区，柯焕章先生家中

谈话背景：访问者 2019 年 9 月拜访柯焕章先生后，对《苏联规划专家在北京——1949—
　　　　　1959 年的首都规划史》（上部）草稿进行了修改，于 2020 年 8 月完成《苏
　　　　　联规划专家在北京（1949—1960）》（征求意见稿）并呈送柯焕章先生审阅。
　　　　　柯先生阅读书稿后，与访问者进行了本次谈话。本次谈话的主题为对书稿的
　　　　　意见，以及长安街和天安门广场规划建设等内容。

整理时间：2020 年 9—10 月，于 2020 年 10 月 10 日完成初稿

审阅情况：经柯焕章先生审阅，于 2020 年 11 月 19 日初步修改，12 月 3 日定稿并授权
　　　　　公开发表

李　浩　（以下以"访问者"代称）：柯先生您好，这次拜访您，一方面是想听取您对《苏
　　　　　联规划专家在北京（1949—1960）》（征求意见稿）的意见，另一方面是想请
　　　　　您作一些补充访谈，特别是天安门广场和长安街规划等的一些问题。

柯焕章：这份新的书稿我已经看了，书稿中多是史料，我没有亲身经历，没有太多感性
　　　　的认识，所以我对全书内容没有太多意见。

　　　　关于天安门广场和长安街规划等内容，我只能说些我所经历或参与过的一些情
　　　　况，不可能很全面，也不一定很准确。

一、对《苏联规划专家在北京（1949—1960）》书稿的意见

柯焕章：上次访谈我已经谈了阅读你的书稿后的感受，没有什么新的补充了。但这一次书稿的后面新增加了一章"首都规划的后续发展"，其中写到1992年版北京总规的简要介绍，此事我经历过，印象较深刻，替你改写了一段。基本按照你的写法，作了些调整。

1992年版北京总规是在总结1982年版北京总规的基础上，结合小平同志"南方谈话"以后改革开放的新形势完成的，规划提出了新观念，体现了新特点。首先是对北京的城市性质定位，进一步明确，表述更完整，"北京是中华人民共和国首都，是全国的政治中心、文化中心，世界著名古都，现代国际城市"。第二是对首都人口发展，明确提出要有控制、有引导的发展方针。第三是明确提出发展适合首都特点的经济，这比1982年版总规的提法有了新的发展，根据首都文化底蕴深厚、科技教育发达的特点，明确提出大力发展高新技术产业和新兴第三产业。第四是提出城市发展要实现两个战略转移的方针，今后城市发展重点要从市区向广大郊区转移，发展卫星城；今后市区的发展重点要从外延扩展向调整改造转移。第五是关于历史文化名城保护，提出北京历史文化名城整体保护的理念，并提出了具体保护的十项内容。

我主要写了这几点，此外如基础设施现代化等内容不多写了。

访问者：关于这一章还有个情况，有些专家提出意见，书名中是"1949—1960"，这一章跟书名不对照。有的专家建议作一个附录，把几个比较重要的规划文件，如1953年版总规和1957年版总规文本，国家计委的审查意见及北京市的不同意见，作成附录。有的专家建议把第20章的内容放在附录里。您觉得合适吗？

柯焕章：倒也没关系。其实我觉得问题不大，第20章标题中点明了，主要是"后续发展"。

访问者：书稿前面一些章节中引用了一些您的话，包括地铁建设，不知您有没有什么意见？

柯焕章：问题不大吧。

另外，文字上给你提个醒。包括有些错别字，如第326页倒数第4行，应该是"戒台寺"，不是"戒合寺"。第327页，"各个乡镇的人口约400万人"，是不是写错了？等等，可以进一步校核、订正一下。

访问者："400万人"的意思可能是几十个市镇合在一块儿的总人口共约400万人。

柯焕章：应该是合起来，我也觉得是这样。

访问者：我在"约400万人"的前面用方括号加一个"共"字，以免误解。

柯焕章：第379页，彭真讲话的时间应该是1956年，不是1959年。

访问者：对，1956年。这个问题我已经发现了。

柯焕章：看了书稿，我觉得当年来中国的那些苏联专家挺好的。当年在都委会工作的一

些老同志，说起苏联专家来，对他们的印象也是很好的。

访问者：他们大都是有点资历的苏联专家。

柯焕章：而且较有水平，也比较注意把握分寸，讲到重要问题的时候他们就说应该听市委、市政府领导的意见，还是很尊重中国方面的。

二、北京工业发展问题

访问者：柯先生，我想向您请教一些问题。首先是当时国家计委和北京市争论的四个问题，北京发展工业的问题，人口规模问题，文教区问题，以及道路、绿化等规划标准问题。这部分比较敏感一点，书稿中有些解读和评论，您看合适不合适？

柯焕章：我看了这部分内容，觉得你的论述还是比较客观的。

访问者：比如说发展工业的问题，我分析下来的认识是，并不是说国家计委不主张发展工业，而是说到一个什么程度，这不是非常大的分歧。北京市和国家计委对发展工业问题还是有一定的共识的，只不过对"强大的工业基地"的提法有不同意见。

柯焕章：也就是说，究竟强大到什么程度。

访问者：对。

柯焕章：这个问题，跟历史阶段有关系。解放初，北京可以说完全是个消费城市，除了石景山钢铁厂以外没有太像样的工业。当时北京市委提出来北京要建设大工业城市，完全可以理解。后来到1958年"大跃进"，情况又不同了。

再后来到1980.年，北京市向中央书记处汇报北京城市建设工作的时候，已经把工业发展问题反映出来了。北京工业发展带来了好多问题，人口膨胀，交通紧张，能源、水资源短缺，环境污染，等等。认识有一个过程。

访问者：有那么一个阶段需要经历。新中国刚成立的时候，政权的性质就是工人阶级领导，需要壮大工人队伍。

柯焕章：当时北京没有什么像样的工业，产业工人是太少。

访问者：像毛主席特别提到过，新中国的政权要区别于蒋介石在南京建立的官僚资本家那样的政权，要体现工人阶级领导，从人民政权角度也需要一定的工业发展。

柯焕章：那个时候，谁又能把握得那么准？发展什么工业？发展到什么程度？很难。总的来说，北京市对工业发展把握得还是比较好的，尤其从布局上，北京的工业布局主要是在下风、下游地带，苏联专家也是这么建议的，主要是城市的东南方向。

访问者：对城市的影响不是特别显著。

柯焕章：对，而且规模也还可以。

访问者：改革开放以后北京规划建设的一些情况您非常了解，在 1982 年版北京总规取消"经济中心"的提法，明确"基本上不发展重工业"以后，北京在工业发展方面有没有一些反弹的情况和教训？

柯焕章：还是有的。具体情况大家也可以理解，GDP 是很重要的，而且在政府的财政收入中，工业占了很大的比重。北京并不是非得要发展工业，某种程度上是出于无奈。

我跟你说一个情况，1986 年北京市市长曾给赵紫阳总理提出来，北京作为首都，完全靠北京的地方财政，很难支撑，他明确建议应设立首都财政，中央每年给北京一定的财政拨款。但赵紫阳总理说中央没有这笔钱。

访问者：整个国家都没钱。

柯焕章：国家不给钱，北京自己怎么办呢？那时候来钱的只有工业，第三产业非常有限，所以还是要进一步发展工业。燕山化工厂比较早，那是在"文化大革命"当中就开始建的。现在通州副中心搞了绿心，原来那里是东方化工厂，就是改革开放以后建的。

那时候化工行业非常重视乙烯发展，既是发展化工的需要，又比较赚钱，所以很多地方都要争这个项目，北京想要，天津也想要。那时候，北京市副市长吴仪（后来当副总理了）具体分管工业。她是从房山的东方红炼油厂调来的，原是该厂党委书记，对石油化工行业比较熟悉，市里让她负责去争取这个项目。后来她自己也诉苦，有一次听她说，为了这个项目，光是跑国家计委就跑了103 次。

最后这个项目还不是全争来，好像跟天津各分一半。本来 30 万吨乙烯的规模建一个厂是很合适的，结果分了一半。

访问者：最后结果是北京建一部分，天津建一部分？

柯焕章：是呀。这已经很不容易了。首都人口增加那么多，城市发展那么快，如果不发展工业，靠什么来支撑？很难。所以，你说有反弹没有，我这么一说你就可以理解了。

访问者：对。首钢的情况您清楚吗？它是什么时间实现转变，要搬出北京去的？

柯焕章：首钢以前也是有过争论的。首钢是个大企业，很强势，那时首钢的总经理叫周冠五，他后来担任过冶金部的副部长，他在首钢的时候，很想扩大规模。首钢对北京的经济确实有很大贡献，但它的发展确实带来很大的影响，环境污染，耗水量大，交通运输量大，铁矿石和煤炭都得从外地拉进来。所以北京市是很纠结的。我们也想控制它的发展规模。直到 1980 年向中央书记处汇报以后，中央明确要控制北京人口规模，改善城市环境，不再发展重工业，这样才收敛了一下，但首钢的摊子已经铺得那么大，十多个平方公里呢。

到 1990 年代，首钢还想要发展，眼看在北京没有可能了。它的铁矿是从河北的迁安挖了以后运过来的，何不在那儿建厂呢，后来他们就开始考虑搬迁。

访问者：促成首钢搬迁，有没有什么时机，或者是事件，或者说规划工作者有没有什么贡献？

柯焕章：1992 年版北京总规明确提出，不再发展重工业，国务院在批复中重申："北京不要再发展重工业，特别是不能再发展那些耗能多、用水多、占地大、污染扰民的工业；市区内现有这类企业不得就地扩建，要加速环境整治和用地调整。"这些内容好像就是针对首钢说的。这样，首钢才下决心搬到唐山的曹妃甸去了。

访问者：燕山石化的问题，现在解决没有？

柯焕章：燕山石化现在也控制了，不太可能扩展了。

访问者：还有汽车，北京的现代汽车。

柯焕章：汽车行业也在转型，往新能源汽车方向发展。北京发改委的规划中还是有汽车产业的。从结构上、产品上做调整，规模基本控制了，好在他们现在是在郊区新城，原来城里的厂区已经给置换了。

三、首都人口规模问题

访问者：第二个问题是 1950 年代首都人口规模的变化情况。1949 年首批苏联市政专家团来京时，曾提出北京规划人口约 260 万。1953 年版北京总规中提出远景规划人口按 500 万，它主要借鉴了莫斯科规划经验，是一种假定的人口规模，并不是科学计算的结果。后来国家计委提出来，认为 500 万有点大了，国家计委和北京市的意见曾一度僵持不下。第三批苏联规划专家来京后，为了规划工作的顺利推进，在北京市一再向中央请示的情况下，国家计委和国家建委终于达成一致意见，同意按 500 万人作远景规划。随后毛主席发表了重要意见，提出北京的人口将发展到 1000 万，等于把之前的讨论颠覆了，之后北京市规划便开始按 1000 万规划。北京市人口规模不断变化的这个情况，您怎么看待？城市规划工作中的人口规模，究竟应该怎么合理确定？

柯焕章：这个事情，想一开始就有个很确切的界定，确实是很难的，毕竟是随着时代发展，有个过程。当初规划两三百万，后来到 500 万，他们也不完全是没有参考依据，当时看到国外的伦敦、东京、巴黎这些城市的发展，我们这么大一个国家的首都，不可能比他们的人少，这个可以理解。至于毛主席提出 1000 万，我想当时他大概不会有太多的根据或科学依据吧。但他这么一说，还真被他给说着了。

访问者：估计毛主席大概没有现代城市规划的这种观念，但是，第一，他热爱历史，中国古代都城的人口肯定是全国首位度最高的；第二，他对比苏联，中国人口比苏联多得多，苏联首都的人口 500 万，那么我们中国的首都肯定能超过它。

柯焕章：你分析得也有道理。

访问者：他思考这个问题的时候，可能也不是说没有一点酝酿的。另外，毛主席讲话时间是 1956 年 2 月份，那时候北京的市域还没有扩张那么大。现在如果按毛主席当时讲话时候的那个范围，人口大概也就是 1000 多万，差不多吧。

柯焕章：大概差不多。北京市域范围前后进行了五次调整，1958 年扩大到 1.64 万平方公里。

访问者：您怎么看这个问题？

柯焕章：城市人口规模的预测，确实也是比较难的，因为它跟社会经济发展有非常密切的关系。到困难时期，人口还萎缩过，出生率又降低。我 1962 年来北京，1964 年规划局长佟铮做报告，说市区人口要控制在 350 万。记得困难时期，很多单位不要人，大学毕业生分配很困难。

但是，1962 年我们毕业的时候，分配了一批大学生到北京市城市规划管理局，南京工学院分配来 10 个学生，同济大学也是 10 个，还有其他学校、其他专业的。这一点，北京市委彭真同志真有眼光，他说其他城市不要人，我们要，我们要储备一批干部，尤其是搞城市规划的，今后城市肯定要发展。所以规划局一下子来了好几十个大学毕业生。

访问者：那个时候国家已经提出来"三年不搞城市规划"了。

柯焕章：是呀，但北京市委彭真同志真有眼光，看得比较远。

访问者：包括您分到规划局，都是非常难得的。

柯焕章：是非常难得。

访问者：说到 1000 万人口规模，还可以延伸出来一些问题。一个疑问是，这个人口规模，该不该由规划师或者说编制规划的人员来研究提出？还是说应该由国家给政策？这是一个疑问，您怎么看？

柯焕章：你在书稿中引用了一个苏联专家的观点。

访问者：对，第二批苏联专家克拉夫秋克主张由国家计委给政策，作为开展规划工作的一个前提条件。

柯焕章：克拉夫秋克这样建议，可能与他们国家的体制有关系，他们可能就是这样做的。但是这个事情比较复杂，国家给政策可以，但具体人口规模不是某个上级机关或部门能够确定的，也不会只是规划部门规划设计人员研究能够提出的。从我们的实践来看，北京市计划委员会（现在是发展和改革委员会）的职能是做国民经济和社会发展规划的，当然包括人口规模的研究，但同时还有市统计部门、市公安局、计划生育委及规划部门等的配合，综合研究，提出比较切合实际并预计未来发展的人口规模，我们大概是这样做的。

四、规划院改制问题

访问者：柯先生，近年来不少规划院正在改制。规划院改革对规划行业的冲击很大。城市规划是政府职能，如果规划院都变成企业了，更多的要考虑市场的利益，考虑钱的问题，那么国家整体利益、城市利益谁来保证呢？可能北京市城市规划设计研究院会特殊一点，要保障首都。但是，别的规划院可能很难逃脱这个命运。您对规划院改制问题是什么看法？

柯焕章：我对这个事情有点看法，城市规划工作归根到底是要体现政府职能和公益性行为，完全走向企业化以后，很难避免利益驱动的问题。

我和新加坡刘太格先生的访谈，你看了吧？

访问者：已经拜读了，今天我还带着打印稿呢（图 15-33）。

柯焕章：其中有一段，他说规划师应该具备什么样的特质，我说规划师不仅要有比较强的业务能力，还要有一定的思想素养，而且规划师跟建筑师还不一样，他没有自己的"纪念碑"（设计作品），只有兢兢业业付出，为城市和广大市民作奉献，甘当无名英雄。

北京市城市规划设计研究院现在是事业单位，北京市委、市政府跟规自委（北京市规划和自然资源委员会）对规划院还是很重用的。原规划委跟国土部门合并以后，原来国土部门的工作在某种程度上比较宏观，做不到规划那么细，业务上会有一定的距离，所以不少具体工作还是依靠规划院来做。

访问者：现在中央对首都规划问题又非常重视，要求很高。

柯焕章：对，要求很高。

北京的城市总体规划由中共中央和国务院批复，就有两次，一次是 1983 年，一次是 2017 年。现在，通州副中心的控规也是中央批复，市区核心区的控规也是中央批复。这是破天荒的，可见中央对首都规划的高度重视。北京规划院的工作职能相应也要加强。我跟院里同事说过，你们现在的工作跟我们过去不大一样了，责任和工作难度也大了。

访问者：1986 年北京市城市规划设计研究院组建成立时，您当规划院院长，新成立的规划院的级别与北京市规划委员会和规划局是平级的，后来到什么时候规划院的级别比规划委低了呢，您记不记得？

柯焕章：记得。我是 2001 年 3 月份从规划院院长岗位退下来的，2003 年正式退休。正是那年，市政府把规划院这个机构改了一下，本来是市政府的直属事业单位，后来改成规划委的直属机构了。

1986 年北京规划院成立的时候是"三驾马车"——北京市规划委员会兼首都规划建设委员会办公室、规划局、规划院，这三个机构是平级的，但是职能不一

图 15-33 中国和新加坡建交 30 周年之际柯焕章先生与刘太格先生的对谈（载于 2020 年 9 月 21 日新加坡《联合早报》，首页）

资料来源：柯焕章提供。

样。规划院负责组织编制规划，规划局负责日常的行政审批和管理，规委主要是规划工作的组织协调，因为北京的规划建设很大程度上要为中央党政军机关部门的建设服务，所以 1984 年根据万里同志的意见成立了首都规划建设委员会，其办公室同时是北京市规划委员会。这些年，北京规划工作运转还是挺好的。北京的规划机构有其特殊的历史背景，早在 1949 年 5 月，刚解放的北平市就成立了都市计划委员会，你的书稿中也都写到了。所谓都市计划委员会，就是做都市规划的。1949 年就有第一批苏联专家来支援。1955 年，正式请了苏联专家组，市委成立了专家工作室，同时行政上又是北京市都市规划委员会。都市计划委员会的主任，一开始就是市长兼的，最早是叶剑英，后来是聂荣臻，再到彭真，好几任市长担任过都委会主任。1955 年成立的都市规划委员会是市委第三书记郑天翔兼任的。到 1957 年底前后，局（北京市城市规划管理局）、委（北京市都市规划委员会）合并了，由原任规委会副主任冯佩之任合并后的规划局局长，以后规划和管理就在一起了，是这么过来的。

"文化大革命"中，北京市规划局被撤销，到1972年规划局恢复建制。改革开放以后，由于体制改革，要求规划设计业务与规划管理职能机构要分开，我们开始不愿意分，觉得规划和管理在一个机构里工作，规划是后台，管理是前台，配合得很好。但由于体制改革大形势，最后还是分开了。当时北京市市长和市委书记李锡铭对规划工作和机构都比较了解，尤其市长原来做过市委第二书记刘仁的秘书，他对过去规划机构和职能更熟悉，所以市委明确，规划机构分开以后，规划院还是局级机构。

访问者：在这份《苏联规划专家在北京（1949—1960）》书稿当中，我也有一句妄下的结论，我研究认为，1953年成立的畅观楼规划小组，包括后来1955年成立的市委专家工作室，又叫规委会（都市规划委员会），我说这是最早的"北京城市规划设计研究院"。

柯焕章：对啊，都市计划委员会、畅观楼规划小组、都市规划委员会，都是做首都城市规划的，而且定位很高，所以市委考虑规划院的定位和职能是有连续性的。

访问者：1953年成立的畅观楼规划小组和1955年成立的规委会，主要都是规划设计职能，也就是研究和编制城市规划，不负责拨地，不搞规划管理。

柯焕章：但是它的职能可能更高一点，规划局要审批建设项目，先要拿到规委来讨论、研究。

访问者：也有点关系。

柯焕章：我觉得1950年代北京的规划体制挺好的。到2000年前后，市里进行机构体制改革，将规划局与规划委撤销，职能合并为新的市规划委员会兼首规委办公室，规划院没有变。据说2003年市规划委的新领导对规划院的机构职能有看法，后来他自己说，是市领导听了他的建议，把规划院给降格了。

访问者：这个降格，当时下发过文件没有？

柯焕章：下发过文件。

访问者：规划院变成规划委的直属单位？

柯焕章：当时市委下发的文件，明确规划院由北京市规划委员会分管，但规划院的行政一把手由市委组织部管，行政的副职由规划委党组管理，这样规划院实际上变成副局级事业单位了。

但干部待遇还是老人老办法，新人新办法。原来已经是局级、副局级、处级的领导，还是原来的级别。

访问者：所以您当北规院院长的时候，是规划工作形势最好的时候。

柯焕章：那是对规划工作而言。那时，我可以直接参加市政府办公会和市委、市政府的一些重要会议，可以直接听取市委、市政府的重要信息和指示精神，并得以及时贯彻。

五、北京的空间布局结构

访问者：柯先生，刚才说到 1000 万人口规模，还有专家讨论，比如说 1953—1954 年畅观楼小组做规划的时候提出 500 万，城市布局形式借鉴莫斯科规划，立足于旧城，在原有基础上进行改扩建的方式。毛主席提出来 1000 万人以后，实际上提供了一个战略规划的机遇，因为 1000 万人跟 500 万人完全是两个不同的概念，如果做一个 1000 万人的城市规划方案，除了当时所确定的集团式发展模式，也就是中心和外围卫星城的布局方式以外，也可以有新城的办法，比如说类似于现在的通州副中心和雄安新区的这种考虑，有一两个重点发展的新城跟主城空间配合起来。

您觉得 1956 年毛主席提出 1000 万人以后，规划人员没有进行过这样的战略方向考虑，或者说城市空间结构的多方案比选，这是不是一个遗憾？

柯焕章：过去几十年，北京的规划不可能跳出北京，只有在市域范围内做规划。我记得 1956 年开始提出集团式，1957 年的规划已经体现了，虽然没有直接说根据毛主席 1000 万人的规模要求在布局上有大调整，可是这个意思已经有了。1958 年总图明确提出分散集团式布局，市区里分散集团式，郊区卫星城，两个层次，就是要适应城市规模的发展。

访问者：当时提的集团式、卫星城布局是一个方案，也是非常现实的，能够跟历史延续的，除了这个方案之外，还可以有别的方案吗？比如说有人提出来，像"梁陈方案"，西边建个新城，形成两个城市节点，或者东边建一个新城，像通州这样的副中心，外围的某一两个卫星城做得比较大的方式。

柯焕章：好像在这之前没有太明显的这种考虑，分散集团式加卫星城的布局是比较明确的。至于你说的重点发展新城，是 1992 年版北京总规提出来的，当时规划有 14 个卫星城（新城），其中处于城市东南部地区的 5 个卫星城是要重点发展的，主要是顺义、通州、亦庄、良乡和黄村。

访问者：这 5 个是不是有点多了呢？两三个是不是更好一点？

柯焕章：2003 年做发展战略研究时，是有专家建议"两轴两带三中心"布局结构的，即主中心加"东"（通州）、"西"（石景山）两个副中心，但后来还是采用了"两轴两带多中心"。从国外来看，巴黎周围建了 5 个新城，东京周围也规划建设了好几个新城，也挺好啊。而我们这 5 个新城，职能也是有所不同的。我们为什么没有提以前"梁陈方案"提的西边做副中心，这个问题现在很清楚，幸亏以前没有在西边建，如果建了就麻烦了，空间有限，交通等条件都不合适，而且此地早已处于中心城范围了。

现在看，通州新城分量很重，也未尝不可。原来我们想把亦庄经济技术开发区按重点发展卫星城来做的，它的区位和交通条件较好，也有发展空间。2003年我曾建议通州和大兴各拿出两个镇，四个镇独立建区，扩大亦庄，建设新城，面向京津冀。但未能被采纳。

访问者：可是，首都职能放在城区，外围的任何中心、新城都没办法跟它抗衡，结构上难以调整。

柯焕章：这个事情是很难。我们曾规划将首都行政办公区安排在北四环路以北，北中轴的顶端，现在奥林匹克公园的位置（"鸟巢""水立方"及其以北的地区），这样对北京城市的压力、交通的压力都会小得多。可惜未能如愿。

六、关于长安街规划

访问者：柯先生，您曾经历天安门广场和长安街规划工作多年，这次来拜访您，还想请您专门谈一谈天安门广场改建和长安街规划的一些情况。

柯焕章：早在1959年十年大庆的时候，天安门广场进行了规模很大的改建，而且经过好多专家反复讨论，广场基本的格局在1959年就形成了（图15-34）。

后来到了1964年，李富春同志给中央写报告，国民经济情况有所好转，北京城市面貌应该改变，首先是长安街，可以考虑让北京市做规划设计，进行改建。所以，1964年组织了一个长安街和天安门广场规划的设计竞赛，后来邀请了全国著名的二三十位专家一起评审、讨论，工作做得比较深入，最后形成了综合方案，进一步确定了天安门广场的整体格局，包括周围建筑的大致布局。

"文化大革命"期间，天安门广场和长安街基本没有什么变化，就建了北京饭店东楼，建筑高度大大超高了。

访问者：1964年的长安街规划竞赛，您能稍微展开一点吗？比如说当时竞赛的难点是什么，有没有什么优胜方案，有没有什么争议？长安街规划的技术难点在什么问题上？

柯焕章：1964年规划局的方案和后来的综合方案（图15-35）我参加做了，国际饭店会议我也去参加了。听了一些专家的发言，我觉得大的根本性的分歧基本没有，主要是一些比较具体的问题，包括红线的宽度、建筑的高度、建筑的布置方式以及广场南面是否收口等。

访问者：建筑的形式呢？

柯焕章：建筑的形式有一些不同的看法，分歧也不是说很大。清华大学的方案更强调传

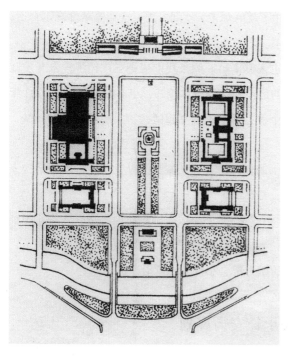

图 15-34　天安门广场改建规划方案
（1958 年，北京市规划管理局综合方案）
资料来源：董光器. 古都北京五十年演变录 [M].
南京：东南大学出版社，2006：168.

统特点一些。后来就做综合方案了。

访问者：在综合方案之前，有没有什么优胜方案，哪个方案入围了？

柯焕章：当时没有这样做。

访问者：就是让各个单位做方案，方案出来之后组织专家进行讨论，最后进行综合。

柯焕章：当时好像没有评一两个优胜方案，主要是集思广益，开会评议讨论方案，提建议，不是像现在这样评选招投标方案的做法。

访问者：那么多单位的方案，比较有特点的，或者大家说得比较多，或者印象比较深的是哪个单位的方案？

柯焕章：印象比较深的还是规划局的方案吧，因为情况比较熟悉，从布局上、功能的安排上相对比较成熟一点。

访问者：后来的综合方案，主要就是在规划局原来方案的基础上进一步综合的？

柯焕章：可以这么说。当时在好多方面大家讨论的意见比较统一，包括功能，长安街安排国家政治行政办公、国家级大型文化设施，对这个问题的看法是比较一致的。对长安街道路形式，T 字形的天安门广场格局，也是比较一致的。具体的建筑布局，有些不同意见。有的方案天安门广场南边是收口的，人民大会堂南边和革命历史博物馆南边的两栋建筑是向广场缩进去的。

访问者：关于长安街的宽度，这本《苏联规划专家在北京（1949—1960）》书稿中梳理了 1955—1956 年讨论宽度问题时的一些争论，苏联专家与中国方面有些不同意见。苏联专家本来坚持 100 米，最后实际上是苏联专家尊重了北京市委的意见，

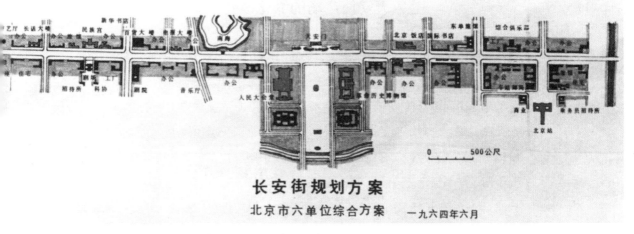

图 15-35 长安街规划综合方案（1994 年 6 月）
资料来源：柯焕章提供。

当然市委的意见也有缓和，原来是 120 米，后来到 1959 年的时候变成 110 米了。

柯焕章：后来又回来了，又回到 120 米。回来也有一定的道理，尤其是"文革"那时候游行集会，赵知敬同志参加组织游行队伍，他比较清楚。那时游行队伍横向一排大概要站 90 个人，需要足够的宽度，所以后来的道路红线还是定了 120 米。

访问者：这样一个道路宽度，从它所带来的设计上和空间上的感受来说，就不是普通的街道了。

柯焕章：是啊。当时还考虑一个功能，就是战时长安街可以起降飞机，所以红线就定了这个宽度。当然，路板的宽度和形式也是有过变化的，比如西单以西、东单以东，曾做过三块板的方案。

访问者：这个宽度带来的问题，会使有的人觉得不太宜人。一般的小的街道，高宽比比较亲切。人们站在 120 米宽的街道上，空间感受完全不一样。

柯焕章：这个情况是客观存在的，但毕竟长安街是所谓"神州第一街"，应是首都最为壮观的一条街道。那时候，彭真同志提出长安街要庄严、美丽、现代化。何况长安街有它特定功能的需要。

所以，街道尺度打破了以往的传统，包括西方传统也没有那么宽的街道，巴黎的香榭丽舍大街也就六七十米，没有那么宽。长安街除了保证功能需要，对空间形态、建筑高度是有控制要求的，如西单以西、东单以东控高是 45 米，现在有的地方突破了。

长安街的空旷感，不太宜人，我觉得可以把它弥补好一点。怎么弥补呢？建筑就这么高了，大部分都已经建起来了，但还可以把道路红线范围内的路板和建筑之间的空间组织好一点，把绿化、环境和公共设施做好，做得比较人性化，亲切一点，这些还是可以做的。

七、天安门广场的绿化改建

访问者：现在有些市民，包括有些专家也说，天安门广场太空旷，缺少植被，不太宜人。您对这方面的情况比较熟悉，您是怎么看这个问题的？

柯焕章：这的确是个问题。1959 年天安门广场改造完成，后来又加建了毛主席纪念堂，把人民英雄纪念碑南面的两片松树林占了，感觉绿化更加缺少，更加空旷了。所以历年来老百姓确实是有反映。但是，这个问题也是很难彻底解决的。我简要说两段广场绿化改造的过程吧。

1984 年，是国庆 35 周年的时候，市建委沈勃主任找我。他说：小柯，你看现在有好多群众反映天安门广场夏天干晒严重的问题，你能不能给提个方案，看看有没可能增加点绿化？

我回来考虑了一下，觉得这个事情很难解决，因为天安门广场大格局已定，而且游行集会的功能是少不了的。广场还得保持以前 10 万群众集会的规模，所以把广场面积缩小改为绿地不太可能。

后来我想到天安门前的观礼台有两个层次，北边靠近天安门是红观礼台，这是 1959 年国庆的时候由张开济同志设计的，红颜色混凝土的，与天安门城楼呼应很得体。而其南边的灰观礼台比较简陋，是砖砌的，矮趴趴的一排栏墙，档次比较低，形象也不好。我想还不如把它拆了改成绿地，可能效果更好。

我就画了一个简单的图纸，交给了沈勃同志，没想到市里领导都觉得挺好。那时候也简单，说好了，很快就干了。拆了灰观礼台，园林部门马上给绿化了，大家反映挺好。天安门前面总算能见到一点绿了，其他地方就没有再动，这是第一次。

第二次是 1999 年，50 周年大庆前，据说中央和市里又有领导提天安门广场绿化的问题。1987 年以后，天安门广场每年国庆前都要临时搭花坛。而平时广场很空旷，又干晒，所以又有领导说：能不能在广场里搞点绿化？

有一天，主管城建的汪光焘副市长找我，他先给我看了几张图纸，说这是园林部门做的天安门广场绿化改造方案，市领导们看了都不太满意，你能不能提个方案？我说试试吧。但我还是觉得天安门广场游行集会的政治功能肯定是不可少的，大面积地缩小广场铺装面积改为绿地的可能性很小。

我试着画了几个方案比较后，推荐一个较为简洁的方案，就在广场东西两侧，一边做一块长条形的“绿地毯”，130 米长，30 米宽。在旁边我还画了一个大样草图，并加了施工做法说明。这两条“绿地毯”平时就种草皮，人们在广场上能看到绿色了，而且不影响游行集会使用。

我把草图交给市政府闫仲秋副秘书长，请他转交汪光焘副市长。几天后，汪市长告诉我，方案给几位市领导看了，他们同意，就按照这个方案做。所以 1999 年国庆前广场上就增加了这两条"绿地毯"，后来每年都是在那两条"绿地毯"上进一步做文章。平时就是绿的草地，过节的时候上面再搭一些临时的景物增加节日气氛。至今又过了 20 年，广场绿化再没有大的变化。

八、外交部办公楼规划建设位置的演变

访问者：接下来可否请您谈一下外交部办公楼的建设和选址情况？

柯焕章：可以说一下我所了解的一些情况。在 1959 年的规划中，人民大会堂西边这个地方定的是建国家大剧院，后来因为时间太紧，投资也紧张，把"十大建筑"做了点调整，大剧院停下了，本来计划在北京站对面修建的科技馆也停了。大剧院当时没建，后来这个事就拖下来了。

改革开放后，彭真同志为全国人大常委会主任，邓颖超同志为全国政协主席，首先人大提出来要盖办公楼，并要在大会堂西边建。

接着全国政协也提出，政协也没有合适的地方办公，是不是也盖呀？后来说，那就一起盖吧，估计那块用地差不多也够。于是就做了全国人大、全国政协办公楼的方案设计，而且很快开了工，挖了个很大的基础大坑。但是，考虑到国家经济状况，工程很快暂停了。停了以后，一直就在那儿搁着。1980 年代亚运会申办成功后，亚运会的工程指挥部就设在那儿，张百发同志带了一帮人就在那个大坑边上的工棚里办公好几年。

以前规划人民大会堂西侧这个位置，除了安排过国家大剧院，也安排过外交部大楼，而广场东边是公安部，规划改建为政法大楼。这样广场两侧，西边是外交大楼，东边是政法大楼，建筑功能和体量相当，关系也挺好。

后来大会堂西侧又安排为国家大剧院后，外交部大楼安排到了东长安街北侧、方巾巷的东侧——原来规划建科技馆的基址。可是改革开放初期，此地被国际饭店占用了。1985 年又做了一版长安街规划，那是我们的老局长周永源带领做的，组织好几个设计单位做规划设计方案，最后形成的方案是把外交部办公楼安排到了方巾巷西侧，就是现在全国妇联那个楼的位置。

1990 年代初，第四次世界妇女大会计划于 1995 年 9 月在北京召开。全国妇联要在开会之前把妇联大楼盖起来，就找市长要地，说我们要盖妇联大楼，你给我们地方，而且要在长安街上。市长说：长安街哪儿还有地儿？她们说：有，国际饭店西边那一大片破房子，我们可以拆了盖楼。市长知道这个地方是给外交部留着的，就说那不行，那是规划建外交部大楼的。

结果这帮老太太一扭头跑外交部去了。到外交部找了一位副部长，那位副部长

图 15-36　外交部办公楼大楼

资料来源：http://k.sina.com.cn/article_1686546714_6486a91a02000g5tm.html?cre=tianyi&mod=pcpager_china&loc=3&r=9&doct=0&rfunc=21&tj=none&tr=9

估计不是太了解情况，妇联的老太太说我们想在这个地方盖楼，你们现在不盖，让我们盖得了。那位副部长也挺痛快地说：行吧，我们外交部现在在东四，原来老文化部的院子，如果将来房子不够用，我们在旁边再拆一点，扩建一下就可以了。老太太扭头跑回来又去找北京市市长，说外交部同意了。结果那块地就给了妇联。

方巾巷西边那块地给了妇联以后，妇联实际没有那么大的建设量，用不了那么大地方，而且妇联没有那么多钱，就出让一块地给了中国纺织品公司，让他们出钱一起建。妇联大楼正在设计、还没有开工的时候，国家计委下达了建设外交部大楼的计划任务。计划一下来，外交部就要找地方，原来方巾巷西侧那个地方已给占了，结果他们自己另找，找了现在这个地方，朝阳门外立交桥的东南角（图 15-36）。

前期他们选址过程，我们规划院没参与，我也不知道。最后要拍板定案了，要在钓鱼台开会，那时候外交部抓这个事情的是部长助理叫文迟，他主持开会，会前规委宣祥鎏主任建议请规划院柯院长参加，他们才通知我去。我去了以后，第一次听他们说要在朝阳门外那个地方盖外交部大楼。当时参会的有刘小石——规划局的总规划师，有市政府副秘书长陈书栋，宣祥鎏，还有我，四个人。外交部说完情况，他们几位都表示同意。我就坐不住了，我说：堂堂的外交部是我们国家的对外窗口，历次规划没有离开过长安街和天安门广场，这次怎么突然跑到朝阳门外来了，而且朝阳门外这个地方规划的是市级商业中心，到闹市里搞个外交部，太不合适了。文迟部长助理一听，说：对呀！接着又说那个地方不行，你们还有别的地方吗？我说别的地方可以找啊。他说哪有？我说按长安街规划，你们外交部本来就安排过天安门广场，大会堂的西边，在那里安排过外交部，也安排过国家大剧院，后来改为全国人大和全国政协办公楼，但是下马了，一个大坑在那儿摆了那么多年。我说：能否先建外交部，大剧院和人大常委会办公楼以后可以放到广场南部即人民大会堂和革命历史博物馆的南面去建也挺好。

访问者：现在的人大常委会办公楼是什么时候盖的呢？

柯焕章：大概是 2001 年前后吧。那时叶如棠同志从建设部副部长退下来，到了全国人大环境与资源保护委员会任副主任委员，全国人大常委盖楼就请他去抓，是在人民大会堂南边建的。

访问者：人大常委会办公楼，您认为是比较成功的案例，是吧？

柯焕章：我倒没有具体研究评价过，感觉建筑形式跟大会堂比较协调，可能体量稍小了一点。

访问者：位置合适吗？

柯焕章：本来规划中人大常委办公楼在人民大会堂南侧也曾安排过，跟原来设想的规模和体量比稍微小了一点，可能一方面受建设规模影响。另外，东北角有一个原来工艺品公司的西洋建筑，作为近代建筑保留了，格局上稍微感觉差一点。

接着说外交部办公楼。部长助理文迟一听，说那当然好啦，能给我们吗？宣祥鎏主任说这个事情肯定不会轻易定下来，那得写报告上报。他们挺着急，宣主任又说：老柯，你情况熟，你马上起草一个报告，直接给市长。我说行，当晚我就写了一个稿子，第二天就送到规委交给宣主任，宣主任写了几个字，马上送到市政府给市长。市长一看，很快就批了回来：此地中央领导定过，给国家大剧院留着。中央领导定过，那就不能动了。

第二次又在钓鱼台开会，外交部部长助理文迟说：看来别的地方不好找，我们还是在朝阳门外吧。我说：在朝阳门外放外交部实在不合适，你们还是再想想办法吧。他说：你说哪还有地儿啊？我说这个地方不行，那就大剧院南面，正对人大会堂西门规划了一块中心绿地。我说你们在绿地的南侧，与大剧院相对建外交部大楼也挺好。文迟说那不好，把我们安排到第二排位置上去了，降格了。我说：都在天安门广场周围，没有什么降格的问题。文迟还是不愿意，并说找不到别的合适地方，我们还是回朝阳门外吧。

我又退一步说：既然你们坚持要在朝阳门这儿，与其在朝阳门外，不如到朝阳门里头来。朝阳门立交桥的西北角，这里离开了商业区，隔了一个大立交，那就要清净多了，那个位置朝向好，可以坐北朝南，交通条件也还可以，而且离现在的外交部不远，西边一点就是你们现在的外交部，也挺好啊。可是文迟说：重新给我们换地方，我们原来已经做了调查研究，拆迁安置都已经做了初步考虑。

访问者：开展了不少前期工作。

柯焕章：是的。文迟说如果换到朝阳门西北角，那地方拆迁量也不小，可能拆迁量更大，花钱更多。他说算了吧，我们就在朝阳门外吧。最后外交部大楼就定在了朝阳门东南角这个地方。结果大剧院的地倒是留下了。

1994年，尉健行同志任北京市委书记三个多月时，他就提出要到规划院听总体规划介绍。他直接来到我们规划院的三楼会议室。一进会议室的门，他就说：前天我见了江（泽民）总书记，江总书记问为什么把外交部搁在朝阳门外那个地方，是怎么规划的？他说我也说不上来，我刚到北京市。所以他一进门就问这个事。我说：尉书记，这个事情我还算接触了一下。我就把刚才说的这段过程给他汇报了一下。我说是他们自己最后要在那儿的，不是规划部门给规划的。尉书记听了后说：原来是这样。就没有再说什么。

九、国家大剧院和公安部办公楼

访问者：柯先生，据说天安门广场周围几个重要建筑的规划设计过程您先后参与过，能否请您说说有关情况，比如人民大会堂西侧最后还是建了国家大剧院，增强了天安门广场的文化功能是很好的，但是它的建筑设计方案的变化过程，您能说一说吗？

柯焕章：我只能说说我所接触到的一点情况。1998年，国家大剧院要上马。之前先做了国内的设计方案竞赛，最后选了北京市建筑设计院的方案。正要让设计院做扩大初步设计和施工图时，国务院主要领导要看大剧院的方案。据说可能是有人给国务院领导写信，不同意北京院那个方案，所以国务院领导要看。他看了那个方案，可能有点先入为主。他说：这个方案跟人民大会堂（图15-37）形式是比较雷同，太传统（图15-38）。他又说要让国外建筑师来参加做方案。所以才有了后来国家大剧院设计方案的国际竞赛。

国际竞赛过程我没有参与，情况不了解，可能媒体上有些报道。第一轮方案做完以后，专家评审选了六家单位，三家国外的，三家国内的，让他们结对做三

图 15-37　刚建成时的人民大会堂（1959 年）
资料来源：中华人民共和国建筑工程部，中国建筑学会 . 建筑设计十年（1949—1959）[R]. 1959：174.

图 15-38　国家大剧院 1998 年前设计方案
资料来源：柯焕章提供。

套方案，实际上以各家为主做了六套。第二轮再评推荐了三个方案，其中一个
就是那个"巨蛋"。专家评完以后报给了领导小组。

访问者：国家大剧院的甲方是谁？

柯焕章：有一个国家大剧院的业主委员会。

访问者：业主委员会又是什么性质呢？是文化部主管的吗？

柯焕章：业主委员会主任是当时北京市市长助理万嗣铨，应该是政府性质的。

图 15-39 国家大剧院远望
资料来源：柯焕章提供。

专家组选的三个方案，经领导小组讨论后，准备报请朱镕基总理审定。他们把三个方案的模型、图纸送到了文化部会议室。送过去以后万嗣铨给我打电话说："大剧院方案基本差不多了，你与姚莹是不是来看一下？"姚莹当时是规委主持工作的副主任，我就跟姚莹一起去了。

到了文化部，万嗣铨亲自给我们介绍方案。我听下来，感觉好像倾向于这个"巨蛋"方案啦，我当时感到挺惊讶，天安门广场怎么能放那么一个东西（图 15-39）？

访问者：天安门广场是很庄严的地方。

柯焕章：是呀，实在是太大相径庭了。而且还有一个问题，世界文化遗产保护委员会有要求，在世界文化遗产周围有缓冲区，周围的建筑形态、风貌要相呼应，这个东西与故宫离得那么近，太格格不入了。

我就直接问万嗣铨同志，我说领导小组是不是倾向于这个方案啦。他说是。他倒也不避讳。我感到很无奈，我想了想说，我能不能提个建议？他说可以呀，你说。我说看样子这个方案离拍板也八九不离十了，但是我觉得与故宫和天安门广场太格格不入了，而且它离长安街马路边那么近，设计的大剧院主入口在北侧临长安街，且从地下进入大剧院，一上长安街人行道就马上下台阶进大剧院，太局促了，交通组织很不利。再一个，我主要考虑它离马路边那么近，建

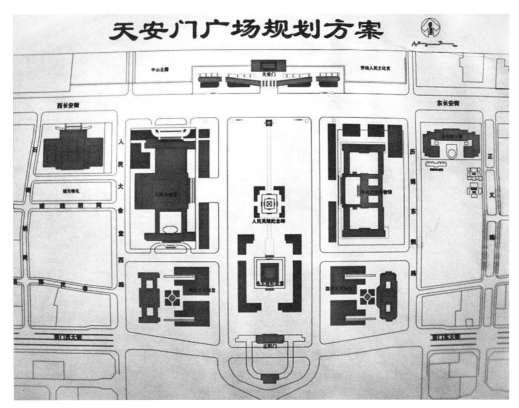

图 15-40　天安门广场规划方案（国家大剧院位置南移前）
资料来源：柯焕章提供。

筑体量那么大，形态那么奇特，不仅从天安门城楼看过来很突兀，从长安街两头看也很突出。我说我想建议一下。他说你怎么建议。我说把大剧院位置往南移，挪到人民大会堂的东西轴线上。

访问者：往南移了多大距离？

柯焕章：往南移了六七十米。我的本意移过去以后，把大剧院北侧的绿化广场做得大一点，多种点大乔木，这样能够把它挡一挡。

访问者：协调一点。

柯焕章：是啊！空间关系上有个过渡，从天安门城楼上看过来，感觉稍好一点也不会太突兀。长安街上看过来虽然仍能看见，但感觉也会好一点。我说这样行不行，当然要多拆一些房子。

同时我说，朱总理说过，天安门广场东边的公安部搬走后建国家博物馆。这样，可以把广场东边的规划也改一下，安排一座与大剧院位置相对应、建筑体量相当的国家博物馆，这样基本保持了天安门广场对称的整体格局（图 15-40）。

万嗣铨同志一听，说：你这个建议好，你回去听我信儿，今天晚上我马上给贾（庆林）书记汇报。但是有个要求，如果同意修改，你得在三天之内把这个方案改出来，下周一可能就要向总理汇报，而且你把模型拉回去，把整个广场的模型也给改了。我说行呀，我们加班肯定能搞出来。

我就带了一套图纸回来了。果然，当天晚上万嗣铨同志给我打电话，说请示了贾书记，贾书记说这个建议好，抓紧修改。第二天一上班，我就找杜立群，那时候他是我们院的主任规划师，现在是副院长了。我说你马上派人到文化部把天安门广场、大剧院模型拉回来，并马上修改广场规划方案，同时找模型公司修改模型。院里的同志和模型公司紧张工作，三天完成了任务。

果不然，周日晚上，万嗣铨同志给我打电话，他说明天下午三点朱总理到文化部审定大剧院方案，你也去参加。我说：我去干什么？我也不是什么专家组成员。他说：不行，你现在把方案改了，你得去说明，我说不清楚。我说那行。我们周一上午把模型、图纸送到文化部，在那边布置好。下午我就去了。大家提前到了那儿，领导小组成员还有专家组组长吴良镛先生也都到了，我们就在那儿等着。

一到三点，朱镕基总理很准时就来了。一进会议室，疾步走来，一眼看到吴良镛先生，就说：吴先生您来啦。等大家都坐下后，又对吴先生说：要不吴先生您先说说？吴先生说：那哪儿行，这么多领导在，我说不合适。后来朱总理说：那也行，让他们先说。本来会议就有安排，先是领导小组组长贾庆林汇报，明确推荐这个"巨蛋"方案。接着领导小组成员发言，一个一个表态都倾向这个方案。

他们都说完以后，朱镕基总理说：吴先生，他们都说完了，您说说吧。吴先生说：我不用说了吧，各位领导都已经很明确表态了，我说也没用了。总理说：不不，您尽管说。吴先生是有备而来的，他带了两本书和杂志，一本是介绍日本神户的一个海上博物馆，据说也是安德鲁设计的，但它是圆形的，不是椭圆形，完全是个圆形建筑扣在海里，周围都是水。第二本书是英国的一个大型体育馆，是个椭圆形的"巨蛋"，几乎与大剧院设计方案一模一样。吴先生说：安德鲁自己说他的设计是世界上独一无二的，这能说是独一无二吗？

吴先生接着说了很多具体技术问题，他说这么一个光光的"蛋"，里边结构的复杂性可想而知，肯定要用大量的钢材，经济上造价肯定很昂贵。除了小剧场，三个大剧场挨着，外面再用一个罩子罩起来，那么大的空间都得给空调，能源浪费、材料浪费是很惊人的。而且北京风沙大，光光的外壳屋面，连清洗都是个问题。还有跟故宫和天安门广场的格局、形态和风貌格格不入……

吴先生说完以后，朱总理说：我开始听说这个方案时，也觉得不大好接受，但是又想，天安门广场缺两样东西，一是缺绿化，二是缺水，这个方案恰恰弥补了这两个缺憾，所以也不是不能接受。但是这个事情比较大，今天就不定了，

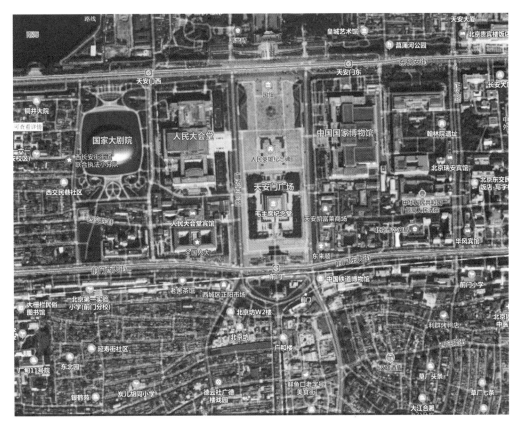

图 15-41　天安门广场地区现状（2020）
资料来源：https://map.baidu.com/@12958524.53957672,4825042.597641105,16.63z/maptype%3DB_EARTH_MAP

　　拿到常委会上讨论，再定吧。

　　最后的结果，大家都知道了，也看到了。

访问者：最后那个实施方案的位置，是按您的建议处理的吗？

柯焕章：是，位置就是这样改的。

访问者：这也是很大的贡献。

柯焕章：无奈之举，说不上什么贡献。

　　国家大剧院的事情之后，紧接着公安部要盖楼，任务也下来了，它的规模也很大。刚才我说过，由于大剧院方案引起天安门广场格局的变化，根据朱总理关于公安部搬走后建国家博物馆的指示精神，我们修改天安门广场规划方案时，在公安部大院内安排了与大剧院相对应的位置和建筑体量相近的国家博物馆方案。可是公安部建设任务下来后，他们非但不能搬走，而且要在原地改扩建，具体建筑设计方案及确定过程我没有参与，说不清楚。但从建成后的效果看，建筑体量又高又大，造成与天安门广场及与大剧院歪肩膀的格局效果（图 15-41），确实很遗憾。

十、国家博物馆的改扩建

柯焕章：公安部大楼盖起来后，没过多久，国家博物馆要改扩建了。先做了设计方案竞赛，德国的 GMP 公司和中国建筑研究院的设计院合作做的方案中标。

原来老的国博楼是 1959 年建的，当时国家财力有限，人民大会堂的建筑面积是 17 万平方米，国博只做了 6.5 万平方米，规模比较小。张开济同志设计，三面做了柱廊围合，就把体量撑了起来，但分量还是轻了一点（图 15–42），与人民大会堂不是很对称呼应。

国博本来叫中国革命博物馆和中国历史博物馆，后来改为国家博物馆，开始计划扩建时的总规模为 12 万平方米。中标的设计方案基本不拆老楼主体，主要在院内扩建。

据说后来有一天，当时国家计委主管建设计划的一位副主任坐车从长安街经过，到天安门广场时，看到公安部大楼体量怎么那么大，那么高，把国家博物馆给压过去了，这不合适。而且国博本来体量就小，与人民大会堂很不相称。他提出来，能否结合国博改扩建，把国博老楼拆了重建，把体量加大加高，做到与大会堂的体量相当。

访问者：与人民大会堂对称起来。

柯焕章：他是这样说的。然后国家计委让中国国际工程咨询公司组织专家进行论证。

国际工程咨询公司立即组织专家开会。第一次开会，他们通知我去了，就在国博开的，当时请了好些专家，大概有二三十人参会。开会时，他们先介绍了一下情况。那时国博的馆长是新调去的，原来是中国美术馆的馆长，早先是文化部基建司的。他觉得国博规模太小，知道可考虑拆了重建，就要求进一步扩大规模，甚至要求扩大到 20 多万平方米，要建成世界上最大的博物馆，超过大英博物馆、卢浮宫等。

国际咨询公司邀请的那些专家，也有很大的兴趣。会上一讨论，大部分专家都赞成。

访问者：这些专家大概是哪些方面的专家？

柯焕章：很多是搞历史文物研究和展陈布置的，还有搞投资的，等等。城市规划和建筑方面的专家有：吴（良镛）先生、张锦秋院士、周（干峙）部长，还有齐康院士、马国馨院士等，几位院士，加上我，大概就这几个人。这几个人的发言基本不赞成整个拆了重建。

张锦秋和我明确表示，坚决反对拆了重建。张锦秋说：革命历史博物馆是 1959 年新中国成立 10 周年的国庆工程，"十大建筑"之一，应该列为近现代建筑保护，不应该拆了重建，适当扩建是可以的。

图 15-42 中国革命博物馆和中国历史博物馆（1959 年）
资料来源：中华人民共和国建筑工程部，中国建筑学会．建筑设计十年（1949—1959）[R]. 1959：188.

张锦秋发言之后，我接着发言。说作为十大建筑来说，确实不应该拆，至于要扩建，还是有条件的，但规模多大可以进一步研究。国博的北面和西面建筑，在人民大会堂抗震加固之后，也进行了抗震加固，不应该拆。而东面和中段房子相对次要一点，可考虑拆了改扩建，而且还有两个较大的内院，可以加建，可增加不少面积，这样能扩建多少就扩建多少，不一定非要争世界第一大。如果将来面积真的不够用，到外面另外选址再建分馆也是可以的。

至于和人民大会堂体量不够协调的问题，我是这样看的：1959 年建成以后，它与大会堂的分量相比感觉是轻了一点，不是很均衡，但是这么多年来，大家也已习惯了。

访问者：也接受了。

柯焕章：可以说也认可了，而且，通过这次国博改扩建还可以进一步弥补。怎么弥补呢？我建议将国博中段部分设施拆了，加上两个内院盖起来，将中间部分建筑扩大、加高，与人民大会堂的大礼堂的高度呼应，这样就加大了国博的高度和体量，基本弥补了与大会堂的均衡对称问题。

我又说这可是新中国成立 10 周年国庆工程，"十大建筑"之一。北京盖了"十大建筑"以后，尤其是建了人民大会堂、博物馆以后，全国各地城市都建"人民大会堂"，有的城市还建了"万岁馆"。今天我们带头拆国家博物馆重建，是不是其他地方也会跟着学啊！

访问者：跟着拆。

柯焕章：政治影响不好啊。所以我说，我坚决反对整个拆了重建。

会后，他们让设计单位就做拆了重建的方案。隔了几个月，第二次通知开会，叫我参加。我问是开什么会，他说要讨论拆了重建的设计方案。我一听是这个情况，就不想去了，正好我也要出差。我说我已经安排要出差，我参加不了。

图 15-43　改扩建后的国家博物馆
资料来源：http://www.zjjc.com.cn/performance/Performance/2019/0111/148.html

所以我就没有参加讨论拆了重建的方案，他们怎么讨论的，我就不清楚了。

又隔了几个月后，第三次开会，他们又通知我了。我说这次讨论什么呀？如果还是讨论拆了重建的方案，我就不用去了。他赶忙说：不不不，这次方案变了。

访问者：不拆了？

柯焕章：我说怎么变呀？他说不拆了，改为在原有基础上加以扩建改造。我说怎么会突变呢？那么大的事情，180度拐弯。开始我有点不相信，后来他们告诉我，国博拆了重建的设计方案报到国务院，国务院领导听了汇报以后，明确说了几点：第一，规模不一定非要搞那么大，能搞多少就搞多少，不要追求世界第一；第二，现有的国博不要大拆，在现有基础上进行适当的改造、扩建……

所以，根据国务院领导的指示精神，又重新做了不拆的方案。第三次开会就是讨论那个不拆、进行改扩建的方案。我一听是这个情况，感到很高兴，我说那我一定参加。他们在会前把方案发给我看了一下，我觉得挺好。

访问者：就是按照您原来的建议思路修改的？

柯焕章：差不多吧（图 15-43）。

访问者：这样避免了一个遗憾。

柯焕章：是啊。这样改扩建完成后，我觉得挺满意的。从外面看，看不出国博主体建筑有太大变化，但中间的体量加大了，跟人民大会堂和天安门广场的关系更均衡协调了，最后效果比较圆满（图 15-44）。

国博改建完工以后，我回想这件事很感慨，感到领导干预建筑工程设计不一定都不好，也有干预好的。国博的改扩建，最后领导干预，就是干预得好的典型案例。

图 15-44　国家大剧院、国家博物馆和公安部大楼竣工后的天安门广场鸟瞰效果
资料来源：柯焕章提供。

十一、工人体育场的改建

访问者：说到国博的改扩建问题，最近社会上议论比较多的是工人体育场的改建问题，
　　　　说是"保护性重建"。对此，您是什么观点？

柯焕章：我参加过讨论。北京要承办 2023 年亚洲杯足球赛，但北京还没有一座标准的
　　　　足球场，都是足球场跟田径场合在一起的。虽然"鸟巢"中间也有足球场，但
　　　　是它不是标准足球场，看足球的观众隔着田径跑道，离足球场比较远，看得不
　　　　是很清楚。没有标准的足球场，要么新建，要么改建。工人体育场是 1959 年
　　　　建成的"十大建筑"之一（图 15-45），争论也是由于这个问题而引起的，可
　　　　是工人体育场在当年修建的时候，标准比较低，设计寿命是 50 年。

访问者：到 2009 年就 50 年了。

柯焕章：是啊。亚运会是 1990 年开的，马国馨设计的奥林匹克体育中心是按照奥运会
　　　　标准规模设计的，但由于当时的财力有限，所以主会场没有建。当时的主会场
　　　　就利用了工人体育场，那个时候就把工人体育场加固改造了一下。
　　　　到了奥运会的时候，还得要用工人体育场，又加固了一下，加固后设计寿命只
　　　　有 10 年，现在也到了，而且基本停止运营了。工人体育场毕竟是"十大建筑"
　　　　之一，最好是不拆，可是没法继续使用也是个大问题，所以结合亚洲杯这次机会，
　　　　把它改造一下，叫保护性重建。
　　　　当时，开过专家讨论会，我也参加了。大家基本赞成。

访问者：没有其他办法？

柯焕章：如果再加固很难了，也更不好用了。但拆了重建，明确要保持原有形态和风貌。

访问者：要恢复原来的形态、风貌？

柯焕章：是的，建筑体量、风貌要保持原来的。因为工期很紧，上个月就开工，开始拆了（图
　　　　15-46）。他们的工作做得有点急，本来应该首先做点宣传，把情况说清楚。

图 15-45 北京工人体育场鸟瞰：中华人民共和国第一届运动会开幕式（1959 年）
资料来源：建筑工程部建筑科学研究院．建筑十年——中华人民共和国建国十周年纪念（1949—1959）[R].
1959．图片编号：33.

访问者：应该先铺垫一下。现在造成误会了。

柯焕章：工体周围有些高楼，从高楼上一看，怎么工人体育场给拆啦？

访问者：成爆炸新闻了。

柯焕章：是的。有些群众，尤其是有些球迷，对工人体育场是有感情的，引起很大反响。
后来媒体做了一些工作，把情况报道了一下。尤其北京电视台采访了有关负责
人和专家，连续报道了好几天。

访问者：现在大家都理解了。

柯焕章：工人体育场的改造，不仅是改造场馆主体建筑，同时按照标准足球场要求进行
改建，把田径场取消，将看台伸出去，球迷看球就很清楚了。本来观众席又陡
又远，看不清，这样改造后符合标准要求，能够适应将来举办世界杯的需要。
同时，加强了相应的配套设施建设。场子的北边是广场、绿地，地下进行综合
开发，大概可建 20 多万平方米，搞体育、文化、商业相关的配套设施，这里
距三里屯比较近，有利于多功能使用或互补。而且场馆周围的环境也将进一步
改善提升，为朝阳地区居民提供一处更好的健身休闲场所。

图 15-46 北京工人体育场拆除重建施工现场（2020 年 8 月 16 日）

资料来源：https://voice.hupu.com/china/2619630.html

十二、其他

访问者：我再问一个问题，对前门大街的改造，您怎么评价？算是成功的吗？还是有什么遗憾？

柯焕章：前门大街的改造，还可以吧。基本保持了原来商业街的功能，业态上会做点调整，传统商业还应该有，老字号还是保留了一些。此外融入了一些新的元素、新的业态，有些年轻人还是欢迎的。保持传统风貌和传统的业态，这个要求基本达到了。

访问者：有没有您觉得不满意的地方？

柯焕章：不满意倒也不好说，有些方面可以商榷，可以探讨。有些做法不宜太勉强。比如为了体现传统风貌，两侧的路灯有一段做了鸟笼子，一段做了拨浪鼓形式，这些东西不一定做得太具象，而且把过去八旗子弟提笼架鸟等东西弄到这儿，有点低俗了。

后来做得比较大的是北京坊。北京坊的做法倒也未尝不可，完全复古也不一定合适。总的看基本还可以，多少保留点原来的传统风貌。当然，现在市里有关部门和东、西城区对保护老城传统和风貌很重视，下大力气在逐步地改进和提升，包括大栅栏西边和白塔寺地区的整治改造等，现在工作越做越精细化，这是很好的。

访问者：还有个疑问，有的专家提出来，天安门广场应该有一个图书馆，能供大家看书的。不知道算不算是个问题。是不是因为北京已经有首都图书馆了，有国家图书馆了，在天安门广场这里就不需要再建一个专门的图书馆了？

柯焕章：以前长安街规划中有过图书馆的安排，是在西长安街的南侧，北京音乐厅的西边，有一段时间安排过首都图书馆，也安排过首都博物馆，后来这块地方被别的项目占用了。

以前是有这个考虑的，后来演变，跟国家建设任务的安排有一定关系。长安街本来的主要功能是以重要的行政办公和文化设施为主，改革开放以后，陆续建了一些金融机构、写字楼。

访问者：还有商业。

柯焕章：商业倒不多，一些用地被企业、写字楼占了，有点可惜，现在估计也比较难弥补了。本来规划长安街文化设施不少，比如东单和王府井之间的东方广场，原来在那里有几个文化设施，青年艺术剧院和儿童电影院就在那儿。本来那个地方要保留文化设施的，后来市场经济抵挡不住，建了东方广场。现在，天安门广场的南面如果想要搞大的改造，也有点难了。大会堂南边盖了人大常委办公楼，国博的南边原来规划安排建青少年宫，里面可能有图书馆的功能，但现在恐怕也盖不了了，此地有些文物，有几个老的使馆建筑，可能不太好动了。

怎么样，就说到这里吧。

访问者：好的柯先生。谢谢您的指教！

（本次谈话结束）

马国馨先生访谈

北京的总体规划方案从来就没有说是哪一位专家的规划方案，就是集体做的，在规划工作当中体现了众多领导和各方面的意志和想法。所以，畅观楼规划小组的成立，实际上是城市规划在体制方面的重大调整。

（拍摄于 2020 年 9 月 27 日）

专家简历

马国馨，1942 年 2 月出生于山东济南。

1959—1965 年，在清华大学建筑系建筑学专业学习。

1965 年 8 月加入中国共产党，同年 10 月毕业后，分配到北京市建筑设计研究院工作至今，历任建筑师、设计室副主任、主任建筑师、副总建筑师、总建筑师，现为北京市建筑设计研究院有限公司顾问总建筑师。

1981—1983 年，在日本东京丹下健三都市建筑研究所研修。

1991 年，获清华大学工学博士学位。

1994 年，获"全国工程勘察设计大师"称号。

1997 年，当选中国工程院院士。

2002 年，获第二届"梁思成建筑奖"。

2020 年 9 月 27 日谈话

访谈时间：2020 年 9 月 27 日上午

访谈地点：北京市西城区南礼士路 62 号北京市建筑设计研究院有限公司，马国馨院士办公室（A 座 503）

谈话背景：2020 年 9 月，访问者完成《苏联规划专家在北京（1949—1960）》（征求意见稿），呈送马国馨先生审阅。马先生阅读书稿后，与访问者进行了本次谈话。

整理时间：2020 年 11—12 月，于 2020 年 12 月 10 日完成初稿

审阅情况：经马国馨先生审阅，于 2020 年 12 月 25 日返回初步修改稿，2021 年 1 月 4 日定稿并授权公开发表

李　浩　（以下以"访问者"代称）：马先生您好，这次拜访您，主要是听取您对《苏联规划专家在北京（1949—1960）》（征求意见稿）的意见，另外也想向您请教一些问题。

马国馨：好的。

一、对《苏联规划专家在北京（1949—1960）》（征求意见稿）的评价

马国馨：你的这本书稿，我看得还是很有兴趣，因为你写的事情对我来说既生疏又熟悉。说生疏，是因为他们（苏联规划专家）所在的时代、他们接触的当事人和我们相差了一代，我还算不上是当事人，我们已经隔了一代了。可是，还要说我是熟悉的，因为我们还是从那个时代过来的，耳闻目睹了不少，而且那时候我们也学俄文，"苏联的今天就是我们的明天"。

对你的书稿，我总的评价是觉得很有用，很有价值，很有意义，把苏联专家在北京的这么一个重要的片断给总结出来了。我看了书稿之后才知道，原来有这

么多专家，苏联来了很多人。你把苏联规划专家在北京的有关情况梳理得还是比较清楚的，第一阶段、第二阶段、第三阶段……每个阶段中苏联专家在北京所做的这些工作，很多事情的来龙去脉，我觉得都十分清楚。

而且你的书稿在研究方法上还是很有特点的。第一个特点是查档。可以看得出你花了很大的功夫在档案研究，查阅各种档案文献，这方面确实要有披沙拣金的功夫，从当中找到有用的资料。第二个特点是，你找到了郑天翔同志的家属，在你的书稿当中郑天翔同志的资料占了相当重要的部分。过去我和郑天翔同志也接触过，但是不知道他在早期北京总体规划当中起到了如此重要的作用，是十分重要的当事人，所以他的日记、笔记，他的照片等，应该说都是非常难得的资料。你找到郑天翔同志的家属，找到他的秘书（张其锟）等，这些切入点都是很关键的。

北京市规划部门这些年已经整理过一些材料，但可惜的是，好多当事人现在不在了，尤其是在北京城市规划工作中比较重要的一些人物，像李准、陈干、沈永铭等，都已经不在了。除了陈干有一本集子[①]外，其他人第一手的东西就少一点。但是，你还是找到了大量的第一手记录和材料。我觉得，你能把书稿写成这样，很不容易。把苏联规划专家一段一段的情况给整理出来，而且和北京整个总体规划发展的情况的相互关系都捋得比较清楚。

二、对苏联专家技术援助工作的认识

马国馨：读了你的书稿，我的感觉是苏联专家在京工作还是很努力的，这是我总的评价。甭管到了后来说斯大林的大国沙文主义、赫鲁晓夫与中国的矛盾……当时那些苏联专家还是真心诚意地帮助中国。当然，他们也有他们自己的局限性：第一，他们也是在那么一个体制下发展起来的；第二，中苏两个国家的国情也不一样，苏联那时候也就 1 亿多人口，中国的人口在 1954 年第一次全国人民代表大会的时候已经 5 亿多了，国情也不一样。但是，我觉得苏联专家还是真心诚意地把他们国家所走过的路、他们的规划指标、他们的情况和经验向咱们介绍，尤其是城市总体规划。城市总体规划这个阶段非常重要，城市总体规划是一个非常综合性的东西，对整个城市的发展、城市整体框架都起着决定性的作用。所以我觉得，在北京城市总体规划工作当中，苏联专家的作用还是功不可没。

而且这个书稿当中，很多细致的问题，我觉得你把它理得都还比较清楚。城市

---

① 指《京华待思录——陈干文集》。详见：高汉.京华待思录——陈干文集 [R].北京市城市规划设计研究院印，1997.

规划涉及城市定位、城市性质、城市规模等，在规划工作当中，人口规模到底是 500 万还是 1000 万？长安街的红线宽度到底是 60 米、80 米、100 米，还是 120 米？这些其实都是非常重要的原则问题，你把整个过程弄清楚了，还是很重要的。

虽然说我是隔着一辈，但对当时的情况还有点耳闻。当时北京都委会的大部分专家都是从英、美学习回来的，对苏联的一套规划理论并不很熟悉。我记得，那时候程应铨先生给我们讲规划，更多就是提英国的哈罗新城。虽然苏联也是学院派，也是源自法国"布扎"（Beaux-Arts）那些，也差不多，但是在后来计划经济体制下，自然和欧美不太一样。对苏联来说，他们也是革命成功以后，进行了相当长时间的探索，尤其在计划经济体制下怎么做城市规划建设，有一定的本土特点。

当时苏联专家来北京以后，我觉得和我们一些领导的思想基本上还是契合的。从行政领导来讲，对苏联规划专家总的是比较信任的。虽然有些争论和不同意见，譬如红线的宽度、布局的方式，但总的来说，中国领导对苏联专家还是很信任的。这一点，也和当时我们国家的国策有关系——"一边倒"。大家这么做，也是顺理成章的事儿。

就当时的一些国内专家而言，我估计嘴上不说，但是潜意识上也还是对苏联有些看法，对"社会主义内容、民族形式"等一些提法，可能当面不说，底下还是有想法。这个背景，实际对了解北京的整个规划情况很重要。我看了北京总体规划前前后后的发展，里边有些内容是大家明面上都说出来的事，但是有一些是说不清楚的东西，后面有很多意识上和操作上的问题，我觉得还是值得研究的事儿。

三、关于"梁陈方案"

马国馨：在你的书稿中，对"梁陈方案"也做了比较深入的研究。尤其是找到了梁、林、陈给中央的上书（梁思成、林徽因和陈占祥合著《对于巴兰尼克夫先生所建议的北京市将来发展计划的几个问题》），还是很难得的。现在搞这些研究就要像红学研究一样，披沙拣金有赖于不断地发现新资料，发现新资料和文献以后，就能够把研究推进一大步，也可以避免以讹传讹。梁、林、陈的这个材料找到以后，应该说是一大发现，还是很不容易找到的。

从梁思成的角度，总的来说，他对中国共产党还是很有知遇之恩，打算贡献自己的才智，就像当年他父亲上条陈一样。那时候他写信特别积极，给毛主席写信，给周总理写信，给聂荣臻写信，给彭真写信……就是要把自己的想法向上陈述。

后来发生一些情况之后，他的态度有些变化，也就不太积极了，只好专心做自己的研究了。

在你的书稿中，对于"梁陈方案"和苏联专家的关系，弄得比较清楚。现在大家对"梁陈方案"的讨论过于情绪化了一些。梁先生和陈先生悲剧性的遭遇让大家对他们十分同情，于是假设要是"梁陈方案"被采纳了就怎么怎么样了。其实现在看起来，整个评价，我倒非常同意董光器先生的观点。他整理了关于行政中心位置选择的各种观点，提出"应该历史地、动态地认识城市发展的规律，客观地总结得与失"，"不应该简单地、固定地、消极地寻求一个是与非的结论"[1]。董光器写过一本《古都北京五十年演变录》，你肯定看过吧？

访问者：我认真拜读过董先生的大作。在这本《苏联规划专家在北京（1949—1960）》中，关于"梁陈方案"只是简要的略加讨论，另外有一本书专门详细解读。

马国馨：现在大家讨论这个问题，有点情绪化了，觉得如果接受"梁陈方案"，北京古都就能保存下来，实际上问题比这要复杂得多。现在看来，更主要的因素还是一个政治决策，当时中央要定在中南海这儿，怎么可能把中央行政机关搬到别的地儿去。按说后来三里河的"四部一会"已经很接近"梁陈方案"提出的中轴的位置，但是这最后也还没有完全实现。

我觉得，"梁陈方案"只是北京总体规划工作过程中各种方案的一种设想。华新民也跟我说过，她祖父（华南圭）也早就提出过新市区规划的建议，时间上比"梁陈方案"还早。当然，日本人侵占北京的时候也有过"新北京"的规划。这些，其实都是各种规划方案。实际上最后对古城到底怎么弄，城墙到底怎么样，苏联专家也起不了大的决定作用，还是上边的一些决策起大的作用。苏联专家对城墙的态度也不是一定要拆的。把这个历史过程给弄出来，还是很好的，对"梁陈方案"能有一个比较客观和准确的评价吧。

自从王军的《城记》出版以后，大家就"一边倒"，就好像北京没按梁、陈的建议就怎么了。其实当时上面就有很明确的指导思想，在畅观楼规划小组成立以前，有 N 个总体规划方案，"梁陈方案"也是其中之一，但是都没有形成比较好的共识。

四、关于畅观楼规划小组

马国馨：在这份书稿中，特别提到了 1953 年 7 月成立的畅观楼规划小组，这其实是在

---

[1] 董光器.古都北京五十年演变录 [M].南京：东南大学出版社，2006：15.

北京的总体规划工作当中非常重要的一个节点或转折点。畅观楼规划小组之所以成立，是当时的形势所致。

首先一个情况是，中国共产党接管了北京以后，虽然开始在都市计划委员会也做了很多工作，分了企划组、计划组、市政组，但是后来大家发现规划工作有点推不动或不很得力。城市规划是非常综合的东西，不是单纯几个建筑师、城市规划师或是市政专家就能解决的。到后来苏联专家来了，要把水利、铁路、交通等各个方面，几乎所有部门综合平衡了以后，才能拿出一个综合方案。在当时，起码从彭真、郑天翔来讲，都认为单纯靠都委会已经解决不了问题了，这是第一点。

第二个情况是，当时提出的一些规划方案，大都是以各位专家班子的名义来做的，比如华揽洪和陈干做的甲方案，陈占祥和黄世华做的乙方案。到后来没下文了。我个人分析，你让他们几位中的谁来接着往下做？谁都不可能，当时这些专家都认为自己的 idea（想法）最好，十分坚持自己的想法。可是，北京市的领导认为，你还得服从统一领导才行。为了操作方便，之后就成立了畅观楼规划小组，应该看到小组的主要成员都是党员或团员。

访问者：是的。

马国馨：而且市委领导直接管着，比较好操作。北京的总体规划方案从来就没有说是哪一位专家的规划方案，就是集体做的，在规划工作当中体现了众多领导和各方面的意志和想法。所以，畅观楼规划小组的成立，实际上是城市规划在体制方面的重大调整。

对这事，记得张镈总有过评论。张镈说畅观楼小组成员都是年轻有为的党员，而且当时认为规划是保密的内容，有些属于绝密，我们都参加不了。现在我看了你这份书稿中的畅观楼规划小组人员名单，里边主要的人物，像李准、沈其、傅守谦和沈永铭等。那个时候，沈永铭还是一个比较主要的人物。这个人很有思想的，好像当时在党内还有一定职务，但是 1957 年给打成"右派"了，后来就分到北京院标准室来了。

这时候就要有一个更超脱的、更便于操作的班子来从事这一复杂工作，所以郑天翔后来牵头成立了畅观楼规划小组。你把畅观楼规划小组成立的过程弄清楚了以后，我觉得也很重要，就是讲了北京市总体规划（第一版）的制订，既有苏联专家的帮助，又有畅观楼小组的贡献。畅观楼规划小组也不是完全都听苏联专家的，因为专家只是顾问，主要还是反映北京市委、市政府的意志和想法。

五、苏联专家在北京市建筑设计院

马国馨：还有一点也挺好的。你特地讲到了苏联专家和北京市建筑设计院的关系，因为我是北京院的，所以这部分资料我看了特别感兴趣。但是我觉得你可能还没有完全都写出来。

关于北京市建筑设计院的院史，苏联建筑专家在北京市建筑设计院工作的情况，这方面并没有人专门整理过。过去好多工程是由中央设计院主持的，主要是戴念慈、严星华、杨芸他们那些人参与设计的。如那时候北京的重大建筑工程包括苏联展览馆和广播大厦等，指导建筑设计的苏联专家主要是安德列也夫、基斯洛娃和切丘林（图16-1、图16-2），当时主要是和他们打交道。关于苏联专家阿谢也夫，张镈总说过，他是搞建筑的。他还和张镈合作了一段，但是张镈回忆的比较简单，更详细的内容他也没讲，很可惜。他就那么简单地说，和阿谢也夫一块儿做了规划，参加了规划。[①]（图16-3）北京市建筑设计院其他的专家，像张开济和赵冬日等，都没有回忆过与苏联专家有关的一些工作。

我记得严星华和戴念慈好像都写过文章，刊登在《建筑学报》上，纪念苏联十月革命节的时候写的。还有就是在苏联展览馆落成的时候出过一本专辑，里边有他们的文章，讲怎么向苏联专家学习。还有比如像在上海的陈植也都有过回忆。

如果你有条件，研究一下苏联建筑专家这个问题也还是挺好的，而且这个题目会更具体一点。

访问者：研究苏联建筑专家对我国重要建筑物设计工作的影响？

马国馨：包括"社会主义内容、民族形式"方针等，尤其是在当时苏共全苏建筑工作者大会以后，怎么来影响中国的整个建筑风格。你的书稿中写了一些，我看你查了很多纪要材料，那些材料很难得，比如苏联专家当时问"张开济在新中国成立前在北京和南京做过哪些工程？""赵冬日在北京搞过哪些工程？"这是对每个人专业经历的了解。

最近我又反复想了想，比如像陈占祥，他被划为"右派"主要就是因为在北京市建筑设计院张贴了一张题为《建筑师还是描图机器？》的大字报。陈占祥是1954年调到北京市建筑设计院工作的，任副总建筑师（图16-4），其实那时他到建筑设计院工作的时间并不长，《建筑师还是描图机器？》的大字报，评论建筑设计工作倒是次要的，我估计他还暗指1953年的城市规划。原来甲方

---

① 指《张镈：我的建筑创作道路》中的回忆。参见：杨永生编.张镈：我的建筑创作道路 [M].天津：天津大学出版社，2011：111-116.

图 16-1 规划工作者正在研究北京城市总体规划方案（1956 年）

注：中（最远者）为北京电视塔设计负责人切丘林。

资料来源：郑天翔家属提供。

图 16-2 北京电视塔设计负责人切丘林与第三批苏联规划专家们一起研究电视塔位置时的留影（1956 年）

左起：勃得列夫（左1）、兹米耶夫斯基（左3）、切丘林（左4）、尤尼娜（右3）、雷勃尼珂夫（右2）、阿谢也夫（右1）。

资料来源：郑天翔家属提供。

图 16-3 张镈（左1）等正在讨论天安门广场规划方案（1955 年底）

资料来源：郑天翔家属提供。

图 16-4　苏联专家阿谢也夫与北京市建筑设计院专家在一起的留影（1957 年）
左起：陈占祥（左 1）、张镈（左 2）、华揽洪（左 4）、阿谢也夫（左 5）、张开济（左 6）、朱兆雪（右 3）。
资料来源：华新民提供。

案和乙方案的时候还是有个人想法的，后来到畅观楼规划小组以后，更多地就是上边说什么就是什么了……在《建筑师还是描图机器？》的大字报里是有潜台词的。这是我自个儿瞎琢磨的。你说是不是有这种潜意识在里边？

访问者：对，您分析得很有道理。

马国馨：后来有一个很重要的时间节点，1957 年"反右"的时候，划定"右派"的一个很重要的内容就是"反苏"——反对苏联专家。北京市建筑设计院还有其他人被划为"右派"的。有一个"摘帽右派"和我聊天，他对我说：你注意广播大楼一层的地方，靠着真武庙挨着马路这儿一层的地方没有窗户，但是苏联专家做了几个假窗户，上面做了几个"拱圈"，里面填的实墙，当时我就说这苏联专家没能耐，就做了这个墙怎么怎么。后来就因为这个，说是"反苏"（反对苏联专家），给他定了"右派"。

六、对《苏联规划专家在北京（1949—1960）》 (征求意见稿) 的修改意见

马国馨：你的书稿重点是写苏联规划专家，同时对北京的城市规划史也作了梳理。至于几十年来首都规划的发展演变，北京市规划系统有很多资料，除了董光器写的《古都北京五十年演变录》[1]，还有《北京规划建设》杂志上也陆续发表过好多这方面的材料。你的书稿的特色和主要贡献，是把苏联规划专家在北京这一段的有关情况给梳理清楚了。

你的书稿中，在俄文上还有几个小错。你学过俄文吗?

访问者：没学过，书稿中的俄文，我是一个字母一个字母拼起来的。

马国馨：比如说第 278 页，有个苏联专家的中文译名和俄文拼音不太一样，按 "Грамов" 应该是 "格拉莫夫"，你书稿中的译名是 "格洛莫夫"。

访问者：我再查一下档案，看问题出在哪里[2]。

马国馨：第 281 页， "港口城市尼古拉耶夫（Николаеве）"，我觉得最后一个 "е" 应该去掉。俄文跟法文一样，动词变位，名词变格，这个写法可能变格了。还有一个苏联专家叫 "谢苗诺夫"。

访问者：这是一位地铁专家。

马国馨：在第 443 页。如果 "谢苗诺夫" 没错，他的俄文本名 "Семенов" 中第 2 个 "е" 上边应该有两个点儿，即 "Семёнов"。谢苗诺夫应该是没错的。

还有第 524 页这张图片(图16-5 中下图)，这个信封其实是装印相纸的一个口袋，洗照片的印相纸，背后印的是洗相纸的价格，两个卢布95个戈比，下面还写着 "保质期 20 个月"。

访问者：这张图片不是信封，是装相片的封子?

马国馨：就是过去洗照片的洗相纸套，不是邮局的信封。

访问者：如果不是您提醒，这里就要出错误了。

马国馨：也算不上错误。我们上学的时候，大家都学俄文，关于国外第一手的资料就是俄文杂志。那时候外文书店中也都是俄文的书，到现在我还保存有好多本俄文的书。

当年来北京的那些苏联专家的工作，和每个人的脾气、性格有关系。但总的来说，人家还是挺想给中国做点好事儿的。北京的一些领导，像郑天翔和赵鹏飞等，

---

① 董光器. 古都北京五十年演变录 [M]. 南京：东南大学出版社，2006.
② 经查，该苏联专家的俄文本名应为 "Грамов"。

图 16-5　苏联专家穆欣给中国规划工作者王文克邮寄的照片（上左）、照片背后穆欣的亲笔签名（上右）以及照片袋的正、反面（下）

注：左上方为穆欣本次邮寄的多张照片中的一张，系中国代表团出席全苏建筑师第二次代表大会期间与苏联专家穆欣的留影（1955 年 11 月 24 日）。前排左 1 为蓝田（时任国家建委城市规划局副局长）、右 2 为穆欣、右 1 为王文克（时任国家城建总局城市规划局副局长）。后排右 1 为刘达容（曾任苏联专家穆欣的专职翻译）。照片可能摄于穆欣家中，照片中的其他人应为穆欣的家属。穆欣赠送，王文克收藏。

资料来源：王大矞提供。

他们搞过很多年的城市管理，也都是很有经验的，他们的一些讲话也很实在。我记得 1978 年邓小平参观过我们设计的前三门住宅工程，就指出住宅设计要改进。当时北京市的一把手是林乎加，林乎加后来就对赵鹏飞说：赶快，按照小平同志的意见做方案，平面系数要在 70% 以上。后来等林乎加一走，赵鹏飞就说：这种方案怎么做得出来，一进门就是厅了，别的什么都不是了。这些话，只有内行人才说得出来。

所以，找到郑天翔的这些笔记实在是太难得了。

访问者：我最近正在专门整理郑天翔的日记，从 1952 年整理到 1958 年。

马国馨：你的工作很不容易。那个时期大家在工作中都特别认真仔细，领导或专家说了什么话，马上都记下来，大家对待工作都还是非常非常认真。所以郑天翔的笔记十分真实，现在关于北京市规划工作的记述，有许多细节和关键之处人们在回忆中常常回避了。

第 407 页中提到的"塑土"我不知道是什么，原文是"材料用木、石膏、塑料、塑土。设计者在设计过程中经常用塑土。"我分析可能就是橡皮泥，当时的叫法不统一。

访问者：呃，这是在"分区规划"一章，我再核对一下①。我查档案时注意到，当时的分区规划好多是咱们北京市建筑设计院承担的。

_____

① 经查，该档案原文确为"塑土"，引用无误。

马国馨： 应该说新中国成立初期学习苏联的一些做法，它们的影响是比较深远的。比如设计院的体制，一下子管了多少年？一直管到改革开放。再比如住宅的标准，早期的"合理设计、不合理使用"，持续了好长时间。建设部大院里的住宅，好多都是两户、三户合住，这种情况特别多。

访问者： 除了您说的这些细节之外，关于整本书稿，不知您认为有没有什么不合适的？

马国馨： 历史研究这个东西，什么叫合适不合适？我是始终相信傅斯年所说的"史学就是史料学"，有了史料才有历史。只要是真实的史料就有用。

七、工作和学习的一些经历

访问者： 马先生，能否问一下您工作经历的一些情况？

马国馨： 好的。

访问者： 我看在您的一些文章中提到，在1974年前后，您曾参加西二环干道建设规划小组，这个小组的工作是不是跟拆除城墙和修地铁有些关系呢？

马国馨： 拆城墙比这个时间早，因为做西二环规划的时候，"盖板河"已经盖好了，就是拆了城墙，把护城河做成了"盖板河"。一般都是在修地铁的时候，开始陆续拆城墙。等到做西二环规划的时候，城墙早就没了。二环路就是在城墙的旧址上修的，修完路以后，急着要把两边的房子盖起来。

访问者： 这个西二环干道建设规划相当于是西二环周边地区的详细规划？

马国馨： 对。我写过一篇详细介绍这个规划的文章，还没发表。主要就是讲了西二环沿线一共多少公里，分几段，每段要盖多少房子，有多少平方米的建筑量，都有什么公建，各类建筑所占比例是多少，以及当时我们做的工作……这些情况都有，但后来又先上马了前三门工程。

访问者： 您读博士的时候研究方向是建筑历史和理论，是不是因为您对建筑史研究比较有兴趣？

马国馨： 当时念博士的时候，有人对我说：你找个设计题目做做就得了。说实话，如果我要做设计题目，在设计院就做了，何必再念博士呢？念博士最好多拓展一点，搞点自个儿不熟悉的东西。

当时我可以选报吴良镛先生和汪坦先生。汪坦先生的研究方向是建筑历史和理论，吴先生的研究方向是城市规划，他们俩都和我谈了，都觉得我可以朝那个方向发展。后来我反复想了想，我还是对历史更感兴趣一点，当然规划和历史也有关系。

过去我差点学文科。高中毕业考大学的时候，我差点学古典文献。那时候，北京大学的古典文献专业是第一年招生，刚刚设立这个专业。后来一想如果学了这个专业，最后学完毕业了以后，很可能就是到中华书局当编辑了。

访问者：高中时您是在哪个学校学习？

马国馨：我是在北京六十五中，原育英中学的高中部。当时这是个非常好的学校，只有高中。这个学校的教学楼，整个就是新中国成立后新盖的，完全按照苏式的标准盖的，桌子、椅子也是苏式的标准。这个学校和民主德国是对口的，所以我们学校里有一个班叫威廉·皮克班，皮克就是原来德国的总统，东德的总统，工人出身的总统。德国还送我们学校电影机，送电影片，而且学校还和德国大使馆一起比赛踢足球活动什么的。那时候这个学校挺好，很注重全面发展。

我们考大学那时候，也没有什么重点大学和非重点大学之分，大家都随便考。我们学校考上清华大学的有 18 个人，在全北京市的中学中排第 7 位，看得出那时候我们学校是非常不错的。

八、长安街和天安门广场的规划

访问者：这本《苏联规划专家在北京（1949—1960）》（征求意见稿）书稿中谈到长安街宽度问题，当时苏联专家和中国同志有些不同意见，后来还是苏联专家尊重了中国一些领导的意见。您怎么看这个问题？

马国馨：对，我注意到了，因为苏联专家的经验主要是莫斯科的红场。现在看来毛主席的气魄还是比较大，毛主席、彭真都有气魄。关于北京的人口，毛主席从 500 万一下提到 1000 万，当时我想他怎么就会想到 1000 万。还是有远见。彭真在这方面也还是有远见。

访问者：推测起来，毛主席提出 1000 万人口可能有两方面的因素。第一，毛主席对历史比较感兴趣，在中国历史上，国都的人口通常都是要比其他城市的人口多得多；第二，联系到中国人口比苏联多，苏联首都莫斯科的人口是 500 万，中国的首都肯定要超过莫斯科。

马国馨：没错。苏联那时候就 1 亿多人口，中国有 5 亿左右呢，新中国成立的时候叫"四万万七千五百万"。

访问者：对长安街的规划建设您有什么评论？有些建筑专家说它很不宜人。

马国馨：长安街说不上是一条轴，实际上是一条交通干道，过去也是急于成街，全国各地所有搞规划的城市都是这样，不管什么都先搁在街面上，好尽快形成街景，好多不该搁的就搁了。

那时候我们做过一个调研，东北已经建成了的城市就不说了，南方城市像武汉的解放大道，把住宅也搁在街面上，还是两层皮，没有纵深发展。

长安街上有几个节点，像北京火车站那儿一个节点，东单这儿一个节点，到王府井又是一个节点，这个地方都没有形成很好的纵深效果。我们过分强调了政务功能，有些人把政务功能片面理解成单纯的安全保卫，其实政治生活不应该仅仅是这样。

前些天北京刚举办了建筑双年展，我在视频发言中讲的第一点是城市的亲和力。长安街的缺点是大家感到不够亲切，缺少亲和力，没有停留、休息的地方，出租车也不能停留，没法打车。你在这儿多停留，还添乱。

访问者：对天安门广场的规划，今后应如何进一步完善？

马国馨：关于天安门广场的规划，主要还是要服务于首都的政务功能，不太好大动。以前关肇邺院士一直想把天安门广场好好改造一下，基本上就像原来千步廊似的，做成廊子，大家可以在里边休息。我看了这个方案，觉得不太可能，所以我不是特别支持，因为不太现实，但他还是提出了一种设想。

天安门广场的改建，其实已经错过了比较好的机会。要说理想的天安门广场，一个是硬质景观太多了，另一个是地下开发，这两个方面需要改进，现在不怎么好弄了。其实，早在修毛主席纪念堂的时候，曾是很好的契机，但是那时候没有这个远见，时间上也来不及。

像马德里王宫，前面地下整个是空的，旅游大巴什么的全都停在地下，上面空空的，没有那么多车子，交通很方便，地下有各种设施。咱们过去对地下的开发很不重视，像北京有好多高架桥，其实如果做地下过街道，比高架桥要好做得多，下去三米多就可以了。国外的地下过街道当中，厕所、卖报的、卖花的、卖水果的，卖什么的都在那儿。咱们很少用地下过街道，即使采用了，但人性化的服务考虑得少，很不方便。

访问者：是的。

九、毛主席纪念堂的规划建设

访问者：马先生，说到天安门广场，我最近在整理郑天翔的一些文稿，他给张铛写的一封信中说到了毛主席纪念堂，他说起初的时候他还是很支持这个方案的，后来感觉到纪念堂的建设对天安门广场的气魄、整体的环境有比较大的影响，您对这个问题怎么看？

马国馨：当年讨论毛主席纪念堂规划方案的时候，天翔同志参加了，我印象挺深的，因为他刚出来工作不久，过去大家说"彭、刘、郑、万"，他排在第三位。到纪念堂规划的时候他刚恢复工作，好像是市建委副主任，这是在一开始，全国各地的专家还没来北京的时候，赵鹏飞那时候也是建委副主任，按说他比赵鹏飞的资格还老呢，可是那时候也是建委副主任。

我记得我们一块儿去看地，先看了玉泉山，然后到香山。天翔同志和我一边走，一边问我：香山的红叶叫什么名字？我说叫黄栌。他还说起"停车坐爱枫林晚，霜叶红于二月花"。那时候跟我们一块从玉华山庄走到双清别墅。

后来在纪念堂建设的时候，他也到现场去过。我记得有一天下着雨，他就穿一双布鞋，鞋子都湿了，给我的印象很和气。大家过去说郑天翔特厉害，但给我印象挺好的，挺慈祥的。

访问者：毛主席纪念堂早期的设计方案中，有香山的方案，还有景山方案，是吧？

马国馨：对，都有。景山，故宫，天安门和端门之间，香山，天安门前边……反正想了好多，我也写过详细的文字介绍。当时北京市是由赵鹏飞主抓，国家计委参加的领导是顾明，建设部参加的领导是袁镜身。在我的笔记中，把赵鹏飞的讲话都详细地记下来了。赵鹏飞比较现实，他就想着要一年内完工，哪儿最容易完工？哪儿拆迁量要大？最早他不赞成在天安门前边，他赞成在天安门后边，因为天安门后边拆迁量最小，实现起来也比较容易，但是后来定了在天安门前边，他也就不好说啥了。赵鹏飞对建筑和规划还是很内行的。

那时候全国各地来了好多专家，分了好多组，做这儿的方案，做那儿的方案。在这之前，我们北京市建筑设计院就已经开始试做了，包括连中山公园都考虑过。一开始大家也不知道想做个什么建筑，做个陵墓，像列宁墓还是什么的。我记得那时候我们还做过一个"红太阳"的方案，所谓"红太阳"就是一个大球，利用场致发光，自己可以发出红光，我还特地画了个透视图。我们私下说，看谁敢否定"红太阳"方案。到后来很多设计方案都摆好了，赵鹏飞等几个领导先来看。赵鹏飞看完了先没声响，后来说这个方案就别拿出来了吧。

这个问题怎么说呢，其实我觉得还是从历史的角度来看吧。从广场的大小来看，过去我们动不动就要搞10万、20万人甚至上百万人的集会，现在看来这种规模的集会也用不着了，纪念堂北面的这块地就够大的了。

毛主席纪念堂在设计思想上的特点还是比较解放的，按说刚打倒"四人帮"，还不那么开放，在那个时候本来也可以做个大屋顶，做个更传统风格的设计方案，但是最终做了比较简洁明快的双檐子。

在毛主席纪念堂工程完工以后，清华大学高亦兰老师对我说：咱们做方案的时候都没想到，你发现没有，所有在中轴线上的房子都是重檐，不在中轴线上的房子都是单檐。我回想还真是这样，天安门、端门、午门、太和殿一直到景山后边，都是重檐，到了纪念堂也是重檐（图16-6）。人民大会堂是单檐，国家博物馆也是单檐。

访问者：形成一种规制了。

马国馨：现在中轴线正在申遗。记得当年设计奥林匹克体育中心的时候就有讨论，到底

图 16-6　马国馨参与设计之毛主席纪念堂（1977 年 8 月 30 日落成）
资料来源：http://news.163.com/12/0830/00/8A46CPCV00014JB5_2.html

主体育场是搁在中轴线上，还是搁在边上？到底是"实轴"还是"虚轴"？当中是搁一个房子还是不搁房子？大家讨论以后最后说，还是把它搁在边上吧，体育场的分量没法和中轴线上其他几个建筑相比。新中国成立以后，在中轴线上新盖的建筑物就两个：人民英雄纪念碑和毛主席纪念堂。只有这两个建筑物的重要性能够压得住，别的包括体育场在内，根本压不住。

十、对建筑和规划领域口述史工作的期望

访问者：马先生，最近几年建筑和城市规划领域不少人正在开展口述历史工作，您对这项工作也非常关心和支持，可否请您对这项工作提点希望？

马国馨：咱们国家的建筑和规划史经常出现很多空白段。就拿我们北京市建筑设计院的院史来说吧，前面讲得简单得不得了，后面稍微细致一点了，其中就有不少空白。另外对工程总结还较详细，但对工程后面的人物和主要情节就比较少，缺少第一手的回忆。老专家和当事人访谈和口述历史是弥补这种空白的一个重要途径。近些年来我们院的前辈和老总陆续去世，大部分人没能留下自传或回忆录，我感到非常遗憾。

过去我们行业及人物也没有很详细的年谱式大事记。现在政治人物陆续出版了一些文献和年谱，看了以后觉得内容也不是特别全。历史这个东西，能把真实情况保留下来是最好，以史为鉴。大家别老觉得我就这么过来了，没从里面吸取什么经验教训，那不等于咱们白过了。

2018 年，我曾给《中国建筑口述史文库》第一辑题了八个字："访真存史，索

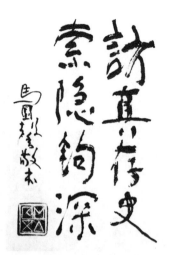

图 16-7　马国馨院士为《中国
建筑口述史文库》第一辑的题
词（2018 年）
资料来源：陈伯超，刘思铎. 抢救记
忆中的历史（中国建筑口述史文库第
一辑）[M]. 上海：同济大学出版社，
2018. 文前页。

图 16-9　马国馨院士 2020 年岁末
迎新寄语（2020 年 12 月 29 日）
资料来源：马国馨提供。

图 16-8　马国馨院士访谈时的留影（2020 年 9 月 27 日）
注：北京市建筑设计研究院有限公司马国馨院士办公室。

隐钩深"（图 16-7）。你做的规划史研究工作很重要，很有意义。希望你继续
努力，争取更大的进步，有更多的成果（图 16-8、图 16-9）。

访问者：谢谢您的指教！

（本次谈话结束）

索引